21世纪计算机科学与技术实践型教程

丛书主编 陈明

初耀军 编著

C++程序设计基础及实践

U0343090

清华大学出版社
北京

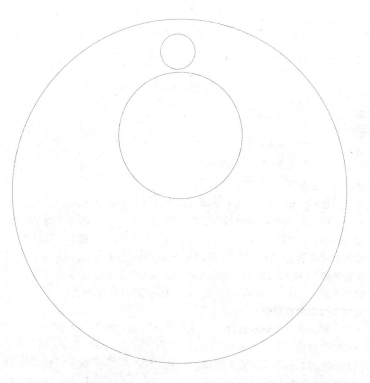

内 容 简 介

本书实际是一本基础知识和项目相结合的教科书，但是为了符合一般读者的学习和思维习惯，所以采用传统章节组织方式和内容安排。它从C++编程规范出发，引入设计模式和项目设计。遵循读者认知规律，以循序渐进、由浅入深的讲解方式，使读者在C++基础知识、基本方法、基本技能、项目设计、编程规范等方面奠定一定基础。

全书共分13章，各章均配有练习、项目设计，项目的全部代码放在资料中，旨在突出主题，知识系统。

本书可作高等院校的C++编程教材，尤其可作为项目式教学的教材，也可作二级C++考试、自学考试参考资料。

图书在版编目(CIP)数据

C++程序设计基础及实践/初耀军编著. —北京：清华大学出版社，2016
21世纪计算机科学与技术实践型教程
ISBN 978-7-302-43560-0

Ⅰ. ①C…　Ⅱ. ①初…　Ⅲ. ①C语言—程序设计　Ⅳ. ①TP312

中国版本图书馆CIP数据核字(2016)第081956号

责任编辑：谢　琛
封面设计：常雪影
责任校对：梁　毅
责任印制：宋　林

出版发行：清华大学出版社
　　网　　址：http://www.tup.com.cn，http://www.wqbook.com
　　地　　址：北京清华大学学研大厦A座　　**邮　　编**：100084
　　社 总 机：010-62770175　　**邮　　购**：010-62786544
　　投稿与读者服务：010-62776969，c-service@tup.tsinghua.edu.cn
　　质量反馈：010-62772015，zhiliang@tup.tsinghua.edu.cn
　　课件下载：http://www.tup.com.cn，010-62770175-4608
印 刷 者：北京富博印刷有限公司
装 订 者：北京市密云县京文制本装订厂
经　　销：全国新华书店
开　　本：185mm×260mm　　**印　　张**：25　　**字　　数**：595千字
版　　次：2016年10月第1版　　**印　　次**：2016年10月第1次印刷
印　　数：1～2000
定　　价：49.00元

产品编号：064501-01

前　言

本书将 C++ 基础知识与项目开发相结合，以培养读者的计算思维。

实践由两部分构成。基础知识部分，主要由 C++ 考试真题构成。项目设计中，主要是模仿教材中的项目，设计自己的项目，使学生了解企业文化。

本书的编写，主要考虑以下几个方面。

1. 读者对象

本书主要面对高校各专业的大学生，尤其是高职院校学生，兼顾参加全国计算机二级 C++ 考试和全国自学考试的读者。

读者学习 C++ 的根本目的是初步掌握面向对象编程方法，能够利用 C++ 编写一定程度的程序，为以后进一步学习和应用 C++ 打下良好的基础，同时初步熟悉项目开发的基本思路和方法。

内容选取侧重初学者的实际，主要选取 C++ 二级考试和全国自学考试内容，使读者学会面向对象 C++ 编程的基本内容、基本方法和基本技能。

2. 内容安排

C++ 既可以编写面向过程的程序，也可以编写面向对象的程序。

以面向过程的编程作为切入点，从编写简单的程序开始，由面向过程到面向对象，循序渐进、逐步深入，比较符合读者的认识规律，每一步的台阶都比较小，学习难度不大，读者容易理解。同时也按“自顶向下，逐步求精”的原则进行项目设计。

一个实际的 C++ 项目设计需要考虑许多因素，但是为教学需要，将项目代码作为每章附录，这样避免冲淡教学内容，使知识体系完整，符合一般读者的学习习惯。因此，在教学内容主体上，对项目作了简化。有些在专业人员看来很“幼稚”的程序，但在学习者看来可能是一个很合适的教学程序。在初步掌握 C++ 编程方法后，可以逐步使程序复杂些，长一些，更接近真实程序一些。在学完本课程后，最好完成一个实际的应用程序，以提高实际应用的能力。

以注册登录的设计为背景，使学生了解企业文化、描述工具 UML。在程序风格和质量上参照《华为 C++ 编码规范》，力求编写高质量程序，使读者养成良好的编程习惯。

3. 教材体系

本书全面而系统地介绍 C++ 的主要功能，引导读者由简而繁地学会编写 C++ 程序。有了 C++ 编程的初步基础后，再进一步提高，掌握更多更深入的算法。这样的编写方法可能符合大多数学习者的情况，降低了学习难度。

同时考虑项目设计过程，将知识体系与项目设计过程融合，使读者在掌握 C++ 基础知识的同时了解项目开发思路和技巧。

4. 项目选取

本书毕竟是教授 C++ 编程，以语言本身为重点，为使读者学以致用，引进项目。之所以选择注册登录，主要因为项目设计还涉及《软件工程》、《项目管理》和《软件测试》等有关方面内容，如果完全按项目设计过程安排，内容会更加庞大，主次不分。一般读者比较熟悉注册和登录，减少系统分析时间，优化项目以符合教学要求。

5. 巩固知识

编程课是一门实践性很强的课程，只靠听课和看书是不够的。衡量学习效果好坏的标准不是"懂不懂"，而是"会不会设计"。因此必须强调多编程，多上机实践。

本书得到了许多同志和朋友的帮助和支持。在构思上，高云、殷晓春、周乃富老师提出了许多宝贵意见；在代码设计上，殷晓春、闫冰、董志勇老师给予大力协助；在实践环节上，周乃富、韩金华老师给出许多建议，还有出版社的老师也给予宝贵建议和大力支持，在此表示衷心的感谢！

由于作者水平有限，加之时间仓促，疏漏在所难免，恳请广大读者不吝赐教，以便在今后的版本中进行改进。

作　者

2015 年 12 月

目　　录

第 1 章　C++ 语言基础

教学目标：

(1) 了解 C++ 的面向对象特征。

(2) 了解源程序和头文件的基本结构、main 函数的作用。

(3) 掌握 C++ 程序的基本框架和主函数的语法格式。

(4) 掌握 C++ 语言的词汇：关键字、标识符、常量、运算符和标点符号等。

(5) 掌握注释及其应用。

(6) 应用源程序的编程规范。

1.1　面向对象的特征

1.1.1　什么是面向对象

在编程中，OOP 是英文 Object Oriented Programming 的缩写，即面向对象编程或面向对象程序设计。面向对象编程是一种编程方法，它以对象和类为基础。

对象(Object)是现实世界中客观存在的事物，一个对象就是一个描述客观事物的实体，如一个人是"人"中的一个对象、一本书是"书"中一个对象。

类(class)是对一组性质相同对象的抽象描述，如对人、书的描述等。类是用户定义的一种数据类型，是面向对象编程的核心。"物以类聚，人以群分"，描述了面向对象中的对象和类。

面向对象有三个主要特征：**封装性、继承性和多态性**。

(1) 封装性。封装性是一种隐藏对象的属性和实现细节的隐藏技术。在 C++ 中，所谓封装就是将一组数据及其相关操作(算法)捆绑成一个整体，该整体就是对象。描述对象的数据及其相关操作被封装在其内部。C++ 通过"类"来封装、隐藏信息。

(2) 继承性。继承性是指一种事物保留了另一种事物的全部或部分特征，并且具有自身的独有特征。继承是将另一个类的属性和行为全部或部分接受过来，为适应发展又添加了自己特有的属性和行为。

继承创建的新类，称为"子类"或"派生类"，本书统一称为"子类"；被继承的类称为"基类"、"父类"或"超类"，本书统一称为"基类"。

继承的过程是从一般到特殊的过程。通过“继承(泛化)”(Inheritance)和“组合(聚合)”(Composition)来实现继承。

(3) 多态性。多态性是指当多种事物继承于一种事物时,同一种操作在它们之间表现出不同的行为。不同的对象调用相同名称的方法,并可导致完全不同的行为的现象称多态性。通过覆盖和重载实现多态。

封装可隐藏实现的细节,使代码模块化。继承可扩展已存在的代码模块(类),它们的目的都是为了代码重用。多态是为了实现接口的重用。

1.1.2 C++ 面向对象的特征

C++ 是一种面向对象的编程语言,C++ 支持的面向对象特征。

(1) 支持数据封装,亦即支持数据抽象。在 C++ 中,类是支持数据封装的工具,对象则是数据封装的实现。在面向对象的编程中,将数据和对该数据进行合法操作的函数封装在一起,作为一个类的定义,数据将被隐藏在封装体中,该封装体通过操作接口与外界交换信息。对象被说明具有一个给定类的“变量”。C++ 中的类是数据和函数的封装体,结构体类型可作为一种特殊的类。

(2) 类中包含私有、公有和保护成员。私有成员,只有在类中说明的函数才能访问该类的私有成员,而在该类外的函数不可访问私有成员;公有成员,本类内、本类的子类及该类外面函数都可访问公有成员,称为该类的接口;保护成员,只有该类及该类的子类中的函数可访问,其余的在这个类外的函数均不能访问。

(3) 通过发送消息来处理对象。C++ 中每个对象根据所接收到的消息的性质来决定需要采取什么样的行动,以响应这个消息。响应这个消息由一系列的方法完成,方法是在类定义中用函数来定义的,使用一种类似于“函数调用”的机制把消息发送到一个对象上。

(4) 允许友元(友元函数,友元类)破坏封装在类中的私有成员。一般,私有成员不允许该类外面的任何函数访问,但友元可访问该类的私有成员(包含数据成员和成员函数)。友元可以是在类外定义的普通函数,也可以是在类外定义的一个类,前者称友元函数,后者称为友元类。友元打破了类的封装性,它是 C++ 另一个面向对象的重要性。

(5) 支持多态性。C++ 允许一个相同的标识符或运算符代表多个不同实现的函数,称标识符或运算符的重载,用户可以根据需要定义标识符重载或运算符重载。通过定义函数重载来支持静态联编。

(6) 支持继承性。C++ 中允许单继承和多继承。一个类可根据需要生成派生类。派生类自身还可定义所需要的不包含在父类中的新成员函数。一个子类的每个对象包含有从父类那里继承来的数据成员以及自己所特有的数据成员。

(7) 支持动态联编。C++ 中可定义虚函数,通过定义虚函数来支持动态联编。

以上是 C++ 对面向对象编程中的一些主要特征的支持。

1.2 C++应用程序的组成

通常，在一个C++程序中，只包含两类文件：.cpp文件和.h文件。其中，.cpp文件被称作C++实现文件，其内容是C++的源代码；.h文件被称作C++头文件，其内容主要是C++的常量定义、类型定义和函数声明。C++实现文件主要保存函数的实现和类的实现。

1.2.1 头文件

通常，每一个.cpp文件都有一个对应的.h文件，也有一些例外，如单元测试代码只包含main()的.cpp文件，如例1-1所示。

1. 头文件举例

【例1-1】 启动界面的头文件start.h。

```
1. /************************************************
2. Copyright (C), 2014-2015, 公司名称 Tech. Co., Ltd.
3. File name: start.h
4. //作者、版本及完成日期
5. Author: 初耀军    Version: 1.0v    Date:2015年12月
6. Description:
7. 本模块实现注册和登录实现界面
8. Others:
9. 调用函数: menu_promt()
10. Function List:
11. menu_promt()
12. History:
13. Date:
14. Author:
15. Modification:
16. ************************************************/
```

第1～16行为注释。该注释是头文件的头注释，是必须的。但其内容，在不同的企业规范中不同。本注释以标识符"/*"开始，遇到行结束标识"*/"终止。中间部分是注释内容，是程序开发者为增加程序的易读性等目标而加入的说明。

```
17. #pragma once
18. #ifndef HEAD_START_H_
19. #define HEAD_START_H_
```

第17行，#pragma once与第18、19两行同时应用，所起到的作用相同。在头文件的开始处加入该指令，能保证头文件被编译一次。

```
20. /************************************************
21.   Function:PromtMenu
22.   Description: 选择菜单提示
23.   Calls:  无
24.   Called By: 被函数 Register 和 Login 调用
25.   Table Accessed:
26.   Table Updated:
27.   Input:  无
```

第20～31行是函数部分注释。其内容，在不同的企业规范中不同。也有分隔作用，便于阅读。

```
28.   Output:
29.   Return: 无
30.   Others:
31. ***************************************************/
32. void PromtMenu();
33. /***************************************************/
34. #endif //HEAD_START_H
```

第 32 行是函数 void menu_promt();声明。
第 34 行是 ifndef 的结束。

说明：

第 18、19、34 行，构成如下格式：

```
#ifndef<标识>X      //先测试<标识>是否被宏定义过
#define<标识>X
程序段 1            //若 X 没有被宏定义过，定义 X，并编译程序段 1
#endif
程序段 2            //若 X 已经定义过了则编译程序段 2 的语句，“忽视”程序段 1
```

其作用是避免下面错误：若在 h 文件中定义了全局变量，一个 C++ 文件包含同一个 h 文件多次，若不加 ＃ifndef 宏定义或 ＃pragma once，会出现变量重复定义的错误；若加了 ＃ifndef 或 ＃pragma once，则不会出现重复定义的错。

2. 头文件的作用

正确使用头文件可令代码在可读性、文件大小和性能上大为改观，如例 1-1 所示。

(1) 通过头文件来调用库功能。在很多场合，源代码不便(或不准)向用户公布，只要向用户提供头文件和二进制的库即可。用户只需按照头文件中的接口声明来调用库函数，而不必关心接口是怎么实现的。连接器会从库中提取相应的代码，并和用户的程序链接生成可执行文件或者动态链接库文件。

(2) 头文件能加强类型安全检查。若某个接口被实现或被使用时的方式与头文件中的声明不一致，编译器就会指出错误，大大减轻程序员调试、改错的负担。

(3) 头文件可提高程序的可读性(清晰性)。

“头文件”不是编译单元，像 C++ 标准库一样，主要以“头文件”形式提供的库，只需让编译能找到这些头文件即可；而对于另外一些，直接以“实现文件”形式的扩展库，若要在某个项目中使用它，就必须提供“实现文件”，最好先复制一份，然后加入项目文件，参与编译。

3. 头文件的构成

头文件中的元素比较多，其顺序(结构)一般应安排如下，如例 1-1 所示。

(1) 头文件注释(包括文件说明、功能描述、版权声明等)(必须有)；

(2) 内部包含的卫哨开始(＃ifndef XXX/＃define XXX)(必须有)；

(3) ＃include 其他头文件(若需要)；

(4) 外部变量和全局函数声明(若需要)；

(5) 常量和宏定义(若需要);

(6) 类型前置声明和定义(若需要);

(7) 全局函数原型和内联函数的定义(若需要);

(8) 内部包含的卫哨结束：＃endif//XXX(必须有)。

上述排列顺序并非绝对,也无对错之分,可根据具体情况灵活安排。

若程序还需要内联函数,则内联函数的定义应当放在头文件中,因内联函数调用语句最终被扩展而不是采用真正的函数调用机制。

4. ＃ifndef…＃endf

头文件通常包含了一些数据声明、函数声明、类型定义(如 struct/class)等内容,一个头文件通常要被多个实现文件包含。头文件之间可相互包含,这可能出现相同头文件往往会在同一个项目中被重复包含。对 C++ 来说,重复的包含一个头文件,不仅造成编译速度降低,还会带来编译错误：数据、函数声明允许重复,但一个类型不允许重复定义。

用＃define 定义一个“宏符号”,用＃ifndef 来判断一个“符号”是否已经定义,如例 1-1 中对它们的使用,其格式如下：

```
#define HEAD_START_H_     //定义一个宏符号：名为 HEAD_START_H_
#ifdef HEAD_START_H_      //判断 HEAD_START_H_是否"已定义"
  /*
    这里的代码,仅当 start.h 有定义才会接受编译,否则被直接略过
  */
#endif
```

预编译器在处理“start.h”时,首先遇到下面这行预处理指令(通常是第一行)：

```
#pragma once
```

只要在头文件的最开始加入它,就能够保证头文件只被编译一次。然后遇到：

```
#ifndef HEAD_START_H_
```

它判断宏符号“HEAD_START_H_”是否“未定义”,因现在是第一次包含本文件,故确实还没有定义过它,于是下一行立即定义这个符号,然后才是本头文件的实质内容。

假设某一处的代码再次包含了这个头文件,但预编译器发现符号 HEAD_START _H_已经定义过了,于是它直接跳到＃endif 之后。

通常为每个文件取一个唯一的宏符号,称为“保护符”。要使每一个头文件都有一个唯一的保护符,一般采用使该符号的名字和头文件名字有一个映射关系,习惯上,将所有字母都改成大写,再把扩展名之前的‘.’改成‘_’,还可在前后分别再加一个下划线。通常,加上路径名以区别位于不同目录下的两个同名头文件。

5. 头文件的头注释

说明性文件的头部应进行注释,注释必须列出版权说明、版本号、生成日期、作者、内容、功能、与其他文件的关系等,头文件的注释中,还应有函数功能简要说明。

1.2.2　实现文件

1. 实现文件举例

【例 1-2】 启动界面。本启动界面为命令提示符状态下的启动界面，不是图形界面。主要显示图 1-2 中的注册、登录和退出组成的菜单。同时为使界面美观，用字符组成图形做修饰。运行结果，如图 1-1 所示。启动界面设计的 UML 活动图如图 1-2 所示。

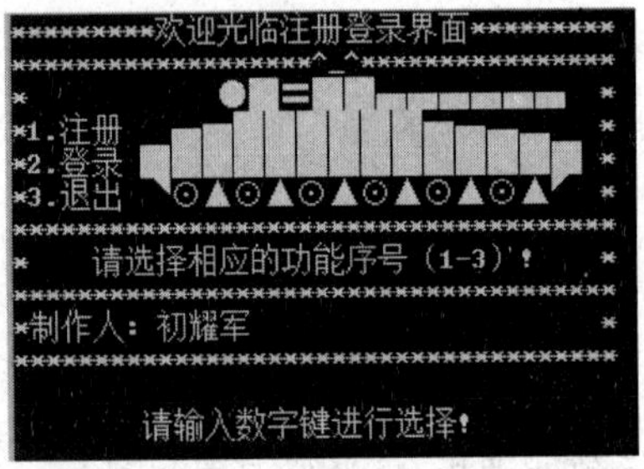

图 1-1　启动界面

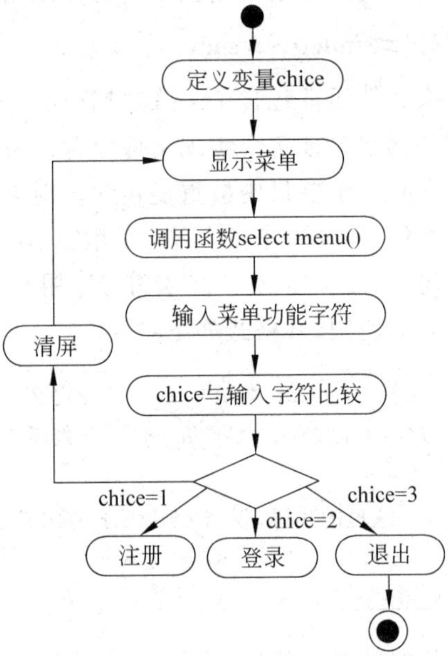

图 1-2　启动界面

设计思路：

(1) 在计算机的屏幕上显示字符，如没有特殊处理，显示字符的一般顺序是：从上到下、从左到右。

(2) 首先用固定不变的方式显示图 1-1 中的信息。为使示例具有 C++ 程序结构的一般性，又不复杂，将“请输入数字键进行选择！”通过调用另一个函数显示。

(3) 在输入功能序号(即输入数字字符 1～3)后，执行相应的操作，输入其他字符后回到启动界面。此处在程序中定义一个变量(这里的变量可暂时理解为数学中的变量) choice 表示功能序号。

① 当 choice 为 1 时，进入“注册”界面，此时这里没有实际内容，可以理解为预留的接口，在后面的设计中，再添加相应语句来完成。

② 当 choice 为 2 时，进入“登录”界面，思路与注册相同。

③ 当 choice 为 3 时，退出，即结束程序的运行，回到操作系统或调试界面，此处因使用 return 0，则返回调用该函数处，这里返回到操作系统。

④ 当 choice 取其他值时，重新显示启动界面。为显示的界面清晰，首先清理屏幕，再显示启动界面内容。清屏由语句“system("cls");”实现，其含义：调用 DOS 操作系统中

的清屏命令“cls”清屏，光标回到屏幕左上角。

(4) 多次重复显示界面，不可能多次重复书写或输入本例中的 40～51 行代码，采用类似数学递推的循环来设计。

程序代码，start.cpp 文件：

```
1. /**************************************************
2.   Copyright (C), 2014-2015,公司名称 Tech. Co., Ltd.
3.   FileName: start.cpp
4.   Author:初耀军 Version :1.0V     Date:2014 年 12 月
5.   Description: 实现注册和登录项目的界面
6.   Version: 1.0V
7.   Function List:
8.   1. main()
9.   History:
10.      <author>  <time>  <version>  <desc>
11.       初耀军     2014/12   1.0        项目入口
12.    2. menu_promt()
13.    History:
14.      <author>  <time>  <version>  <desc>
15.       初耀军     2014/12   1.0        菜单选择
16.    3.Register()
17.    History:
18.      <author>  <time>  <version>  <desc>
19.       初耀军     2014/12   1.0        菜单选择
20.    4.Login()
21.    History:
22.      <author>  <time>  <version>  <desc>
23.       初耀军     2014/12   1.0        菜单选择
24. **************************************************/
25. #include<string>
26. #include<iostream>
27. using namespace std;
28. //#include "Register.h"
29. //#include "Login.h"
30. #include "start.h"
31.
32. /**************************************************
33.    Function: main
34.    Description: 选择菜单
35.    Calls:  入口函数
36.    Called By: 调用函数 Register、Login 和 menu_promt
37.    Table Accessed:
38.    Table Updated:
39.    Input:
```

第 1～24 行头文件的注释，必须有。其内容，在不同的企业规范中不同。

第 25 行包含 string 头文件，后面的代码会需要 string 中的函数等。

第 26 行预处理包含指令，它通知编译器将类库的标准输入输出流头文件 iostream 包含到程序中。iostream 文件提供了输入和输出流 cin 和 cout 及输入输出运算符>>和<<定义。

第 27 行 using namespace std。所有的标准库函数都在标准命名空间 std 中进行定义的。以避免发生重命名。

第 28～30 行预处理包含指令，它通知编译器将相应的头文件包含到程序中，因程序后面代码需要。此处主要是 start.h，但第 28～29 行被注释，为后面的应用做准备。

第 32～44，89～101 行函数的注释，必须有。不同的企业的规范不同。也有分隔作用，便于阅读。第 45～88、102～105 行是不同函数的定义。它们的首部依次为 int main()、void menu_promt()。

以 int main()为例。其中 int 是该函数的返回类型，main 是函数名，一对括号“()”里面，放置该函数的形

```
40.
41.  Output:
42.  Return: 基本整型,正确返回值是 0
43.  Others:
44. ************************************************************/
45. int main()
46. {
47.   char choice;
48.   //while(true)
49.   //{
50.     cout
51.     <<"**********欢迎光临注册登录界面**********\n"
52.     <<"*******************^_^*****************\n"
53.     <<"*                ●■=■■▬▬▬▬▬▬▬          *\n"
54.     <<"* 1.注册   ▬▬■■■■■■■▬▬▬              *\n"
55.     <<"* 2.登录 ■■■■■■■■■■■■■■■■■■        *\n"
56.     <<"* 3.退出 ◥⊙▲⊙▲⊙▲⊙▲⊙▲⊙▲◤          *\n"
57.     <<"***************************************\n"
58.     <<"*     请选择相应的功能序号(1-3)!        *\n"
59.     <<"***************************************\n"
60.     <<"* 制作人: 初耀军                       *\n"
61.     <<"***************************************\n"
62.     <<endl;
63.
64.     menu_promt();
65.     cin>>choice;
66.
67.     switch (choice)
68.     {
69.     case '1' :
70.         {
71.           //Register();     //调用注册
72.             break;
73.         }
74.     case '2' :
75.         {
76.           //Login();        //调用登录
77.           break;
78.         }
79.     case '3'+'0' :
80.         {
81.             return 0;
82.         }
83.     default:
```

式参数，这里无形式参数，但一对圆括号不能省略。第 46 行和第 88 行的一对花括号“{”和“}”标识函数体的开始和结束。包含在其中的若干条语句有机组合在一起，形成一个函数体，完成特定的功能。

第 47 行将 choice 定义为 char 类型的变量。

第 48、49 行和 86 行为单行注释，注释 while 循环。while(true)是循环语句开始。第 49 行的“{”到 86 行“}”是 while 循环的复合语句，第 50～85 行，是复合语句中的内容，称 while 的循环体。

第 50～62 行都是 cout，构成输出菜单。

第 64 行调用函数 menu_promt。

第 65 行从键盘输入数据，给变量 choice 赋值。

第 67～85 行 switch 语句。第 71、76 两行被注释，以便后面应用，可认为是接口。第 72、77 行 break，退出 switch 语句，第 84 行 system("cls")调用操作系统命令 cls，清屏。

```
84.          system("cls");
85.      }
86.   //}
87.   return 0;
88. }
89. /**************************************************
90.   Function:menu_promt
91.   Description: 选择菜单提示
92.   Calls:  无
93.   Called By: 被函数 Register 和 Login 调用
94.   Table Accessed:
95.   Table Updated:
96.   Input:   无
97.
98.   Output:
99.   Return: 无
100.   Others:
101. **************************************************/
102. void menu_promt()
103. {
104.   printf("     请输入数字键进行选择!");
105. }
106. /**************************************************/
```

第 87 行 return 0;。结束 main 函数执行，返回调用该函数的函数，但 main 函数属于程序执行的入口，返回到操作系统。

第 102 行函数 menu_promt 的首部，没有形式参数。

第 103～105 行的一对花括号{ }，函数开始和结束标识。

第 104 行 printf 输出，函数 menu_promt 的函数体。此处采用 C 语言的输出方式，从风格来看不好，应使用 C++ 的输出方式。但为体现 C++ 中包含 C 语言，还有便于内容介绍，故使用 C 语言输出格式。

2. C++ 实现文件结构

一个 C++ 应用程序是一个程序项目，每个程序项目又由若干个文件组成。一个 C++ 程序项目文件，由下面程序文件组合，其语法图如图 1-3 所示。

一般形式：

```
main.cpp              //包含主函数的程序文件
class.cpp's           //用户自定义类的内部实现程序
function.cpp's        //用户自定义函数的实现程序
```

其中，class. cpp's 表示多个类成员函数定义的实现文件，function. cpp's 表示多个函数定义的实现文件。

一个 C++ 程序可由一个以上程序单位构成，每一个程序单位作为一个文件。在程序编译时，编译系统分别对各个文件进行编译，故一个文件是一个编译单元。包含主函数的实现文件一般按如下顺序组织：

(1) 实现文件注释，必须有，如例 1-2 中的第 1～24 行。

(2) 预处理指令(若需要)，如例 1-2 中第 25～30 行。若有，一般按下列次序，语法图如图 1-4 所示。值得注意的是前后顺序，遵循“先定义后使用”原则。

```
#include<标准类库头文件>'s
```

```
#include<标准函数头文件>'s
#include "自定义类库头文件"'s
#include "自定义函数头文件"'s
```

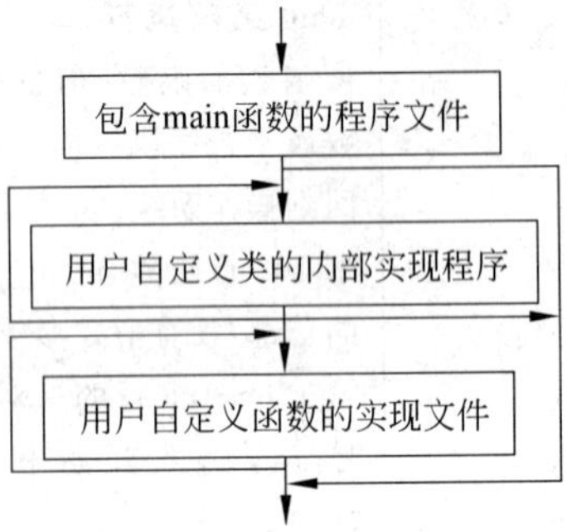

图 1-3 工程文件

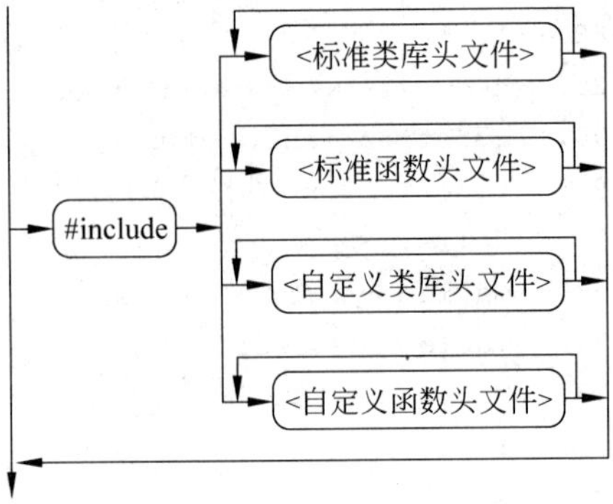

图 1-4 预处理指令

(3) 全局数据定义's,包括:

① 常量和宏定义(若需要)。

② 外部变量声明和全局变量定义及初始化(若需要)。在这部分中,包括对用户自己定义的数据类型的声明和程序中所用到的变量的定义。

(4) 函数原型's(若需要),可将函数原型放在相应的头文件中。

(5) main()函数定义,如例 1-2 中主函数 main 的定义。

(6) 函数定义's,即成员函数和全局函数的定义(若需要),例 1-2 中第 102~105 行,函数 void menu_promt()的定义。

包含主函数的实现文件语法图如图 1-5 所示。

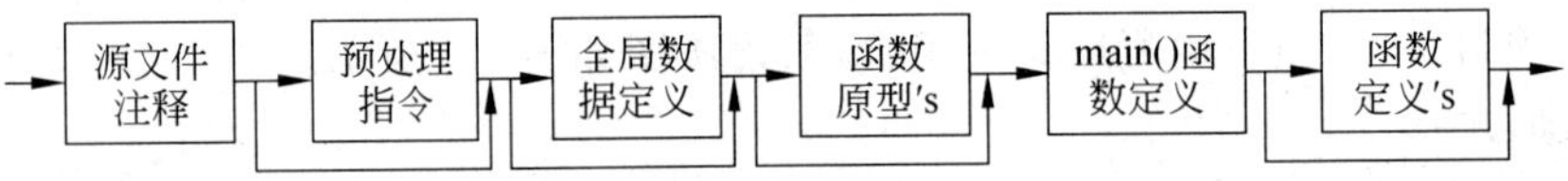

图 1-5 包含主函数的实现文件

上述这种排列顺序并非绝对的,也不存在对错之分,可根据具体情况灵活安排。

#include 命令

在程序执行的过程中,经常要使用各种编译系统提供的标准函数、类库提供的类以及用户开发的,存放在其他文件中的变量、函数和类等,而这些变量、函数和类等的说明和其他信息,都保存在相关的头文件(.h 文件)中。要使用头文件中定义的变量、函数和类,必须将相应的头文件包含到要使用它们的实现程序中。

#include 命令指示编译程序将该命令所指的另一个实现文件嵌入到当前所在的实现文件中。#include 的语法图如图 1-6 所示。

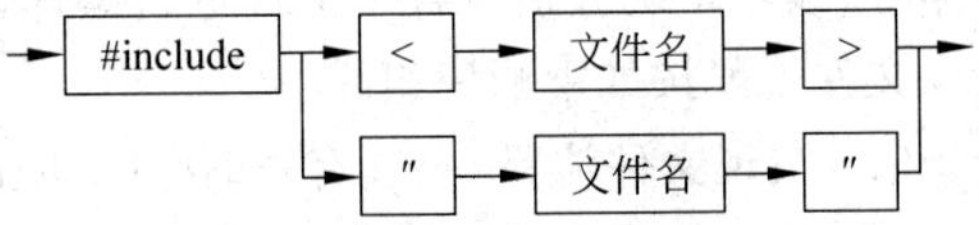

图 1-6 #include 语法图

语法格式 1：

```
#include<文件名>
```

若文件名用一对尖括号“<>”括起来，则编译器将在由编译系统设定的相应子目录中去搜索该头文件。一般用来将编译系统提供的标准头文件或类库提供的头文件包含到程序中，或者是 PATH 的环境变量中能找到的头文件。

如例 1-2 中：

```
#include<iostream>              //输入输出流头文件，在编译系统设定的相应子目录中去搜索
```

语法格式 2：

```
#include "文件名"
```

对当前项目中自己所写的头文件，使用双引号("")形式。该格式可在当前目录和 PATH 中所带的头文件，或者是编译器所在路径加上指定头文件的路径中，寻找符合的头文件。一般用来将用户自己开发头文件包含到程序中，以调用保存在其他实现文件中的变量、函数和类等。

如例 1-2 中：

```
#include "start.h"
```

"start.h"是自定义的头文件，在当前目录(包含该 start.h 文件的实现文件或头文件所在的位置)中，搜索该头文件。

无论使用哪种格式，若编译器在相应的目录中找不到相应的头文件，将产生致命错误(fatal error)。

预编译指令中＃和保留字之间不要留空格；文件包含预编译指令中文件名与两端的“< ”、“> ”或“"”、“"”之间不留空格。

全局说明

全局说明一般包括一些程序所要使用的全局变量、类说明、用户定义的函数的函数说明等。在全局说明段进行定义或声明的变量，其存在和使用是全局性的，在程序运行的整个过程一直存在，且占用同一段内存区域，即每次在程序中使用该变量时，该变量值保持上一次被修改的状态。在全局说明段进行声明的函数，编译器将为该函数分配一段内存区域，用来保存该函数的函数指针，在对该函数进行声明之后的代码中，都可以调用该函数，而不必关心该函数的定义部分代码放在源代码的什么地方。否则，只有在对函数进行定义之后的代码中才能调用该函数。

全局变量的声明或定义要有较详细的注释，一般包括对其功能、取值范围、哪些函数存取它以及存取时注意事项等的说明。

函数

函数是实现操作的部分，故函数是程序中必须有的和最基本的组成部分。C++ 每个文件由若干个函数组成，可认为 C++ 的程序就是函数串。函数与函数之间是平行非嵌套的、独立的，函数之间的调用可嵌套，如例 1-2 所示。对函数的详细介绍，请参见第 6 章，

函数分类与构成如图 1-7 所示。

3. 程序的排版风格

这里列出的只是程序的一般排版风格：

(1) 采用缩进风格编写，缩进的空格数为 4 个。对齐只使用空格键，不使用 Tab 键。相对独立的程序块之间、变量说明之后必须加空行。

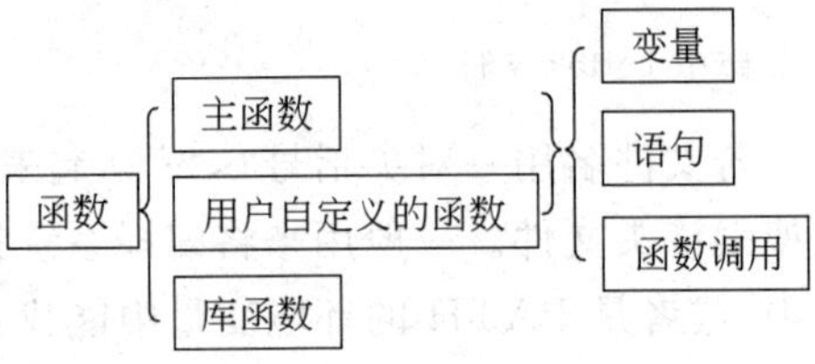

图 1-7 函数的构成

(2) 较长的语句(>80 字符)要分成多行书写，使排版整齐，语句可读。

(3) 不允许把多个短语句写在一行中，即一行只写一条语句。if、for、do、while、case、switch、default 等语句自占一行，且 if、for、do、while 等语句的执行语句部分无论多少都要加花括号({})。

(4) 较长的表达式或语句，含循环、判断等语句中若有较长的表达式或语句、函数或过程中的参数，都要进行适应的划分，长表达式要在低优先级操作符处划分新行，操作符放在新行之首。

(5) 若函数或过程中的参数较长，则要进行适当的划分。函数或过程的开始、结构的定义及循环、判断等语句中的代码都要采用缩进风格，case 语句下的情况处理语句要遵从语句缩进要求。

(6) 程序块的分界符(花括号‘{’和‘}’)应各独占一行并且位于同一列，同时与引用它们的语句左对齐。在函数体的开始、类的定义、结构的定义、枚举的定义以及 if、for、do、while、switch、case 语句中的程序都要采用如上的缩进方式。

(7) 在两个以上的关键字、变量、常量进行对等操作时，它们之间的操作符之前、之后或者前后要加空格；进行非对等操作时，若是关系密切的立即操作符(如->)后不应加空格。

(8) 一个好的、有使用价值的源程序都应当加上必要的注释，以增加程序的可读性。一般情况下，源程序有效注释量必须在 20%以上。用“//”作注释时，有效范围只有一行，即本行有效，不能跨行。一般习惯是内容较少的简单注释常用“//”，内容较长的常用“/ * …… * / ”。

1.2.3 C++ 程序的内存空间分配

一个.cpp 和它相应的.h 文件共同组成了一个编译单元，一个 obj 文件就是一个编译单元。一个项目由很多编译单元组成，每个 obj 文件里包含了变量存储的相对地址等。在 C++ 中，通常可把内存空间分成 4 个区：栈、堆、全局/静态存储区和常量存储区，如图 1-8 所示。

(1) 栈。常用于在编译期间就能确定其存储大小的变量的存储区，用于在函数作用域内创建、在离开作用域后自动销毁的变量的存储区。通常是局部变量、函数参数等的存储区。它的存储空间是连续的，两个紧挨着的定义的局部变量，它们的存储空间是紧挨着的。栈的大小是有限的，通常 Visual C++ 编译器默认栈的大小是 1MB，故不要定义像 int

a[1000000]这样的超大数组。

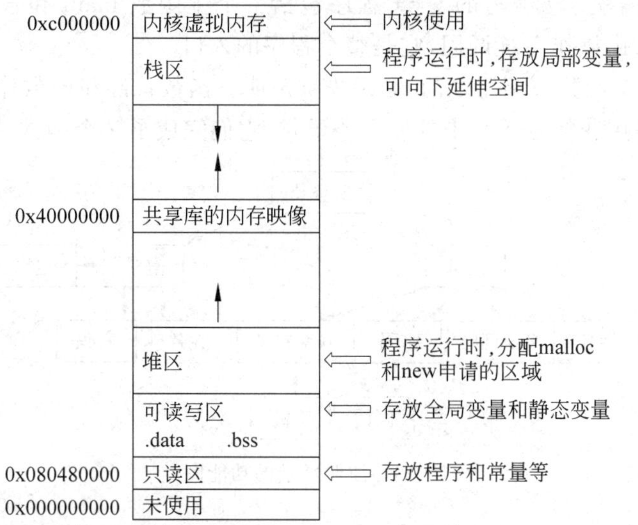

图 1-8 内存空间分配

(2) 堆。常用于在编译期间不能确定存储大小的变量存储区，它的存储空间是不连续的，一般用 malloc(或 new)函数来分配内存块，并需 free(或 delete)释放内存。若程序员没有释放掉，就会出现“内存泄露”问题。两个紧挨定义的指针变量，所指向的用 malloc 函数分配的内存并不一定是紧挨着的。另外堆的大小几乎是不受限制的，理论上每个程序最大可达 4GB。

(3) 全局/静态存储区。常用于在编译期间就能确定存储大小的变量的存储区，但它用于在整个程序运行期间都可见的全局变量和静态变量。

(4) 常量存储区。常用于在编译期间就能确定存储大小的常量存储区，且在程序运行期间，存储区内的常量也是全局可见的。这是一块比较特殊的存储区，它们里面放的是常量，不允许被修改。

1.3 C++ 程序的基本框架

因 C++ 既支持结构化编程，又支持面向对象编程，故它具有结构化编程和面向对象编程两种基本框架。

1. 结构化编程框架

当编写一个较大的程序时，按照程序功能将它逐级划分成许多相对独立的小模块。每个小模块的功能用一个函数实现，再通过适当的方法将这些函数组织在一起，协同工作，完成整个程序所规定的功能。该做法体现了结构化编程中“功能分解，逐步求精”的思想。

在例 1-2 中，main 函数中的菜单项里有三个选项：注册、登录和退出。实际上，本书中的注册登录的功能图如图 1-9 所示，其他功能将在后面章节逐步介绍。该功能图体现了"功能分解,逐步求精"的编程思想。

采用结构化编程方法编写的 C++ 程序包括一个主函数 main 和若干用户自定义函数。主函数 main 由操作系统调用,它是整个程序的入口。

在 C++ 中一个函数被调用之前,必须先被声明。函数首部和函数体放在一起组成函数定义;函数体是用花括号括起来的若干条语句,它们完成了一个函数的具体功能。

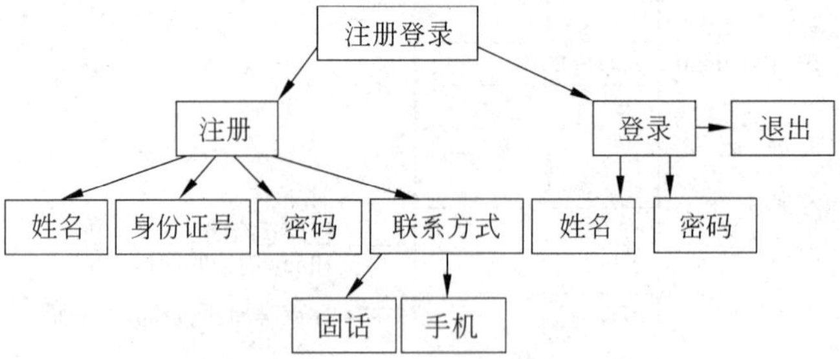

图 1-9 注册登录的功能图

如例 1-2 中,main 函数对函数 menu_promt 的调用,其声明部分在头文件 start.h 中。

一般地,一个 C++ 实现文件的结构化编程框架可表示为:

```
函数 1 的声明 ┐
      ⋮       │
函数 i 的声明 ├ 函数声明部分
      ⋮       │
函数 n 的声明 ┘
主函数 main()   main 函数,程序执行入口
函数 1 的定义 ┐
      ⋮       │
函数 i 的定义 ├ 函数定义部分
      ⋮       │
函数 n 的定义 ┘
```

"函数 i 的声明"要与"函数 i 的定义"一致,即"函数 i 的声明"是"函数 i 的定义"的函数首部,后跟分号";"。

一个 C++ 程序的结构化编程框架语法图如图 1-10 所示。

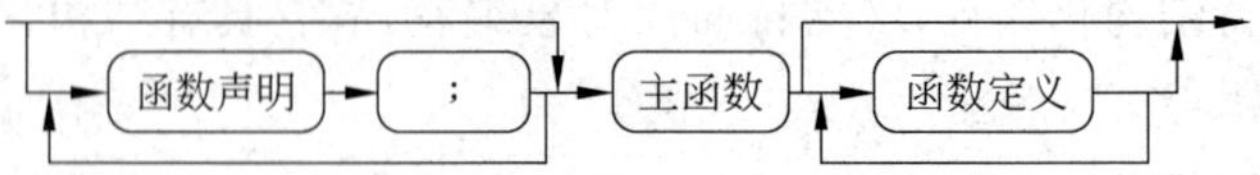

图 1-10 结构化编程框架

主函数可以调用其他函数,其他函数不能调用主函数,如函数 menu_promt 不能调用 main 函数,其他函数可以相互调用,且同一个函数可被一个或多个函数调用任意多次,也可直接或间接调用自身(该形式称为递归)。

如例 1-2 中的函数:

```
int main()
void menu_promt()
```

可将例 1-2 中的程序结构用图 1-11 所示形式描述。

2. 面向对象编程框架

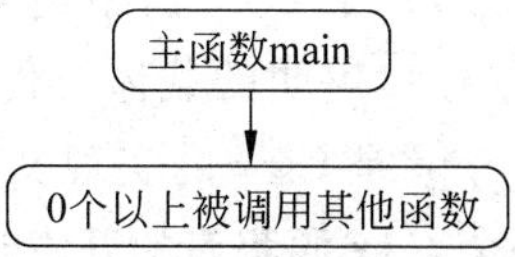

图 1-11　例 1-2 中函数调用的结构

在结构化编程中，所有函数之间一律“平行”，没有层次关系可言，当程序规模稍大时，就会使整体结构变得相当混乱。相反，在面向对象编程中，类与类之间能够按照逻辑关系组成有条理的层次结构，从而使一个复杂程序变得有“纲”可循。这正是面向对象思想的优越性。

在 C++ 的面向对象编程框架中，**类是程序的基本组成单元**。程序的主体通常由若干类的定义构成。一般地，一个 C++ 程序的面向对象编程框架，可表示为：

```
类 1 的定义;        ┐
    ⋮              │
类 i 的定义;        ├ 类定义
    ⋮              │
类 n 的定义;        ┘
主函数 main()定义        main 函数,程序执行入口
类 1 的成员函数定义    ┐
    ⋮                 │
类 i 的成员函数定义    ├ 类的成员函数定义
    ⋮                 │
类 n 的成员函数定义>   ┘
```

一个 C++ 程序的面向对象编程框架语法图如图 1-12 所示。

图 1-12　面向对象编程框架

1.4　C++ 程序的开发

计算机程序或软件程序(通常简称程序)是指一组指示计算机每一步动作的指令，常用某种程序设计语言编写，运行于某种目标体系结构上。通常，计算机程序要经过编译和链接而成为一种人们不易理解而计算机理解的格式，然后运行。未经编译就可运行的程序称脚本程序。

实现文件是相对目标文件和可执行文件而言的。实现文件就是用汇编语言或高级语言写出来的代码保存为文件后的结果。

计算机的函数，由一段完成某个固定功能(任务)的一个代码构成，或称其为一个子程序。它在可实现固定功能的同时，还带有 0 个以上入口和 1 个出口。所谓的入口，就是函

数所带的各个参数，可通过这个入口，把函数的参数值代入子程序，供计算机处理；所谓出口，就是指函数的处理结果（或计算结果，一般是函数值），在计算机求得函数值之后，由此口带回给调用它的程序。

一般，每个 C++ 程序通常由头文件和实现文件组成。头文件作为一种包含功能函数、数据接口声明的载体文件，主要用于保存程序的声明，而实现文件用于保存程序的实现。“.cpp”是 C++ 的实现文件属性名。

一个 C++ 源程序的开发过程，通常包括编辑、编译、链接、运行和调试等步骤，如图 1-13 所示。

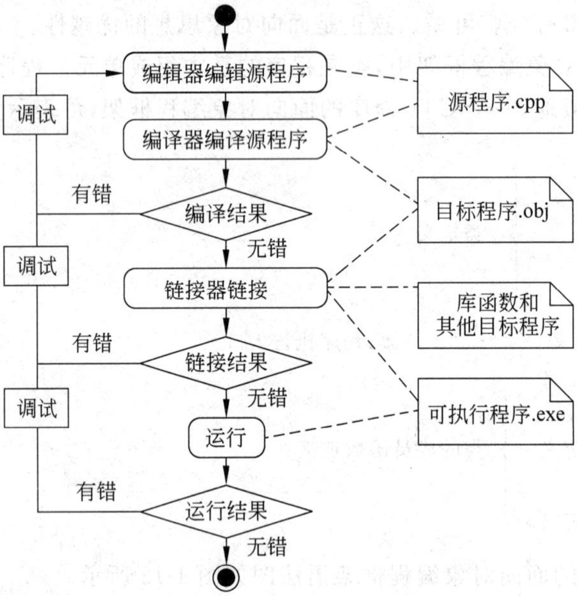

图 1-13　C++ 程序的开发过程

通常，项目开发的完整过程如图 1-14 所示。

1. 编辑

编辑是 C++ 源程序开发过程的第一步，它主要是对源程序文本的输入和修改。任何一种纯文本编辑器都可完成这项工作（最好不要使用 word，因为 word 是富文本编辑器含有 VC++ 不能识别的控制符）。当用户完成了 C++ 源程序的编辑时，应将输入的源程序文本保存为以.cpp 为扩展名的实现文件。若编辑的是 C++ 头文件，应保存以.h 为扩展名的头文件。

注意：一般，文件名要全部小写，可包含下划线（_）或短线（-），按项目约定命名，且尽量保证文件名明确。

2. 编译

编译是将高级程序设计语言编写的源程序转换成等价的计算机硬件所能识别的机器语言，以便计算机进行处理。

C++ 属于编译式的高级语言。C++ 源程序的实现必须使用某种 C++ 语言的编译器

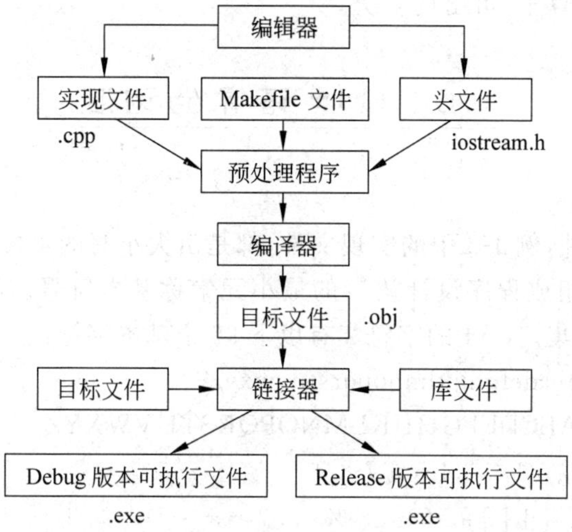

图 1-14 项目开发的完整过程

进行编译。编译器的功能是将源程序的源代码(.cpp)转换为等价的机器语言代码。高级语言转换后得到的代码(一般是二进制码)称为目标代码(.obj)。

3. 链接

链接将用户程序生成的多个目标代码(.obj)和系统提供的库文件(.lib)中某些代码链接在一起。链接工作由编译系统的链接程序来完成。链接程序把由编译器生成的目标代码文件和库中的某些文件链接处理,生成一个可执行文件(.exe)。

4. 运行和调试

在编译和链接工作成功地完成后,可运行得到的可执行程序,观察程序是否符合所期望的运行结果。如在 VC++ 6.0 集成开发平台中,用户可使用执行(Execute)命令来运行程序。

1.5 语法格式中符号的约定

本书后面介绍的内容中,很多时需要对语法格式的描述,为简明扼要,需要使用一些符号说明语法中某些项应用的情况。对语法格式中使用的符号约定:

(1) []:表示可选择的,即[]中的内容可有可无,有该选项时,起到相应的功能,否则为默认功能。

(2) ...:表示重复前面的选项。

(3) {}:表示选择其中一项。

(4) |:表示或者。

(5) 没有使用约定符号的,是必须有的项。

如:cout[<<表达式|流操作算子 ...]|cout.函数名(实参表);其中"[]"中的内容可选,即可有可无;"表达式|流操作算子"表示或者是"表达式"或者是"流操作算子";"..."表

示“<<表达式|流操作算子”可出现多次。

1.6 C++ 语言的词汇

1. C++ 的字符集

在例 1-1 的头文件，例 1-2 中的实现文件，都是由大小写的英文字母、数字，以及一些其他符号等组成的。组成程序设计语言的最小元素称基本符号。C++ 的全部基本符号的集合构成 C++ 字符集。C++ 的字符集有以下 96 个基本字符：

26 个小写字母：abcdefghijklmnopqrstuvwxyz

26 个大写字母：ABCDEFGHIJKLMNOPQRSTUVWXYZ

10 个阿拉伯数字：0 1 2 3 4 5 6 7 8 9

34 个特殊符号：_ { } [ ] # ( )< > % :; . ? * + - / ^ & | ～ !＝, \ "’ 空格 制表符 垂直制表符 换页控制符 换行符

在例 1-1 和例 1-2 中，使用的字符除字符集中字符外，还使用了汉字，但汉字只是构成 C++ 字符串的符号。

总之，不管是 C++ 实现程序还是头文件，所有使用的都是基本符号集和字符串中出现的符号。

在 C++ 语言中，**基本的词法单位是单词**。单词由 C++ 基本符号按一定规则组合而成，这样的单词才能表达某种语义。用 C++ 编写的程序正是由符合规则的单词组成。

例 1-2 中的 char、return 等都是 C++ 语言中的单词。C++ 语言中的单词主要包括**关键字、标识符、常量、运算符和标点符号等**。

2. 关键字

C++ 中的关键字是由 C++ 语言本身预先定义的、自身保留使用的一些对编译程序具有特殊用途的标识的单词。C++ 2011 标准规定的关键字如表 1-1 所示。

表 1-1 C++ 2011 标准规定的关键字

alignas	continue	friend	register	true
alignof	decltype	goto	reinterpret_cast	try
asm	default	if	return	typedef
auto	delete	inline	short	typeid
bool	double	int	signed	typename
break	do	long	sizeof	union
case	dynamic_cast	mutable	static	unsigned
catch	else	namespace	static_assert	using
char	enum	new	static_cast	virtual
char16_t	explicit	noexcept	struct	void
char32_t	export	nullptr	switch	volatile

续表

class	extern	operator	template	wchar_t
const	false	private	this	while
constexpr	float	protected	thread_local	
const_cast	for	public	throw	

如例 1-2 中 using、namespace、char、return 等都是关键字。

每个关键字在 C++ 语言中都具有特殊的含义，并实现着一定的功能。所以，**不能将上述关键字再当作其他类型的单词使用，即不能再由程序员声明做其他用途**。

编程时，关键字之后要留空格。对 const virtual、inline、case 等关键字之后至少要留一个空格，否则无法辨析关键字。对 if、elseif、for、while、switch 等关键字之后应留一个空格再跟左括号“(”，以突出关键字。“(”、“[”向后紧跟，“]”、“，”、“;”、“)”向前紧跟，紧跟处不留空格；“，”之后要留空格；若“;”不是一行的结束符，则后面也要留空格。

3. 标识符

标识符是由程序员建立的，用于标识程序中的各种需要命名的“元素”的单词符号，即程序员为程序中各种需要命名的“元素”所起的名字。在 C++ 中，这些元素包括：标识对象或变量的名字，类、结构和联合的成员，函数或类的成员函数名、自定义类型名、标识宏的名字、宏的参数等。

C++ 标识符的语法图如图 1-15 所示。

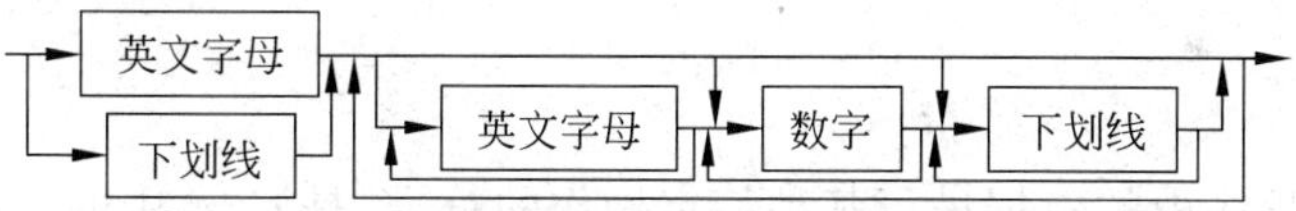

图 1-15　C++ 语言标识符的语法图

说明：

(1) 标识符由字母、数字、下划线组成，但必须以英文字母或下划线开始，后跟字母、数字、下划线组合而成的单词。在定义标识符时，语法上允许用下划线开头，但最好避免定义用下划线开头的标识符，因为编译器常常定义一些下划线开头的标识符。

如例 1-2 中的 menu_promt 是作函数名的标识符，choice 是变量名的标识符。再如 _a1，a10 也是标识符。

而 12a 以数字开头、a＋b 包含标识符中不允许使用的“＋”字符，所以 12a 和 a＋b 都不是标识符。

(2) 标识符不能与任意一个关键字同名。

关键字如表 2-1 所示，标识符不能与任意一个关键字同名。如 auto 等不能做标识符，严格讲，关键字不能作为用户定义的标识符。

(3) 标识符中的字母区分大小写，即对大小写字母敏感。

如 length_name 和 Length_name 是两个标识符。

(4) 标识符不宜过长。C++ 没有限制一个标识符中字符的个数，但大多数的编译器都会有限制，一般都不超过 255 个字符。

(5) 标识符命名规范

① 在一个良好的程序中，标识符的命名要清晰、明了，命名的标识符应尽量代表一定意义。一般，使用完整的单词或基本可以理解的缩写词，避免使人产生误解。较短的单词可通过去掉“元音”形成缩写；较长的单词可取单词的头几个字母形成缩写；一些单词有大家公认的缩写。

如例 1-2 中，用 choice 表示选择。再如用 year 表示“年”，用 length 表示“长度”，用 sum 表示累加和等，这样的标识符本身就增加了程序的可读性，使程序更加清晰易懂。

再如：temp 可缩写为 tmp、flag 可缩写为 flg 等。

② 命名中若使用特殊约定或缩写，则要有注释说明。应该在实现文件的开始之处，对文件中所使用的缩写或约定，特别是特殊的缩写，进行必要的注释说明。

③ 对于变量命名，禁止取单个字符(如 i、j、k…)，建议除了要有具体含义外，还能表明其变量类型、数据类型等，但 i、j、k 作局部循环变量是允许的。

④ 命名规范必须与所使用的系统风格保持一致，并在同一项目中统一。

4. 常量

常量是指在程序执行过程中，值固定不变的量。常量有两种表示形式，即字面常量(又称直接常量)和符号常量。字面常量的类型是根据书写形式来区分的，它们的类型分别为：整型、浮点型、字符型、字符串型，逻辑型，每个字面常量的字面本身就是它的值。如例 1-2 中 return 0 中的“0”是整型数的字面常量；" 请输入数字键进行选择！"是字符串字面常量。

5. 运算符

运算符是对程序中的数据进行某种特定操作的符号，是 C++ 中的一类单词。

(1) 算术运算符，如＋、－、* 、++、--和/等。

(2) 关系运算符，如==、<等。

(3) 逻辑运算符，如 &&、! 等。

(4) 位运算符，如 &、| 等。

6. 标点符号

标点符号是在程序中起分隔内容和界定范围作用的一类单词，C++ 语言的标点符号如表 1-2 所示。

表 1-2 C++ 语言的标点符号

标点符号	描述	标点符号	描述
空格	语句中各成分之间的分隔符	;分号	语句的结束符
'单引号	字符常量的起止标记符	"双引号	字符串常量的起止标记符
#井字号	预处理指令的开始标记符	//双斜杠	行注释的开始标记符
{左花括号	复合语句的开始标记符	}右花括号	复合语句的结束标记符
/*斜杠和星号	块注释的开始标记符	*/星号和斜杠	块注释的结束标记符

提示：空格符是一种不被编译的符号，花括号必须成对。

(1) 空行

使用空行分隔相关语句块。省略额外的空行会加大代码阅读难度。在变量声明和代码之间有一行空行。通常使用 2 行空行来分隔方法实现或类型声明。如例 1-2 中，第 52 行和第 55 行，就是空行，主要用来分隔不同作用的代码段。

注意：过多的空行造成了空行滥用，并不能使代码更易于阅读。

(2) 空格

空格可降低代码密度，增加可读性。一般，函数名和括号之间没有空格、逗号后空一个空格、括号里面不能有空格、流程控制语句之前有一个空格、单个空格分隔运算符。

(3) 花括号

将花括号与相关代码置于下一行内，与控制语句的缩进相同。花括号内的语句缩进一个等级。

即使是单行条件式的情况下也使用花括号，使得将来增加条件时更简便，并减少制表符引起的歧义。

如例 1-2 中的花括号“{}”。

1.7　C++ 输入与输出简介

例 1-2 中，使用了 cout 和 cin。

C++ 中没有专门的输入输出语句，而是通过系统提供的输入输出流类来实现。C++ 用两个对象 cin 和 cout 实现标准的输入输出。

1. cout 输出

cout 的语法图如图 1-16 所示。

语法格式：

```
cout[<<表达式|流操作算子 ...] |cout.函数名(实参表);
```

功能：插入操作符“<<”可连续访问，后跟表达式，在输出时系统自动计算表达式的值并插入到数据流中。也可以访问 cout 的成员函数。

例 1-2 中的，第 50～62 行，使用 cout 输出，其中“endl”的作用是换行。输出的结果如图 1-17。

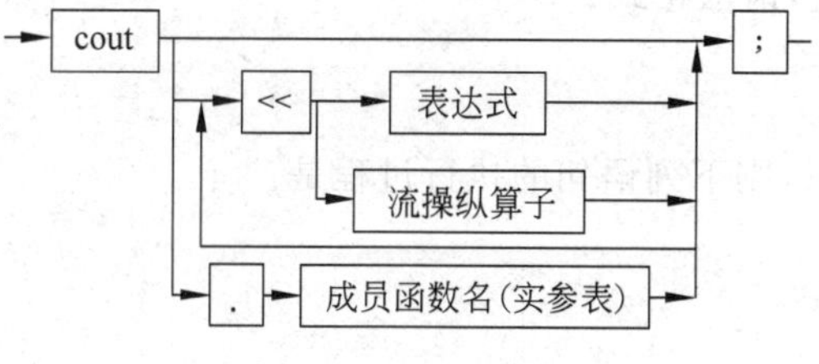

图 1-16　cout 语法

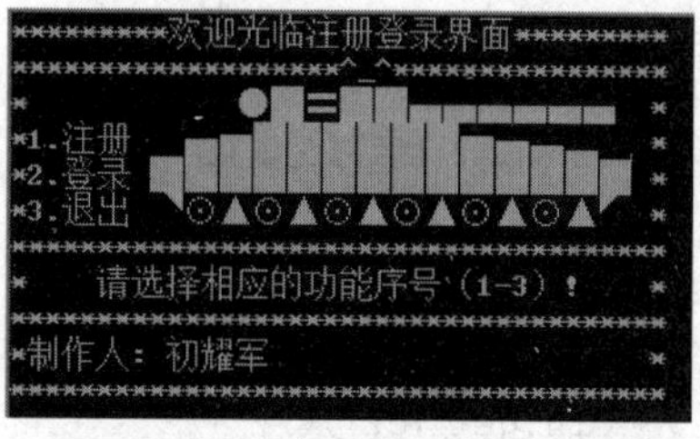

图 1-17　注册登录界面

2. cin 输入

cin 用来在程序执行期间给变量输入数据，cin 的语法图如图 1-18 所示。

语法格式：

```
cin>><变量名 1>><变量名 2>…>><变量名 n>];
```

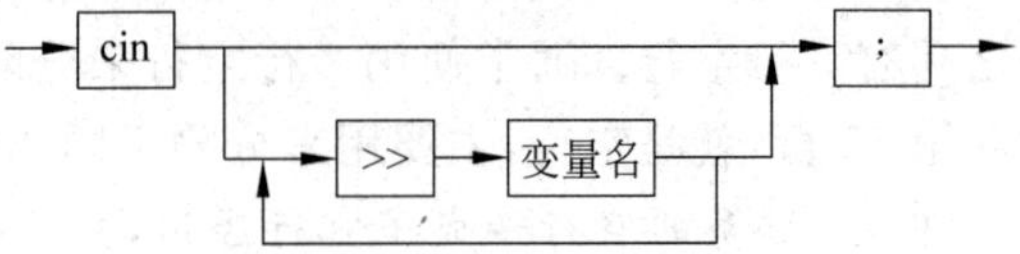

图 1-18 cin 的语法图

功能：“>>”称为“提取运算符”，程序执行到这条语句便暂停下来，等待从键盘上输入相应数据，直到所列出的所有变量均获得值后，程序才继续执行。

如例 1-2 中：

```
cin>>choice;
```

程序执行到 cin>>choice 时，暂停下来，等待从键盘上输入相应数据，直到所列出的所有变量均获得值后，程序才继续执行。此处，接受字符数据，如 1、2、……。

(1) cin 字符的输入

用 cin 为字符变量输入数据时，输入的各字符之间可间隔开也可无间隔，系统会自动跳过输入行中的分隔符(包括空格符，制表符，回车符等)。

例 1-2 中：

```
第 47 行：
char choice;
第 65 行：
cin>>choice;
```

即为利用 cin 输入字符。

执行过程为：

① 程序执行到 65 行时，等待用户输入数据。

② 若输入：

```
1<CR>                //CR 代表回车符
```

③ cin 将字符 1 赋给变量 choice。

(2) cin. get 输入字符

cin. get()：提取键盘上输入的所有字符(包括分隔符，如空格等)，赋给字符变量。并且，cin. get()函数一次只能提取一个字符的值，语法格式：

```
cin.get (字符变量);
```

【例 1-3】 设有定义 char c1，c2，c3，c4;，则下列语句的执行过程是：

```
cin.get (c1);
cin.get (c2);
cin.get (c3);
cin.get (c4);
```

程序执行过程中若输入：

```
A b<CR>//Ab间有空格
C<CR>
```

则字符'A'、空格、'b'、回车分别赋给变量c1、c2、c3、c4;，输入缓冲区中保留字符'C'和回车符。

注意：cin与cin.get()是有区别的，cin自动跳过分隔符(如空格、回车)；cin.get()不会。

3. 字符串的输入

【例1-4】 用系统提供的函数cin.getline()，将回车之前输入的所有字符都放入字符数组中，并以回车作为结束。

```
char city[11];
cin.getline(city, 10);        //由键盘输入城市名
cout<<"城市名: "<<city<<endl;
```

其中：cin.getline()的第1个参数是已经定义的字符数组名，第2个参数是读入字符的最多个数(包括字符串结束符'\0')。

4. 十进制数据的输入

【例1-5】 输入十进制数，并计算。

```
1.    int i, j;
2.    float x, y;
3.    cout<<"Input i, j, x, y:"<<endl;
4.    cin>>i>>j;
5.    cin>>x>>y; //要求输入十进制数
6.    cout<<"i= "<<i<<'\t'<<"j= "<<j<<endl;
7.    cout<<"x+y= "<<x+y<<endl;
```

程序执行到第3行，将输出提示信息：

```
Input i, j, x, y:
```

并停留在第5行，等待用户输入数据，若输入：

```
10 20<CR>
4.5 8.6<CR>
```

则程序输出：

```
i=10 j=20
x+y=13.1
```

5. 其他输入输出函数

除使用printf和scanf函数外，还可使用puts函数，如：

```
puts("*制作人：初耀军                              *");
        puts("******************************************");
```

非格式化输入输出函数可以由标准格式化输入输出函数代替，但这些函数编译后代码少，相对占用内存也小，从而提高了速度，同时使用也比较方便。

(1) puts()函数

puts()函数用来向标准输出设备(如：屏幕)写字符串并换行，语法格式：

```
puts(s);
```

其中 s 为字符串变量(字符串数组名或字符串指针)。

puts()函数的作用与 printf("%s\n", s)相同。

如例 1-6 中的第 35～45 行。

(2) gets()函数

gets()函数用来从标准输入设备(如：键盘)读取字符串直到回车结束，但回车符不属于这个字符串。语法格式：

```
gets(s);
```

其中 s 为字符串变量(字符串数组名或字符串指针)。

gets(s)函数与 scanf("%s", &s)相似，但不完全相同，使用 scanf("%s",&s)函数输入字符串时存在一个问题，就是若输入了空格会认为输入字符串结束，空格后的字符将作为下一个输入项处理，但 gets() 函数将接收输入的整个字符串直到回车为止。

(3) putchar()函数

putchar()函数是向标准输出设备输出一个字符，语法格式：

```
putchar(ch);
```

其中 ch 为一个字符变量或常量。

putchar()函数的作用等同于 printf("%c", ch);。

(4) getch()函数和 getche()函数

这两个函数都是从键盘上读入一个字符。语法格式：

```
getch();
getche();
```

两者的区别是：getch()函数不将读入的字符回显在显示屏幕上，而 getche()函数却将读入的字符回显到显示屏幕上。

(5) getchar()函数

getchar()函数也是从键盘上读入一个字符，并带回显。它与前面两个函数的区别在于:getchar()函数等待输入直到按回车才结束，回车前的所有输入字符都会逐个显示在屏幕上。但只有第一个字符作为函数的返回值。

getchar()函数的语法格式：

```
getchar();
```

1.8 注　　释

注释在程序中的作用是对程序进行注解和说明，以便于阅读，编译系统在对源程序进行编译时不理会注释部分，因此注释对于程序的功能实现不起任何作用。由于编译时忽略注释部分，所以注释内容不会增加最终产生的可执行程序的大小。在 C++ 中，有单行注释和多行注释两种。

注释的语法图如图 1-19 所示。

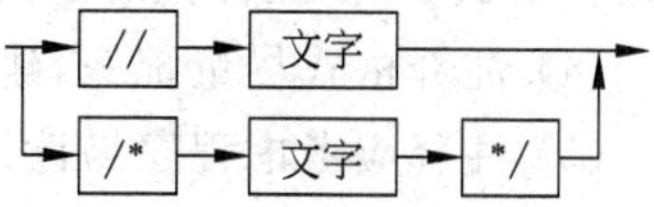

图 1-19　注释的语法图

1. 单行注释

使用“//”，从“//”开始，直到它所在行的行尾，所有字符都被作为注释处理。语法格式：

```
//注释内容
```

2. 多行注释

延用 C 语言方法，使用“/ * ”和“ * /”括起注释文字。语法格式：

```
/ * 注释内容 * /
```

注释的规则：

(1) 一般情况下，源程序有效注释量必须在 20%以上。注释的原则是有助于对程序的阅读理解，在该加的地方添加，注释不宜太多也不能太少，注释语言必须准确、易懂、简洁，防止注释二义性。错误的注释不但无益反而有害。

(2) 说明性文件的头部、实现文件头部、函数头部、全局变量、重要的类或结构体都应进行注释。

(3) 书写代码时加注释，修改代码同时修改相应的注释，以保证注释与代码的一致性。不再有用的注释要删除。

(4) 避免在注释中使用缩写，特别是不常用的缩写。在使用缩写时或之前，应对缩写进行必要的说明。

(5) 注释应与其描述的代码相近，对代码的注释应放在其上方或右方(对单条语句的注释)相邻位置，不可放在下面，如放于上方则需与其上面的代码用空行隔开。

(6) 对于所有物理含义的变量、常量，若其命名不是充分自注释的，在声明时都必须加以注释，说明其物理含义。变量、常量、宏的注释应放在其上方相邻位置或右方。

(7) 除非必要，不应在代码或表达中间插入注释，否则容易使代码可理解性变差。

(8) 注释行或注释块与被它们注释的程序元素之间不要留空行。

(9) 注释与所描述内容进行同样的缩排。可使程序排版整齐，方便注释的阅读与理解。

建议：

(1) 通过对函数或过程、变量、结构等正确的命名以及合理地组织代码的结构，使代码成为自注释。清晰准确的函数、变量等的命名，可增加代码可读性，并减少不必要的注释。

(2) 在代码的功能、意图层次上进行注释，提供有用、额外的信息。注释的目的是解释代码的目的、功能和采用的方法，提供代码以外的信息，帮助读者理解代码，防止没必要的重复注释信息。

(3) 在程序块的结束行右方加注释标记，以表明某程序块的结束。当代码段较长，特别是多重嵌套时，这样做可以使代码更清晰，更便于阅读。

(4) 注释格式尽量统一，建议使用"/* …… */"。

(5) 注释应考虑程序易读及外观排版的因素，使用的语言若是中、英兼有的，建议多使用中文，除非能用非常流利准确的英文表达。注释语言不统一，影响程序易读性和外观排版，出于对维护人员的考虑，建议使用中文。

本章小结

(1) C++语言既支持结构化编程，又支持面向对象编程，所以它具有结构化编程和面向对象编程两种基本框架。

(2) C++的字符集有以下96个基本字符。

(3) C++语言中的单词主要包括关键字、标识符、常量、运算符和标点符号等。

(4) cin是istream类的对象，用来处理标准输入，即键盘输入。cout是ostream类的对象，用来处理标准输出，即屏幕输出。

(5) 在C++中，有两种给出注释的方法：一种是沿用C语言方法，使用"/*"和"*/"括起注释文字。另一种方法是使用"//"，从"//"开始，直到它所在行的行尾，所有字符都被作为注释处理。

本章实践

第一部分 基础知识

选择题

1. 下列字符串中可以用作C++标识符的是(　　)。(2009-9)

   A. 2009var　　B. goto　　C. test-2009　　D. _123

2. 在下列字符中，不允许作为C++标识符的是(　　)。(2013-3)

   A. b　　B. B　　C. _　　D. 2

3. 下列符号中不属于C++关键字的是(　　)。(2014-9)

   A. friend　　B. namespaee　　C. Continue　　D. byte

4. 下列选项中，正确的C++标识符是(　　)。(2010-9)

   A. 6_group　　B. group～6　　C. age+3　　D. _group_6

5. 下列选项中，不是C++关键字的是(　　)。(2011-9)

A. class　　B. functi013　　C. friend　　D. virtual

6. 关于C++语言与C语言关系描述中错误的是(　　)。(2012-03)

A. C++语言是C语言的超集

B. C++语言对C语言进行了扩充

C. C++语言包含C语言的全部语法特征

D. C++语言与C语言都是面向对象的程序设计语言

7. Windows环境下,由C++源程序文件编译而成的目标文件的扩展名是(　　)。(2011-3)

A. cpp　　B. exe　　C. obj　　D. lik

8. 下列语句都是程序运行时的第1条输出语句,其中一条语句的输出效果与其他三条语句不同,该语句是(　　)。(2011-3)

A. cout<<internal<<12345;　　B. cout<<left<<12345;

C. cout<<right<<12345;　　D. cout<<setw(6)<<12345;

9. 在C++中,cin是一个(　　)。(2010-3)

A. 类　　B. 对象　　C. 模板　　D. 函数

10. 下列描述中,不属于面向对象思想主要特征的是(　　)。(2009-3)

A. 封装性　　B. 跨平台性　　C. 继承性　　D. 多态性

第二部分　项目设计

确立学生成绩管理系统功能,并建立界面,如该界面包括以下菜单条目:

(1) 班级成绩;

(2) 用于添加班级和科目的参数设置。

第 2 章　数据类型与表达式

教学目标：

(1) 掌握 C++ 基本类型及其声明定义方法。

(2) 掌握 C++ 的常量定义。

(3) 掌握变量的定义与使用方法(变量的定义及初始化)。

(4) 掌握 C++ 操作符的种类、运算优先级和结合性。

(5) 熟练掌握 C++ 表达式类型及求值规则。

2.1　数据类型

程序是对数据进行操作的有序指令的集合，程序的执行过程实际上是对数据进行处理的过程。在高级程序设计语言中，数据的基本表现形式有两种：常量和变量。

常量是在程序的执行过程中，其值不可以改变的量。用一个标识符表示一个常量，称符号常量。在程序中，符号常量必须遵循“先声明，后使用”的原则。

变量是在程序的执行过程中，其值可以改变的量。变量在使用之前必须首先声明其类型和名称。

常量和变量都有数据类型和初值。类型和变量名一般用名词性的标识符表示。

2.1.1　数据类型

1. 数据类型

在数据结构中，数据类型被定义为一个值的集合以及定义在该值集上的一组操作。C++ 程序中的每个变量或常量都拥有一个数据类型，其常用的数据类型如图 2-1 所示，其中 type 为已知数据类型。

基本数据类型简称基本类型(内置类型、原始类型、原子类型)，是系统已经定义好的、基本的、不可再分的、程序员直接用来定义或说明变量的数据类型。C++ 中，基本类型有 char、int、float、double、bool、void。其中 char、int、double 前面可加上类型修饰符，以放大或缩小基本类型的字长及其取值范围。类型修饰符包括：

short：短类型，缩短字长。

long：长类型，加长字长。

- 数据类型
  - 基本类型
    - 整型
      - 短整型(short int)
      - 整型(int)
      - 长整型(long int)
    - 字符型 (char)
    - 浮点型
      - 单精度型(float)
      - 双精度型(double)
      - 长双精度型(long double)
    - 布尔类型(bool)
    - 空类型(void)
  - 非基本类型
    - 枚举类型(enmu)
    - 数组类型(type[])
    - 结构体类型(struct)
    - 共用体类型(union)
    - 类类型(class)
    - 指针类型(type*)

图 2-1　数据类型

signed：有符号类型，取值范围包括正负值。

unsigned：无符号类型，取值范围包括正值和零。

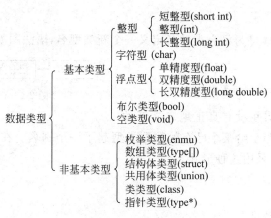

表 2-1 列出了基本数据类型及其常用派生类型在 32 位计算机上占据的字节长度和取值范围。

表 2-1　基本数据类型及其常用派生类型

类　型	声　明　符	字节	取 值 范 围
有符号短整型	short⇔(等价) short int<=>signed short int	2	-2^{15}～$2^{15}-1$ 内的整数
无符号短整型	unsigned short<=>unsigned short int	2	0～$2^{16}-1$ 内的整数
有符号整型	int<=>signed int	4	-2^{31}～$2^{31}-1$ 内的整数
无符号整型	unsigned<=>unsigned int	4	0～$2^{32}-1$ 内的整数
有符号长整型	long 或 long int<=>signed long int	4	-2^{31}～$2^{31}-1$ 内的整数
无符号长整型	unsigned long<=>unsigned long int	4	0～$2^{32}-1$ 内的整数
有符号字符	char<=>signed char	1	−128～127 内的整数
无符号字符	unsigned char	1	0～255 内的整数
单精度型	float	4	-3.402823×10^{38}～3.402823×10^{38} 内的数
双精度型	double	8	-1.7977×10^{308}～1.7977×10^{308} 内的数
长双精度型	long double	8	-1.7977×10^{308}～1.7977×10^{308} 内的数
布尔型	bool	1	true(1)或 false(0)
空类型	void		

非基本类型(派生类型、构造类型、复合类型和自定义类型)是一种数据类型，它由基本类型和其他的非基本类型构成，包括枚举、结构体、共用体、数组、类和指针类型。

2. typedef 类型

用关键字 typedef 可为已有类型名定义一个新类型名，语法图如图 2-2 所示。

语法格式：

```
typedef 已有类型名  新类型名
```

图 2-2 typedef 类型

typedef 类型说明并没有真正地定义新的数据类型，它只是相当于给某个已有的数据类型起了一个别名。在规模较大的程序中为了提高代码可读性常采用这种形式。

如：

```
typedef struct
{
    bool number;            /*数字字符*/
    bool litleLetter;       /*小写字符*/
} JUDGE;
```

此处，利用 typedef 定义的结构体类型 JUDGE。

再如：

```
typedef int INT;            //定义基本整型
```

利用 typedef 定义的基本整型 int 为 INT。

提示：用 typedef 只能声明各种类型名，但不能定义变量。

2.1.2 变量定义和符号常量

在程序中，一个变量实质上代表某个存储单元的地址。变量“名”和变量“值”是有区别的：变量“名”用标识符表示，是指该变量所代表的存储单元的标识，而变量“值”是指存储单元中的内容。变量定义和符号常量都必须“先定义后使用”。

1. 变量的定义

变量定义的语法格式有两种：

语法格式 1：

```
[访问修饰符][存储修饰符]数据类型名 变量名 [=初值表达式],...;
```

语法图如图 2-3 所示。

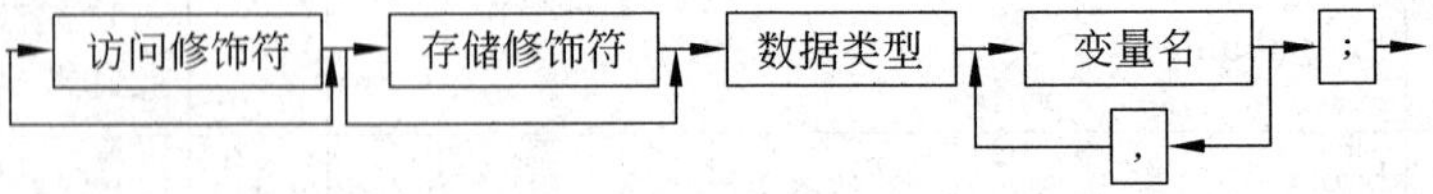

图 2-3 变量定义

说明：

(1) 访问修饰符、存储修饰符均不为可选项，将在后面介绍。

(2) 数据类型为已存在的一种数据类型，如 char，short，int，long，float，double 等基

本数据类型名，或基本类型的派生类型，或者用户定义的数据类型名，参见 2.1.1 节。

(3) 声明变量的语法图如图 2-4 所示。声明变量的标识符称变量名，是用户定义的一个合法的标识符，用来表示一个变量，该变量可通过后面的可选项赋予一个初值，称变量初始化。初始化表达式是一个表达式，可选项，该表达式的值就是变量的初值。

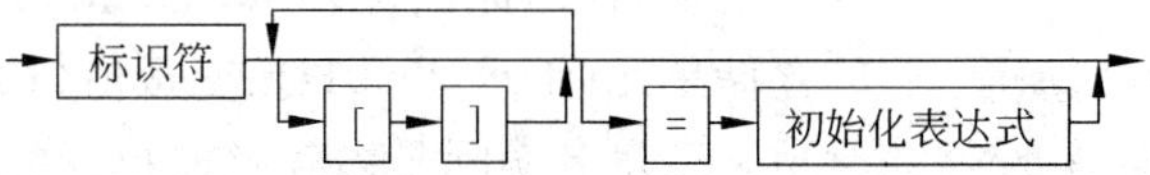

图 2-4　声明变量

【例 2-1】

```
1.  float score=0.0;             //强度得分
2.  extern char temp(NULL);      //字符
3.  /*数字字符统计,本该整型,
4.  但这里类型讲解需要定义为双精度类型*/
5.  extern double number(0.);
6.  extern long Othercharacter=0;
7.   /*结构体变量赋初值*/
8.  JUDGE judge={ false, false, false, false };
```

第 1 行，单精度，初值为 0.0.
第 2 行，外部字符型，初值为空。
第 5 行，外部双精度型，初值为 0。
第 6 行，外部长整型，初值为 0。
第 8 行，结构体型，初值全为 false。

此处，在定义变量的同时，给变量赋初值，其中第 1、6、8 行利用格式一初始化。

(4) 若一个数据类型说明符，同时说明多个变量，不管是否对变量初始化，各变量名之间用逗号“,”隔开。若有初值表达式，逗号“,”在初值表达式之后，变量名之前。建议一个类型只定义一个变量，这样便于阅读，便于给该变量加注释。

```
bool Othercharacter;      //其他字符
float score=0.0;          //强度得分
long Othercharacter=0;
JUDGE judge={ false, false, false, false };
```

定义逻辑变量 Othercharacter；
定义单精度型变量 score，并赋初值 0.0；
定义长整型量 Othercharacter，并赋初值 0；
定义结构体变量，并赋初值{false，false，false，false}。

语法格式 2：

[访问修饰符][存储修饰符]数据类型 变量名 1(初值表达式 1),变量名 2(初值表达式 2),…,变量名 n(初值表达式 n);

说明：

可在定义变量的同时，给变量初始化。访问修饰符、存储修饰符、数据类型的语法格式同格式一，其语法图除声明变量的语法图外，其他语法图同格式一。格式二的声明变量的语法图如图 2-5 所示。

图 2-5　声明变量格式二

采用格式二定义变量和初始化，如：

```
1. char temp(NULL);  //字符        定义字符量 temp,并赋初值 NULL;
2. double number(0.);             定义双精度量 number,并赋初值 0。
```

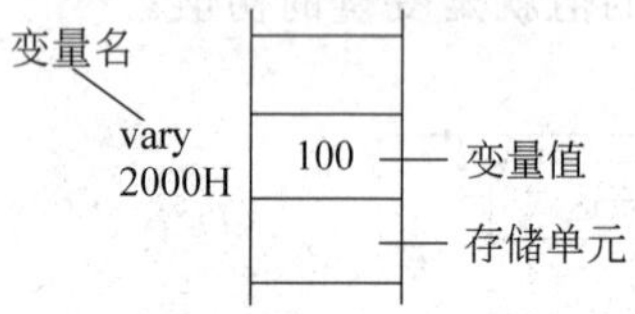

图 2-6 变量的内存存储

变量名(用标识符表示，如 vary)、变量在内存中占据的存储单元(地址 2000H)、变量值(100)三者关系如图 2-6 所示。变量名实际是内存存储单元的文字地址。

一般，变量名一律小写，单词间以下划线相连，变量应当使用“名词”或者“形容词+名词”的格式来命名。

2. 符号常量

字面常量(直接常量)，“字面”是用它的值称呼，“常量”是指其值不能修改。每个字面常量都有相应的类型。

如，整型字面常量依次为 0、-1；5. 是双精度类型常量；10.0f 是单精度类型常量；2.5e1 是单精度类型。

程序中，直接使用字面常量的缺点：

(1) 程序的可读性(可理解性)差。程序员自己会忘记哪些数字或字符串代表什么意思，用户则更不知它们从何而来、表示什么。如-1、5.、10.0、2.5e1，究竟是什么含义，显然不是很清楚。

(2) 在程序的很多地方输入同样的数字或字符串，难保不发生书写错误。若要修改数字或字符串，则需要同时在很多地方改动，既麻烦又容易出错。如 3.14159，可能会出现其他值，如 3.14。

尽量使用含义直观的符号常量来表示那些将在程序中多次出现的数字或字符串。C++ 中，常常用一个标识符来代表一个常量，称符号常量。符号常量在使用之前要先定义，习惯上用大写字母。符号常量和宏名用全大写的单词组合而成，并在单词之间用单下划线分隔，首尾最好不要使用下划线。在名称前加 k，所有编译时常量(无论是局部的、全局的还是类中的)和其他变量保持些许区别，k 后接大写字母开头的单词。

在 C++ 中，定义一个符号常量，有两种方法：

1) 无参宏定义 # define

宏定义 # define 定义的符号常量，与 C++ 本身没有关系，它是一个编译器指令，或称预处理指令。无参宏定义 # define 的语法图如图 2-7 所示。

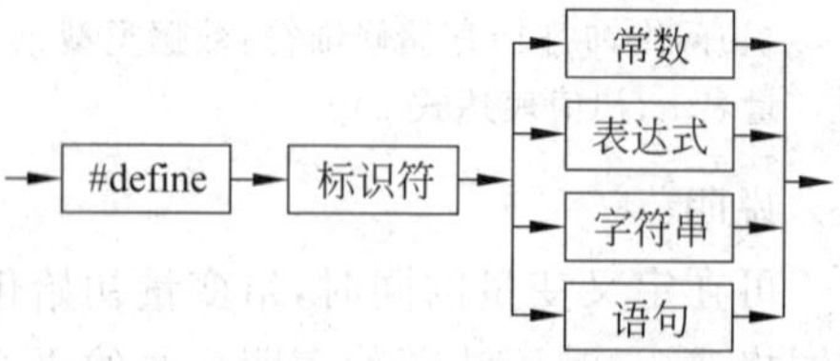

图 2-7 无参宏定义 # define

语法格式：

```
#define 标识符 常数 | 表达式 | 字符串 | 语句
```

说明：

C++ 中，凡是以“ # ”开头的都是预处理命令；“define”为宏定义命令；“标识符”为所定义的宏名；常数可以是各种类型常数，表达式可以是各种类型表达式，还可是字符串、语句等。

如：

```
#define PI 3.14                       //常数
#define M (y * y+3 * y)               //表达式
#difine N y * y+3 * y                 //表达式
#difine STRING  "字符串"               //字符串
#difine NEWLINE  cout<<endl;          //语句
```

2）常值量 const

用关键字 const 可声明符号常量，其语法图如图 2-8 所示。const 推出的初始目的，是为了取代预编译指令，消除它的缺点，同时继承它的优点。

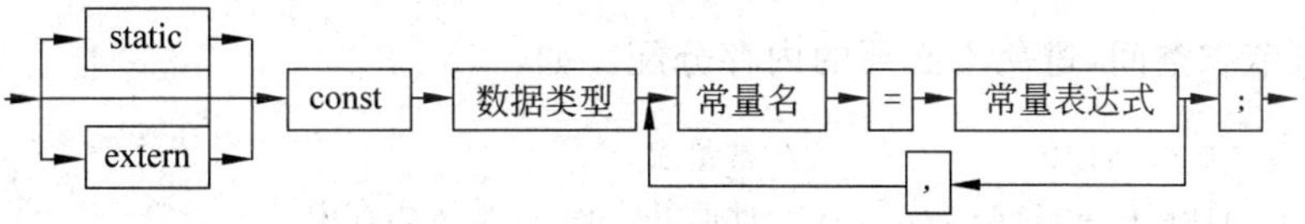

图 2-8　关键字 const 声明的符号常量

语法格式：

```
[static | extern const]数据类型 常量名 1=常数表达式 1
[[,常量名 2=常数表达式 2]…];
```

说明：

(1) const 定义的常量，具有不可变性。如：

```
const short LTGTHN2=7;      //定义短整型符号常量 LTGTHN2 的值为 7
```

(2) 应用于函数形参，便于类型检查，使编译器对处理内容有更多了解，消除了一些隐患。如：

```
void f(const int i)
{ …}
```

编译器知道形参 i 是一个常量，不允许修改。

(3) 避免意义模糊的数字出现，方便地进行参数的调整和修改。如(1)中，若想修改 LTGTHN2 的内容，只需要将 7 改成其他值即可。

(4) 保护被修饰的内容，防止意外的修改，增强程序的健壮性。如(2)中，若在函数体内修改了形参 i，编译器就会报错。如：

```
void f(const int i) {
    i=10;//error!
}
```

(5) 为函数重载提供了一个参考。如：

```
class A
```

```
{
    ⋮
    void f(int i)
    {
        ⋮
    } //一个函数
    void f(int i) const
    {
    ⋮
    } //上一个函数的重载
⋮
};
```

(6) 可节省空间，避免不必要的内存分配。如：

```
#define PI 3.14159              //常量宏
const doulbe Pi=3.14159;        //此时并未将 Pi 放入内存中
double exmpi=Pi;                //此时为 Pi 分配内存，以后不再分配
double exmpI=PI;                //编译期间进行宏替换，分配内存
double exmpj=Pi;                //没有内存分配
double exmpJ=PI;                //进行宏替换，分配内存
```

const 定义常量从汇编的角度来看，只是给出了对应的内存地址，而不像 # define 给出的是立即数。const 定义的常量在程序运行过程中只有一份拷贝，而 # define 定义的常量在内存中有若干个拷贝。

(7) 提高了效率。编译器通常不为普通 const 常量分配存储空间，而是将它们保存在符号表中，这使得它成为一个编译期间的常量，没有了存储与读内存的操作，使得它的效率也很高。如：

```
const short LTGTHN2=7;          //密码长度
```

此处，定义了一个短整型符号常量 LTGTHN2，它的值指定为十进制的 7。

注意：

(1) 在 C++ 中将需要对外公开的常量放在头文件中，不需要对外公开的常量放在定义实现文件的头部。为便于管理，可把不同模块的常量集中存放在一个公用的头文件中。

(2) 若某一常量与其他常量密切相关，应在定义中包含这种密切关系，而不应给出一些孤立的值。const 定义的常量在某种程度上可能会使代码更臃肿。

如，在某个头文件中定义的以下的一些常量：

```
const int MAX_NAME_LENGTH=128;
const float LOG_2E=log2(2.71828183f);
const std::string LOG_FILE_NAME="filename.log";
```

在默认情况下，以 const 方式定义的变量会促使编译器为每个包含此头文件的模块分配变量存储空间。若定义了很多常量，且该头文件被很多.cpp 文件包含，会导致.obj

目标文件和最终的二进制文件膨胀。解决办法是在头文件中使用 extern 声明常量，如：

```
extern const int MAX_NAME_LENGTH;
extern const float LOG_2E;
extern const std::string LOG_FILE_NAME;
```

然后，在相应的.cpp 文件中定义每个常量的值：

```
const int MAX_NAME_LENGTH=128;
const float LOG_2E=log2(2.71828183f);
const std::string LOG_FILE_NAME="filename.log";
```

通过这种方式，变量的空间就只会分配一次。

3. #define 与 const 区别

#define 与 const 的区别：

(1) const 常量有数据类型，而#define 定义的宏常量没有数据类型。

(2) 编译器对 const 进行静态类型安全检查，而对#define 只进行字符替换，没有类型安全检查，且在字符替换时可能会产生意料不到的错误(边际效应)。

(3) 有些集成化的调试工具可对 const 常量进行调试，但不能对宏常量进行调试。

因此，在 C++ 程序中应尽量使用 const 来定义符号常量，包括字符串常量。

2.1.3 整型数据

1. 整型常量

整数类型，简称整型。整数类型的声明符、所占字节数和取值范围见表 2-1。整型常量就是整型常数，简称整数。C++ 中，整型常量有八进制、十进制和十六进制三种方式，其语法图如图 2-9 所示。

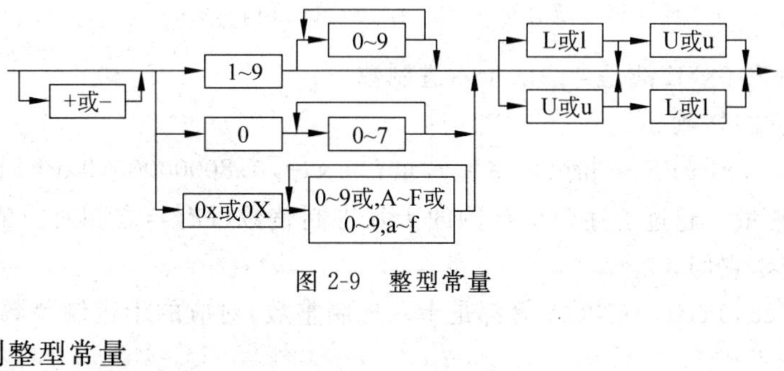

图 2-9 整型常量

1) 十进制整型常量

十进制整型常量的字面量，即十进制整数，以正号(+)或负号(−)开头，由首位非 0 的一串十进制数字(0～9)组成。以正号开头的称为正数，以负号开头的称为负数，若省略正负号，则默认为正数。首位为 0 的整数不是十进制整数。

语法格式：

```
[+|-]1 至 9[0 至 9…][{u|U}|{L|l}]
```

如,0、33U、+47L 都是整型常量。089 既不是十进制数也不是八进制数,是错误的整型数。

一个十进制整数 x:

当 x∈[-2 147 483 648(即-2^{31}),2 147 483 647(即$2^{31}-1$)]时,被系统看作是整型常量;当 x∈[0,2 147 483 648(即2^{31})~4 294 967 295(即$2^{32}-1$)]时,被看作是无符号整型常量;当超过上述两个范围时,则无法用 C++ 整数类型表示,就会产生溢出。

注意:数学中,12.0 是整数,但在 C++ 中是实数,因为 C++ 中整数不含小数点。

2) 八进制整型常量

八进制整数常量以数字 0 开头,后面接若干个八进制数字(借用十进制数字中的 0~7)。

语法格式:

```
[+|-]0 [0 至 7…] [{u|U}|{L|l}]
```

如,-0110 和+0114lu 都是八进制,因以 0 开头,由 0~7 八个数字组成。

一个八进制整数 x:

当 x∈[0,017777777777]时,称整型常量;当 x∈[020000000000,037777777777]时,称为无符号整型数量。不能使用超过上述两个范围的八进制整数,因没有与此相对应的 C++ 整数类型。

如 0,012,0377,04056 等都是八进制整数,对应的十进制整数依次为 0,10,255 和 2094。

3) 十六进制整型常量

十六进制整数以数字 0 和字母 X(大、小写均可)开头,后面接若干个十六进制数字(借用十进制数字 0~9,字母 A~F 或 a~f)。

语法格式:

```
[+|-]0x|X [0 至 9 或 a 至 f 或 A 至 F…] [{u|U}|{L|l}]
```

如,0x7Bul 和 0x7E 都是合法的十六进制数。

一个十六进制整数 x:

当 x∈[0,0x7FFFFFFF]时,称整型常量;当 x∈[0x80000000,0xFFFFFFFF]时,则称无符号整型常量。超过上述两个范围的十六进制整数没有与之相对应的 C++ 整数类型,因此不能使用它们。

如 0x0,0X25,0x1ff,0x30CA 等都是十六进制整数,对应的十进制整数依次为 0,37,511 和 4298。

C++ 中默认整型常量为 int 类型。整型数据除了一般表示方法之外,还允许给它们添加后缀 u 或 l。对于任意一种进制的整数,若后缀为字母 u(大、小写均可),则规定它为一个无符号整型(unsigned int)数;若后缀为字母 l(大、小写均可),则规定它为一个长整型(long int)数。在一个整数的末尾,可同时使用 u 和 l,并且对排列无要求。如 33U、+47L、+0114lu、0x7Bul,其类型依次为 unsigned int、long int、unsigned long int、unsigned long int。

2. 整型数据在内存中的存储

整型数据在内存中是以二进制补码形式存放的。正数的补码就是它的二进制形式，负数的补码是将该数的绝对值的二进制按位取反，末位加 1。

如：定义一个整型变量 itest＝100，图 2-10(a)是数据存储示意图，图 2-10(b)是数据在内存中的存放情况。

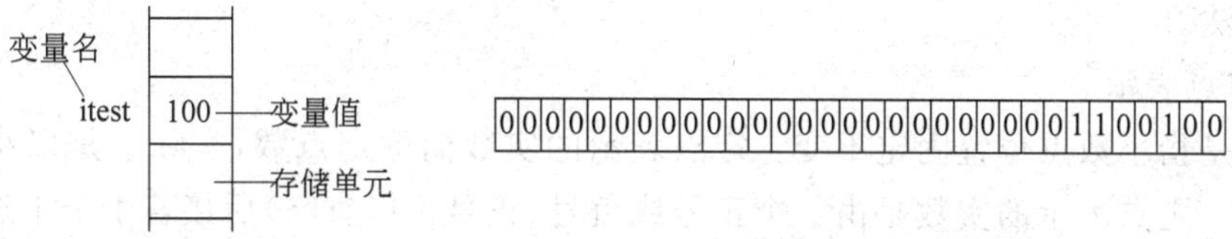

(a)数据存储示意图　　(b)数据在内存中的存放情况

图 2-10　数据存储

再如：定义一个整型变量 itest＝－100，图 2-11(a)是数据存储示意图，图 2-11(b)是数据在内存中的存放情况。

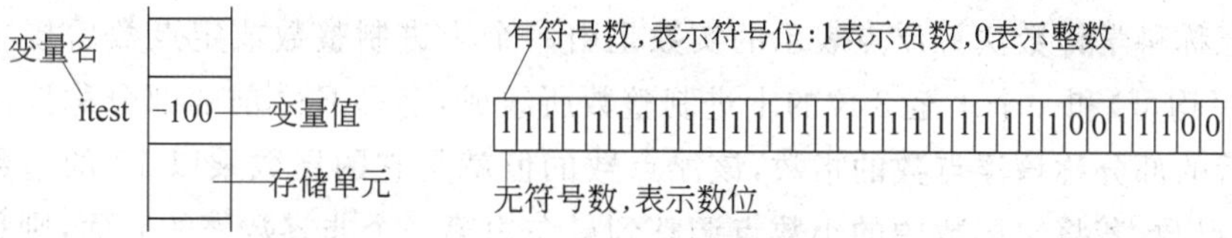

(a)数据存储示意图　　(b)数据在内存中的存放情况

图 2-11　数据存储

再如，整数 13 的各种整型数据类型的存储形式如图 2-12 所示。

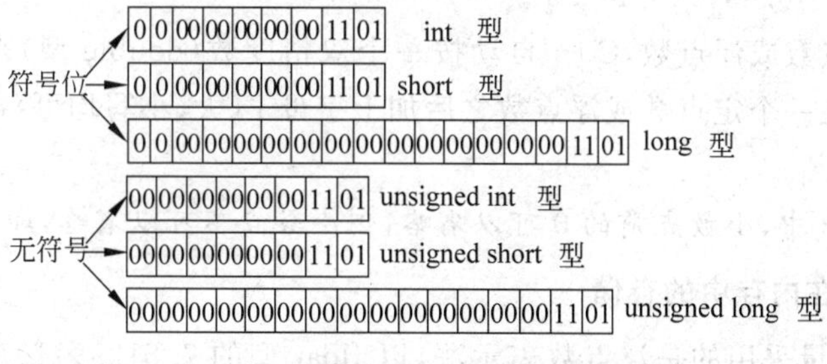

图 2-12　整数 13 的各种整型数据类型的存储形式

2.1.4　浮点型

1. 实型常量

浮点型也称实数类型，简称实型。在计算机中，存放浮点数一般采用定点数和浮点数两种表示方法。实数类型的声明符、所占字节数和取值范围见表 2-1。实型常量语法图如图 2-13 所示。

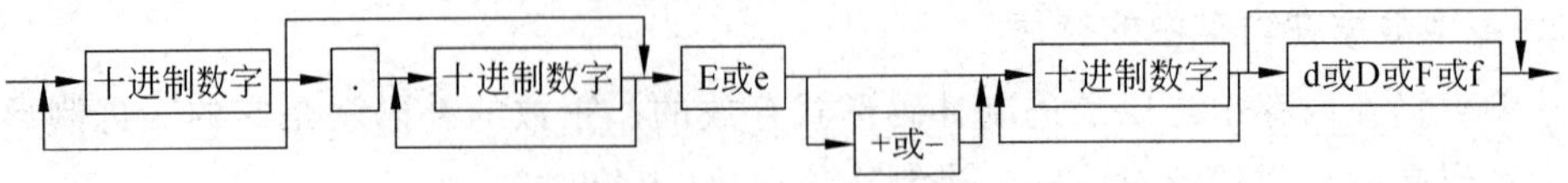

图 2-13 实型常量

实型常量简称实数，对应数学中实数概念。实数只采用十进制形式，有定点和浮点两种表示方法。

1）定点表示

定点是指小数点位置固定不变。定点表示的实数简称定点数，实际上是以小数形式表示实数。定点表示的实数是由一个正号或负号(正号可以省略)后接若干个十进制数字和一个小数点所组成，小数点可处在任何一个数字位的前面或后面，如.12，12.，-12.，+.14，-.02037，-36.等都是符合书写规定的定点数，但小数点两端必须至少有一个数字，如“.”是错误的。如：5.和10.0f都是定点表示的实数。

2）浮点表示

浮点是指小数点位置不固定。浮点表示的实数简称浮点数，实际上是以指数形式表示实数，也称科学计数法。浮点表示的实数是由一个十进制整数或定点数后接一个字母E(大、小写均可)和一个1至3位的十进制整数所组成，字母E之前的部分称该浮点数的尾数，之后的部分称该浮点数的指数，该浮点数的值就是它的尾数乘以10的指数幂。对于一个浮点数，若将它尾数中的小数点调整到最左边第一个非零数字的后面，则称规格化(或标准化)浮点数。

如3.23E5，+3.25e-8，2E4，0.376E-15，1e-6，-6.04E+12，.43E0，96.e24等都是合乎规定的浮点数，它们对应的数值分别为：$3.25 * 10^{5}$，$3.25 * 10^{-8}$，20000，$0.376 * 10^{-15}$，10^{-6}，$-6.04 * 10^{12}$，0.43，$96 * 10^{24}$等。

对于一个定点数或浮点数，C++自动按一个双精度数(double型)来存储，即默认为双精度类型。若在一个定点数或浮点数之后加上字母F(大、小写均可)，则自动按一个单精度数来存储。

提示：在C++中，小数点前的0可以省略，但小数点不可以省略，即为“.0”。

2. 实型数据在内存中的存储

C++中，实型量采用的是浮点数表示法，以float型的7.8125×10^{-2}为例，其数据存储格式如下：

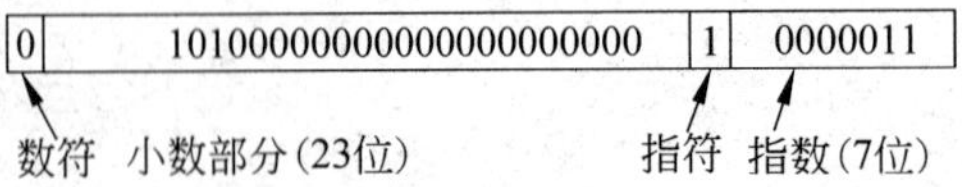

即二进制的0.101×10^{-11}，转化为十进制为0.625×2^{-3}，即7.8125×10^{-2}。

实型常量分单精度(float)、双精度(double)和长双精度(long double)三类。

对于float型的数据小数部占24位(包括数符一位)，指数部分占8位(包括指符一位)，提供7位有效数字。

对于 double 型的数据小数部占 53 位(包括数符一位),指数部分占 11 位(包括指符一位),提供 15 位有效数字。

对于 long double 型的数据小数部分占 113 位(包括数符一位),指数部分占 15 位(包括指符一位),提供 19 位有效数字。

2.1.5 逻辑型

1. 逻辑常量

逻辑型用关键字 bool 表示,也称 bool 型(布尔型)。逻辑字面常量主要用在逻辑运算中,包含 true 和 false 两个取值,这两个关键字分别对应整数 1(逻辑真)和 0(表示逻辑假),所以,能像其他整数一样出现在表达式中,参与各种数值运算。

2. 逻辑量在内存中的存储

逻辑型变量在内存中的存储,如图 2-14 所示。

逻辑 false |0|0|0|0|0|0|0|0|　　逻辑 true |0|0|0|0|0|0|0|1|

图 2-14 逻辑型变量在内存中的存储

2.1.6 字符型与字符串

1. 字符型

1) 标准 ASCII 码

标准 ASCII 码也称基础 ASCII 码,采用 7 位二进制数来表示所有的大写和小写字母、数字 0～9、标点符号,以及在美式英语中使用的特殊控制字符。其中:

0～31 及 127(共 33 个)是控制字符或通信专用字符(其余为可显示字符),如控制符:LF(换行)、CR(回车)、FF(换页)、DEL(删除)、BS(退格)、BEL(响铃)等;通信专用字符:SOH(文头)、EOT(文尾)、ACK(确认)等;ASCII 值为 8、9、10 和 13 分别为退格、制表、换行和回车字符。它们并没有特定的图形显示,但会依不同的应用程序,而对文本显示有不同的影响。

32～126 是可显示字符(共 95 个,其中 32 是空格)。其中,48～57 为 0 到 9 十个阿拉伯数字;65～90 为 26 个大写英文字母,97～122 号为 26 个小写英文字母,其余为一些标点符号、操作符号等。

2) 字符常量

字符型用关键字 char 表示,又称 char 型,即把字符作为一种数据进行操作。字符型的取值范围是全部基本字符以及 ASCII 码集或扩充 ASCII 码集对应的全部符号,字符型数据占用 1 字节(Byte),即 8 位二进制位(bit)空间。C++ 提供的字符型与整型有着密切的关系,字符集与单字节整数有一个对应关系(ASCII 码),如,字母 a 的 ASCII 码值是 97,故可将字符型看做是用来表示单字节整数的整型,字符型在整数中的取值范围是

-128～127(有符号字符型)或 0～255(无符号字符型)。字符型的声明符、所占字节数和取值范围见表 2-1。字符常量简称字符,C++ 中的字符是用单引号括起来的一个字符,语法图如图 2-15 所示。

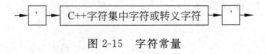

图 2-15 字符常量

如：'9'、'z'和'Z',都是字符常量。

在计算机中一个字符占一个字节,其数值为字符的 ASCII 值,如'a'＝97、'0'＝48。计算机中常用的 ASCII 字符集中的每一个显示字符(个别字符除外)都可以作为一个字符常量。对于一个字符,当用于显示输出时,将输出字符本身或体现出相应的控制功能;当参加运算时,将使用它们的 ASCII 值。

3) 字符型变量在内存中的存储

字符'9'、'z'对应的 ASCII 码依次为：00111001、01111010,在内存中的存储如下：

字符'9'内存中的存储：

0	0	1	1	1	0	0	1

字符'z'内存中的存储：

0	1	1	1	1	0	1	0

可把它们看成是整型量。C++ 语言允许对整型变量赋以字符值,也允许对字符变量赋以整型值。在输出时,允许把字符变量按整型量输出,也允许把整型量按字符量输出。

2. 转义字符

在 C++ 中,因字符单引号(')用于字符常量的分界符、字符的双引号(")用于字符串的分界符,还有一些控制字符没有图形符号。要想在 C++ 中的字符常量和字符串常量中表示它们,就要采用一种策略,该策略在 C++ 中用转义符表示。

转义符是 C++ 中一种特殊形式的字符常量,它们以反斜杠“\”开头包括多个字符的字符常量称为转义字符序列。反斜杠后的字符将被“转义”成具有某种控制功能的字符,如“\a”中的字符 a 被解释为响铃,如“\n”中的字符 n 被解释为换行。为了表示作为特殊标记使用的可显示字符,也必须用反斜杠引导,如“\\”表示反斜杠字符自身。无论字符常量包含一个还是多个字符,每个字符常量只能表示一个字符,当字符常量的一对单引号内多于一个字符时,则将按照一定的规则解释为一个字符或值。

另外,还允许用反斜线引导一个具有 1～3 位的八进制整数或一个以字母 X(大、小写均可)作为开始标记的具有 1 至 2 位的十六进制整数,对应的字符就是以这个整数作为 ASCII 码的字符。常用的转义序列见表 2-2。

表 2-2　C++ 常用的转义序列

转义序列	ASCII 码值	功　能	转义序列	ASCII 码值	功　能
\'	39	单引号	\"	34	双引号
\\	92	反斜杠	\0	0	空字符
\a	7	响铃	\b	8	后退
\f	12	走纸	\n	10	换行
\r	13	回车	\t	9	水平制表符
\v	11	垂直制表符	\?	63	问号
\ooo	ooo 对应的 1～3 位八进制数	该 ASCII 对应的字符	\xhh	hh 对应的 1～2 位十六进制数	该 ASCII 对应的字符

如例 1.2 中的转义符'\n',表示换行。

3. 字符串

1）字符串常量

字符串常量简称字符串。字符串是用双引号括起来的字符序列,其中字符的个数称字符串长度,语法图如图 2-16 所示。

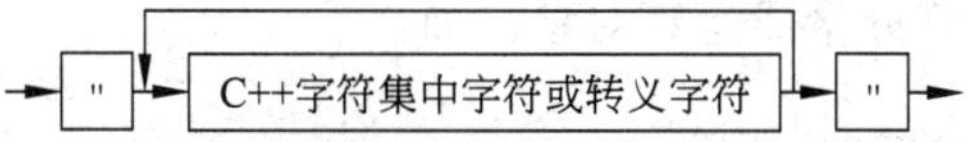

图 2-16　字符串

2）字符串在内存中的存储

C++ 中,字符串常量在内存中存储时,系统自动在字符串的末尾加一个“串结束标志”,即 ASCII 码值为 0 的字符 NULL,常用\0 表示。在程序中,长度为 n 个字符的字符串常量,在内存中占有 n+1 个字节的存储空间。

如,字符串 China 有 5 个字符,作为字符串常量“China”存储于内存中时,共占 6 个字节,系统自动在后面加上 NULL 字符(\0),其存储形式为:

C	h	i	n	a	\0

注意:字符串常量与字符常量在计算机内部存储上是有区别的。一个字符串常量在存储时是在给定的字符序列后再加一个空字符('\0'),而字符常量则不加。字符'A'只占 1 个字节,而字符串常量"A"占 2 个字节。

如,字符串"The length of password."。其存储形式为:

T	h	e		l	e	n	g	t	h		o	f		p	a	s	s	w	o	r	d	.	\0

字符串变量参见后面的章节。

2.1.7 空值型

空值型用关键字 void 表示,又称 void 型,空值型的取值为空。C++ 中不存在 void 型的常量或变量。

C++ 规定,所有函数说明都必须指明返回值类型,没有返回值的函数应说明为 void 类型的函数。另外,void 类型还可以用来声明一个指针变量。

```
void *p;    //是一条指针变量声明语句,其中指针变量 p 所指向的数据类型尚不确定
```

提示:void 是无值,而不是 0,因 0 也是一个值。

2.2 操作符与表达式

2.2.1 操作符

1. 操作符的概念

操作符也称运算符,是用来表示对数据进行运算的符号。在程序设计中,单目操作符的编码规范是前后不加空格,双目操作符的编码规范是前后都加空格。把运算中所需要的数据称为操作数或运算分量或运算对象。如:

```
for (int i=0; i<length; i++)
```

其中:i 和 0 是赋值运算符"="的操作数,i 和 length 是关系运算符"<"的操作数。

2. 运算类型与操作符

C++ 包含多种不同种类的运算。每一种运算与其他运算的区别在以下 3 个方面:

(1) 参加运算的运算对象的数量和类型;

(2) 运算结果的数据类型;

(3) 运算的具体操作。

如:

```
i<length
```

运算符"<"要求有两个运算对象,其操作对象类型是 int;运算的结果是具有真假的逻辑类型;具体的操作是比较运算。

3. 优先级

优先级是指表达式中操作符运算的先后顺序。当一个表达式中包含多个操作符时,先进行优先级高的运算,再进行优先级低的运算。若表达式中出现了多个相同优先级的运算,运算顺序就要看操作符的结合性了。如:

```
temp>='A' && temp<='Z'
```

先计算">="和"<=",然后计算"&&"。

4. 结合性

结合性是指操作数左右两边操作符的优先级相同时，优先和哪个操作符结合进行运算。操作符的结合顺序有两种：左结合和右结合。

以下用 op1、op2 代表操作符，用 num1、num2、num3 代表运算对象，则左结合和右结合规则如下。

左结合：

```
num1 op1 num2 op2 num3 → (num1 op1 num2) op2 num3
```

右结合：

```
num1 op1 num2 op2 num3 → num1 op1 (num2 op2 num3)
```

根据操作符的优先级和结合性，参见 2.2.6 节。如：

```
temp>='A' && temp<='Z'
```

等价于(temp>='A') && (temp<='Z')。

2.2.2 算术操作符与表达式

1. 表达式的概念

由一个或多个操作数与操作符连接而成的有效运算式称表达式。表达式还能以运算对象的角色出现在运算中从而组成新的表达式，任何表达式都有一个运算结果。如，temp>= 'A' && temp<='Z'即为表达式。

2. 算术表达式

算术运算是指 char、short、int、long、float、double、long double 的数据类型数据计算后，得到同一类型数据的运算。算术运算中所使用的操作符称算术操作符，分单目运算符和双目运算符。

算术表达式的语法图如图 2-17 所示。

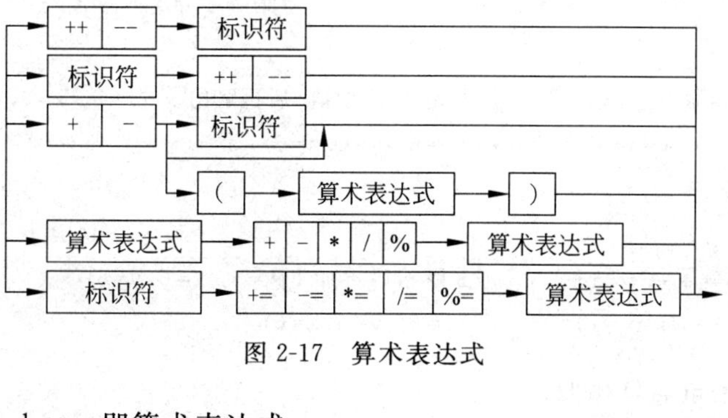

图 2-17 算术表达式

如，++ Captionletter 即算术表达式。

1) 单目算术操作符

单目(一元)算术操作符包括：+(正号)、-(负号)、++ (增量)和--(减量)。单目操作符的编码规范是前后不加空格。

(1) ＋(正号)、－(负号)

语法格式：

```
+|-运算对象
```

功能：＋(正号)对运算对象取正数，运算对象包括标识符和算术表达式。－(负号)对运算对象取相反数，运算对象包括标识符和算术表达式。

如：正长整型常数＋47L，将 47L 取“＋”。

如：－a 将 a 取反；－(x＋y)将 x＋y 的值取反；－5，就是负 5。

如：－(－0110)。－0110 是负的 0110，－(－0110)是 0110 的负数的实数。

(2) 增量与减量操作符

增量与减量操作符只能用于变量，不能用于常量或表达式。增量运算有两种形式：前缀(前置)增量和后缀(后置)增量。减量运算也有两种形式：前缀(前置)减量和后缀(后置)减量。变量的类型可以是任何基本类型，甚至是实型，但实型变量的增量和减量运算不常用。一般，能用前缀自增/减不用后置自增/减。其运算规则如表 2-3 所示。

表 2-3 增量与减量操作符的运算规则

运 算 符		前 缀	后 缀	等 价 式
增量	++	++ 变量名 i	变量名 i++	变量名 i=变量名 i+1
减量	--	-- 变量名 i	变量名 i--	变量名 i=变量名 i-1
运算时机		先计算后赋值	先赋值后计算	

增量与减量表达式语法图如图 2-18 所示。

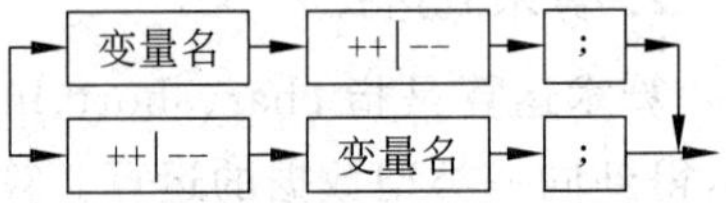

图 2-18 增量与减量表达式

若++ i和 i++作为表达式又参加其他运算，前者先令 i 加 1，然后在参加其他运算；后者则是先令 i 参加运算，然后再令 i 加 1。

如，i++，此处就是后缀自增运算，即先引用 i 的值，再增 1。

前置形式：

```
int i=5;  x=++i; y=i;        //i 先加 1(增值)后再赋给 x (i=6, x=6,y=6)
int i=5;++i; x=y=i;          //(i=6, y=6,x=6)
```

后置形式：

```
int i=5;   x=i++; y=i;       //i 赋给后再加 1(x=5, i=6,y=6)
int i=5;   i++; x=y=i;       //(i=6, y=6,x=6)
```

减量运算与增量运算相似：

若--i 和 i--作为表达式又参加其他运算，前者先令 i 减 1，然后再参加其他运算；后者则是先令 i 参加运算，然后再令 i 减 1。

前置形式：

```
int i=5;  x=--i; y=i;        //i 先减 1(减值)后再赋给 x (i=5, x=5,y=5)
int i=5;  --i; x=y=i;        //(i=5, y=5,x=5)
```

后置形式：

```
int i=5;  x=i--; y=i;        //i 赋给后再减 1(x=5, i=4, y=4)
int i=5;  i--; x=y=i;        //(i=4, y=4, x=4)
```

如：

```
++Captionletter;
```

此处，应用了前缀自增运算。

2）双目算术操作符

双目(二元)算术操作符包括：＋(加)、－(减)、*(乘)、/(除)和%(取余)。

它们的含义与数学上相似。该类运算的运算对象为任一种数值类型，即任一种整数类型和任一种实数类型。由算术操作符(包括单目和双目)连接运算对象而组成的式子称算术表达式。

双目算数操作符的语法格式：

语法格式：

```
运算对象 1 +|-|*|/|% 运算对象 2
```

(1) +(加)、-(减)操作符

功能：+(加)，运算对象 1 与运算对象 2 相加运算。-(减)，运算对象 1 与运算对象 2 相减运算。

如：x+5，将运算对象 x 和 5 相加。

如：x-10，将运算对象 x 和 10 相减。

(2) *(乘)操作符

功能：运算对象 1 与运算对象 2 相乘运算。

如：x * y，将运算对象 x 和 y 相乘。

注意：C++ 中，乘法运算符只能用"*"字符，不能使用数学中的表示形式，如数学中 AB，等价于 A×B 或 A・B。在 C++ 中，AB 可认为是一个标识符，A×B 中的×易与 X 混，即 A×B 也可能是标识符，A・B 中的"・"，用于直接成员运算符。

(3) /(除)操作符

功能：运算对象 1 除以运算对象 2，得到商。

说明：

① 在/(除)中，对于两个整数相除时，若商含有小数部分，将被截掉，即取整数部分，小数部分截掉。如：

5/4，整型运算对象 1 的 5 除以整型运算对象 2 的 2，结果是 1。

4/5，整型运算对象 1 的 4 除以整型运算对象 2 的 5，结果是 0。

② 若要进行通常意义的除运算，则至少应保证除数或被除数中有一个是实型数。如：

5/4.0,整型运算对象 1 的 5 除以实型运算对象 2 的 4.0,结果是 1.25。

4.0/5,实型运算对象 1 的 4.0 除以整型运算对象 2 的 5,结果是 0.8。

注意：C++ 中,除法运算符只能用“/”字符,不能使用数学中的表示形式,如数学中 A÷B 和 $\frac{A}{B}$,因为在基本 ASCII 中没有符号“÷”,以及一个表达式只能书写在一行上。

(4) %(取余)操作符

功能：运算对象 1 除以运算对象 2,返回余数。

余数=被除数-除数 * 商

如：(i+1)%3==0。

这里,先计算 i+1,然后除以 3,商为最大整数后,取余数。设 i 为 6,则 6+1 等于 7,再除 3,商是 2,余数是 1,故(i+1)%3 的值为 1。

说明：

%(取余)要求两个操作数的值必须是整型数或字符型数。当两个操作数都是正数时,结果为正;若有一个(或两个)操作数为负,余数的符号取决于机器,移植性无法保证。

3. 类型转换

每个算术表达式都有一个数值,该值称表达式的值。表达式值都有类型,表达式值的类型,也是表达式的类型。在进行运算时,不同类型的数据要先转换成同一类型,然后进行运算。转换的方法有两种：**自动转换和强制转换**。

1) 自动转换

自动转换发生在不同数据类型的量混合运算时,由编译系统自动完成。自动转换遵循的规则如图 2-19 所示,图中箭头只表示转换方向,并不是依次转换。

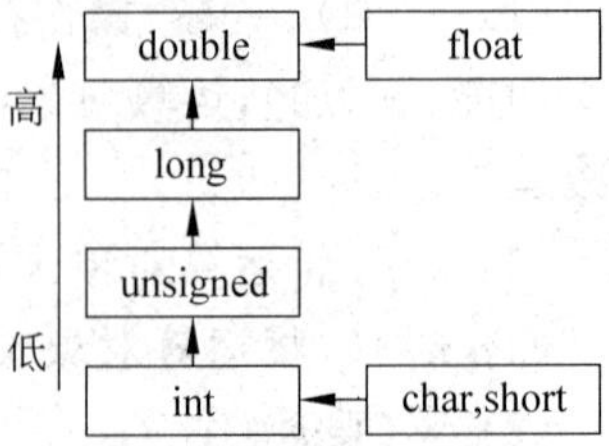

图 2-19　转换规则

说明：

(1) 若参与运算对象的类型不同,则先转换成同一类型,然后进行运算。

(2) 转换时,按数据存储单元所占字节数多的方向进行,以保证精度不降低。如 int 型和 long 型运算时,先把 int 量转成 long 型后再进行运算。

(3) char 型和 short 型参与运算时,必须先转换成 int 型。

应用双目算术运算符时,运算中转换的一般原则,如表 2-4 所示。

表 2-4　双目算术运算符运算中转换原则

对象 1 / 对象 2	char	short	int	long	float	double	*
char	int	int	int	long	float	double	*
short	int	int	int	long	float	double	*
int	int	int	int	long	float	double	*

续表

对象1 / 对象2	char	short	int	long	float	double	*
long	long	long	long	long	float	double	*
float	float	float	float	float	float	double	*
double	double	double	double	double	double	double	*
*	*	*	*	*	*	*	*

注：这里 * 表示 long double，short 表示 short int，long 表示 long int。

说明：

① 当参加运算的两个运算对象均为 char 或 short 时，则运算结果为 int 型；

② 当参加运算的两个运算对象均为整型时(但具体类型可以不同，如一个为 int 型，另一个为 char 型)，则运算结果为 int 型；如：

```
'a'+20;          //结果为 117，因为'a'的 ASCII 码值为 97，结果类型是 int 类型
```

③ 当参加运算的两个运算对象中至少有一个是单精度型，并且另一个不是双精度型时，则运算结果为 float 型；如：

```
'a'+20.5f;       //结果为 117.5，结果类型为单精度类型，sizeof('a'+20.5f)的值为 4
```

④ 当参加运算的两个运算对象中至少有一个是双精度型时，则运算结果为双精度型。如：

```
'a'+20.5;        //结果为 117.5，结果类型为双精度类型，sizeof('a'+20.5)的值为 8
```

⑤ 当参加运算的两个运算对象中至少有一个是长双精度型时，则运算结果为长双精度型。如：

```
'a'+20.5L;       //结果为 117.5，结果类型为双精度类型，sizeof('a'+20.5)的值为 8
```

【例 2-2】 假设已指定 i 为整型变量，f 为 float 变量，d 为 double 型变量，e 为 long 型，有下面表达式：

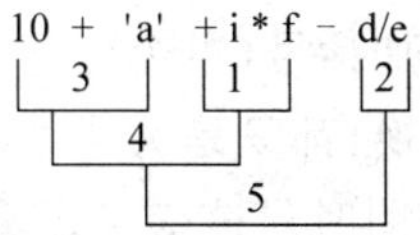

运算次序为：

① 进行 i * f 的运算。先将 i 与 f 都转换成 double 型，运算结果为 double 型。

② 将变量 e 转换成 double 型，d / e 结果为 double 型。

③ 进行 10+'a'的运算，先将'a'转换成整数 97，运算结果为 107。

④ 整数 107 与 i * f 的积相加。先将整数 107 转换成双精度数(小数点后加若干个 0，即 107.000…00)，结果为 double 型。

⑤ 将 10+'a'+i * f 的结果与 d/e 的商相减，结果为 double 型。

算术表达式的值的类型为算术表达式中精度最高的运算对象的类型。其中精度从高到低依次为浮点型、有符号整数和无符号整数，各个类型中精度高低跟数据位宽相对应。

2）强制类型转换

为了兼容,C++ 把它保留了 C 语言的强制类型转换。C 语言的强制类型转换语法图如图 2-20 所示。

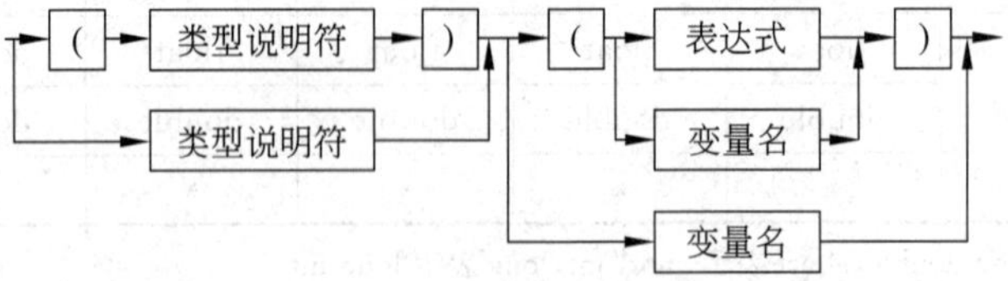

图 2-20　C 语言的强制类型转换

语法格式：

(类型说明符)(表达式)或变量名

或

类型说明符(表达式)或(变量名)

功能：把表达式的运算结果强制转换成类型说明符所表示的类型。

说明：

类型说明符不加圆括号,而变量或表达式用圆括号括起来,该形式类似于函数调用。但许多人仍习惯于用第一种形式,把类型名包在括号内,比较清楚。

在强制类型转换时,得到一个所需类型的中间变量,但原来变量的类型和值都未发生变化。如：

```
(int) x
```

若 x 原指定为 float 型,值为 3.6,进行强制类型运算后得到一个 int 型的中间变量,它的值等于 3,而 x 原来的类型和值都不变。

在使用强制转换时,应注意以下问题：

① 类型说明符和表达式都必须加括号(单个变量可不加括号)。

② 无论是强制转换或是自动转换,都只是为了本次运算的需要而对变量的数据长度进行的临时性转换,而不改变数据说明时对该变量定义的类型。

C++ 增加了 4 种强制类型转换运算符：dynamic_cats、static_cast、const_cast、reinterpret_cast,其中 dynamic_cats，static_cast 比较常用。语法图如图 2-21 所示。

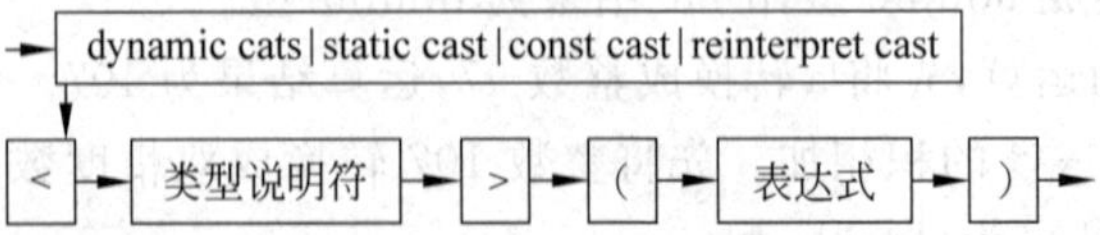

图 2-21　C++ 的强制类型转换

语法格式：

强制类型转换运算符<类型说明符>(表达式)

C++ 常用的强制类型转换符有：

1）dynamic_cast 运算符

功能：该转换运算符用于将一个指向派生类的基类指针或引用转换为派生类的指针或引用。dynamic_cast 转换符只能用于含有虚函数的类，其中的类型是指把表达式要转换成的目标类型。

在执行类型转换时，首先将检查能否成功转换，若能成功转换则转换之，若转换失败，若是指针则反回一个 0 值，若转换的是引用，则抛出一个 bad_cast 异常。dynamic_cast 操作符一次执行两个操作。首先验证被请求的转换是否有效，只有转换有效，操作符才实际进行转换。基类的指针可赋值为指向派生类的对象，同样，基类的引用也可用派生类对象初始化，因此，dynamic_cast 操作符执行的验证必须在运行时进行。

2）const_cast 操作符

功能：其中类型指要把表达式转换为的目标类型。const_cast 最常用的用途就是删除 const 属性。const_cast 操作符不能改变类型的其他方面，只能改变 const 或 volatile，即 const_cast 不能把 int 改变为 double，但可把 const int 改变为 int。const_cast 只能用于指针或引用。

2.2.3　逗号操作符与表达式

C++ 中使用逗号操作符指明对多个表达式进行顺序求值。

语法格式：

表达式 1，表达式 2，…，表达式 n

表达式中的逗号称逗号操作符，整个式子称逗号表达式。语法如图 2-22 所示。

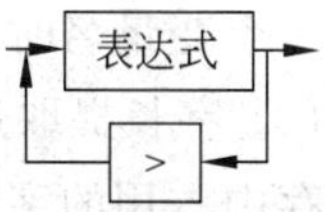

图 2-22　逗号表达式

功能：从左向右依次计算表达式 1、表达式 2、…、表达式 n 的值；将<表达式 n>（即最右端的表达式）的值作为整个逗号表达式的值。

【例 2-3】 逗号表达式实例。

```
1. #include<iostream>
2. using namespace std;
3. int main() {
4.     int a=0, b=1, c=2, d=3, e=4;
5.
6.     a=(b++, c++, d++, e++);
7.     cout<<"a="<<a<<endl;
8.
9.     (a=b++), c++, d++, e++;
10.     cout<<"a="<<a<<endl;
11.
12.     return 0;
13. }
14.
```

第 6 行，对 a=(b++,c++,d++,e++)，依次计算 b++、c++、d++、e++，计算e++时，先将 e=4 的值赋给 a，亦即表达式(b++,c++,d++,e++)的值是 4，然后 e 加 1，e 的值为 5。且此时 b=2、c=3、d=4。

第 9 行，对表达式(a=b++),c++,d++,e++，依次计算(a=b++)、c++、d++、e++，此时将 b=2 的值赋值给 a，然后有 b=3，c=4，d=5，e=6；并把 e 加 1 前的值，作为表达式(a=b++)，c++，d++，e++的值。

运行结果：

```
a=4
a=2
```

逗号运算表达式的最终结果取决于最右端表达式的值。

2.2.4 sizeof 操作符与表达式

用操作符 sizeof 可进行字长提取操作，用来取得任何类型变量和类型在内存中所占字节数，故 sizeof 操作符又称字长提取符。语法图如图 2-23 所示。

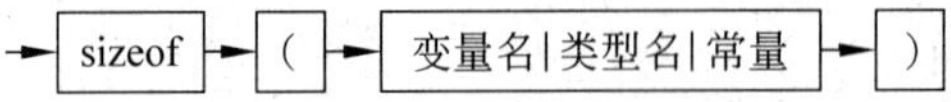

图 2-23 sizeof 表达式

语法格式：

```
sizeof(变量名 | 类型名 | 常量)
```

说明：

(1) sizeof 为关键字，只有一个运算对象；

(2) 运算对象既可是一个类型名，也可是一个表达式。当作为运算对象的表达式只包含一个变量名时，圆括号()可省略。

(3) 字长提取运算的结果为一个整数，该整数表示指定的类型或变量的字节长度，即在内存中占用的字节数。

例：

```
int a,b[10];
```

在 32 位系统下，表达式 sizeof(a)的值应该为 4，与 sizeof (int)的值相等；同样，sizeof (b)的值为 40，它是数组 b 的所有元素所占的总内存字节数；sizeof(3.1)的值为 8，即双精度数的长度。

2.2.5 圆括号操作符

C++ 中不仅将圆括号()归为操作符，且根据不同的使用方式，可对圆括号操作符的功能作出以下 3 种不同的解释：

1) 函数调用

函数调用的语法图，如图 2-24 所示。

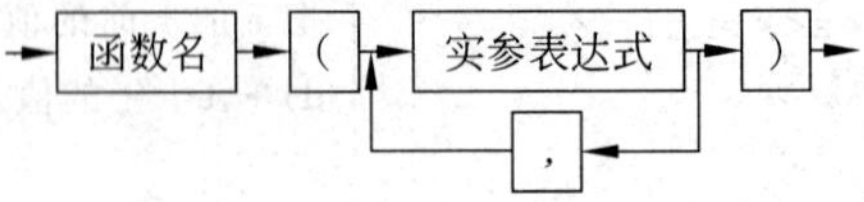

图 2-24 函数调用

语法格式：

函数名(实参表)

参见 6.2 节。

2）强制类型转换

见 2.2.2 节。

3）类型构造

语法格式：

类型名(表达式)

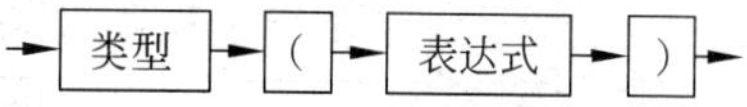

图 2-25　类型构造

语法图如图 2-25 所示。

类型构造是指使用圆括号中表达式的值来构造一个具有目标数据类型的值，要构造的目标数据类型由类型名指定。

注： 数学中的花括号“{}”和方括号“[]”，在程序设计语言中，都用圆括号“()”代替。

2.2.6　操作符的优先级与结合性

C++ 操作符的优先级和结合性，参见表 2-5。C++ 操作符分成 18 个优先级，优先级数字越小，表示操作符优先级越高。具有同一优先级数字的操作符，优先级相同。单目操作符、赋值操作符和复合赋值操作符是右结合的，其余所有操作符都是左结合的。

表 2-5　C++ 操作符的优先级和结合性

优先级组	运　算　符	结合性	含　　义	例　　子
第 1 组	::		作用域解析运算符	Class::function();
第 2 组	(表达式)	左结合	分组	(3+6.5 * x);
	()		函数调用	function(x,y);
	()		值构造，即 type(expr)	string("Hughen");
	[ ]		数组下标	array[1] * 5;
	->		间接成员运算符	ptr->num[1];
	.		直接成员运算符	my.name;
	const_cast		去掉类型中的常量符 const	pb=const_cast<ptr * >(pa);
	dynamic_cast		类层次结构中的提升	void * pb=dynamic_cast<Class * >(pa)
	reinterpret_cast		转换成其他类型的指针	B * pb=reinterpret_cast<A * >(pa);
	static_cast		专用类型转换	int a=static_cast<double>(12.77);
	++		自增 1，后缀	i++ * 4;
	--		自减 1，后缀	i-- * 4;

续表

优先级组	运 算 符	结合性	含 义	例 子
第 3 组	!	右结合	逻辑非	! open();
	~		位非	&~12;
	+		一元加号(正号)	a+7/b;
	-		一元减号(负号)	-a+7/b;
	++		自增 1,前缀	++i*4;
	--		自减 1,前缀	--i*4;
	&		取地址	ptr=&a;
	*		解除使用(间接值)	i=*ptr;
	()		类型转换,即(type)expr	(int)12.77;
	sizeof		求长度,单位为字节	sizeof(int);
	new		动态分配内存	int*p=new int;
	new[ ]		动态分配数组	int*p=new int[5];
	delete		动态释放内存	delete p;
	delete[ ]		动态释放数组	delete [] p;
第 4 组	.*	左结合	成员解除使用	my.*ptr+5;
	->*		间接成员解除使用	pa->*ptr+5;
第 5 组	*		乘	i*j+9
	/		除	i/j+9
	%		模(余数)	int a=7%4
第 6 组	+		加	int x=12+a;
	-		减	int x=12-a;
第 7 组	<<		左移	int a=5<<2;
	>>		右移	int a=5>>2;
第 8 组	<		小于	bool sign=x<MAX;
	<=		小于或等于	bool sign=x<=MAX;
	>=		大于或等于	bool sign=x>=MAX;
	>		大于	bool sign=x>MAX;
第 9 组	==		等于	bool sign=x==MAX;
	!=		不等于	bool sign=x!=MAX;
第 10 组	&		按位与(按位 AND)	int a=5&2;
第 11 组	^		按位异或(按位 XOF)	int a=5^2;
第 12 组				按位或(按位 OR)	int a=5|2;
第 13 组	&&		逻辑 AND	bool sign=x&&x!=0;
第 14 组	||		逻辑 OR	bool sign=x||x!=0;

续表

优先级组	运　算　符	结合性	含　　义	例　　子
第 15 组	?:		三元条件运算符	int i=(x<MAX)? x: MAX;
第 16 组	=	右结合	简单赋值	int i=0;
	*=		乘并赋值	x*=5;
	/=		除并赋值	x/=5;
	%=		求模并赋值	x% =5;
	+=		加并赋值	x+=5;
	-=		减并赋值	x-=5;
	&=		按位 AND 并赋值	x&=5;
	^=		按位 XOR 并赋值	x^=5;
	|=		按位 OR 并赋值	x|=5;
	<<=		左移并赋值	x<<=2;
	>>=		右移并赋值	x>>=2;
第 17 组	throw	左结合	抛出异常	throw 404;
第 18 组	,		逗号运算符	int x=0,y=5 * MAX;

记忆方法：

一般，单目运算符优先级高于双目运算符，双目运算符高于三目运算符，赋值运算符以及复合赋值运算符的优先级较低。在双目运算符中，一般算术运算的优先级高于关系运算符的优先级，关系运算符的优先级高于逻辑运算符的优先级。

域(::)魁元，二箭[->]转(const_cast、dynamic_cast、reinterpret_cast、static_cast)，方([])点(.)圆((　　))，后增(++)减(--)，三非(!)反(～)，前增减(++--)，塞(sizeof)新(new[]、new)删(delete[]、delete)，型米(*)转(())，地(&)负(-)正(+)，四间接(->*)，员(.*)解除；五乘(*)除(/)，模数余(%)，六加(+)减(-)，七位移(<<,>>)，八小(<)等(<=)，大(>)大等(>=)，九不(!=)等(==)，十位与(&)，十一二，位异(^|)或(^)，十三四，逻与(&&)或(||)，十五组，条件问(?:)，十六组，复赋连(=、*=、/=、%=、+=、-=、&=、^=、|=、<<=、>>=)，十七抛(throw)，十八逗(,)。

例(*strDest++=*strSrc++) != '\0'的计算次序：

(1) *strDest++相当于 *(strDest++)。

(2) 因是后自增，故执行顺序为：

先计算 strDest++和 strsrc++，然后进行赋值运算：*strDest=*strSrc。

(3) 将*strDest 与'\0'比较，即整个表达式的值为*strDest 与'\0'的比较结果。

值得注意的是，对于赋值表达式，表达式本身的值等于左边子表达式的值。

运算符编码规范：

(1) 二元运算符(如“=”、“+=”、“>=”、“<=”、“+”、“*”、“%”、“&&”、“||”、“<<”、“^”等)的前后应当加空格。

(2) 一元运算符,如“!”、“~”、“++”、“--”、“-”、“&”(取地址运算符)、“*”(反引用)等,与所作用的操作数之间不加空格。

(3) “.”、“->”、“.*”、“->*”、“::”这类运算符前后不加空格;“?”、“:”前后要加空格。

(4) 长表达式要在低优先级运算符处拆分为多行,运算符放在新行之首(以示突出)。拆分出的新行要进行适当的缩进,使排版整齐,语句可读。这些运算符常见的有二元逻辑运算符、输入输出运算符等。

本 章 小 结

(1) 数据类型在数据结构中的定义是一个值的集合以及定义在这个值集上的一组操作。

(2) 变量定义的语法格式两种:

```
[<访问修饰符>][<存储修饰符>]<数据类型><变量名>[=<初值表达式>],...;
[<访问修饰符>][<存储修饰符>]数据类型 变量名 1(初值表达式 1),变量名 2(初值表达式 2),
…,变量名 n(初值表达式 n);
```

(3) 十进制整型常量的字面量,即十进制整数,以正号(+)或负号(-)开头,由首位非 0 的一串十进制数字(0~9)组成。以正号开头的称为正数,以负号开头的称为负数,若省略正负号,则默认为正数。首位为 0 的整数不是十进制整数。八进制整数常量以数字 0 开头,后面接若干个八进制数字(借用十进制数字中的 0~7)。十六进制整数以数字 0 和字母 X(大、小写均可)开头,后面接若干个十六进制数字(借用十进制数字 0~9,字母 A~F 或 a~f)。

(4) 实型常量简称实数,对应着数学中实数概念。实型常量实数只采用十进制,有定点和浮点两种表示方法。

(5) 逻辑型用关键字 bool 表示,也称 bool 型(布尔型)。

(6) 在 C++ 中,因字符单引号(')用于字符常量的分界符、字符的双引号(")用于字符串的分界符,还有一些控制字符没有图形符号,故要想在 C++ 中的字符常量和字符串常量中表示它们,就要采用一种策略,该策略在 C++ 中称为转义符。

(7) 操作符又称运算符,是用来对数据进行运算的符号。单目操作符的编码规范是前后不加空格,双目操作符的编码规范是前后都加空格。把运算中所需要的数据称为操作数或运算分量或运算对象。

(8) 优先级是指表达式中操作符运算的顺序。当一个表达式中包含多个操作符时,先进行优先级高的运算,再进行优先级低的运算。若表达式中出现了多个相同优先级的运算,运算顺序就要看操作符的结合性了。

(9) 结合性是指操作数左右两边操作符的优先级相同时,优先和哪个操作符结合起来,进行运算。操作符的结合顺序有两种：左结合和右结合。

本章实践

第一部分　基础知识

选择题

1. 下列字符串中可以用作 C++ 语言标识符的是(　　)。(2012-03)

A. _1234　　B. foo~~ bar　　C. virtual　　D. 34var

2. 在 C++ 语言中,不合法的实型数据是(　　)。(2012-03)

A. 0.123　　B. 123e3　　C. 2.1e3.5　　D. 123.0

3. 判断 char 型变量 c 是否为小写字母的正确表达式是(　　)。(2012-03)

A. 'a'<=c<='z'　　B. (c>=A.&&(c<=z)

C. ('a'>=c)||('z'<=c)　　D. (c>='a')&&(c<='z')

4. 若有定义语句"int i=2, j=3;",则表达式 i/j 的结果是(　　)。(2011-09)

A. 0　　B. 0.7　　C. 0.66667　　D. 0.66666667

5. 字符串"a+b=12\n\t"的长度为(　　)。(2011-03)

A. 12　　B. 10　　C. 8　　D. 6

6. 下列选项中,正确的 C++ 表达式是(　　)。(2010-09)

A. counter++3　　B. element3+　　C. a+=b　　D. 'a'=b

7. 下列叙述中,错误的是(　　)。(2010-03)

A. false 是一个逻辑型常量　　B. "b"是一个字符型常量

C. 365 是一个 int 常量　　D. 3.1415926 是一个 double 常量

填空题

1. 若已知 a=10,b=20,则表达式! a=________。(2012-03)

2. 表达式 x.operator++()还可写成________。(2012-03)

3. 若有定义语句"int x=10, y=20 z=20;",则表达式 x>z&&y=z 的值为________。(2011-03)

第二部分　项目设计

应用简单的输入输出,设计第 1 章中的一级菜单和二级菜单,及其选项提示和输入,输入输出界面(学生学号、学生姓名、英语、高等数学、计算机)。

第 3 章　顺 序 结 构

教学目标：

（1）掌握 C++ 的基本控制结构。

（2）掌握赋值表达式。

3.1　基本控制结构

在程序设计语言中，控制结构用于指明程序的执行流程。C++ 提供的基本控制结构可分 3 种类型。

1. 顺序结构

按照先后顺序执行程序中的语句，顺序结构活动图如图 3-1 所示。

该结构将依次执行语句 1、语句 2 和语句 3。

2. 选择结构

按照给定表达式值（条件）有选择地执行程序中的语句，选择结构活动图如图 3-2 所示。

图 3-1　选择结构

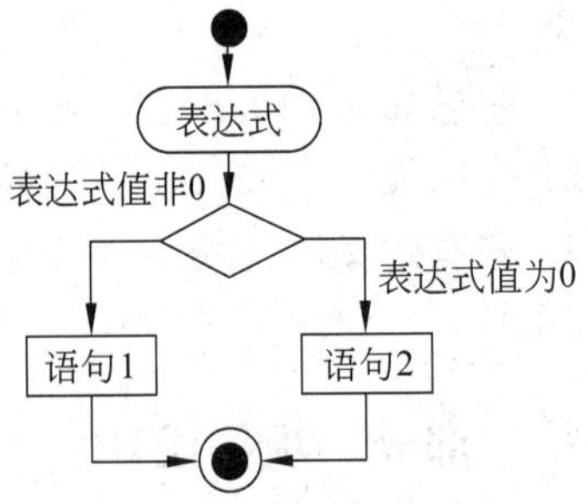

图 3-2　当型循环结构

该结构在表达式值非 0 时执行分支语句 1，表达式值为 0 时则执行分支语句 2。

3. 循环结构

按照给定规则重复地执行程序中的一组语句。循环结构分当型循环和直到循环两种结构。

（1）当型循环结构的活动图如图 3-3 所示。

该结构，先判断表达式值（条件），若表达式值非 0 即真，就执行称循环体的语句 1；然后再检查上述表达式，若表达式值非 0 仍符合，再次执行循环体，该过程反复进行，直到某一次表达式值为 0（为假）为止。此时，计算机将不执行循环体，直接执行本当型循环后继语句。故，当型循环有时也称“前测试型”循环。

（2）直到型循环结构的活动图如图 3-4 所示。

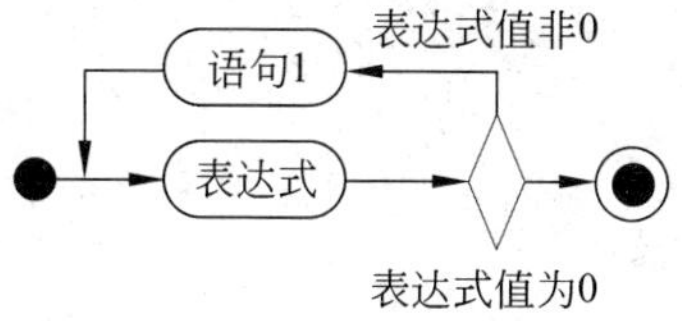

图 3-3　当型循环结构

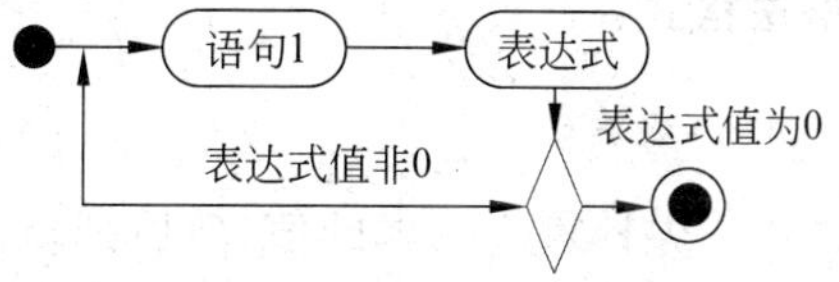

图 3-4　直到型循环结构

直到型循环又称“后测试型”循环，计算机执行该语句时，先执行一次循环体的语句 2，然后进行表达式值（条件）的判断，若表达式值非 0（为真），继续返回执行循环体，然后再进行表达式值的判断，该过程反复进行，直到某一次表达式值为 0（为假）时，不再执行循环体，执行本直到型循环后继语句，是先执行循环体后进行表达式值判断的循环语句。

（3）当型循环与直到型循环的区别。

当型循环，先判断后执行，至少执行 0 次以上循环体；直到型循环先执行后判断，至少执行 1 次以上循环体。

（4）循环语句的特点。

① 有一个入口；

② 有一个出口；

③ 结构中每一部分都应当有被执行到的机会，即每一部分都应当有一条从入口到出口的路径通过它（至少通过一次）；

④ 没有死循环（无终止的循环）。

顺序结构是 C++ 程序中执行流程的默认结构。在一个没有选择结构和循环结构的程序中，语句是按照书写的先后顺序（从左到右，从上到下）被依次执行。除了选择、循环和跳转语句外，其他 C++ 语句都算作用于实现程序顺序结构的语句。如：

```
short Captionletter=0;

for (int i=0; i<length; i++)
{
    temp=pPasswordStr[i];

    if (temp>='A' && temp<='Z')
    {

        judge.Captionletter=true;
        ++Captionletter;

    }
}

return Captionletter;
```

顺序结构
分支结构
顺序结构
当型循环结构
顺序结构

3.2 赋值表达式

1. 赋值表达式

赋值操作符用来给变量赋值。赋值运算是一种双目运算,语法图如图 3-5 所示。

语法格式:

变量名=表达式

功能:先计算表达式的值,然后把该值赋给变量。

赋值表达式的 UML 活动图如图 3-6 所示。

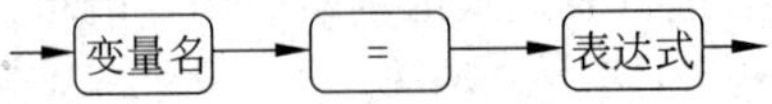

图 3-5 赋值表达式

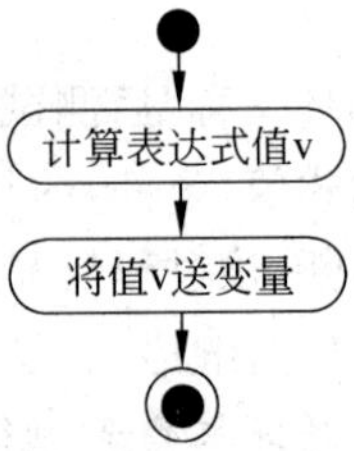

图 3-6 赋值操作符

说明:

(1) “=”右边运算对象为一个表达式。如:

```
judge.Captionletter=true;
```

“=”右边运算对象为一个表达式,该表达式为逻辑常量 true。如:

```
temp=pPasswordStr[i]
```

“=”右边运算对象为一个表达式,该表达式为数组元素 pPasswordStr[i]。

(2) “=”为赋值操作符(与数学中的等号含义不同)。如:

```
judge.Captionletter=true
```

将逻辑字面值 true 赋值给变量 judge. Captionletter。

数学中的“=”是等于之意,即等号两边是相等的。在 C++ 中,“=”是给予之意,将表达式的值赋予“=”左边的变量。实际上,是将表达式的值存储到变量指示的内存单元中。如在 C++ 中,设 int x,对于 x=x+1 是成立的,是先取出 x 单元的值,然后将 x 单元内容加 1,再存放到单元 x 中。但在数学中,如有 x=x+1,可在“=”两边同时减 x,于是有 0=1,显然是不成立的。

(3) “=”左边运算对象(变量)与“=”右边运算对象(表达式)数据类型相同或相容。

在 C++ 中,逻辑类型、字符型、整型、浮点型可以混合运算的,它们之间是相容的。

(4) “=”右边的表达式也可是赋值表达式。语法图如图 3-7 所示。

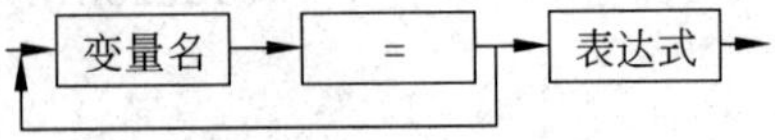

图 3-7 赋值操作符右端是赋值表达式

语法格式：

```
变量名 1=变量名 2=…变量名 n=表达式
```

功能：先计算表达式的值，赋值给变量名 n，且表达式“变量名 n＝表达式”的值也是变量名 n 的值，同理变量名 1 的值是表达式“变量名 1＝变量名 2＝…变量名 n＝表达式”的值，且表达式“变量名 1＝变量名 2＝…变量名 n＝表达式”的值是变量名 1 的值，即整个赋值表达式的值是变量名 1 的值。如：

```
consistent1=consistent2=true+'A'+12+12.5L;
```

先计算表达式 true＋‘w’＋12＋ 12.5L 的值，其值是 90.5L；然后赋值给变量 consistent2，表达式“consistent2＝true＋‘A’＋12＋ 12.5L；”的值也是 90.5L；再将表达式“consistent2＝true＋‘A’＋12＋ 12.5L；”的值 90.5L，赋值给变量 consistent1，表达式“consistent1＝consistent2＝true＋‘A’＋12＋ 12.5L”的值也是 90.5L。

再如：

```
a=b=c=5               赋值表达式值为 5,a,b,c 值均为 5
a=5+(c=6)             表达式值为 11,a 值为 11,c 值为 6
a=(b=4)+(c=6)         表达式值为 10,a 值为 10,b 等于 4,c 等于 6
a=(b=10) / (c=2)      表达式值为 5,a 等于 5,b 等于 10,c 等于 2
```

对下面的赋值表达式：

```
(a=3 * 5)=4 * 3
```

赋值表达式作为左值时应加括号，若写成下面这样就会出现语法错误：

```
a=3 * 5=4 * 3
```

因为 3＊5 不是左值，不能出现在赋值操作符的左侧。

2. 赋值过程中的值的转换

若赋值操作符两侧的类型不一致，但都是数值型或字符型时，在赋值时会自动进行类型转换。在赋值运算中，赋值号两边量的数据类型不同时，赋值号右边量的类型将转换为左边量的类型。

转换规则：

(1) 将浮点型数据(包括单、双精度)赋给整型变量时，舍弃其小数部分和超过整型量的部分，示意如图 3-8 所示。

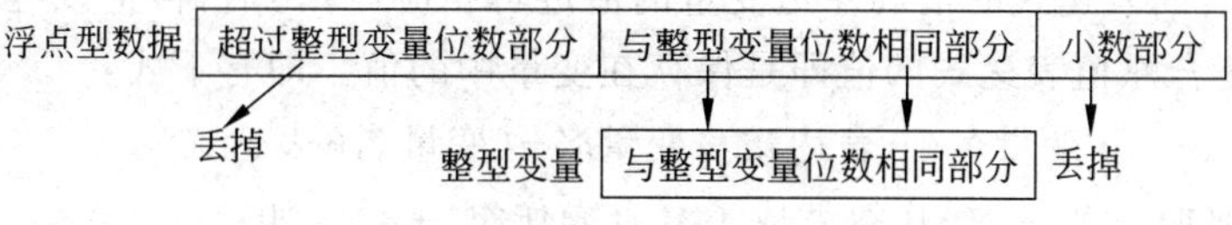

图 3-8　浮点型转换为整型

(2) 将整型数据赋给浮点型变量时，数值不变，但以指数形式存储到变量中。

(3) 将一个 double 型数据赋给 float 变量时，要注意数值范围不能溢出。

(4) 字符型数据赋给整型变量,将字符的 ASCII 码赋给整型变量。

(5) 将一个 int、short 或 long 型数据赋给一个 char 型变量,只将其低 8 位原封不动地送到 char 型变量(发生截断)。如:

```
short int i=289;
char c;
c=i; //将一个 int 型数据赋给一个 char 型变量
```

为方便起见,以一个 int 型数据 i=289,占两个字节(16 位)的情况为例:

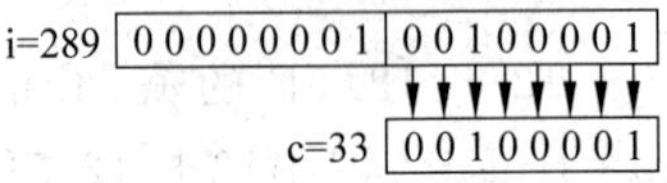

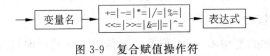

(6) 将 signed(有符号)型数据赋给长度相同的 unsigned(无符号)型变量,将存储单元内容原样照搬(连原有的符号位也作为数值一起传送)。

总的原则如表 3-1 所示。

表 3-1 赋值过程中值的转换

所占空间长度的大小	整数部分	小数部分
	以左边量为基准,小数点对齐。整数小数点认为在个位数字的后面	
左边量<右边量	截取	截取,丢失部分按四舍五入向前舍入
左边量>右边量	符号位扩展	不足部分补 0,多余的部分截取,丢失部分按四舍五入向前舍入

3. 复合赋值操作符

在赋值符“=”之前加上其他操作符,构成复合的操作符。C++ 中凡是二元(二目)操作符,都可与赋值符一起组合成复合赋值符,语法图如图 3-9 所示。

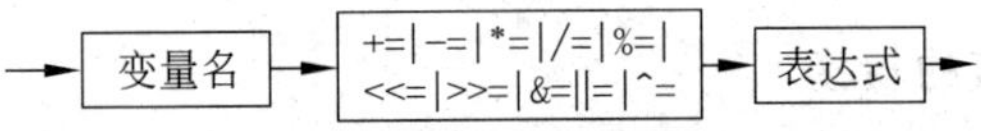

图 3-9 复合赋值操作符

语法格式:

变量名 @=表达式

说明: @∈{+,- ,*,/,% ,<<,>>,$,|,^}。

功能:将右面表达式的值同左边变量的值进行相应运算@后,再把该运算结果赋给左边的变量,该复合赋值表达式的值即是保存在变量中的值。即有下式:

变量名@=表达式⇨变量名=(变量名@表达式)

若在“=”前加一个“+”操作符就成了复合操作符“+=”。如:

a+=3 等价于 a=a+3

再如:

x*=y+8 等价于 x=x*(y+8)

x%=3　等价于　x=x%3

以“a+=3”为例来说明，它相当于使 a 进行一次自加 3 的操作。即先使 a 加 3，再赋给 a。同样，“x * =y+8”的作用是使 x 乘以(y+8)，再赋给 x。

注意：*若表达式是包含若干项的表达式，则相当于表达式有括号。如*：

x%=y+3，等价于：x=x%(y+3)，不要错认为：x=x%y+3。

C++ 采用复合操作符，一是为了简化程序，使程序精练；二是为了提高编译效率(这样写法与“逆波兰”式一致，有利于编译，能产生质量较高的目标代码)。专业的程序员在程序中常用复合操作符，初学者可能不习惯，也可不用或少用。

赋值表达式也可包含复合的赋值操作符。如：

```
a+=a-=a*a
```

也是一个赋值表达式。假设 a 的初值为 12，此赋值表达式的求解步骤如下：

(1) 进行“a-=a * a”的运算，它相当于 a=a-(a * a)=12-144 =-132。

(2) 进行“a +=-132”的运算，它相当于 a=a+(-132)=-132- 132=-264。

C++ 将赋值表达式作为表达式的一种，赋值表达式不仅可出现在赋值语句中，且也可出现在其他语句(如输出语句、循环语句等)中。这是 C++ 灵活性的一种表现。

3.3　语　　句

语句是 C++ 程序中的基本功能单元。任何一条 C++ 语句都会为完成某项任务而进行相关操作。就像自然语言中的句子用句号结束一样，C++ 语句通常以分号作为结束标志。

C++ 语句按照不同功能大体分为 6 种类型，它们是：

(1) 声明语句：用于对程序中的各种实体进行声明、定义及初始化；

(2) 表达式语句：用于对程序中的数据进行具体操作和处理；

(3) 选择语句：用于实现程序的选择结构；

(4) 循环语句：用于实现程序的循环结构；

(5) 跳转语句：用于实现程序执行流程的转移；

(6) 复合语句：用于表示程序中的语句块概念。

应当指出的是，C++ 中并不存在赋值语句和函数调用语句，赋值和函数调用都属于表达式而不是语句。

1. 声明语句

声明语句又称说明语句，它可以用来对程序中出现的各种名称进行声明。这些名称通常是表示变量、常量、函数、结构、类、对象等实体的标识符。在 C++ 程序中，一个名称在使用之前必须先被声明。声明的目的是告诉编译器某个名称所指代的实体类型、占用的存储空间大小及可进行的运算。这里先介绍变量、常量、类型声明，函数、结构、类、对象声明将在后面章节介绍。

1）变量声明语句

如：

```
static string g_UserName;
```

声明变量 g_UserName 为静态的字符串变量。

2）常量声明语句

如：

```
#define LTGTHN1 4                 //密码长度
const short LTGTHN2=7;            //密码长度
```

3）类型声明语句

声明语句可完成的工作不仅局限于为名称指定类型，同时也是定义语句。所谓定义，就是对某个名称所指代的实体进行具体描述。C++ 规定：一个实体的定义只能出现一次，而其声明却可以出现多次。同一实体的多个声明必须在类型上保持一致。另外，使用声明语句还可在定义变量时对其进行初始化。如：

```
typedef int INT;                  //定义基本整型
```

将 int 类型声明为 INT。

2. 表达式语句

C++ 中所有对数据的操作和处理工作都是通过表达式语句来完成的。表达式语句的语法图如图 3-10 所示。

语法格式：

```
表达式;
```

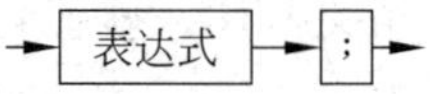

图 3-10　表达式语句

如表达式语句：

```
score +=5.;
```

尽管 a+b;也是表达式语句，但没有实质含义。即在任何合法的 C++ 表达式后面添加一个分号便构成一条表达式语句。使用表达式语句可进行的操作，通常包括：

1）赋值

如：

```
judge.Othercharacter=true;
```

便是赋值操作，将逻辑常量 true 赋值给变量 judge. Othercharacter。

2）复合赋值

如 a+=b，等价于 a=a+b；

将 a+b 的结果赋值给变量 a。

3）增量、减量

增量、减量如图 3-11 所示。如：

```
litleLetter++;
```

将 litleLetter+1 的值赋值给 litleLetter。

4）函数调用

函数调用语法图如图 3-12 所示。

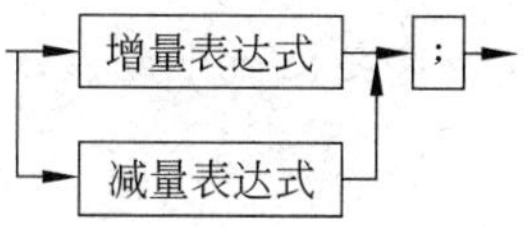

图 3-11 增量和减量

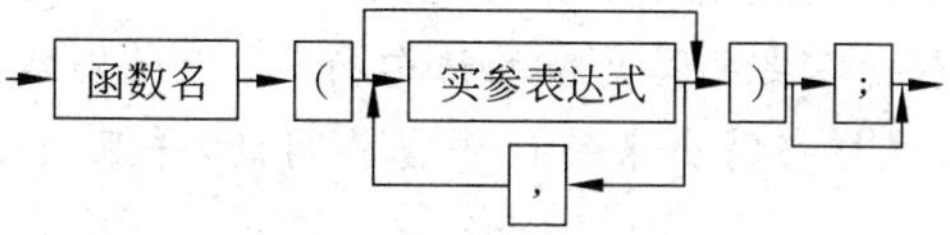

图 3-12 函数调用

如：

```
int length=GetPwdLen(Passwordstr);
GetPwdNumber(Passwordstr, length);
```

都是函数调用，其中 GetPwdLen 和 GetPwdNumber 是函数名，Passwordstr、Passwordstr 和 length 是参数。

5）输入输出

一个程序通常会向用户输出一些信息，一般也会要求用户输入一些信息。C++ 程序的输入输出操作是通过标准库中的输入输出流对象来完成的。

3. 复合语句

复合语句又称块语句或块、分程序，它是用一对花括号"{}"将若干条语句包围起来而组成的一条语句，其语法图如图 3-13 所示。

语法格式：

```
{
    <语句 1>
    <语句 2>
        ⋮
    <语句 n>
}
```

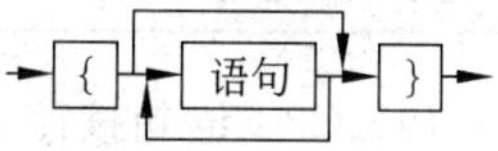

图 3-13 复合语句

其中，<语句 i>(i=1,2…,n)可以是声明语句、表达式语句、选择语句、循环语句或跳转语句等任何合法的 C++ 语句，也可是一个复合语句。"{"和"}"的作用是把若干条语句组成的语句序列包围起来，使它们在逻辑上成为一条语句。复合语句可出现在程序中任何需要语句的地方。

4. switch 语句的执行部分

switch 语句称多分支语句，具体参见 4.8 节。如：

```
case 1:
    result= sin(rvalue/180 * PI);
    break;
```

5. 空语句

实际上,空语句是一种特殊的表达式语句。其语法格式为：

```
;
```

即空语句只由一个分号组成。

注意：不要书写复杂的语句行,一行代码只做一件事情,如只定义一个变量或只写一条语句,这样书写出来的代码容易阅读,并且便于写注释。

本 章 小 结

(1) C++ 提供的基本控制结构可以分为 3 种类型：顺序结构、选择结构和循环结构,其中循环分当型循环和直到循环。

(2) 赋值表达式的语法格式：

<变量名>=<表达式>

(3) 赋值过程中的值的转换如表 3-2 所示。

表 3-2　赋值过程中的值的转换

所占空间长度的大小	整数部分	小数部分
	以左边量为基准,小数点对齐。整数小数点当做在个位数字的后面	
左边量＜右边量	截取	截取,丢失部分按四舍五入向前舍入
左边量＞右边量	符号位扩展	不足部分补 0,多余的部分截取,丢失部分按四舍五入向前舍入

(4) C++ 语句按照不同功能大体分为 6 种类型：声明语句、表达式语句、选择语句、循环语句、跳转语句和复合语句。

本 章 实 践

第一部分　基础知识

选择题

1. 有如下语句序列：

```
char str[10]; cin> > str
```

当从键盘输入"I love this game"时,str 中的字符串是(　　)。(2011-03)

A. "I love this game"　　B. "I love thi"

C. "I love"　　D. "I"

2. 下列语句都是程序运行时的第 1 条输出语句,其中一条语句的输出效果与其他三条语句不同,该语句是(　　)。

A. cout<<internal<<32345　　B. cout<<left<<12345

C. cout<<right<<12345　　D. cout<<set(6)<<12345

第二部分　项目设计

将第 1 章的项目细分，画出相应的功能图，设计对应的界面。如：
班级成绩，选择班级后，包括以下菜单：
增加记录，删除记录，修改记录，查询记录，查看全部记录。
参数设置，包括添加班级和增加科目。

第4章　分支结构

教学目标：

(1) 掌握 C++ 的基本语句。

(2) 掌握 if 语句及其嵌套的应用。

(3) 掌握 switch 语句的应用。

(4) 掌握位运算符的含义和应用。

分支控制结构，也称判断控制结构。实现程序选择结构的语句称选择语句。C++ 中提供了两种选择语句：if 语句和 switch 语句。

4.1　关系表达式

C++ 提供了 6 种关系操作符：

<(小于)、<=(小于等于)、>(大于)、>=(大于等于)、==(等于)、!=(不等于)

这 6 种操作符都是双目操作符，用来比较两个运算对象的大小，运算结果为逻辑型值：true 或 false。

由一个关系操作符连接前后两个可比较的表达式而构成的式子称关系表达式，简称关系式。当一个关系式成立时，则计算结果为逻辑真值(true)，否则为逻辑假值(false)。

关系表达式的语法图如图 4-1 所示。

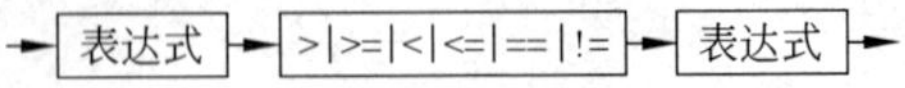

图 4-1　关系表达式

语法格式：

运算对象 1 关系操作符 运算对象 2

功能：当一个关系式成立时，则计算结果为逻辑真值(true)，否则为逻辑假值(false)。

说明：运算对象 1 和运算对象 2 是可比较的数据类型。

如：

```
length==0
```

长度变量 length 与 0 比较，若相等即成立，结果为 true，否则结果为 flase。再如：

```
length<=LTGTHN1
```

长度变量 length 与 LTGTHN1 比较，若 length<=LTGTHN1 成立，结果为 true，否则结果为 flase。

注意：关系操作符的操作数可以是任何基本数据类型的数据，但因实数(float)在计算机中只能近似地表示一个数，故一般不能直接进行比较是否相等。当需要对两个实数进行==、!=比较时，通常指定一个极小的精度值(数学中的常用 ε 表示)，若两实数的差在这个精度之内时，就认为两实数相等，否则为不相等。

数学中，即 $|x_1 - x_0| < \varepsilon$，则认为 $x_1 = x_0$。

在 C++ 中，如：

```
x==y  应写成  fabs(x-y)<1e-6   //fabs(x)求 double 类型数 x 的绝对值
x !=y  应写成  fabs(x-y)>1e-6   //fabs(x)求 double 类型数 x 的绝对值
```

4.2 逻辑表达式

逻辑运算也称布尔运算。C++ 提供了 **3 种逻辑操作符**：**!（逻辑非）**、**&&（逻辑与）**、**||（逻辑或）**，其中，! 为单目操作符，&& 和 || 为双目操作符。逻辑表达式的语法图如图 4-2 所示。

语法格式：

[运算对象 e1] 逻辑操作符 运算对象 e2

说明：这里省略运算对象 e1 时，为逻辑非运算。

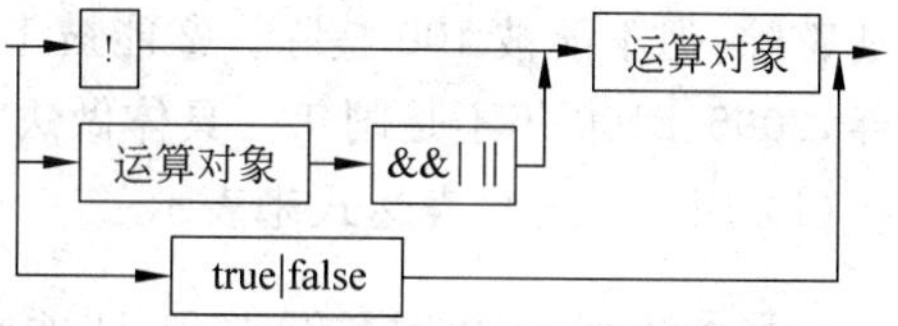

图 4-2 逻辑表达式

逻辑运算的具体操作步骤：

(1) 计算两边运算对象的值；

(2) 若运算对象的值不是逻辑型，则自动转换为逻辑型，即以 0 值为假(false)，非 0 值为真(true)；

(3) 按不同逻辑操作符计算返回值。

表 4-1 中给出了运算对象 e1 和运算对象 e2 的 false 和 true 值的四种组合，该表称为真值表。C++ 对所有包括逻辑操作符和关系操作符的所有表达式的值都为 false 或 true。

用 e1 表示运算对象 1，e2 表示运算对象 2，逻辑操作符的运算规则如表 4-1 所示。

书写逻辑表达式时，若一个逻辑表达式超过标准行宽(80 字符)，则需要断行。若断行，则要统一风格。若两个逻辑与(&&)操作符都位于行尾，可考虑额外插入圆括号。

表 4-1 逻辑操作符的运算规则表

e1 的值	e2 的值	e1&&e2 的值	e1||e2 的值	!e1 的值
false	false	false	false	true
false	true	false	true	true
true	false	false	true	false
true	true	true	true	false
规则		e1 与 e2 同时为真,才为真,否则为假	e1 与 e2 同时为假,才为假,否则为真	e1 为真,!e1 才为假;e1 为假,!e1 才为真

如逻辑表达式:

```
((temp>33U) && (temp<=+47L))
||((temp>=-(-0110)) && (temp<=+0114lu))
||((temp>=0x5B) && (temp<=0x60))
||(temp>=0x7Bul) && (temp<=0x7E)
```

若(temp>33U) && (temp<=+47L)、((temp>=-(-0110)) && (temp<=+0114lu))、((temp>=0x5B) && (temp<=0x60))和(temp>=0x7Bul) && (temp<=0x7E)中,只要有一个成立,该逻辑表达式的值就是 true,否则若同时不成立,结果才为 false。

对于逻辑表达式(temp>33U) && (temp<=+47L),必须(temp>33U)与(temp<=+47L)同时成立,结果才为真 true,否则结果为假 false。

【例 4-1】 判别某一年(year)是否为闰年。闰年的条件是符合下面两者之一:①能被 4 整除,但不能被 100 整除。②能被 100 整除,又能被 400 整除。例如 2004、2000 年是闰年,2005、2100 年不是闰年。具体做法有三种:

(1) 用一个逻辑表达式来表示

```
(year%4==0 && year%100 !=0) || year%400==0
```

当给定 year 为某一整数值时,若上述表达式值为真(true),则 year 为闰年;否则 year 为非闰年。

(2) 加一个"!"用来判别非闰年

```
! ((year%4==0 && year%100 !=0) || year%400==0)
```

若表达式值为真(1),year 为非闰年。

(3) 用下面的逻辑表达式判别非闰年

```
(year%4 !=0) || (year%100==0 && year%400 !=0)
```

若表达式值为真,year 为非闰年。

注意:

(1) 表达式中右面的括号内的不同运算符(%,!,&&,==)的运算优先次序。

(2) 数学中的式子:$a\leqslant x\leqslant b$,其中 $x\in[a,b]$。在 C++ 中,对应的表达式:

```
a<=x && x<=b
```

关系运算符“<=”是从左至右运算的，表达式：

10>=x>=5 等价于(10>=x)>=5，10>=x 可能为 0，也可能为 1，但都不>=5，故恒等于 0，而 5<=x<=10，等价于(x>=5)<=10，恒等于 1。

逻辑条件要么所有参数和函数名放在同一行，要么所有参数并排分行。

4.3 位表达式

位运算的运算对象的数据类型为非浮点类型的基本数据类型，即有符号或无符号的整型、字符型和逻辑类型。位运算把运算对象看作由二进位组成的位串，按位完成指定的运算，得到位串的结果。按位运算的实质是按本“位”处理，不涉及进位和借位。操作符有：**&(按位与)**、**|(按位或)**、**^(按位异或)**、**～(按位取反)**、**<<(左移)**和**>>(右移)**。

位表达式语法图，如图 4-3 所示。

语法格式：

```
[运算对象 e1] 位操作符 运算对象 e2
```

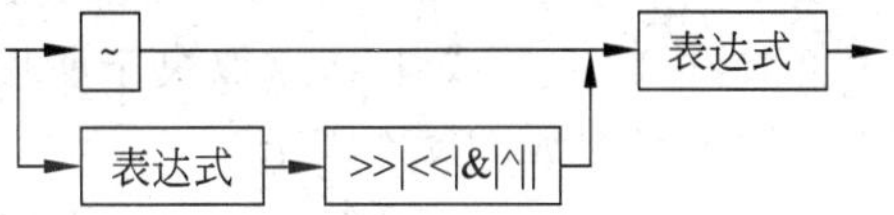

图 4-3 位表达式

1. 位模式下的逻辑运算

C++ 提供 4 种位模式下的逻辑操作符：
&(按位与)、**|(按位或)**、**^(按位异或)**、**～(按位取反)**。位模式下的逻辑运算规则如表 4-2 所示。

表 4-2 位模式下的逻辑运算规则表

运算对象 1	运算对象 2	按位与	按位或	按位异或	按位取反
e1	e2	e1&e2	e1|e2	e1^e2	～e1
0	0	0	0	0	1
0	1	0	1	1	1
1	0	0	1	1	0
1	1	1	1	0	0
操作规则		将两个运算对象的对应二进制位			将运算对象的对应二进制数
		同为 1 才为 1，否则为 0	同为 0 才为 0，否则为 1	同时为 0，不同时为 1	每一位取反：1 变 0，0 变 1
作用		清零特定位；取某数中指定位	某些位置 1，其他位不变	使特定位的值取反；交换两个变量的值	补码

【例 4-2】 一个十进制原数为 43，即 00101011B，另一个十进制数，设它为 181，即

10110101B。将两者按位与、或、异或运算，以及－181 的补码运算。

```
  0 0 1 0 1 0 1 1B
& 1 0 1 1 0 1 0 1B
  0 0 1 0 0 0 0 1B(十进制 33)

  0 0 1 0 1 0 1 1B
^ 1 0 1 1 0 1 0 1B
  1 0 0 1 1 1 1 0B(十进制 158)
```

```
  0 0 1 0 1 0 1 1B
| 1 0 1 1 0 1 0 1B
  1 0 1 1 1 1 1 1B(十进制 191)

～0 1 0 1 1 0 1 0 1B(十进制 181)
  1 0 1 0 0 1 0 1 0B
+                 1
  1 0 1 0 0 1 0 1 1B(十进制－181 的补码)
```

位运算应用：清零取位与任肩，某位置 1 或通天；负补绝对 1 加后，取反交换异或重。

2. 移位操作符

C++ 提供 2 种移位操作符：

(1) 按位右移操作符“>>”，因右移的位数为右边运算对象的值，故右边运算对象的值必须是一个整数。右边移出的位被丢掉。对于左边移出的空位，若是正数则空位补 0，若为负数，可能补 0 或补 1，这取决于所用的计算机系统。右移一位其值相当于除 2。右移移位的示意图如图 4-4 所示。

(2) 按位左移操作符“<<”，因左移的位数为右边运算对象的值，故右边运算对象的值必须是一个整数。右边空出的位上补 0，左边的位将从字头丢掉。左移一位其值相当于乘 2。左移移位的示意图如图 4-5 所示。

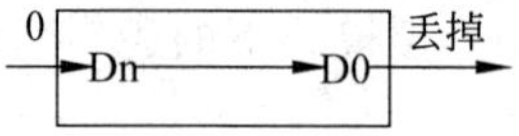

图 4-4　右移移位

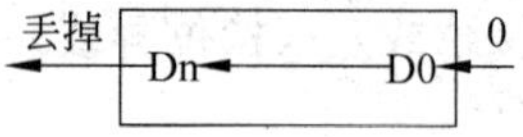

图 4-5　左移移位

【例 4-3】　一个十进制数 x=181，即 10110101B。

x 右移两位，即 x>>2 的操作如下：

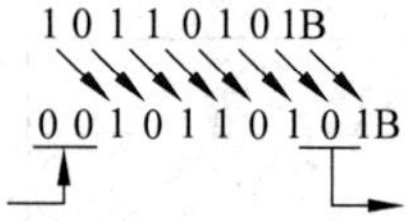

x 左移两位，即 x<<2 的操作如下：

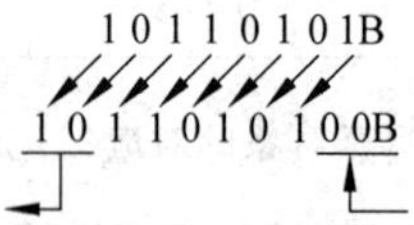

【例 4-4】　用位运算实现加、减、乘、除，其活动图请读者完成。

```
1. #include<cstdlib>
2. using namespace std;
3. //该加法为迭代版本,利用异或、位与和左移运算
4. int Add(int a,  int b)
5. {
```

第 4～14 行函数 int Add (int a, int b)，利用异或、位与和左移运算进行加法运算。

```
6.     int ans;
7.     while(b)
8.     {
9.         ans=a ^ b;
10.        b=(a & b)<<1;
11.        a=ans;
12.    }
13.    return ans;
14. }
15. //利用位反运算,求 a 的相反数:将各位取反加 1
16. int negative(int a)     //get -a
17. {
18.     return Add(~ a,  1);
19. }
20. //实现减法
21. int Minus(int a,  int b)
22. {
23.     return Add(a,  negative(b));
24. }
25. //利用位或、位反、左移、右移运算,正数乘法
26. int Multi(int a,  int b)
27. {
28.     int ans=0;
29.     while(b)
30.     {
31.         if(~(~b | ~1))
32.             ans=Add(ans, a);
33.         a=a<<1;
34.         b=b>>1;
35.     }
36.     return ans;
37. }
38. //正数除法
39. int Divide(int a,  int b)
40. {
41.     int coun=0;
42.     while(a>=  b)
43.     {
44.         a=Minus(a,  b);
45.         coun=Add(coun, 1);
46.     }
47.     return coun;
48. }
```

第16～19行,求一个数的相反数。
补码形式:各位取反末尾加1。

第21～24行,函数 int Minus(int a, int b)减法运算,利用加法实现。

第26～37行函数 int Multi(int a, int b)实现乘法运算,利用加法,即a与b相乘,可理解为将a自身相加b次。

第39～48行函数 int Divide(int a, int b),利用将a减b的次数,为商。

在本例中，应用了全部的位运算符，实现了加、减、乘、除。

4.4 基本 if 语句

if 语句又称条件语句或分支语句，它是编程语言中最常见的一种选择语句。基本 if 语句的功能是根据给定条件是否成立，来决定要不要执行一条语句或语句块。

if…else 语句的语法图如图 4-6 所示。

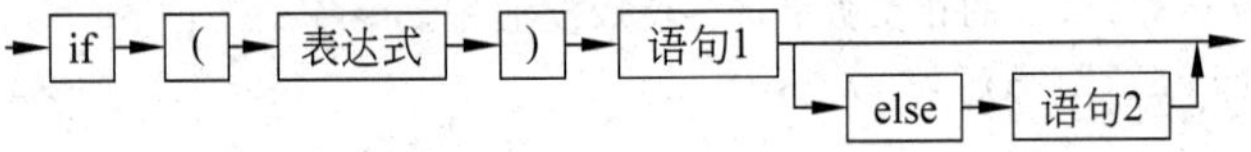

图 4-6 if…else 语句

语法格式：

```
if(表达式) 语句 1
```

功能：首先计算表达式的值，若此值不为 0（"真"），则执行语句 1；若此值为 0（"假"），则忽略语句 1（即不执行），继续执行 if 语句之后的下一条语句。

说明：

(1) if 为关键字，表达式通常是一个条件表达式且必须用圆括号括起来。

(2) 语句 1 称为 if 子句，它可以是任何类型的语句（包括复合语句和空语句），但要注意既然是语句，后面就必须要跟有分号";"。

基本 if 语句 UML 活动图如图 4-7 所示。

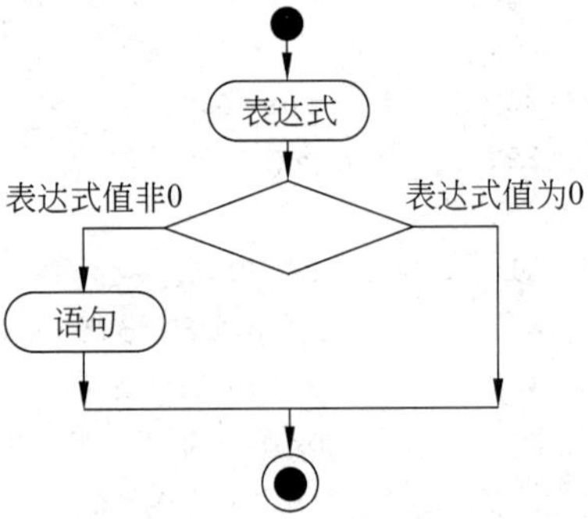

图 4-7 基本 if 语句

进一步说明：

(1) C++ 中规定：若表达式是一个条件表达式，则当此表达式的值不为 0 时，条件结果为"真"；只有当此表达式的值为 0 时，条件结果才为"假"。

(2) 表达式也可是一条声明语句，其中必须定义一个变量并对它进行初始化。这时，若此变量的值不为 0，则条件结果为"真"；若此变量的值为 0，则条件结果为"假"。

如：

```
if(iszero(a)||iszero(b))
        return 0;
```

即若 a=0 或 b=0，则返回结果为 0。否则，继续向下执行。

如：

```
if(iszero(b))
    {
```

```
        cout<<"Error!"<<endl;
        exit(1);
    }
```

即若 b=0,则输出错误,并结束执行。否则,继续向下执行。

【例 4-5】 输入三个数比较大小。

设计思路：设输入的三个任意数分别赋值给 a、b、c,经过中间比较,并设定最终目标：a>=b>=c,即最终 a 最大,b 中间,c 最小。活动图如图 4-8 所示。

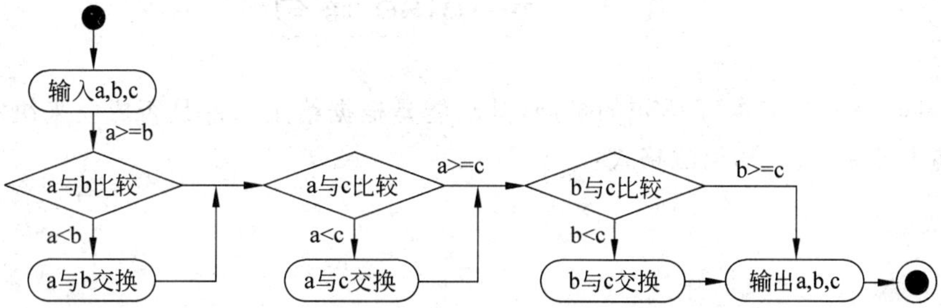

图 4-8 三个数比较大小

程序代码：

```
1. #include<iostream>
2. using namespace std;
3. int main(int argc, char * * argv)
4. {
5.   int temp;
6.   int a, b, c;
7.   cout<<"输入三个数字,中间用空格隔开："<<endl;
8. cin>>a>>b>>c;
9. //利用临时变量实现交换
10.  if(a<b)
11.  {
12. temp=a;
13. a=b;
14. b=temp;
15.  }
16.  cout<<"值最大的整数："<<a<<endl;
17.  cout<<"位于中间值的整数："<<b<<endl;
18.  cout<<"值最小的整数："<<c<<endl;
19.
20.     return 0;
21. }
```

设 a=10,b=20。
第 10～15 行利用临时变量进行交换。
执行：temp=a,则 temp=10;
执行 a=b,则 a=20;
执行 b=temp,则 b=10。
结果：a=20,c=10

输出结果：

输入三个数字,中间用空格隔开：

```
12  3  67
值最大的整数：67
位于中间值的整数：12
值最小的整数：3
```

本例，利用基本 if 语句，每个 if 语句都是复合语句。每个复合语句都完成交换，即将 a 与 b 内容交换，两个数据交换还可以采用加减法和异或运算方式实现。

4.5 if…else 语句

if…else 语句是基本 if 语句的扩展，其功能是根据给定条件是否成立来决定执行两部分语句中的哪一部分，语法格式：

```
if(表达式)
    语句 1
else
    语句 2
```

其中，if 和 else 为关键字；语句 1 称 if 子句，语句 2 称 else 子句，它们可以是单条语句或复合语句。既然是语句，后面就必须要跟有分号“;”。

if…else 语句的执行过程是：首先计算表达式的值，若此值不为 0（“真”），则执行语句 1，然后忽略语句 2 而去执行 if 语句之后的下一条语句；若此值为 0（“假”），则忽略语句 1，执行语句 2，然后继续执行 if 语句之后的下一条语句。if…else 语句执行的 UML 活动图如图 4-9 所示。如：

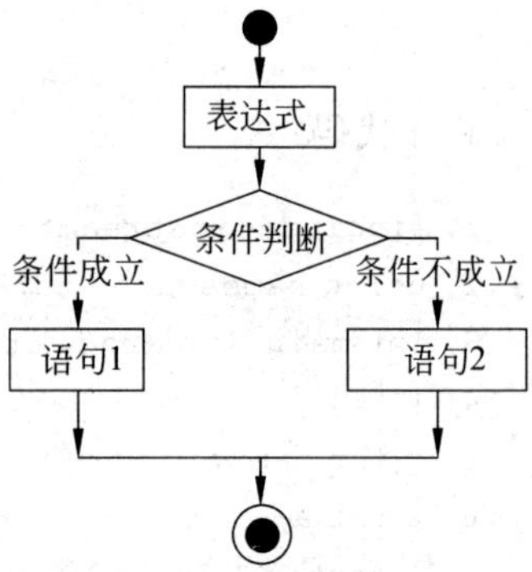

图 4-9 if…else 语句

```
if(isneg(b))
    return Multi(negative(a), negative(b));
else
    return negative(Multi(negative(a), b));
```

【例 4-6】 求两个数中的最大数。

程序代码：

```
#include<iostream>
using namespace std;
int main(int argc, char * * argv)
{
    int a, b;
    cin>>a>>b;

    if (a>b)
```

当 a>b 整理，输出 a，否则输出 b。

```
    {
        cout<<a<<endl; //当 a>b 时,输出 a 的值
    }
    else
    {
        cout<<b<<endl; //当 a<=b 时,输出 a 的值
}
    return EXIT_SUCCESS;
}
```

这里 EXIT_SUCCESS 是 VC 6.0 定义的常量。

输入:

```
12 78
```

运行结果:

```
78
```

本例,应用了 if 的两个分支的情况。

4.6 if 语句的嵌套

if 子句和 else 子句可以是任何类型的 C++ 语句,当然也可以是 if…else 语句本身。通常将这种情况称为 if 语句的嵌套。

C++ 对 if 语句的嵌套规定:

else 关键字总是与它前面最近的未被匹配的且可见的那个 if 关键字配对。

复合语句内的 if 关键字对该复合语句外面的 else 关键字是不可见的。

如:

```
if(表达式 1)                //第 1 个 if
{
    if(表达式 2)            //第 2 个 if
    {
        if(表达式 3)        //第 3 个 if
        {
            语句 1
        }
    }
        else
        {
            语句 2
        }
}
```

按照规定,上面语句中的 else 应与第 2 个 if 配对,因第 3 个 if 位于复合语句中,即它对 else 是不可见的。

编程中有时使用嵌套的 if 语句构成 if…else if 阶梯结构,语法格式:

```
if(表达式 1)
```

```
{
    <语句 1>
}
else if(表达式 2)
        {
            <语句 2>
        }
    else if(表达式 3)
        {
            <语句 3>
        }
            ⋮
    else if(表达式 n)
    {
        <语句 n>
        else
        {
        <语句 n+1>
        }
```

if…else if 语句的执行过程：从上到下逐一对 if 之后的条件进行检查。若某一条件为“真”，则执行相应的 if 子句并越过剩余的阶梯结构；若所有条件都为“假”，则执行最后一个 else 子句。if…else if 阶梯结构执行的 UML 活动图，如图 4-10 所示。

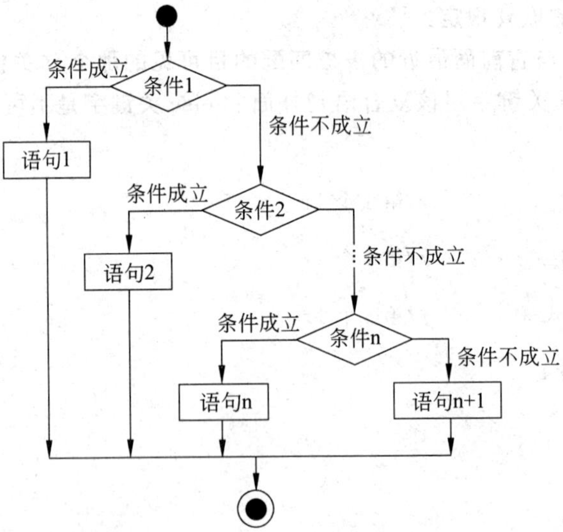

图 4-10 if…else if 阶梯结构 UML 活动图

功能：首先计算条件 1 结果值，若为真，执行语句 1，否则，计算条件 2 的结果值；若为真，执行语句 2，否则，计算条件 3 的结果值，若为真，执行语句 3，…，以此类推，直至计算条件 n，若为真，执行语句 n，否则，若有语句 n＋1，则执行语句 n＋1，若没有语句 n＋1，则执行 if…else…if…语句的下一条语句。无论如何，对于一次条件判断，语句 1、语句 2、…、语句 n 和语句 n+1 只能选择一个被执行。不能同时被执行。

需要指出的：这是一条语句，属于双分支语句的扩充。

【例 4-7】 从键盘输入学生的考试成绩，利用计算机将学生的成绩划分等级并输出。学生的成绩可分成 5 个等级，90～100 分为优秀，80～89 分为良好，70～79 分为中等，60～69 分为及格，0～59 分为不及格。

设计思路：设成绩 score 为整型，依次与不同区间比较，输出对应的等级。

```
1. #include<iostream>
2. using namespace std;
3. int main(int argc, char * * argv)
4. {
5.     int score;
6.
7.     cout<<"请输入成绩：\n";
8.     cin>>score;
9.
10.     if(score<80)
11.     {
12.       if(score<70)
13.      {
14.         if(score<60)
15.         {
16.           cout<<"不及格\n";
17.         }
18.         else
19.         {
20.           cout<<"及格\n";
21.         }
22.       }
23.      else
24.      {
25.         cout<<"中等\n";
26.       }
27.     }
28.     else
29.     {
30.       if(score<90)
31.       {
32.         cout<<"良好\n";
33.       }
34.       else
35.       {
36.         cout<<"优秀\n";
37.       }
38.     }
39.
```

第 7 行，输出，起提示作用。

第 8 行，输入成绩。

第 10～28 行是 score 小于 80 情况。其中第 12～23 行是小于 70 的情况，第 15～17 行是小于 60 的情况，第 19～21 行是大于 60 小于 70 的情况，第 24～26 行是大于 70 小于 80 的情况。

第 29～38 行，是大于等于 80 的情况。其中第 31～33 行是大于等于 80 小于 90 的情况，第 35～37行是大于等于 90 小于等于 100 的情况。

在 if…else 匹配时，最好从内向外，一一匹配。

```
    return 0;
}
```

本例,使用了 if 语句的嵌套,注意 else 的匹配。

注意:if、elseif 等语句各自占一行,其他语句不得紧跟其后;不论该语句块中有多少行语句都要用"{}"括起来,可防止书写失误。当准备开始书写语句块时,首先写下一对"{}",然后再在里面书写语句,可避免不易察觉的逻辑错误。

if 语句编码规范:

(1) 提倡不在圆括号中添加空格,关键字 else 另起一行。

(2) 对基本条件语句有两种可以接受的格式,一种在圆括号和条件之间有空格,一种没有。最常见的是没有空格的格式,哪种都可以,还是一致性为主。

(3) 有些条件语句写在同一行以增强可读性,只有当语句简单并且没有使用 else 子句时使用。若语句有 else 分支是不允许的。

(4) 通常,单行语句不需要使用花括号。若语句中哪一分支使用了花括号的话,其他部分也必须使用。

(5) if…else 块之间空一行还可以接受。

4.7　条件表达式

条件运算是 C++ 中唯一的三目运算,与之对应的操作符"?:"称条件操作符。由条件运算符组成的表达式,称条件表达式,其语法图如图 4-11 所示。

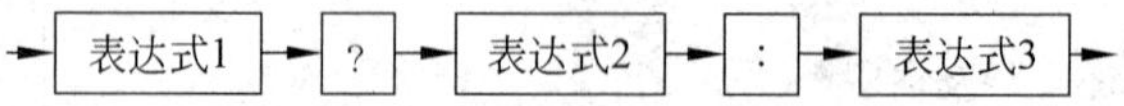

图 4-11　条件表达式

语法格式:

```
表达式 1 ? 表达式 2 : 表达式 3
```

功能:当计算有条件操作符构成的表达式时,首先计算表达式 1,若其值非 0,则计算出表达式 2 的值,并用这个值作为整个表达式的值;若表达式 1 的值为 0,则计算出表达式 3 的值,并用这个值作为整个表达式的值。其 UML 活动图与图 5.10 相似。如:

```
a=(x>y ? 12 : 10.0);
```

若 x>y(x>y 的值为 true),将 12 赋给 a;否则 a=10.0。条件运算表达式的返回类型为 10.0 的类型 double。

再如:

```
x ? y=a+10 : y=3 * a-1;
```

若 x 非 0 则把 a+10 的值赋给 y,否则把 3 * a-1 的值赋 y。

若有多个条件表达式连在一起,如:

```
x=表达式 1 ? 表达式 2 : 表达式 3 ? 表达式 4 : 表达式 5 …
```

执行顺序是从右到左依次判断再求出最后的 x，即满足右结合。

如：a＝1，b＝2，c＝3，d＝4，则条件表达式：

```
a<b ? a : c<d ? c : d
```

执行步骤：

先计算 c＜d ? c ：d，因 c＝3＜d＝4 成立，故该表达式的值是 c＝3；

再计算 a＜b ? a ：3，因为 a＝1＜b＝2 成立，故该表达式的值是 a＝1；

最终结果值为 1。

在条件语句中，若只执行的是单个赋值语句，常可使用条件表达式来实现。不但使程序简洁，也提高了运行效率。

如条件语句：

```
if(a>b)
{
    max=a;
}
else
{
    max=b;
}
```

可用条件表达式写为：

```
max=(a>b) ? a : b;
```

执行该语句的语义是：如果 a＞b 为真，则把 a 赋予 max，否则把 b 赋予 max。

4.8　switch 语句

使用 if 嵌套，尽管实现了功能，但是很复杂，不易理解。switch 语句是多分支语句，也称开关语句，它也是一种选择语句。switch 语句的功能是根据给定表达式的不同取值来决定从多个语句序列中的哪一个开始执行。

语法格式：

```
switch(表达式)
{
    case 常量表达式 C1:
        [语句序列 1]
    case 常量表达式 C2:
        [语句序列 2]
        …
    case 常量表达式 Ci:
        [语句序列 i]
```

```
        …
    case 常量表达式 Cn:
        [语句序列 n]
    [default:
        [语句序列 n+]]
}
```

switch 语句语法图，如图 4-12 所示。

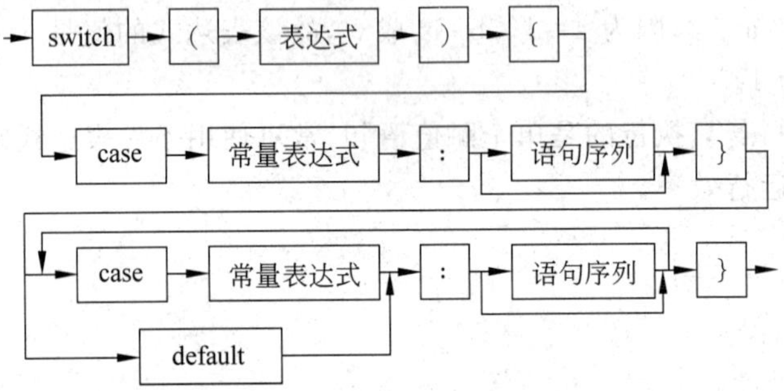

图 4-12 switch 语句

说明：

(1) switch，case 和 default 为关键字。

(2) 常量表达式的值必须属于整型、字符型或枚举型。

(3) 常量表达式 i(i=1,2…n)取值互不相同的整型常量、字符常量或枚举常量，其具体类型应与表达式的值类型一致。

(4) 语句序列 i(i=1,2…n,n+1)可以是任意多条语句。语句序列 i 合在一起构成一条 case 标号语句。关键字 default，冒号“：”，与其后面语句序列 n+1 合在一起称 default 标号语句。

case 标号语句和 default 标号语句都可以是多条语句，这些语句可使用花括号括起，也可不用，建议使用花括号括起来。

对 switch 语句，有的教材中将 break 语句加入语法格式中，即：

```
switch(表达式)
{
  case 常量表达式 C1:
        [语句序列 1; break]
  case 常量表达式 C2:
        [语句序列 2; break]
        …
  case 常量表达式 Ci:
        [语句序列 i; break]
        …
  case 常量表达式 Cn:
        [语句序列 n; break]
```

```
    [default:
        [语句序列 n+1; break]]
}
```

笔者认为：从 switch 的语法上看，加 break 是不合理的，因为不加 break 语句 switch 语句一样正常执行，即 break 不是 switch 语句语法的必要组成部分。在实际应用中，一般都使用 break，即遇到 break 时，退出仅包含该 break 语句的那个 switch 语句。

switch 语句的执行步骤：

(1) 计算出表达式的值，设此值为 E。

(2) 计算每个常量表达式 i 的值，设它们分别为 C1，C2，…，Cn。

(3) 将 E 依次与 C1，C2，…，Cn 进行比较。若 E 与某个值相等，则从该值所在的 case 标号语句开始执行各个语句序列，在不出现跳转语句的情况下，将一直执行到 switch 语句结束。

(4) 若 E 与所有值都不相等且存在 default 标号，则从 default 标号语句起开始向下执行，直到 switch 语句结束(同样，在不出现跳转语句的情况下)。

(5) 若 E 与所有值都不相等且不存在 default 标号，则 switch 语句不执行任何操作。

switch 语句 UML 活动图如图 4-13 所示。

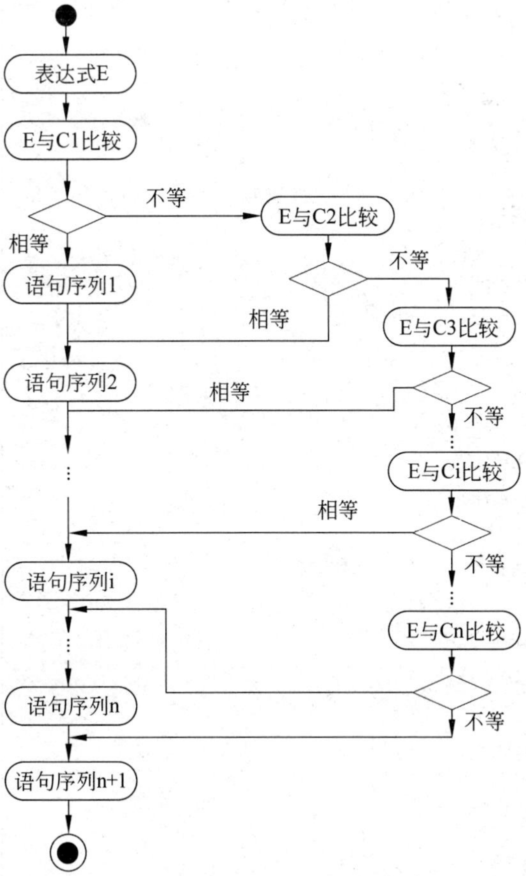

图 4-13 switch 语句 UML 活动图

【例 4-8】 给出一个百分制成绩 s，要求输出成绩等级 A、B、C、D、E，90 分以上为 A，80～90 分为 B，70～79 分为 C，60～69 分为 D，60 分以下为 E。

```
1. #include<iostream>
2. using namespace std;
3. int main(int argc, char * * argv)
4. {
5.     int score;
6.     cout<<"请输入一个成绩：";
7.     cin>>score;
8.     if(score>100||score<0)
9.     {
10.        cout<<"输入了一个错误的成绩.\n";
11.        return 1;
12.    }
13.    char ch;
14.    switch(score / 10)
15.    {
16.        case 10:
17.        case 9:
18.          {
19.             ch='A';
20.             break;
21.          }
22.        case 8:
23.        {
24.            ch='B';
25.            break;
26.          }
27.        case 7:
28.        {
29.            ch='C';
30.            break;
31.          }
32.        case 6:
33.          {
34.             ch='D';
35.             break;
36.          }
37.        default:
38.        {
39.           ch='E';
40.           break;
41.        }
```

第 8～12 行，对超出范围的成绩处理。

第 14～42 行，switch 语句，其中表达式 score / 10 将百分制成绩缩小 10 倍，而且将共用一种情况的较多个数值，做 default 情况处理。

程序在执行时：

1. 计算出表达式 score / 10 的值，设此值为 E。
2. 计算每个常量表达式 i 的值，设它们分别为 10、9、8、7、6。
3. 将 E 依次与 10、9、8、7、6 进行比较。假设与 10 相等，即 score＝100，

```
    }
    cout<<"您输入的成绩等级为:\n"<<ch;

    return 0;
}
```

此时从先执行 case 10，再执行 case 9，使得 ch='A'，执行 break 时，退出该 switch 语句。

从例 4-8 中，可以看到在构造 switch 后面的表达式时，要尽量做到：使 switch 语句符合类型的需要，使表达式的值取整后的值的个数尽量少。

在使用 switch 语句时，应该注意以下问题：

(1) 表达式必须用()括起来，不能为空。常量后的"："不能省略，语句后的"；"分号也不能省略。

(2) 在同一 switch 语句中，各个 case 后的常量表达式 C_i 不能相同，即 C_i 值 $\neq C_{i+1}$ 值，其中 $i\in[0,n-1]$。default 标号最多只能出现一次，但可不必在所有 case 分支之后。

(3) 每个 case 或 default 分支可有多条语句，但最后一个 case 或 default 标号之前不能包含变量声明语句。其他插入的语句块中可以包含声明语句。

(4) 每个 case 或 default 语句只是一个入口标号，并不能确定执行的终点。若中途没有碰到 break 语句，便会从入口标号开始，一直执行到 switch 结构的结束点。

(5) 当若干个分支需要执行相同操作时，可使多个 case 分支共用一组语句。

(6) 在 switch 语句中不能使用实型值。逻辑值、字符型都会被转化成整型处理。

(7) default 标号语句是可选的。当 default 不出现时，若表达式的值与所有常量表达式 $i(i=1,2,\cdots,n)$ 的值都不相等，则程序执行流程会跳过 switch 语句。

(8) switch 语句是可嵌套的。case 和 default 标号只与包含它们的最内层的 switch 组合在一起。也可包括条件分支语句和循环语句。

(9) 当需要针对表达式的不同取值范围进行不同处理时，使用 if…else if 阶梯结构比较方便。因 switch 语句只能对相等关系进行测试，而 if 语句却可以用关系表达式对一个较大范围内的值进行测试。

(10) switch 语句中的 case 块可使用花括号也可不用，取决于程序员的喜好。若有不满足 case 枚举条件的值，要总是包含一个 default(若有输入值没有 case 去处理，编译器将报警)。

(11) 对于 switch 语句下的 case 语句，若因为特殊情况需要处理完一个 case 后进入下一个 case 处理，必须在该 case 语句处理完、下一个 case 语句前加上明确的注释。有效防止无故遗漏 break 语句。

本章小结

(1) 操作符：

关系运算符：<(小于)、<=(小于等于)、>(大于)、>=(大于等于)、==(等于)、!=(不等于)；逻辑操作符：!(逻辑非)、&&(逻辑与)、||(逻辑或)；位运算符：&(按位与)、|(按位

或)、^(按位异或)、~(按位取反)、<<(左移)和>>(右移)。

(2) if 语句执行过程是：首先计算表达式的值，若此值不为 0(“真”)，则执行语句 1，然后忽略语句 2 而去执行 if 语句之后的下一条语句；若此值为 0(“假”)，则忽略语句 1，执行语句 2，然后继续执行 if 语句之后的下一条语句。

C++ 对 if 语句的嵌套规定：else 关键字总是与它前面最近的未被匹配的且可见的那个 if 关键字配对。

(3) 条件表达式语法格式：

```
表达式 1 ？表达式 2 ：表达式 3
```

当计算有条件操作符构成的表达式时，首先计算表达式 1，若其值非 0，则计算出表达式 2 的值，并用这个值作为整个表达式的值；若表达式 1 的值为 0，则计算出表达式 3 的值，并用这个值作为整个表达式的值。

(4) switch 语句是可以嵌套的。switch 语句的执行步骤：

① 计算出表达式的值，设此值为 E。

② 计算每个常量表达式 i 的值，设它们分别为 C1，C2，…，Cn。

③ 将 E 依次与 C1，C2，…，Cn 进行比较。若 E 与某个值相等，则从该值所在的 case 标号语句开始执行各个语句序列，在不出现跳转语句的情况下，将一直执行到 switch 语句结束。

④ 若 E 与所有值都不相等且存在 default 标号，则从 default 标号语句起开始向下执行，直到 switch 语句结束(同样，在不出现跳转语句的情况下)。

⑤ 若 E 与所有值都不相等且不存在 default 标号，则 switch 语句不执行任何操作。

本章实践

第一部分　基础知识

选择题

1. 下列语句中，与语句"n=(a>b?(b>c?1:0):0);"的功能等价的是(　　)。(2011-09)

A. if(a<=b)n=0;

B. if(a>b||b>c)n=1; else n=0;

C. if(a>b)if(b>c)n=h else n=0; else n=0;

D. if(a>b)n=1; else if(b<=c)n=1; else if(b>c)n=1; else n=0;

2. 若 x 和 y 是程序中的两个整型变量，则下列 if 语句中正确的是(　　)。(2010-03)

A. if(x==0)y=1;else y=2;　　　　B. if(x==0)theny=1 elsey=2

C. if(x=0)y=1 else y=2;　　　　D. ifx==0y=1 else y=2;

3. 计算斐波那契数列第 n 项的函数定义如下：(2009-09)

```
int fib(int n){
```

```
    if(n==0)        return 1;
  else if(n==1)     return 2;
  else              return fib(n-1)+fib(n-2);
}
```

若执行函数调用表达式 fib(2)，函数 fib 被调用的次数是(　　)。

A. 1　　B. 2　　C. 3　　D. 4

程序设计

1. 产生两个 10 以下的随机整数，并提示用户输入这两个整数的和，然后，程序检查结果是否正确，正确的话，显示 true；否则，显示 false。

2. 编写程序，读入三角形的三条边，如果输入有效，计算它的周长；否则，显示输入无效。如果任意两边的和大于第三边，输入有效。

3. 编写程序，要求输入一个企业员工的姓名、性别、工号、月基本工资、奖金、补贴，计算个人所得税。系统输出员工姓名、性别、工号和月应发薪水和实发薪水(月应发薪水－个人所得税)

个人所得税计算方法：

- 当收入＜＝3500，免交
- 当 3500＜收入＜＝5000 个人所得税＝(工资－3500) * 0.05
- 当 5000＜收入＜＝7500 个人所得税＝1500 * 0.05＋(工资－5000) * 0.075
- 当 7500＜收入＜＝10000 个人所得税＝1500 * 0.05＋2500 * 0.075＋(工资－7500) * 0.12
- 当 10000＜收入＜＝13000 个人所得税＝1500 * 0.05＋2500 * 0.075＋2500 * 0.12＋(工资－10000) * 0.18
- 当收入＞13000 个人所得税＝工资 * 0.2

第二部分　项目设计

设计提示信息，对应变量及其默认值，如：

增加记录：学号、姓名、英语、高等数学、计算机等；

删除记录：学号等；

修改记录：学号、姓名、英语、高等数学、计算机等；

查询记录：学号、科目名称，查询条件(即大于，等于，小于某个值)；

显示全部记录：系部、学号、姓名、各科目。

参数设置：

班级设置：系部，班级等；

科目设置：系部，班级，科目等。

第 5 章 循 环 结 构

教学目标：

(1) 掌握 for 循环结构。

(2) 掌握 while 和 do…while 循环结构。

(3) 掌握 continue 语句和 break 语句。

(4) 掌握循环的嵌套。

5.1 循环概述

在实际问题中，有许多具有规律性的重复操作。对应于程序，就需要重复执行某些语句，这种重复现象称循环。循环是程序设计语言中反复执行某些代码的一种计算机处理过程，常见的有按照次数循环和按照条件循环。循环结构一般由四部分组成：

(1) 循环条件(进入或退出循环的条件)。一般由控制循环的变量(称循环变量)的值来决定，循环变量就是在循环体内，使循环次数同步变化的变量。

(2) 循环初始值。一般包括两个部分：循环变量的初值和循环体中所需变量的初值。

(3) 改变循环控制变量值的语句。决定循环控制变量的增加或减少，一般是赋值语句。

(4) 循环体。需要完成的功能(一组被重复执行的语句)。

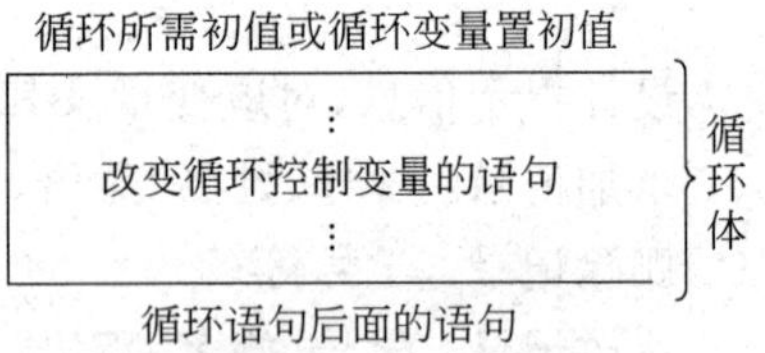

图 5-1 循环结构

循环结构也称重复结构，实现程序循环结构的语句称为循环语句。循环结构的示意图如图 5-1 所示。

C++ 中提供了三种循环语句：for 语句、while 语句、do…while 语句。

5.2 while 语句

while 语句是一种形式较为简单的循环语句，语法图如图 5-2 所示。

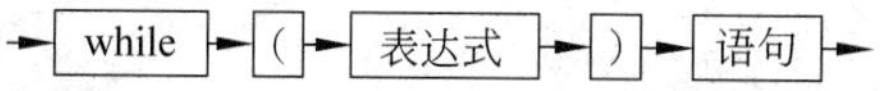

图 5-2 while 语句

语法格式：

```
while(表达式)
    语句
```

说明：

(1) while 为关键字，称 while 循环。

(2) 表达式是 while 循环的条件，它用于控制循环是否继续进行。

(3) 语句称 while 循环的循环体，它是被重复执行的代码行。while 循环的循环体可以是单条语句(不能省略语句后面的分号“;”)，也可以是由花括号括起来的复合语句。

while 语句的执行过程：

(1) 计算表达式的值，若此值不等于 0(即循环条件为“真”)，则转步骤(2)；若此值等于 0(即循环条件为“假”)，则转步骤(4)；

(2) 执行一遍循环体语句；

(3) 转步骤(1)；

(4) 结束 while 循环。

while 语句执行的 UML 活动图如图 5-3 所示。

while 语句将在表达式成立的情况下重复执行语句(循环体)；若在第一次进入 while 循环时表达式就不成立，则语句(循环体)一次也不会执行，即 while 的循环体执行 0 次以上。

【例 5-1】 用 while 循环计算 $\sum_{i=1}^{n} i = 1+2+3+\cdots+n$ 的累加和，其中 n 由键盘输入。

设计思路：需要先后将 n 个数相加。要重复 n−1 次加法运算，可用循环实现。由于后一个数是前一个数加 1 而得，加完上一个数 i 后，使 i 加 1 可得到下一个数，其 UML 活动图如图 5-4 所示。

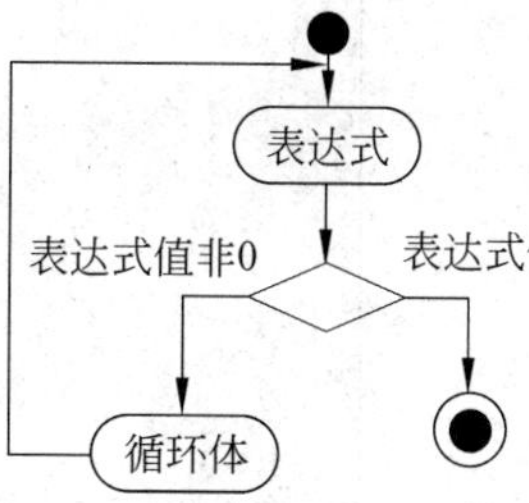

图 5-3 while 语句

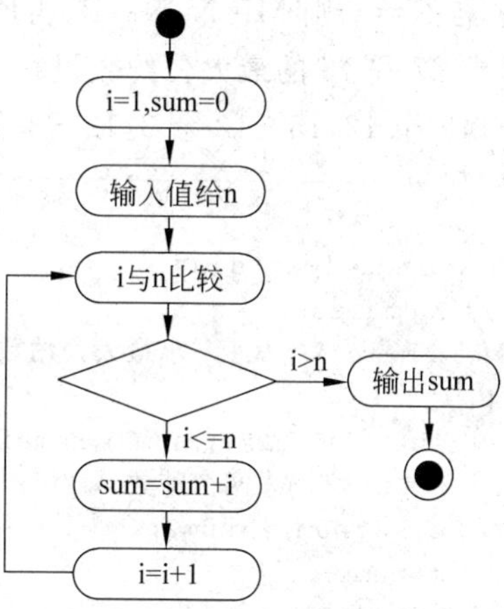

图 5-4 累加和

程序代码：

```
1. #include<iostream>
2. using namespace std;
3. int main( )
4. {//循环初始值
5.   int i=1,sum=0;
6.   int n;
7.   cin>>n;
8.  //循环条件
9.   while (i<=n)
10.     {//累加和,循环体
11.       sum=sum+i;
12.       i++;//控制变量增值
13.     }
14.   cout<<"sum="
15.       <<sum<<endl;
16. }
```

第 5 行，定义循环控制变量 i 并赋初值，sum 循环体中累加和需要的初始值。

第 9 行，循环条件，i<=n 成立时，执行循环体。

第 10～13 行，循环体，由两条语句构成：累加和改变控制变量值。

输入：100

输出结果：

```
sum=5050
```

【例 5-2】 求最小公倍数和最大公约数。

最小公倍数：两个整数公有的倍数称为它们的公倍数，其中一个最小的公倍数是它们的最小公倍数，同样地，若干个整数公有的倍数中最小的正整数称为它们的最小公倍数。求最小公倍数算法：最小公倍数＝两整数的乘积÷最大公约数。

设计思路：设有两整数 M 和 N，求最大公约数算法，其 UML 活动图由读者完成。

方法 1　辗转相除法

(1) M % N 得余数 R；

(2) 若 R＝0，则 N 即为两数的最大公约数，退出；

(3) 若 R≠0，则 M＝N，N＝R，再回去执行(1)。

如，求 27 和 15 的最大公约数过程为：

27÷15 余 12，15÷12 余 3，12÷3 余 0，故，3 即为最大公约数。

程序代码：

```
#include<iostream>
using namespace std;
void main()   /*  求最大公约数 */
{
    int m, n, num1, num2, remainder;
    cout<<"输入两个整数:\n";
    cin>>num1>>num2;
    m=num1;
    n=num2;
```

```
10.    /*辗转相除法,余数不为 0,继续相除,直到余数为 0 */
11.    while(num2 !=0)
12.    {
13.       remainder=num1%num2;
14.       num1=num2;
15.       num2=remainder;
16.    }
17.    cout<<"最大公约数:"<<num1<<endl;
18.    cout<<"最小公倍数:"<<m * n / num1<<endl;
19. }
```

第 11～16 行,辗转相除法。循环变量初始值由键盘输入,第 11 行为循环条件,第 12～16 行由复合语句构成的循环体。

第 15 行,改变循环控制变量值。

运行结果:

```
输入两个整数:
27 15
最大公约数:3
最小公倍数:135
```

注意:

(1) 因 while 语句中缺少对循环控制变量进行初始化的结构,故在使用 while 循环之前对循环控制变量进行初始化。

如例 5-1:

```
int i=1,sum=0;
```

(2) 在 while 循环体中不要忘记对循环控制变量的值进行修改,以使循环趋向结束。

如例 5-1:

```
i++;
```

方法 2 相减法

(1) 若 M>N,则 M=M−N;

(2) 若 M<N,则 N=N−M;

(3) 若 M=N,则 M(或 N)即为两数的最大公约数,退出;

(4) 若 M≠N,则再回去执行(1)。

如求 27 和 15 的最大公约数过程为:

27-15=12(15>12),15-12=3(12>3),12-3=9(9>3),9-3=6(6>3),6-3=3(3==3),故,3 即为最大公约数。

方法 3 穷举法

(1) MIN=M 与 N 的最小的;

(2) 若 M、N 能同时被 MIN 整除,则 MIN 是最大公约数,结束;

(3) MIN--;

(4) 若 MIN>0,则再回去执行(2)。

方法 2、方法 3 的活动图和程序代码,请读者自行完成。

5.3 do…while 语句

while 循环遵循“先判断条件再执行循环体”。C++ 也提供了“先执行循环体再判断条件”的循环结构 do…while。它的功能类似于 while 语句，只是将循环的判定条件移到了循环体之后，语法图如图 5-5 所示。

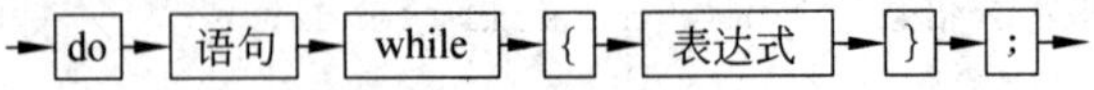

图 5-5 do…while 语句

语法格式：

```
do
    语句
while(表达式);
```

说明：

(1) 本循环中，do 和 while 为关键字，称 do…while 循环或 do 循环。

(2) 语句称 do…while 循环的循环体，它是要被重复执行的代码行，do…while 循环的循环体可以是单条语句(不能省略语句后面的分号“;”)，也可以是由花括号包围起来的复合语句。

(3) 表达式是 do…while 循环的条件，它用于控制循环是否继续进行。

do…while 语句的执行过程：

(1) 执行一遍循环体语句；

(2) 计算表达式的值，若此值不等于 0(即循环条件为“真”)，则转向步骤(1)；若此值等于 0(即循环条件为“假”)，则转向步骤(3)；

(3) 结束 do…while 循环。

do…while 语句执行的 UML 活动图如图 5-6 所示。

【例 5-3】 用 do…while 循环计算阶乘 $\prod_{i=1}^{n} i = n! = 1\times 2\times 3\times \cdots \times n$，其中 $n < 20$ 由键盘输入。

设计思路：需要先后将 n 个数相乘。要重复 n－1 次乘法运算，可用循环实现。由于后一个数是前一个数加 1 而得，乘完上一个数 i 后，使 i 加 1 可得到下一个数，其 UML 活动图如图 5-7 所示。

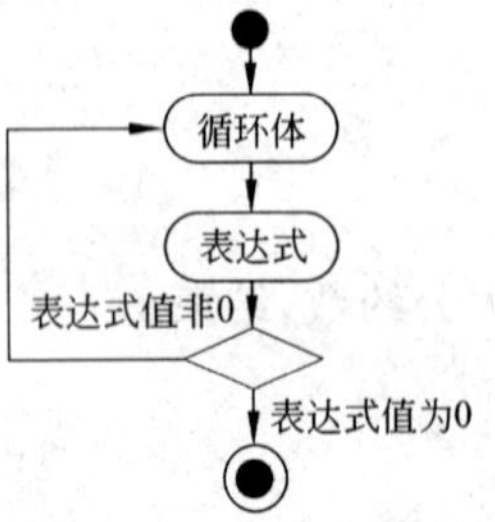

图 5-6 do…while 语句

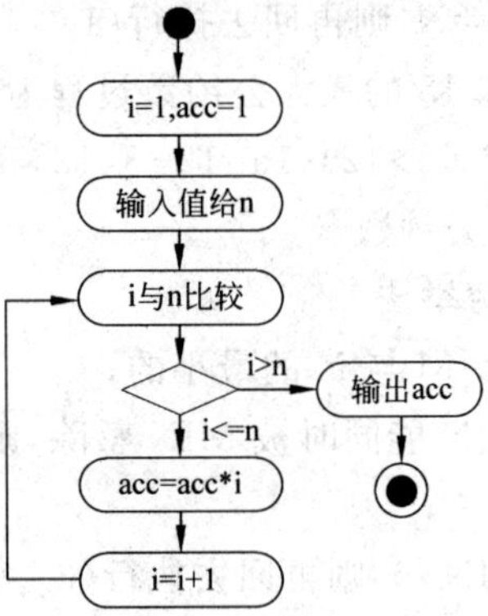

图 5-7 n! 活动图

程序代码：

```
1. #include<iostream>
2. using namespace std;
3. int main( )
4. {   //循环初始值
5.   int i=1, acc=1;
6.   int n;
7.   cin>>n;
8.
9.   do
10.     {  //循环体
11.         acc=acc * i;
12.         i++;      //控制变量增值
13.        //循环条件
14.   } while (i<=n);
15.   cout<<" acc="
16.          <<acc<<endl;
17. }
```

第5行，定义循环控制变量i并赋初值，sum循环体中累乘积需要的初始值。

第9行，循环条件，i<=n成立时，执行循环体。

第10～13行，循环体，由两条语句构成：累乘和改变控制变量值。

输入：5

输出结果：

```
acc=120
```

注意：

(1) 在使用do…while循环之前需要对循环控制变量进行初始化；在do…while循环中不要忘记对循环控制变量进行修改，以使循环结束。

(2) 在do…while语句中最后的分号不能丢掉，它用来表示do…while语句的结束。

5.4　for语句

for语句是C++中最常用且功能最强的循环语句，语法图如图5-8所示。

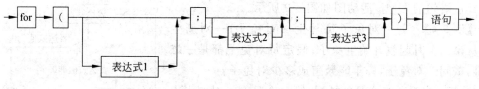

图5-8　for语句

语法格式：

```
for([表达式 1];[表达式 2];[表达式 3])
   语句
```

说明：

(1) for 为关键字，称 for 循环。

(2) 表达式 1 是 for 循环的初始化部分，一般为赋值表达式，可以是逗号表达式，给控制变量赋初值，还可以是变量声明。表达式 1 可省略。这时，应在 for 语句之前给循环控制变量赋初始值。

注意：*省略表达式 1 时，其后的分号不能省略。*

(3) 表达式 2 是 for 循环的条件部分，可以是任何表达式，可以是逗号表达式，但一般是关系表达式或逻辑表达式，是循环的控制条件，条件成立（条件结果是 true 或表达式 2 的值非 0）。表达式 2 可省略，但其后面的分号不能省略。这时，for 语句将不再判断循环条件，循环会无限次地执行下去，即“死循环”。

如：

```
for(int i=0;; i++)
```

此时，等价于 while(true)，或 for(;|;)。

(4) 表达式 3 是 for 循环的循环控制变量的更改部分。一般为赋值表达式，可以是逗号表达式，更改循环控制变量的值。表达式 3 可省略，此时，应在循环中更改循环控制变量的值，以确保循环能够正常结束。

(5) 语句称为 for 循环的循环体，它是要被重复执行的代码行，for 循环体可以是单条语句（不能省略语句后面的分号“;”），也可以是由花括号包围起来的复合语句。

(6) 三个表达式可同时省略，但两个分号“;”不能省略。这时，for 语句显然是“死循环”。如：for(;;)等价于 while(true)。

(7) 表达式 1、表达式 2 和表达式 3 都可以是任何类型的 C++ 表达式。

for 语句的执行过程：

(1) 计算表达式 1 的值。

(2) 计算表达式 2 的值，若此值不等于 0（循环条件为“真”，即成立），则转向步骤(3)；若此值等于 0（循环条件为“假”，即不成立），则转向步骤(5)。

(3) 执行一遍循环体语句。

(4) 计算表达式 3 的值，然后转向步骤(2)。

(5) 结束 for 循环。

for 语句的 UML 活动图如图 5-9 所示。

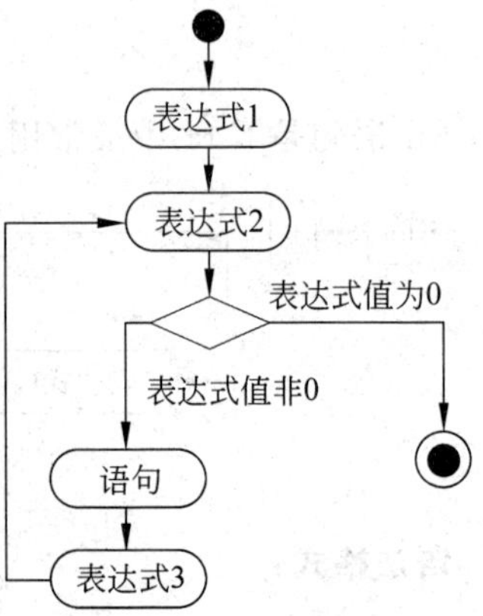

图 5-9　for 语句

【例 5-4】 若一对兔子每月生一对兔子；一对新生兔，从第二个月起就开始生兔子；假定每对兔子都是一雌一雄，试问一对兔子，一年能繁殖成多少对兔子？

分析：先看前几个月的情况，第一个月有一对刚出生的兔子，即 F(1)=1；第二个月，这对兔子长成成年兔，即 F(2)=1；第三个月，这对成年兔生出一对小兔，共有两对兔子，即 F(3)=2；第四个月，成年兔又生出一对小兔，原出生的兔子长成成年兔，共有三对兔子，即 F(4)=3；第五个月，原成年兔又生出一对小兔，新成年兔也生出一对小兔，共有五对兔子，即 F(5)＝5；……以此类推，可得每个月的兔子对数，组成数列：1，1，2，3，5，8，13，21，34，55，89，144，…，即斐波那契数列，其中的任一个数，都叫斐波那契数。于是有关系式：

$$\begin{cases} F(1)=F(2)=1 & (n=1, n=2) \\ F(n)=F(n-1)+F(n-2) & (n \geqslant 3) \end{cases}$$

设计思路：

方法 1：一次求一个值 f1＋f2→f3，f2 赋值给 f1，f3 赋值给 f2，示意图如下：

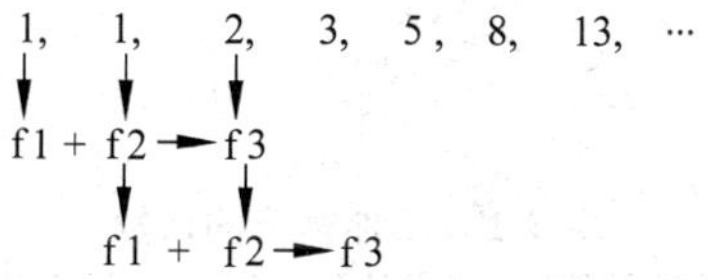

方法 2：一次求两个值 f1＋f2，得到新的 f1，新的 f1＋f2，得到新的 f2，示意图如下：

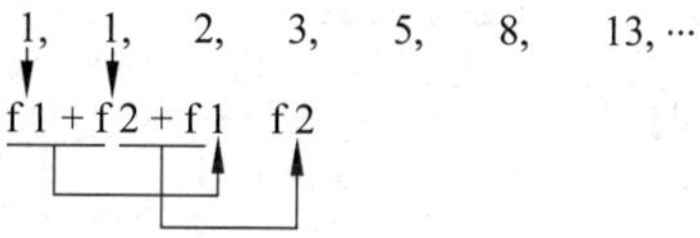

程序代码：

```
1. #include<iostream>
2. #include<iomanip>
3. using namespace std;
4.  int main()
5. {
6.     long f1, f2;
7.     int i;
8.    //一次输出两个值
9.     f1=f2=1;
10.     for(i=1; i<6; i++)
11.      {
12.         cout<<setw(12)
13.              <<f1<<setw(12)
14.              <<f2;
15.         //一行输出四个值
16.         if(i%2==0)
17.           cout<<endl;
18.
19.          f1=f1+f2;
20.          f2=f1+f2;
21.   }
22. return 0;
23. }
```

第 6 行，为表示范围更大，定义为 long 类型。

第 7～9 行是循环初值，第 7 行是循环控制变量初值。

第 11～21 行由复合语句构成的循环体。

第 12～14 行，为输出，setw(12)设定 f1、f2 输出都占 12 列。

第 16～17 行，确定每行输出 4 项。

注意：f2＝f1＋f2 中 f1 是 f1＝f1＋f2 中“＝”左边的 f1，f2＝f1＋f2 中“＝”右边的 f2 是 f1＝f1＋f2 中“＝”右边的 f2。

运行结果：

```
 1   1   2    3
 5   8  13   21
34  55  89  144
```

本题,重要思想是迭代,每一次迭代得到的结果会作为下一次迭代的初始值。

5.5 三种循环的比较与循环嵌套

1. 三种循环的比较

C++ 中的三种循环的比较,如表 5-1 所示。

表 5-1 三种循环的比较

	类型	循环体需要的初始值与循环控制变量初值	循环体被执行的次数	循环控制变量的更改位置	一般应用环境
while	当型	循环语句前	0 次以上	循环体中	不确定次数
do…while	直到		1 次以上		
for	当型	在表达式 1 中或循环前	0 次以上	表达式 3 或循环体中	确定次数

(1) 三种循环都可以用来处理同一问题,一般情况下它们可以互相代替。

(2) while 和 do…while 循环,是在 while 后面指定循环条件的,在循环体中应包含使循环趋于结束的语句(如 i++,或 i=i+1 等)。

do…while 循环的循环体在前,循环条件在后,故 do…while 循环体在任何条件下(即使不满足循环条件)都至少被执行一次。而 while 循环条件在前,循环体在后,当条件不满足时,循环体有可能一次也不会执行。这正是在构造循环结构时决定使用 while 语句还是 do…while 语句的重要依据。

for 循环可以在表达式 3 中包含使循环趋于结束的操作,甚至可以将循环体中的操作全部放到表达式 3 中。故 for 语句的功能更强,凡用 while 循环能完成的,用 for 循环都能实现。

(3) 用 while 和 do…while 循环时,循环变量初始化的操作应在 while 和 do…while 语句之前完成。而 for 语句可以在表达式 1 中实现循环变量的初始化。

(4)三种循环都可以执行死循环,比如 do{}while(1) ;for(;1;);while(1)。

注意:

(1) for、do、while 等语句各自占一行,其他语句不得紧跟其后;不论该语句块中有多少行语句都要用"{}"括起来,这样可以防止书写失误。当准备开始书写语句块时,首先写下一对"{}",然后再在里面书写语句,这样可以避免不易察觉的逻辑错误。

(2) 空循环体应使用{}或 continue,而不是一个简单的分号。

2. 循环嵌套

在一个循环结构中又完整地包含着另一个循环结构称循环的嵌套。C++ 中三种类型的循环语句都可以相互嵌套,并且嵌套的层数没有限制。编程中有许多问题需要使用循环结构的嵌套来解决。

若循环语句的循环体中又出现循环语句，就构成多重循环结构，也称循环嵌套。一般常用的有二重循环和三重循环。二重循环结构如图 5-10 所示，其中的“框”表示循环，被嵌套的循环称为内循环，嵌套循环的循环称为外层循环。图中，外层循环里面包含两个并列的内层循环。内、外层循环的概念是相对的，如图 5-11 所示的三重循环，其中所谓的“中层循环”，对内层循环而言是外层循环，对外层循环而言是内层循环。

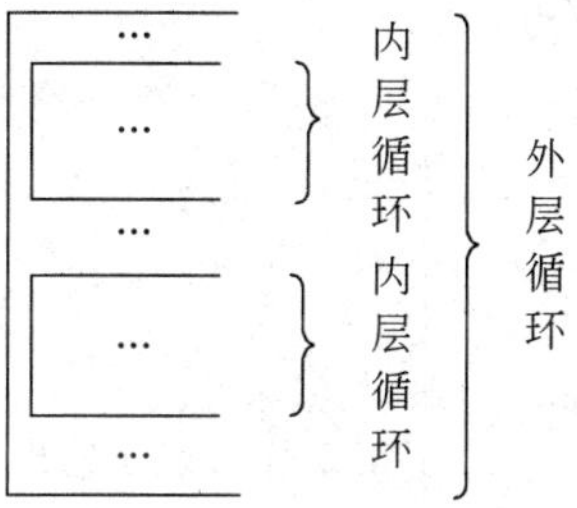

图 5-10 二重循环

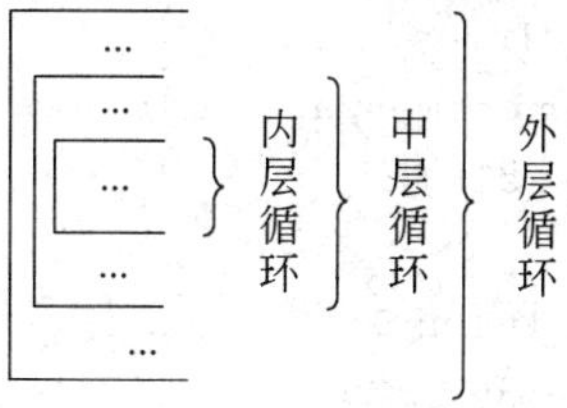

图 5-11 三重循环

循环层数越多，运行时间越长，程序越复杂。

三种循环（while 循环、do…while 循环和 for 循环）可以互相嵌套，如表 5-2 所示。

表 5-2 循环嵌套

	内层循环			
		while	do…while	for
外层循环	while	√	√	√
	do…while	√	√	√
	for	√	√	√

这里的“√”表示允许。即外层循环可以是 while 循环 do…while 循环和 for 循环三种循环中的一种，内层循环也可以是 while 循环 do…while 循环和 for 循环三种循环中的一种，这样就构成表 5-2 中的九种情况。

【例 5-5】 输出如下图形。

```
    *
   ***
  *****
 *******
*********
```

设计思路：观察上图，实际该图由空格（在计算机中，空格是一个重要的常用的可输出的字符，但不像其他可输出字符观察明显）和星号组成。为使上述图形设计清楚，这里用字符“-”（代替空格）和星号（ * ）组成：

```
----*        i=1时，由4个空格和1个*组成
---***       i=2时，由3个空格和3个*组成
--*****
-*******
*********    i=n=5时，由0个空格和2i-1个*组成
```

设 i 表示行，j 表示列，则有 i+j=n，亦有 j=n−i，即第 i 行有 n−i 个“∗”。

由此可以得出，该图共有 n=5 行，每行都由空格和∗组成。第 i(i∈[1,n])行时，先输出 j(j∈[1,n−i])个空格，再不换行输出 k(k∈[1,2i−1])个∗，然后换行，为下一行输出做准备。此外，也可以在每行开始都输出固定个数空格，以确定图形输出的位置，如每行都先输出 30 个空格，则第 i(i∈[1,n])行时，先输出 j(j∈[1,30+n−i])个空格，再不换行输出 k(k∈[1,2i−1])个∗，然后换行。

程序代码：

```
1. #include<iostream>
2. using namespace std;
3. int main()
4. {
5.     int n=5;
6.     int i, j;
7.
8.     for(i=1;  i<=n;  i++)
9.     { //先输出 30 个空格,确定图形的位置
10.        for(j=1;  j<=30+5-i;  j++)
11.          {
12.             cout<<" ";     //输出若干空格
13.          }
14.
15.        j=1;
16.      while( j<=2 * i-1)
17.      {
18.             cout<<"*";   //输出若干 *
19.             j++;
20.       }
21.
22.        cout<<endl;       //准备输出下一行
23.      }
24.      return 0;
25. }
```

第 5 行，n 表示输出行数。

外层循环(第 8～23 行)，表示输出的行。

内层循环(第 10～13 行)输出空格。

内层循环(第 16～20 行)输出“∗”。

第 22 行每行换行。

本题是二重循环的例子，外层循环采用的是 for 循环，控制变量是 i。内层循环是两个并列的一层循环构成，一个采用 for 循环，另一个采用 while 循环，两个循环的控制变量都是 j，这是允许的。

5.6 跳转语句

使用跳转语句(转移语句)可以实现程序执行流程的无条件转移。C++ 中有 4 种跳转语句，它们是：break 语句、continue 语句、return 语句和 goto 语句。

1. break 语句

break 语句又称跳出语句,语法图如图 5-12 所示。

语法格式:

```
break;
```

说明:由关键字 break 加上一个分号构成。

功能:break 语句只能用在 switch 语句和循环语句中。在 switch 语句中,break 用来使执行流程跳出 switch 语句后,再继续执行 switch 的直接后继语句。在循环语句中,break 用来使执行流程无条件地跳出本层循环体。break 语句经常用于使执行流程跳出死循环。在循环或 switch 的多层嵌套中,break 一次只能跳出紧包含它的那一层。如图 5-13 所示,其中"框"表示循环语句或 switch 语句。

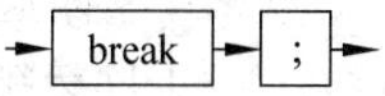

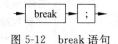

图 5-12 break 语句

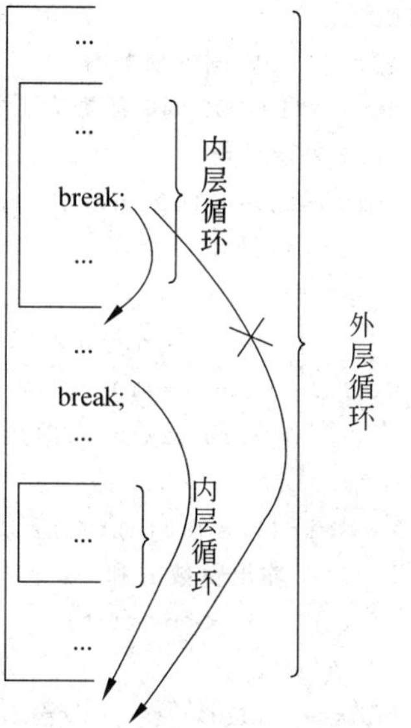

图 5-13 break 语句

通常 break 语句与条件语句结合使用。

如:

```
for(i=0; i<len; i++)
    {
    //是不是英文字母
        if((userName.at(i)>='a'
            && userName.at(i)<='z')
            || (userName.at(i)>='A'
            && userName.at(i)<='Z'))
        {
            continue;//,是英文,下一个字符
        }
```

```
        else
        {
            break;   //有非英文字符
        }
    }
```

此处,将条件语句与 break 语句结合使用,当条件不成立时,退出循环。

【例 5-6】 求 1～100 间的质数。

```
1. #include<iostream>        //包含头文件
2. #include<cmath>           //包含头文件
3. using namespace std;      //使用命名空间 std
4. int main()                //主函数首部
5. {
6.     int i,n;              //定义整型变量 i,n
7.    //输出"1~100 间的质数有:"
8.     cout<<"1~ 100 间的质数有: "<<endl;
9.     //for 外层循环
10.     for(n=2;n<=100; n++)
11.     {//for 内循环
12.           for(i=2;i<=sqrt(n); i++)
13.           {      //若 n 与 i 相除没有余数
14.             if(n%i==0)
15.                 break;  //跳出循环
16.             }
17.           if(i>sqrt(n))//若 i>根号 n
18.           //输出整数 n 和一个空格
19.             cout<<n<<" ";
20.       }
21.     cout<<endl;           //输出结束
22.     return 0;
23. }
```

外层循环:第 7～20 行,循环变量 n 取值为 —100。

内层循环:第 12～26 行,循环变量 i,取值为 2 —$\sqrt{n}$。

循环体:第 14～15 行,判断 n 是否能被 i 整除,整除退出内层循环,第 17 行判断是否是内层循环正常结束,内层循环正常结束则是素数。

本例中,使用了 break 语句。在内层的 for 循环中,若 n%i==0 成立,退出内层循环,执行内层循环的直接后继语句:

```
if(i>sqrt(n)) //若 i>n 的平方根
//输出整数 n 和一个空格
cout<<n<<" ";
```

而不是退出外层循环,执行 cout<<endl;语句和 system("pause");语句。

2. continue 语句

continue 语句又称为继续语句,语法图如图 5-14 所示。

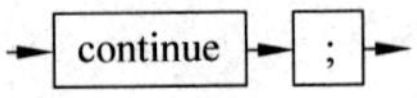

图 5-14 continue 语句

语法格式:

```
continue;
```

功能:由关键字 continue 加上一个分号构成。continue 语句仅用在循环语句中,它的功能是:结束本次循环,即跳过循环中尚未执行的语句,接着进行下一次是否执行循环的条件判定。如图 5-15 所示,其中“框”表示循环语句。通常 continue 语句与条件语句结合使用。

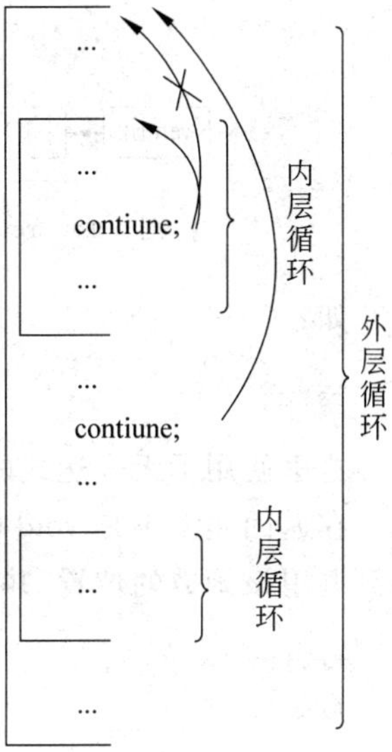

图 5-15 continue 语句

在 while 和 do…while 循环中,continue 语句将使执行流程直接跳转到循环条件的判定部分,然后决定循环是否继续进行。

在 for 循环中,当遇到 continue 时,执行流程将跳过循环中余下的语句,而转去执行 for 语句中的表达式 3,然后根据表达式 2 进行循环条件的判定以决定是否继续执行 for 循环体。如:

```
for(i=0; i<len; i++)
{
    //是不是英文字母
    if((userName.at(i)>='a'
        && userName.at(i)<='z')
        || (userName.at(i)>='A'
        && userName.at(i)<='Z'))
        {
          continue;//是英文,下一个字符
        }
        else
        {
            break;   //有非英文字符
        }
}
```

当条件成立时,执行 for 循环的表达式 3,即 i++,然后执行表达式 2,当循环条件成立时,继续执行循环题。当条件不成立时,退出 for 循环。

3. return 语句

return 语句又称返回语句,语法图如图 5-16 所示。

两种语法格式:

(1) return;

(2) return 表达式;

说明: return 为关键字,第 2 种格式中的表达式可以是任何类型的 C++ 表达式。

return 语句只能用在函数体中。在返回类型为 void 的函数体中,若想跳出函数体,

将执行流程转移到调用该函数的位置，应使用 return 语句的第 1 种格式，或省略 return 语句。return 语句功能示意图如图 5-17 所示。

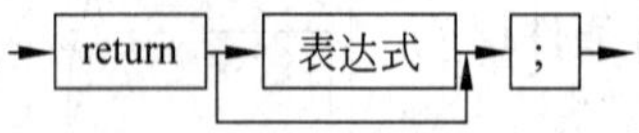

图 5-16　return 语句

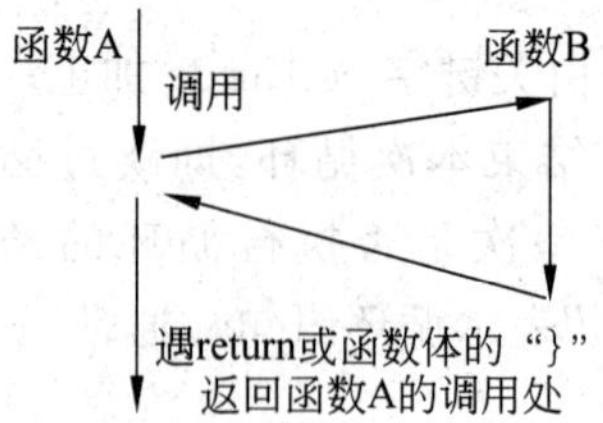

图 5-17　return 语句功能示意图

如：

```
return;
```

这里使用了无表达式的 return，也可以省略 return。

在返回类型不是 void 的函数体中，应使用 return 语句的第 2 种格式，使执行流程转移到调用该函数的位置，并将表达式的值作为函数的返回值。如：

```
if(i>=len)
{
    return true;            //英文姓名
}
else
{
    return false;           //非英文姓名
}
```

此处，使用了带表达式的 return 语句。

对于非 void 返回类型的函数来说，其函数体中必须至少具有一条 return 语句。

4. goto 语句

goto 语句又称为转向语句或无条件转移。

语法格式：

```
goto 标号;
```

说明：

(1) goto 为关键字；

(2)“标号”是一个由用户命名的标识符。

在 goto 语句所处的函数体中，必须同时存在一条由“标号”标记的语句，该语句称标号语句，语法格式：

```
<标号>:<语句>
```

在“标号”和“语句”之间必须使用一个冒号分隔。goto 语句的功能是使执行流程跳转到“标号”所标记的语句处。标号语句中的“标号”应与 goto 语句中的“标号”相同，语句可以是任何类型的 C++ 语句。某个 goto 语句和相应的标号语句必须位于同一函数体内。

注意：一般在程序设计中很少使用或不使用 goto 语句。

本章小结

(1) 循环结构一般由四部分组成：循环条件(进入或退出的条件)、循环初始值、改变循环控制变量值的语句、循环体。C++ 中提供了三种循环语句：for 语句、while 语句、do…while 语句。

(2) 循环可以嵌套。

(3) 跳转语句有：break、continue、goto、return。

本章实践

第一部分　基础知识

选择题

1. 结构化程序所要求的基本结构不包括(　　)。(2011-03)

A. 顺序结构　　B. goto 跳转

C. 选择(分支)结构　　D. 重复(循环)结构

2. 若有如下语句：

```
#include
void main()
{
    int x=3;
    do{
        x=x-2;
        cout<<x;
    }while(!(--x));
}
```

则上面程序段(　　)。(2012-03)

A. 输出的是 1　　B. 输出的是 1 和 −2

C. 输出的是 3 和 0　　D. 是死循环

3. 下面有关 for 循环的正确描述是(　　)。(2012-03)

A. for 循环只能用于循环次数已经确定的情况

B. for 循环是先执行循环体语句，后判断表达式

C. 在 for 循环中，不能用 break 语句跳出循环体

D. for 循环的循环体语句中，可以包含多条语句，但必须用花括号括起来

4. 执行语句 for(i=1;i++<4;);,后变量 i 的值是(　　)。(2012-03)

A. 3　　B. 4　　C. 5　　D. 不定

5. 有如下程序:

```
#include<iostream>
using namespace std;
int main(){
    int f, f1=0, f2=1;
    for(int i=3; i<=6; i++)  {
        f=f1+f2;
        f1=f2; f2=f;
    }
    cout<<f<<endl;
    return 0;
}
```

运行时的输出结果是(　　)。(2011-03)

A. 2　　B. 3　　C. 5　　D. 8

6. 有如下程序段:

```
int i=1;
while(1){
    i++;
    if(i==10)   break;
    if(i%2==0)  cout<<'*';
}
```

执行这个程序段输出字符 * 的个数是(　　)。(2009-09)

A. 10　　B. 3　　C. 4　　D. 5

填空题

1. 有如下语句序列:

```
int x=-10;while(++x){}
```

运行时 while 循环体的执行次数为________。(2011-03)

2. 函数 fun 的功能是将一个数字字符串转换为一个整数,请将函数补充完整。(2011-03)

```
int fun(char * str){
int hum=0;
while(*str){
    num*=10;
    num+= ________
    str++;
    }
    return num;
}
```

3. 在执行语句序列：

```
int i=0;
do i++;
while(i*i<10);
```

时，do 后面的循环体语句 i++ 被执行的次数为________。(2010-03)

4. 有如下程序段：

```
for(int i=1;i<=50;i++){
    if(i%3 1=0)
        continue;
    else
        if(i%5 1=0)
            continue;
    cout<<i<<",";
}
```

执行这个程序段的输出是________。(2009-03)

程序设计

1. 编写程序，显示从 100～1000 之间所有能被 5 和 6 整除的数，每行显示 10 个。

2. 采用循环语句显示以下图案。

```
*
**
***
****
*****
```

3. 计算从键盘输入的一系列整数的和，要求输入以－1 结束。

4. 求 Sn＝a＋aa＋aaa＋…＋aa…a 之值，其中 a 代表 1～9 中的一个数字。

第二部分 项目设计

在第 4 章基础上，对菜单中的选项进行判断是否合理。对菜单选项，添加循环，使得菜单选项，在满足条件下，执行对应的选项，不满足条件时，返回本菜单，同时将菜单对应的功能预留一个接口，在后面添加相应功能。

第 6 章　函　　数

教学目标：

(1) 掌握函数的定义方法和调用方法。

(2) 掌握形式参数与实在参数，参数值的传递的应用方法。

(3) 掌握变量的作用域、生存周期和存储类别应用方法。

(4) 掌握递归函数、内联函数的应用方法。

(5) 掌握带有默认参数值的函数应用方法。

(6) 掌握库函数的正确调用的方法。

在数学领域，设 X 是一个非空集合，Y 是非空数集，f 是一个对应法则。若对 X 中的每个 x，按对应法则 f，使 Y 中存在唯一的一个元素 y 与之对应，称对应法则 f 是 X 上的一个函数，记作 y=f(x)，称 X 为函数 f(x)的定义域，值域是 Y 的子集，x 称自变量，y 称因变量，习惯上称 y 是 x 的函数。对应法则和定义域是函数的两个要素。

计算机程序中的函数可认为是数学函数的拓展。在一定程度上，它包含了数学函数，因计算机程序函数是将一种问题的处理方法用计算机语言进行描述处理。本书中的函数是指计算机程序中的函数。

6.1　函数定义

函数是完成固定功能的一个程序段，它带有一个入口和一个出口。所谓的入口，就是函数所带的各个参数，可通过这个入口，把函数的参数值代入函数内部，供计算机处理；所谓出口，就是指函数的返回值，在计算机处理之后，由出口带回给调用它的程序。

C++ 的函数分库函数(标准函数)和用户自定义函数。本章主要叙述用户自定义函数。在需要某种功能的函数时，首先应查看现有的函数库中是否提供了类似的函数。不要编写函数库中已有的函数，因这不仅是重复劳动，且自己编写的函数在各个质量属性方面一般都不如对应的库函数中函数。库函数的函数都是经过严格测试和实践检验的。

6.1.1　函数定义的格式

一个函数由函数首部和函数体两部分组成。在标准 C++ 中，函数定义的语法图如

图 6-1 所示。

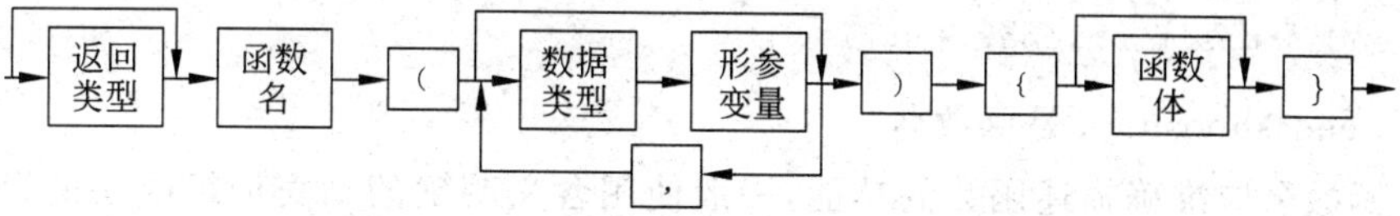

图 6-1 函数

函数定义的语法格式：

```
[返回类型] 函数名 ([形参列表])
{
    [函数体]
}
```

1. 函数首部

函数首部也称函数头部，由返回类型、函数名、([形参列表])组成。

【例 6-1】

```
int GetLengthName(string userName)
IsChinese(string userName)
bool ValidName(string userName)
void RegName()
```

都是函数首部。

1) 返回类型

(1) 返回类型又称函数类型，表示一个函数所计算(或运行)的结果值的类型。它允许任何已知的数据类型，包括基本类型和非基本类型。

如例 6-1 中，返回的类型主要有 int、bool 和 void。

(2) 返回类型可省略，默认的返回类型是 int。

如例 6-1 中，函数 IsChinese(string userName)的返回类型是省略的，默认为 int 的类型。

(3) 若一个函数没有结果值，一般使用 void 类型。如函数仅用来更新(或设置)变量值、显示信息等，则该函数返回类型为 void 类型。

如例 6-1 中，函数 void AgainInput(string userName)和 void RegName()的返回类型都是 void 类型。

(4) 书写时，返回类型和函数名在同一行。函数名与返回值类型在语义上不可冲突。

如例 6-1 中，全部函数首部的返回类型都和函数名在同一行。

2) 函数名

(1) 函数名是函数的名字，用合法的用户标识符表示。一个项目中有且只有一个 main 函数，其他函数的名字可随意取，但不能使用 C++ 的关键字。

若没有 main()函数，项目不能执行，超过一个 main()函数，项目编译时出错。

如：

```
int endashposition(char * str)
```

此处，endashposition 是函数名。

(2) 函数名应准确描述函数的功能，一般使用含义明确的动宾词组或动词为执行某操作的函数命名。一般函数名以大写字母开头，每个单词首字母大写，没有下划线。如例 6-1 中函数名都是动宾词组。

3) 形式参数

(1) 定义一个函数时，函数首部的括号里的参数称形式参数，简称形参，若形参较多，它们之间用逗号“,”分隔，称形参表或形参列表。形参将在函数被调用时，从调用函数那里获得数据。形参只能是变量形式，不能是常量或表达式。

如例 6-1 中，除函数首部 RegName()外，其他都有形参。

再如：

```
bool checkphone(char * str)
```

此处，str 是字符指针的形式参数。

(2) 在 C++ 中，函数形参列表可为空，即一个函数可以没有参数。即使函数形参列表为空，括起函数参数的一对圆括号也不允许省略。

如例 6-1 中，除函数 RegName()，参数为空，但括号必须有。

再如：

```
int inputphone()
```

此处，尽管本函数没有形参，“()”也不能省略。

(3) 形式参数名采用第一个单词首字母小写而后面的单词首字母大写的单词组合。

如例 6-1 中的形参名，第一个单词首字母小写而后面的单词首字母大写的单词组合。

2. 函数体

函数体，由一对花括号括起来的语句序列，它定义了函数应执行的具体操作。函数体中不能再有函数的定义，即函数只能并列定义，如图 6-2 所示；不能嵌套定义，如图 6-3 所示。

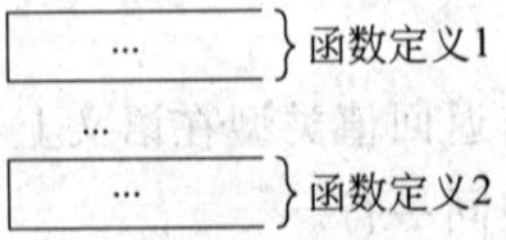

图 6-2　函数并列定义，正确

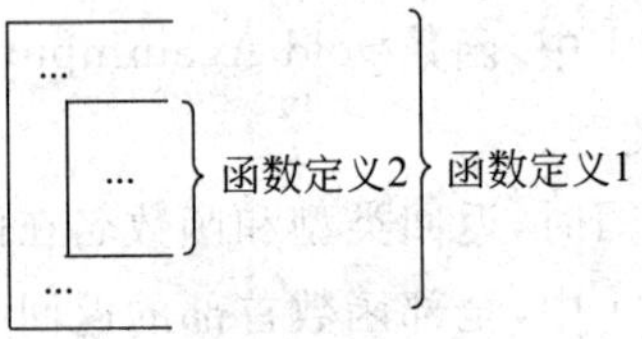

图 6-3　函数嵌套定义，错误

注意：C++ 不允许函数定义嵌套，即在一个函数体内不能包含有其他函数的定义，只能并行定义。

【例 6-2】

```
int GetLengthName(string userName)←——函数首部
{
    int len;
    len=userName.length();
    if(len>20 || len<4)
    {
        return 0;
    }
    else
    {
        return len;
    }
}
```

函数体

函数返回

一般，函数体中均至少含有一个 return 语句。当函数执行到 return 语句时，函数将立即终止执行，并将程序的控制权返回给调用函数。若是执行 main()函数中的 return 语句时，则整个程序将终止。return 语句参见 5.6 节。

3. 函数定义的具体形式

根据函数是否带有参数以及函数是否有返回值，可以将函数分为如下四类。

1）带参数的有返回值函数

语法格式：

```
返回类型 函数名(参数列表)
{
    语句序列(包括带有表达式的 return 语句)
}
```

如例 6-2 的函数，就属于该种格式。

2）不带参数的有返回值

语法格式：

```
返回类型 函数名()
{
    语句序列(包括带有表达式的 return 语句)
}
```

【例 6-3】 获取密码串中小写字符的强度函数 int GetPwdLetterScore()。程序代码：

```
int GetPwdLetterScore()
{
    if (judge.litleLetter || judge.Captionletter)
```

若是英文字符：全都是小（大）写字母强度加 10 分：

```
    {
        if (judge.litleLetter && judge.Captionletter)
        {
            score+=20;
        }
        else
         {
             score+=10;
         }
    }
    return score;
}
```

大小写混合字母则强度加 20 分。

本例中，没有形式参数，但有返回值。

3）带参数的无返回值

语法格式：

```
void 函数名(参数列表)
{
    语句序列(包括不带有表达式的 return 语句或省略 return)
}
```

4）不带参数的无返回值

语法格式：

```
void 函数名()
{
    语句序列(包括不带有表达式的 return 语句或省略 return)
}
```

【例 6-4】 程序代码：

```
1. std::string RegName()
2. {
3.     cout<<"\t"<<"姓名由两个至十个汉字";
4.     cout<<"或 4 个至 20 个英文字母构成!! \n";
5.     cout<<"\t\t"<<"请输入真实姓名：";
6.     cin>>g_userName;
7.     AgainInput(g_userName);//姓名及其长度验证
8.     cout<<"\n";
9.     return g_userName;
10. }
```

第 3～5 行，提示姓名的输入。

第 6 行，输入姓名。

第 7 行，调用函数 AgainInput。

4. 函数原型

函数原型也称函数声明。在 C++ 中，遵循“先定义，后使用”原则，对变量和函数都一样。在调用函数前，若某个函数没有定义，即定义的函数在调用函数的后面，那么该函数在使用之前要预先声明。这种声明在标准 C++ 中称函数原型，函数原型给出了函数名、返回类型以及在调用函数时必须提供的参数的个数和类型。

注意：函数原型与该函数首部定义时必须一致，否则会引起编译错误。

函数原型的语法图如图 6-4 所示。

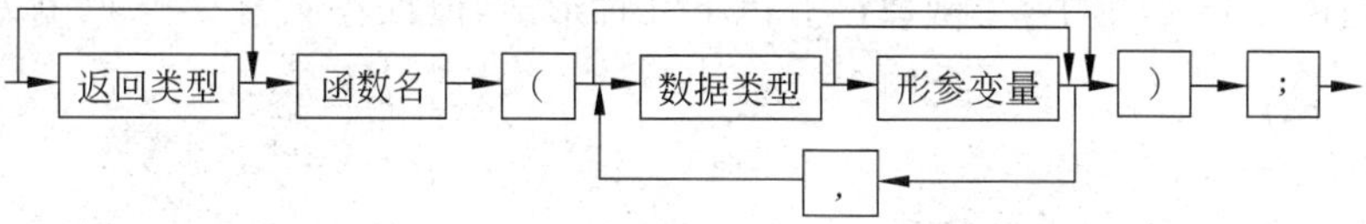

图 6-4　函数原型

语法格式：

```
返回类型 函数名 ([形参列表]);
```

函数原型的形式与函数定义时的头部类似。不过函数声明可以省略形参列表中的形参名，即仅给出参数类型、个数次序即可。可理解为，函数原型是函数首部后加分号构成。

实际上，函数原型声明有两种形式：

(1) 直接使用函数定义的头部，并在后面加上一个分号。

(2) 在函数原型声明中，省略参数列表中的形参变量名，仅给出函数类型、函数名、参数个数及次序。

注意：在 C++ 中，在使用任何函数之前，必须确保它已有原型声明。函数原型声明通常放在程序文件的头部，以使得该文件中所有函数都能调用它们。

5. 主函数

在组成一个程序的若干函数中，必须有且只有一个主函数 main()，即一个应用程序中只能有一个主函数。执行程序时，系统首先寻找主函数，并且从主函数开始执行，其他函数只能通过主函数或被主函数调用的函数进行调用。一个项目中必须有且只有一个 main()函数，而 main 函数的函数体一般是界面，即菜单或测试其他函数。

1) main()函数的形式

在 C++ 11 标准中，只有以下两种定义格式是正确的：

语法格式 1：

```
int main()        /* 无参数形式 */
{
    …
    return 0;
}
```

语法格式 2：

```
int main(int argc, char * argv[])        /* 带参数形式 */
{
```

```
    ...
    return 0;
}
```

int 指明了 main()函数的返回类型,函数名后面的圆括号一般包含传递给函数的信息。

在以前的 C++ 版本中,主函数还有以下几种形式,但推荐使用 C++ 11 标准:

```
int main()
int main(void)
int main(int, char**)
int main(int, char * [])
int main(int argc, char **argv)
int main(int argc, char * argv[])
int main( int argc, char * argv[], char * envp[])
```

2) main()函数的返回值

C++ 11 标准中 main()函数的返回值类型是 int 型的,main()函数体中语句 return 0;的含义是将 0 返回给操作系统,表示程序正常退出。

return 语句通常写在程序的最后,不管返回什么值,只要执行 return,说明函数已经运行完毕。

3) main()函数的参数

具体参见 6.2.2 节。

6.1.2 编写函数的规范

一般,编写函数时应注意以下事宜。

1. 形参的设置

设置形参时,一般遵循下面原则,如图 6-5 所示。

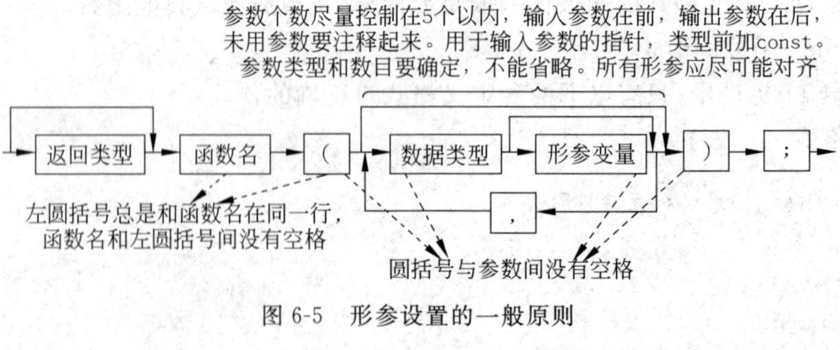

图 6-5　形参设置的一般原则

(1) 形参处的左圆括号总是和函数名在同一行,函数名和左圆括号间没有空格,圆括号与参数间没有空格,所有形参应尽可能对齐。

(2) 尽量不要使用类型和数目不确定的参数列表。参数个数尽量控制在 5 个以内,若参数太多,在使用时容易将参数类型和顺序搞错。此时,可以将这些参数封装为一个对象并采用地址传递或引用传递方式。

(3) 参数命名要恰当,输入参数和输出参数的顺序要合理。输入参数为一般传值或常数引用,输出参数或输入输出参数为非常数指针形式。顺序为:输入参数在前,输出参数在后,即将所有输入参数置于输出参数之前,不要因为是新添加的参数,就将其置于最后。

(4) 若有些参数没有用到,在函数定义处将参数名注释起来。不论是函数的原型还是定义,都要明确写出每个参数的类型和名字,不要只写参数的类型而省略参数名字。若函数没有参数,要使用 void 也不能空着,因标准 C 把空的参数列表解释为可以接受任何类型和个数的参数,而标准 C++ 则把空的参数列表解释为不可以接受任何参数。

(5) 若参数是指针,且仅做输入用,则应在类型前加 const,以防止该指针指向的内存单元在函数体内无意中被修改。

2. 函数体

设计函数体时,一般原则如图 6-6 所示。

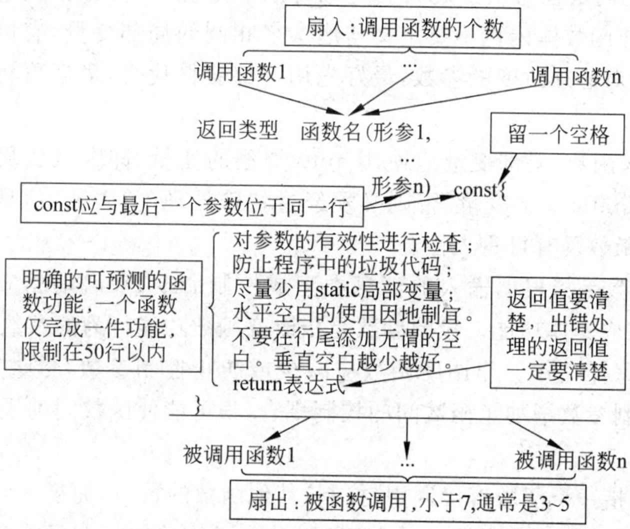

图 6-6 设计函数体的一般原则

(1) 函数体的左花括号总在最后一个参数同一行的末尾处,函数体的右花括号总是单独位于函数最后一行,形参处右圆括号和函数体的左花括号间总是有一个空格。若函数为 const 的,关键字 const 应与最后一个参数位于同一行。

(2) 编写功能简单的函数,即一个函数仅完成一件功能,不要设计多用途的函数。函数的规模尽量限制在 50 行以内,不包括注释和空格行。虽然为仅用一两行就可完成的功能去编函数好像没有必要,但用函数可使功能明确化,增加程序可读性,方便维护、测试。

(3) 在函数体的"入口处",要对参数的有效性进行检查。既检查输入参数的有效性,也检查通过其他途径(非参数,如全局变量、数据文件等)进入函数体内的变量的有效性。

(4) 避免函数中不必要语句,防止程序中的垃圾代码;防止把没有关联的语句放到一个函数中;避免使用 bool 参数(bool 参数值无意义)。NULL 是一个无意义的单词。对于提供了返回值的函数，在引用时最好使用其返回值。当一个函数中对较长变量(一般是结构的成员)有较多引用时，可采用一个意义相当的宏代替。

(5) 函数的返回值要清楚、明了，让使用者不容易忽视错误情况。除非必要，最好不要把与函数返回值类型不同的变量，以编译系统默认的转换方式或强制的转换方式作为返回值返回。若函数的返回值是一个对象，有些场合下可以用"返回引用"替换"返回对象值"以提高效率，且还可以支持链式表达。但有些场合下只能用"返回对象值"而不能用"退回引用"，否则会出错。

(6) 在C++中，函数的static局部变量是函数的"记忆"存储器。尽量避免函数带有"记忆"功能，不然，函数不易理解也不利测试和维护。

(7) 在函数体的"出口处"，对return语句的正确性和效率进行检查。对所调用函数的错误返回值要仔细、全面地处理。不要将正常值和错误标志混在一起返回。建议正常值用输出参数获得，而错误标志用return语句返回。有时函数不需要返回值，但为了增加灵活性，如支持链式表达，可附加返回值。

(8) 请不要在内层程序块中定义会遮蔽外层程序块中的同名标识符，否则会损害程序的可理解性。在函数体内也不要定义与形参名相同的局部变量，有可能错误地改变参数内容，很危险。对必须改变的参数，最好先用局部变量代之，最后再将该局部变量的内容赋给该参数。

(9) 对可重入函数，局部变量应使用auto类型的变量，即默认的局部变量或寄存器变量。不应使用static局部变量，否则必须经过特殊处理(关中断、信号量等手段对其加以保护)，才能使函数具有可重入性。

(10) 调度函数是指根据输入的消息类型或控制命令，来启动相应的功能实体即函数，而本身并不完成具体功能。控制参数是指改变函数功能行为的参数，即函数要根据此参数来决定具体怎样工作。非调度函数应减少或防止控制参数，尽量只使用数据参数。非调度函数的控制参数增加了函数间的控制耦合，很可能使函数间的耦合度增大，并使函数的功能不唯一。

(11) 扇出是指一个函数直接调用(控制)其他函数的数目，而扇入是指有多少上级函数调用它。若多段代码重复做同一件事情，那么在函数的划分上可能存在问题。模块中函数划分得过多，会使函数间的接口变得复杂。划分得过小函数，特别是扇入很低的或功能不明确的函数，不值得单独存在。设计高扇入、合理扇出(小于7，通常是3～5)的函数。较良好的软件结构通常是顶层函数的扇出较高，中层函数的扇出较少，而底层函数则扇入到公共模块中。

(12) 函数定义之间要留空行。在函数体内，完整的控制结构及单独的语句块之间要分别留出空行，它们与其他段落之间也要留出空行以示区分；逻辑上密切相关的语句序列之间不要留空行(例如，初始化数据成员的一系列语句)；最后一条return语句前要留空行，除非该函数只有这一条语句；控制结构、语句块、条件编译块等遵循同样的规则。水平空白的使用要因地制宜，不要在行尾添加无谓的空白，垂直空白越少越好，不是非常必要的，就不要使用空行。尤其是不要在两个函数定义之间空行超过2行，函数体头、尾不要有空行，代码块头、尾不要有空行。函数体中也不要随意添加空行。

3. 函数声明

（1）函数声明和实现处的所有形参名称必须保持一致。

（2）函数声明处注释描述函数功能，定义处描述函数实现。注释于声明之前，描述函数功能及用法，注释使用描述式而非指令式。

注释只是为了描述函数而不是告诉函数做什么。通常，注释不会描述函数如何实现，那是定义部分的事情。

函数声明处注释的内容：

(1) inputs(输入)及 outputs(输出)；
(2) 对类成员函数，函数调用期间对象是否需要保持引用参数，是否会释放这些参数；
(3) 若函数分配了空间，需要由调用者释放；
(4) 参数是否可以为 NULL；
(5) 是否存在函数使用的性能隐忧；
(6) 若函数是可重入的(re- entrant)，是其同步的前提；
(7) 向函数传入布尔值或整数时，要注释说明含义或使用常量让代码望文知意。

函数头注释一般形式：

```
/**************************************************
Function: //函数名称
Description: //函数功能、性能等的描述
Calls: //被本函数调用的函数清单
Called By: //调用本函数的函数清单
Table Accessed: //被访问的表(此项仅对于牵扯到数据库操作的程序)
Table Updated: //被修改的表(此项仅对于牵扯到数据库操作的程序)
Input: //输入参数说明，包括每个参数的作用、取值说明及参数间关系
Output: //对输出参数的说明
Return: //函数返回值的说明
Others: //其他说明
**************************************************/
```

6.2 函数调用

数学中，复合函数的定义：若 $y=f(\mu)$，又 $\mu=g(x)$，且 $g(x)$ 值域与 $f(\mu)$ 定义域的交集不空，则函数 $f[g(x)]$ 叫的复合函数，其中 $y=f(\mu)$ 叫外层函数，$\mu=g(x)$ 叫内层函数。即对已经定义的函数 $g(x)$ 在函数 $f(\mu)$ 中的使用。类似的，计算机程序设计中也有对已定义函数的使用，在程序设计中被称为函数的调用。

6.2.1 函数调用格式

当一个函数已被定义后，就可以在其他函数中被使用，这种使用称调用。C++ 中，函数调用的语法图如图 6-7 所示。

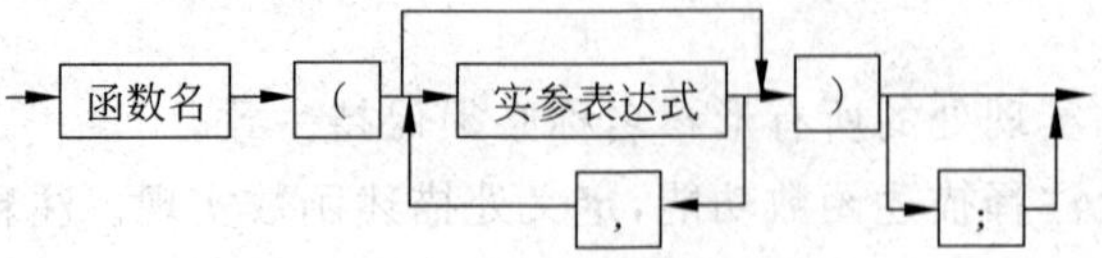

图 6-7 函数调用

函数调用的语法格式：

```
函数名 ([实参表])[;]
```

说明：

(1) 调用函数时，实际参加运算的参数称实际参数，简称实参，多个实参之间用逗号“,”分隔，形成实参表。实参可以是变量、常量或表达式。如：

```
1. bool ValidName(string userName)
2. {
3.     if((IsChinese(userName)                //中文
4.          || ValidEnName(userName))         //英文
5.          && GetLengthName(userName))       //长度
6.     {
7.          return true;                      //合法
8.     }
9.     else
10.     {
11.          return false;                    //非法
12.     }
13. }
```

第 3 行，调用了函数 IsChinese(userName)，实参是变量。

第 4 行，调用了函数 ValidEnName(userName)，实参是变量。

第 5 行，调用了函数 GetLengthName(userName)，实参是变量。

函数 ValidName 中调用了函数 IsChinese、ValidEnName 和 GetLengthName，它们的实参均为 string 类型的 userName。如：

```
if(LeapYear(year) && month>2)
    {
        sumDay++;
    }
```

这里调用函数 LeapYear 的实参是 int 类型的 year 变量。

(2) 当调用一个函数时，其实参的个数、类型及排列次序必须与函数定义时的形参相一致，即实参与形参应该一对一地匹配，即“个数、类型和顺序”三个一致。

【例 6-5】 编写 main 函数，调用函数 GetDay。

```
int main()
{
    int day,month,year;
    cout<<"\n 请输入年、月、日\n";
```

```
5.     cin>>year>>month>>day;
6.     cout<<GetDay(day, month, year)<<endl;
7.     return 0;
8. }
```

第 6 行，调用了函数 GetDay (day, month, year)，实参是由三个变量构成的实参表。

此处，GetDay(day，month，year)是对函数 GetDay 的调用。调用时，必须给出三个参数(因函数定义时有三个形参)。类型都是整型，和形参定义的类型一致。按 day、month、year 顺序给出实参，满足形参的顺序，否则可能出现问题。假如实参顺序 year (2015)、month(3)、day(15)，就会解释为 15 年 3 月 2015 日。

(3) 当函数定义时没有形参，则函数调用时，实参表亦为空，但函数名后面的一对圆括号“()”不能省略。如：

```
PromtMenu();
```

该函数被调用，没有实参，但是圆括号“()”不能省略。

(4) 若函数调用出现在表达式或实参时，圆括号 “)”后面的分号“;”不可使用。

再如，函数 GetDay 中调用了 LeapYear 函数：

```
if(LeapYear(year) && month>2)
    {
        sumDay++;
    }
```

其中 LeapYear(year)&&month＞2 是一个逻辑表达式，此时被调用函数 LeapYear (year)中，圆括号“)”后面的分号“;”不可使用。因为分号“;”，除 for 语句外，是语句结束标识符，即若有“LeapYear(year);&&month＞2”，将 LeapYear(year);当作函数调用语句，而“&&month＞2”不合乎语法规则。“if(LeapYear(year);&&month＞2)”就更不合乎语法规则。

(5) 函数不允许嵌套定义，但函数允许嵌套调用，即函数 1 定义中调用函数 2，如图 6-8 所示。

图 6-8 函数嵌套调用

如在函数 GetDay 定义中，调用了函数 LeapYear。

依据对函数返回值的使用环境与方式，函数的调用方法可分以下几种：

1) 语句调用

不管返回值类型如何，都可当作语句调用，但通常用于不带返回值或返回值为 void 的函数。这种情况下，被调用函数作为一个独立的语句出现在程序中。如：

```
PromtMenu();
```

此处，对函数 PromtMenu 调用，采用了语句调用。

2) 表达式调用

将被调用函数作为表达式的一部分(运算对象)来进行调用。它适用于被调用函数带有返回值的情况。如：

```
if(LeapYear(year) && month>2)
   {
      sumDay++;
   }
```

此处,对 LeapYear 函数的调用,属于表达式调用。

3）参数调用

被调用函数作为另一个函数的一个参数进行调用。

【例 6-6】 数学中,组合是指从 n 个不同元素中取出 m 个元素来合成的一个组,这个组内元素没有顺序。通常使用 C(m, n)表示从 m 个元素中取出 n 个元素的取法个数。计算公式:

$$C(n,m)=p(n,m)/m!=n!/((n-m)!*m!);$$

$$C(n,m)=c(n,n-m);$$

其中,n! 表示 n 的阶乘,即 1*2*…*n。

设计思路:先设计求出 n 的阶乘函数 GetFac,然后按公式 n! /((n－m)! *m!)调用函数 GetFac。

程序代码:

```
1. #include "iostream"
2. using namespace std;
3. int GetFac(int m)
4. {//求阶乘函数
5.    int p=1, i;
6.    for(i=1; i<=m; i++)
7.         p *=i;
8.    return p;
9. }
10.
11. int GetCombinatorialNumber(int mfac,  int nfac, int
pfac)
12. {//求组合函数
13.   return mfac / (nfac * pfac);
14. }
15.
16. void main()
17. {//主函数
18.   int c;
19.   int m, n;
20.
21.   cout<<"输入两个整数 m,n,用空格分开:";
22.   cin>>m>>n;
23.
24.   c=GetCombinatorialNumber(GetFac(m),
```

第 3～9 行,求阶乘函数,形参是 int 类型变量 m,即求 m 的阶乘。

第 11～14 行,求组合数函数,利用题中给出的公式形式 C(n,m)＝n!/((n－m)! * m!)。

第 16～28 行是 main 函数的定义,因 main 在最后面,不需要函数声明,就可以调用求阶乘函数和求组合的函数。

第 24 行,调用求组合数的函数,其中的实参都是函数调用。

```
                        GetFac(n),
                        GetFac(m-n));
    cout<<"结果"<<c<<endl;
}
```

本例中，main()函数：

```
c=GetCombinatorialNumber (GetFac(m),
                          GetFac(n),
                          GetFac(m- n));
```

采用了函数调用做函数的实参，调用时实参和形参要保持三个一致。

注意：函数名和形参尽量放在同一行。若同一行放不下，可断为多行，后面每一行都和第一个实参对齐，左圆括号后和右圆括号前不要留空格。若函数参数比较多，可出于可读性的考虑每行只放一个参数。若函数名太长，以至于超过行最大长度，可将所有参数独立成行。在调用函数填写参数时，应尽量减少没有必要的默认数据类型转换或强制数据类型转换。

6.2.2 函数参数传递

参数是函数间进行数据交换的主要方式。参数传递，是在程序运行过程中，实际参数将参数“值”传递给对应的形式参数，然后在函数中实现对数据处理和返回的过程。一般**函数之间传递参数有传值和传地址两种传递方式**。

根据函数调用规范，有的从左到右，根据形参的要求，即先获取实参 1 的值或地址，并传递该值或地址给形参 1，……，获取实参 i 的值或地址，并传递该值或地址给形参 i，……，获取实参 n 的值或地址，并传递该值或地址给形参 n；有的从左到右，根据形参的要求，即先获取实参 n 的值或地址，并传递该值或地址给形参 n，……，获取实参 i 的值或地址，并传递该值或地址给形参 i，……，获取实参 1 的值或地址，并传递该值或地址给形参 1。参数传递如图 6-9 所示。

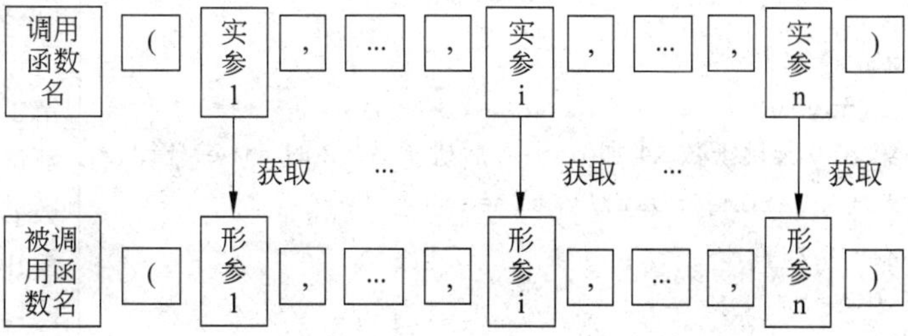

图 6-9 参数传递

C++ 中函数的参数传递包括值传递、指针传递、引用传递三种方法。C++ 还提供了默认参数机制，简化了复杂函数的调用。

1. 参数的传递方式

1）传值

传值是将实参值的副本传递(复制)给被调用函数的形参,故形参的值在函数中发生变化,实参的值不会受到影响。若实参是变量,实参和形参是两个不同的变量,有各自的存储空间,可把函数形参看作是函数的局部变量。

传值是 C++ 的默认参数传递方式。传值的最大优点是函数调用不会改变调用函数实参变量的内容,可避免不必要的副作用。按值传递的过程,如图 6-10 所示。

实现机制:先计算出实参表达式的值,再给对应的形参变量分配一个存储空间,该空间的大小等于该形参类型的,然后把已求出的实参表达式的值一一存入到形参变量分配的存储空间中,成为形参变量的初值,供被调用函数执行时使用。

图 6-10 传值

这种传递是把实参表达式的值传送给对应的形参变量,故称"按值传递"。

按值传递,被调用函数本身不对实参进行操作,即使形参的值在被调函数中发生了变化,实参的值也完全不会受到影响,仍为调用前的值。

若输入参数采用"值传递",因函数将自动用实参的复制初始化形参,即使在函数内部修改了该参数,改变的也只是堆栈上的复制而不是实参,一般不需要用 const 修饰。

【例 6-7】 猴子第一天摘下若干桃子,当即吃了一半,还不过瘾,又多吃了一个。第二天早上又将剩下的桃子吃掉一半,又多吃了一个。以后每天早上都吃了前一天剩下的一半零一个。到第 n 天早上想再吃时,见只剩一个桃子了。编程求第一天至少摘下多少桃子。

设计思路:通过分析,第 day 天桃子数 x1 加 day－1 后桃子数 x2 的 times＝2 倍,还剩 remainder＝1 个。故有 x1＝(x2＋remainder) ＊ times。这样从第 n 天开始,反推到第一天,即可得到第一天摘下的桃子数。

程序代码:

```
1. #include<iostream>
2. using namespace std;
3. int getPearNumber(int day, int times, int remainder)
4. {
5.     int x1,x2=1;
6.     while(day>0)
7.     {/*第 day 天桃子数 x1 加 day-1 后桃子数 x2 的 times 倍*/
8.        x1=(x2+remainder) * times;
9.        x2=x1;
10.        day--;
11.     }
12.     return x2;
13. }
14. int main()
15. {
```

第 3～13 行,获取桃子总数函数 getPearNumber,形参是三个 int 类型变量:day、times、remainder。

第 14～22 行 main 函数调用求桃子总数函数 getPearNumber,实参中第一个是表达式,另两个是变量,但这里是按地址传递的,即形参的改变不影响对应实参的值。

```
    int days;//总天数
    int timess;//第 day 天桃子数是 day-1 天的桃子数倍数
    int remainders;//剩余个数
    cin>>days>>timess>>remainders;
    cout<<getPearNumber(days-1, timess, remainders);
    return 0;
}
```

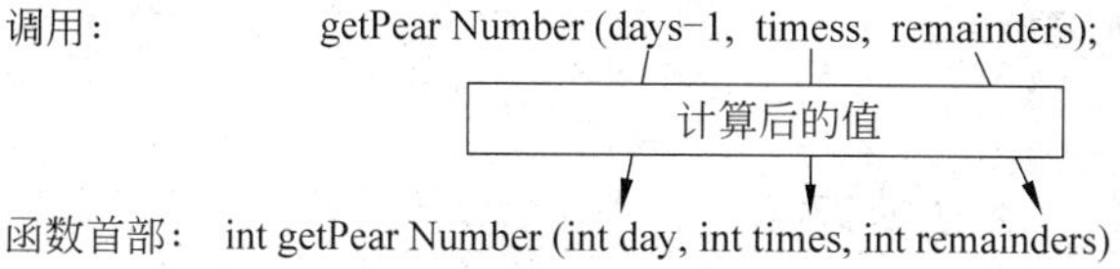

分别计算实参表达式 days－1、timess、remainders 的值,然后依次传递给对应的形参 day、times、remainder。本例是按值传递的。

2）传地址

计算机中的地址有内存地址和设备端口地址,但这里指的是内存地址。内存地址是内存中具体的储存单元的编号,如同一栋楼的房间编号,房间编号类似内存的地址,房间里的备品等类似内存单元中内容,即值。

若在函数定义时,将形参说明成指针类型,对这样的函数进行调用时,对应的实参就要指定成地址值的形式。这种参数传递方式就是地址传递方式,简称传地址。

实现机制:传地址是让形参的指针(即地址)直接指向实参,即将实参地址赋值给形参,使形参、实参的地址值相同,共同指向实参单元。在被调用的函数中,可通过改变形参指针所指定的实参变量来间接改变实参值。传地址方式的示意图如图 6-11 所示,将实参地址传递给形参,形参指向实参所在的地址空间,即形参与实参指向的内存地址相同,并指向同一段内存空间,如图 6-12 所示。

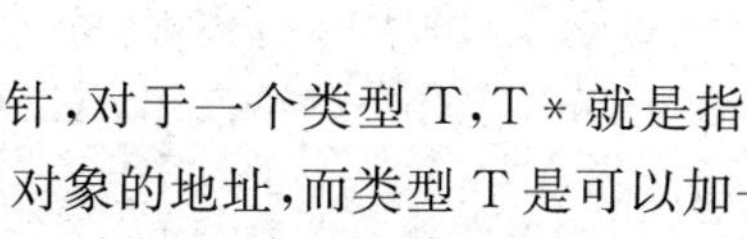

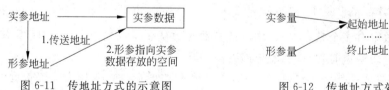

图 6-11 传地址方式的示意图

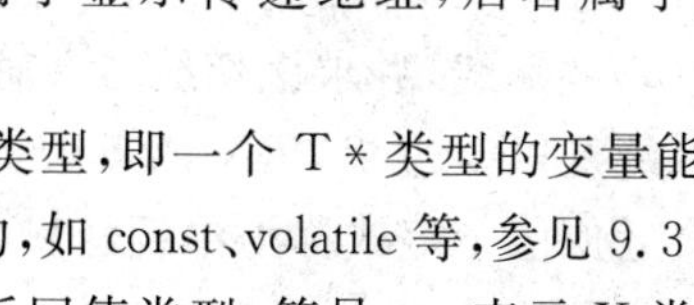

图 6-12 传地址方式效果图

传地址方式分两种:传指针和传引用,前者属于显示传递地址,后者属于隐式传地址。

指针,对于一个类型 T,T＊就是指向 T 的指针类型,即一个 T＊类型的变量能够保存一个 T 对象的地址,而类型 T 是可以加一些限定词的,如 const、volatile 等,参见 9.3 节。

引用是一个对象的别名,主要用于函数参数和返回值类型,符号 X& 表示 X 类型的引用。参见 10.7 节。

n 是 m 的一个引用,m 是被引用体。n 相当于 m 的别名,对 n 的任何操作就是对 m 的操作。故 n 既不是 m 的复制,也不是指向 m 的指针,其实 n 就是 m 自己。

地址传递方式虽然可以使得形参的改变对相应的实参有效,但若在函数中反复利用指针进行间接访问,会使程序容易产生错误且难以阅读。

若以引用为参数,既能对形参的任何操作都能改变相应的实参,又使得函数调用显得方便、自然。引用传递方式是在函数定义时在形参前面加上使用运算符“&”,语法图如图 6-13 所示。

语法格式:

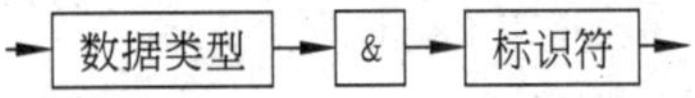

图 6-13 形参为使用

```
数据类型 & 标识符
```

形参为引用的例参见例 6-9 中形参 rootNewton。

2. 默认参数

在 C++ 中,可为参数指定默认值。在函数调用时,没有指定与形参相对应的实参时就自动使用默认值。默认参数可以简化复杂函数的调用。

默认参数通常在函数名第一次出现在程序中的时候,如在函数原型中,指定默认参数值。指定默认参数的方式,从语法上看与变量初始化相似。

带有默认参数的函数原型如图 6-14 所示。

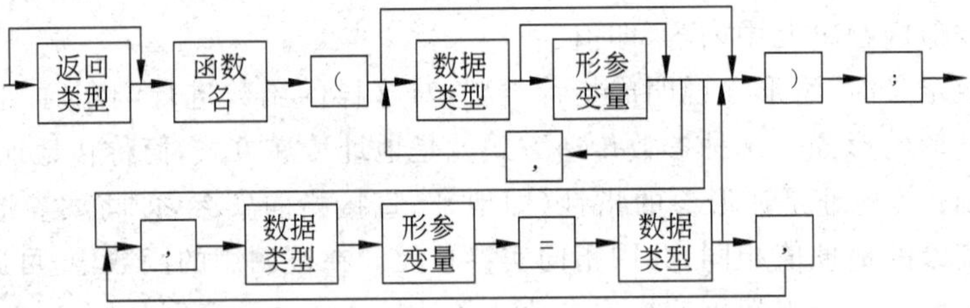

图 6-14 带有默认参数的函数原型

语法格式:

```
返回类型 函数名 ([形参列表][,数据类型 形参变量=初始化值,…]);
```

若一个函数中有多个默认参数,则默认参数必须从右至左逐个定义,中间不能间隔非默认参数。当调用函数时,只能向左依次匹配参数。

【例 6-8】 牛顿迭代法的原理:设 r 是 f(x)=0 的根,选取 x0 作为 r 初始近似值,过点(x0,f(x0))做曲线 y=f(x)的切线 L,L 的方程为 y=f(x0)+f′(x0)(x−x0),求出 L 与 x 轴交点的横坐标 x1=x0−f(x0)/f′(x0),称 x1 为 r 的一次近似值,过点(x1,f(x1))做曲线 y=f(x)的切线,并求该切线与 x 轴的横坐标 x2=x1−f(x1)/f′(x1)称 x2 为 r 的二次近似值,重复以上过程,得 r 的近似值序列{Xn},其中 Xn1=Xn−f(Xn)/f′(Xn),称为 r 的 n1 次近似值。上式称为牛顿迭代公式。

设计思路:

牛顿迭代法求方程的一个实根:

牛顿公式,x(k+1)=x(k)−f(x(k))/f′(x(k))

迭代函数,Φ(x)=x− f(x) / f′(x)

此时的迭代函数必须保证 X(k)有极限,即迭代收敛。本例 UML 活动图由读者完成。

程序代码：

```
1. #include<iostream>
2. #include<cmath>
3. using  namespace  std;
4. //举例函数 x^4-x^3-1
5. #define  f(x) (x * x * x * (x-1.0)-1.0)
6. //导函数 4x^3-3x^2
7. #define  g(x) (4.0 * x * x * x-3.0 * x * x)
8.
9. bool  rootNewton(double &x,
10.                  auto int maxreapt=100,
11.                  double epsilon=1e-7)
12. {
13.   double  xk1;
14.   auto double  xk0;
15.
16.     xk0  =  x;
17.      for(int  k=0; k<maxreapt; k++)
18.       {//牛顿迭代法缺陷在于:收敛是否与初值 x0 密切相关
19.          if  (fabs (g(xk0))<epsilon)
20.           {
21.             //若 g(xk0)数值特别小时,
22.             //有可能发生从一个根跳到另一个根附近的情况
23.              cout<<" 迭代过程中导数为 0. "<<endl;
24.              return  false;
25.          }
26.
27.         xk1  =  xk0  -  f(xk0) / g(xk0); //关键步骤
28.
29.          if  (fabs(xk1-xk0)  <  epsilon
30.            &&  fabs(f(xk1))  <  epsilon)
31.           {
32.             //注意迭代结束条件是: |f(xk1)|<ε
33.             //和|xk1-xk0|<ε 同时成立,防止根跳跃
34.              x  =  xk1;
35.             return  true;
36.          }
37.         else
38.           {
39.            xk0  =  xk1;
40.        }
41.    }
```

第 5 行，宏定义为一元 n 次方程 f(x)=0。

第 7 行，是 f(x)的导数。

第 9～46 行，定义 rootNewton 函数，用牛顿迭代法求一元 n 次方程的根。

有三个形式参数，左起第一个采用引用变量，方程估计的初值，第二、三参数都是变量，但都有默认初始值，即为默认参数。maxreapt 最大重复次数，默认初值为 100，epsilon 为误差限。

第 13、14 行，作为迭代量，xk0 是老值，xk1 是迭代后的新值。

第 17～41 行，for 循环，完成用牛顿迭代法求根。

第 19～25 行，判断在给定初值 x 下 f(x)的导数 g(x)是否为 0，若为 0，返回 false。不为 0，则求根。

第 27 行，迭代公式。

第 29～30 行判断新值减老值的绝对值是否满足误差限，并判断函数 f(x)绝对值是否为 0，不满足条件，将新值 xk1 赋给老值 xk0。继续迭代，否则，即是方程的根。

```
42.
43.     //迭代失败
44.      cout<<" 迭代次数超过预期. "<<endl;
45.     return   false;
46. }
47.
48.  int  main()
49.  {
50.     double  x;
51.     cout<<" 牛顿迭代法求方程根,请输入初始迭代 x0 值: "
52.         <<endl;
53.     cin>>x;
54.
55.     if (rootNewton(x))
56.     {
57.       cout<<" 该值附近的根为: "<<x<<endl;
58.     }
59.     else
60.     {
61.       cout<<" 迭代失败! "<<endl;
62.     }
63.
64.     if (rootNewton(x, 10))//默认最后一个参数
65.     {
66.         cout<<" 该值附近的根为: "<<x<<endl;
67.     }
68.     else
69.     {
70.         cout<<" 迭代失败! "<<endl;
71.     }
72.
73.     if(rootNewton(x, 200, 1e-8))
74.     {
75.         cout<<" 该值附近的根为: "<<x<<endl;
76.     }
77.     else
78.     {
79.         cout<<" 迭代失败! "<<endl;
80.     }
81.     system(" pause ");
82.     return   0;
83. }
```

第 48～83 行,主函数。

第 50～53 行定义变量、输入提示,输入估计的根值。

第 55～62 行,调用函数 rootNewton。默认两个参数。

第 64～71 行,调用 rootNewton,默认一个参数,但只能是最后面参数。

第 73～80 行,调用 rootNewton,无默认参数,即给出全部实参。

运行结果：

```
牛顿迭代法求方程根,请输入初始迭代 x0 值:
0.9
该值附近的根为: 1.38028
该值附近的根为: 1.38028
该值附近的根为: 1.38028
请按任意键继续……
```

本例中，第 55、64 和 73 行，都是对函数 rootNewton 的调用，其中：

第 55 行，rootNewton(x)，默认最后两个实参：maxreapt＝100，epsilon＝1e-7；

第 64 行，rootNewton(x, 10)，默认最后一个实参：epsilon＝1e-7；

第 73 行，rootNewton(x, 200, 1e-8)，没有默认实参。

若调用时为 rootNewton()，出错，因为参数 x 没有默认值。

若将第 9～11 行，改为：

```
bool  rootNewton(int maxreapt=100,
                 double &x,
                 double epsilon=1e-7)
```

是错误的，因在两个默认参数中间，有一个非默认参数，要求默认参数，必须从右到左依次设置，中间不能间隔非默认参数。

6.3 变量的使用方式

C++ 中，一个变量除了有数据类型外，还有下面 3 种属性：

(1) 存储类别，允许使用 auto、static、register 和 extern 四种存储类别。

(2) 作用域，指程序中可使用该变量的区域。

(3) 存储期，指变量在内存的存储期限。

该 3 种属性相互联系，程序员只能声明变量的存储类别，通过存储类别可确定变量的作用域和存储期。

函数或变量在声明时，并没有给变量分配实际的物理内存空间，它有时可保证程序编译通过；函数或变量在定义时，在内存中才给变量分配实际的物理空间。若在编译单元中使用的外部变量没有在整个工程中任何一个地方定义，那么即使它在编译时可以通过，在连接时也会报错，因为程序在内存中找不到这个变量。函数或变量可以声明多次，但定义只能有一次。

6.3.1 全局变量和局部变量

1. 全局变量

全局变量是在所有函数定义、类定义和复合语句之外声明的变量，也称全局量。它不属于哪一个函数，它属于一个源程序文件。在一个程序中，从全局变量定义的位置开始，它们后面的任何一个函数、类或复合语句之内均可以使用它们，它们前面的任何一个函数、类或复合语句之内欲使用它们，必须在使用它们的函数、类或复合语句之内加以声明。

声明全局变量时，若在程序中不对它进行专门的初始化，该变量会被系统自动初始化为“0”。这里“0”，对整型量的值是整数 0，实型量的值是 0.0，字符型的值是''，字符串的值是""，指针型的值是 NULL。

对全局变量的使用没有特别要求，少用就好，若不得已需要全局变量，这时全局变量加前缀 g(表示 global)。全局变量要有较详细的注释，包括对其功能、取值范围、哪些函数或过程存取它以及存取时注意事项等的说明。一般形式，如：

```
/* The ErrorCode when SCCP translate */
/* Global Title failure, as follows */          //变量作用、含义
/* 0 — SUCCESS   1 — GT Table error */
/* 2 — GT error   Others — no use   */          //变量取值范围
/* only  function  SCCPTranslate() in */
/* this modual can modify it,  and  other */
/* module can visit it through call */
/* the  function GetGTTransErrorCode() */       //使用方法
BYTE g_GTTranErrorCode;
```

2. 局部变量

局部变量是在某个函数定义、类定义或复合语句之内声明的变量，也称局部量。局部变量只能在声明它的函数、类或复合语句内部被使用。全局量和局部量示意图如图 6-15 所示。

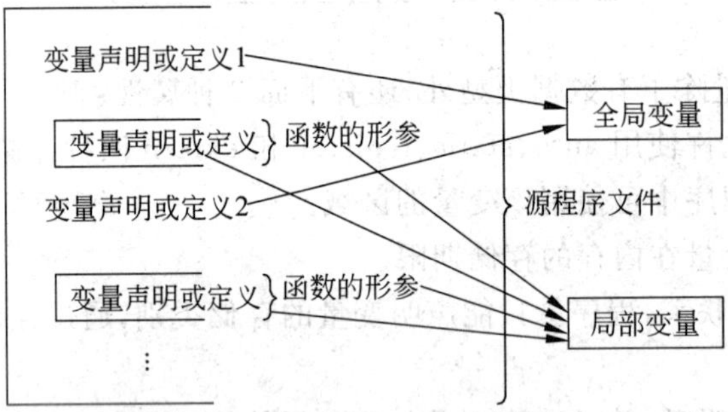

图 6-15 全局量和局部量示意图

将局部变量尽可能置于最小作用域内，在定义变量时将其初始化，且要在同一行内初始化。因系统对局部变量不会自动初始化它们，在运行时它们的内存单元将保留上次使用以来留下的值。若引用了未初始化的变量，很可能导致程序运行错误。

在例 6-9 中：

```
bool  rootNewton (double &x,
                  auto int maxreapt=100,
                  double epsilon=1e-7)
```

其中的参数 x、maxreapt 和 epsilon，以及函数体内的 xk1 和 xk0，还有循环控制变量

k 都是局部变量。

注意：不要使程序中出现局部变量和全局变量同名的现象，尽管因两者的作用域不同而不会发生语法错误，但会使人误解。

6.3.2 变量的存储类别

C++ 中变量的存储类别有 auto、static、extern 和 register 四种。其中 auto，static 和 register 三种存储类别只能用于变量的定义语句中，extern 只能用来声明已定义的外部变量，而不能用于变量的定义。

1. 自动变量 auto

（1）自动变量应用示意图，如图 6-16 所示。

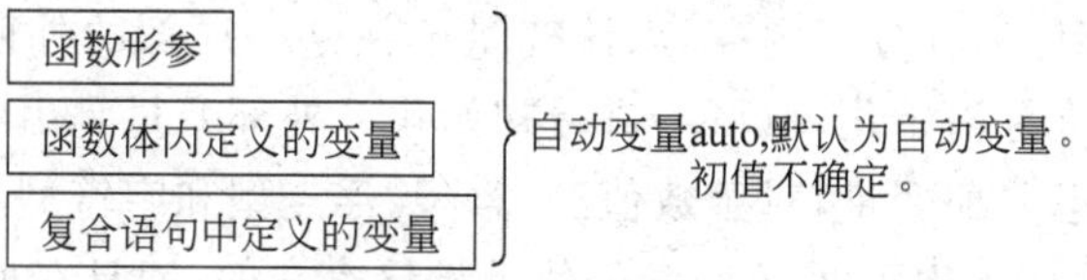

图 6-16 自动变量应用

（2）自动变量应用说明：

① 在函数内、复合语句内定义的局部变量或函数参数，即为自动变量，用于说明自动变量的关键字 auto 可省略。

② 编译程序不给自动变量赋予隐含的初值，其初值不确定。每次使用自动变量前，必须明确地赋初值。

③ 自动变量所使用的存储空间由程序自动地创建和释放于栈。当函数调用时，为自动变量创建存储空间，函数调用结束时将自动释放为其创建的存储空间。即自动变量随函数的调用而存在并随函数调用结束而消失，由一次调用到下一次调用之间不保存值。

例 6-8 中：

```
bool  rootNewton (double &x,
                  auto int maxreapt=100,
                  double epsilon=1e-7)
```

此处，变量 x、maxreapt 和 epsilon 都是自动变量，其中变量 maxreapt 前有 auto，x 和 epsilon 前面没有存储类别，默认为 auto 类型。

2. 外部变量

1）extern 的两个作用

（1）extern 与"C"一起连用，告诉编译器在编译函数名时，按着 C 而不是 C++ 的规则去翻译相应的函数名。C++ 的规则在翻译这个函数名时会把函数名字变得面目全非。

（2）当 extern 不与"C"在一起修饰变量或函数时，它的作用就是声明函数或全局变量的作用范围的关键字，其声明的函数和变量可在本模块或其他模块中使用，它是一个声明不是定义。外部变量的应用示意图如图 6-17 所示。

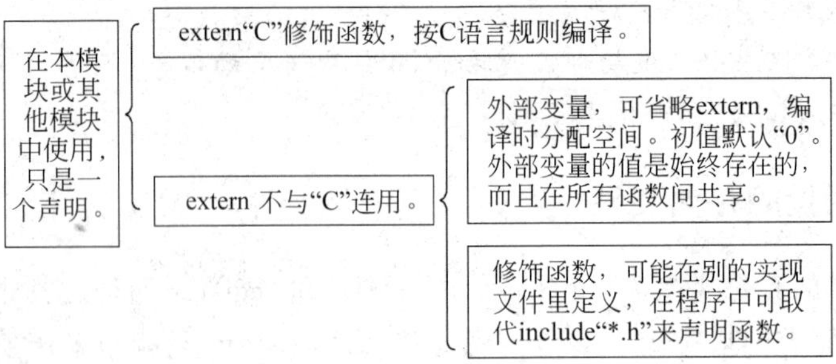

图 6-17　自动变量应用

2）外部变量应用的说明

(1) 在函数外部定义的全局变量即为外部变量。变量一旦被声明为外部变量，系统就不必像一般变量那样为其分配内存，因该变量已在这一局部的外面被定义。当声明为外部全局变量时，可进行初始化，也可不进行初始化。外部变量是由编译程序在编译时给其分配空间，属于静态分配变量，对于数值型（整型、浮点型和字符型）外部变量来说，其有隐含初值 0。在程序运行期间，外部变量的值是始终存在的，而且在所有函数间共享。

(2) 在 C++ 中，源程序可分别放在几个实现文件上，每个文件可作为一个编译单位分别编译。外部变量只需在某个文件上定义一次，其他文件若要使用此变量，应用 extern 加以说明。外部变量定义时不必加 extern 关键字。

extern 可置于变量或者函数前，以标识变量或者函数的定义在别的文件中，提示编译器遇到此变量和函数时，在其他模块中寻找其定义。

若函数的声明带有关键字 extern，表明该函数可能在别的实现文件里定义，在程序中可取代 include " *.h"来声明函数。

在同一文件中，若前面的函数要使用在其后面定义的外部（在函数之外）变量时，也应用 extern 加以说明。

一般，在 *.cpp（或 *.c）文件中声明了一个全局的变量，这个全局的变量若要被使用，就放在 *.h 中并用 extern 来声明。

【例 6-9】 extern 应用示例。

程序代码：

```
1. //main.h
2. #ifndef MAIN_H
3. #define MAIN_H
4. #include<cstdio>
5. #include<cstdlib>
6. int *a;
7. int b;
8. #endif //MAIN_H
9. //main.cpp
10. #include<iostream>
11. using namespace std;
```

第 1～8 行为头文件 main.h，定义了两个 extern 存储类型量：int *a;int b。

第 10～25 行是实现文件 main.cpp。

```
12. #include "main.h"
13. #include "extern.h"
14. int main() {
15.     a=(int *)malloc(sizeof(int));
16.     *a=1;
17.     b=2;
18.
19.     cout<<"int a="<<*a
20.         <<"int b="<<b<<endl;
21.
22.     func();
23.     free(a);
24.     return 0;
25. }
26. //extern.h
27. #ifndef EXTERN_H
28. #define EXTERN_H
29. #include<cstdio>
30. extern int *a;
31. extern int b;
32. static int c  =  8;
33. void func();
34. #endif //EXTERN_H
35. //extern.cpp
36. #include<iostream>
37. using namespace std;
38. #include "extern.h"
39. void func()
40. {
41.     cout<<"\nBefore:\n";
42.     cout<<"in func a="<<*a
43.         <<",in func b="<<b<<endl;
44.
45.     *a=3;
46.     b=4;
47.
48.     cout<<"After:\n";
49.     cout<<"in func a="<<*a
50.         <<",in func b="<<b
51.         <<",only used in extern.h c="<<c<<endl;
52. }
```

第 12、13 行分别导入两个头文件 main.h、extern.h。

第 15、16 行，a 分配空间，并置初值 1。

第 17 行，给 b 赋值 2。

这里没有变量定义，使用的是 main.h 中定义的量。

第 19、20 行，输出 a、b 值。

第 22 行调用 func 函数，该函数在头文件 extern.h 中声明，在 extern.cpp 中定义。

第 23 行，调用函数 free(a)，释放变量 a。

第 27～34 行，头文件 extern.h，其中：

第 30 行，声明 extern int *a，其定义在头文件 main.h 中。

第 31 行，声明 extern int b，其定义在头文件 main.h 中。

第 32 行，定义 static int c=8。

第 33 行，函数原型是 void func()。其定义在 extern.cpp 中。

第 36～52 行实现文件 extern.cpp。

第 38 行，导入头文件 extern.h。

第 42、43 行输出 *a 和 b 的值，实际是 main 中的 *a 和 b 的值。

第 45、46 行，重新给 *a 和 b 的初值。

第 49、50 行，输出重新赋值后的 *a 和 b 的值。

第 51 行输出头文件 extern.h 中的 static int c=8 的 c 值。

运行结果：

```
int a=1,int b=2
Before:
in func a=1,in func b=2
After:
in func a=3,in func b=4,only used in extern.h c=8
```

3. 静态变量

C++ 的 static 有两种用法：面向过程程序设计的 static 和面向对象程序设计的 static。前者应用于普通变量和函数，不涉及类(这里介绍)；后者主要说明 static 在类中的应用。静态变量的应用示意图如图 6-18 所示。

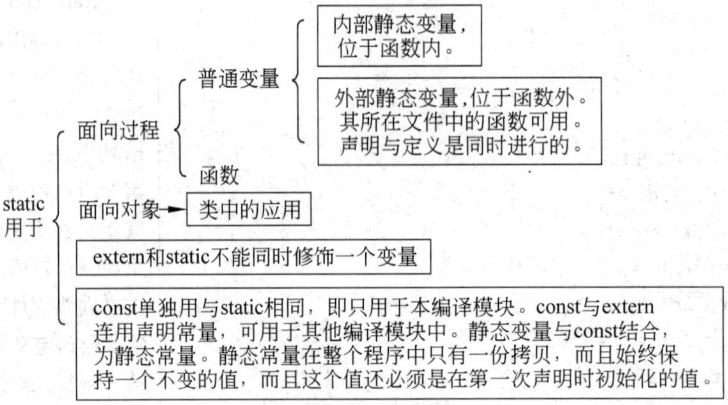

图 6-18　静态变量

在变量声明时，使用 static 修饰的变量就是静态变量，存储在静态数据区。静态变量可在任何可申请(定义或声明)处申请，申请成功后，它将不再接受其他的同样申请。一般，给静态变量加前缀 s(表示 static)。

静态变量在执行函数 main()之前就完成初始化，也是唯一的一次初始化。在声明静态变量时，若未指定初始化表达式，则其初始化值为“0”，使用时可改变其值，并保持最新的值。

1) 内部静态变量

局部变量前加上“static”关键字就成为内部静态变量，也称静态局部变量，可作为对象间的一种通信机制。内部静态变量仍是局部变量，但该类型变量采用静态存储分配，保存在全局数据区，而不是保存在栈中，当函数执行完，返回调用点时，该变量并不撤销，其值将继续保留，若下次再进入该函数时，其值仍然存在。static 局部变量只被初始化一次，下一次依据上一次结果值；没有初始化的普通局部变量，其值是随机的。

【例 6-10】 内部静态变量应用示例。

程序代码：

```
#include<iostream>
using  namespace  std;

```

```
4. void func(int i)
5. {
6.     if((i & 0x01)==1)
7.       {
8.          static int j=1;//局部范围定义的 static 变量 j
9.          j++;
10.          cout<<"i="<<i<<",j="<<j<<endl;
11.      }
12.     else{
13.          static int j=0;//再定义一个 static 变量 j
14.          j++;
15.          cout<<"i="<<i<<",j="<<j<<endl;
16.      }
17.
18.     return;
19. }
20.
21. int main(){
22.     for(int i=0; i<5;++i)
23.     {
24.          func(i);
25.     }
26.     return 0;
27. }
```

第 4～19 行，定义函数 void func(int i)。

第 6 行，判断 i 的奇偶性，为奇数时：

static int j=1;

  j++；

然后输出 i 和 j。

为偶数时：

static int j=0;

  j++；

然后输出 i 和 j。

第 8、13 行定义的都是 static int j，但是，因分别属于不同的复合语句，故是不同的两个 j。若将 else 后复合语句中的 j 改为 k，输出结果是相同的。

第 21～27 行，是主函数 int main()。

第 22～25 行循环调用函数 func。

运行结果：

```
i=0,j=1
i=1,j=2
i=2,j=2
i=3,j=3
i=4,j=3
```

上例中，两处定义了局部静态变量，变量名相同，因分别在不同的复合语句中，作用域就不同，实际是两个变量。若将其中一处的变量 j 以及相关应用，一起改为其他变量名，如改为 k，运行结果相同。

2）外部静态变量

若函数外部定义的变量前加上“static”关键字便是外部静态变量，也称静态全局变量，该变量在全局数据区分配内存。外部静态变量的作用域为定义它的文件，成为该文件的“私有 (private)”变量，只有其所在文件中的函数，才可使用该外部静态变量，而其他文件上的函数一律不得直接使用该变量，除非通过外部静态变量所在文件上的各种函数来对它进行操作，是一种实现数据隐藏的方式。static 全局变量只初始化一次，防止在其他文件单元中被使用；普通的全局变量只初始化一次，可在其他文件单元中被使用。外部静态变量也与文件中定义的位置有关。

3）静态变量应用方法

（1）若全局变量仅在单个文件中使用，则可将该变量修改为静态全局变量。

（2）若全局变量仅由单个函数使用，则可将该变量改为该函数的静态局部变量。

（3）设计和使用动态全局变量、静态全局变量、静态局部变量的函数时，需要考虑重入问题。若需要一个可重入的函数，一定要避免函数中使用 static 变量。

（4）函数中必须要使用 static 变量情况：当某函数的返回值为指针类型时，则必须是 static 的局部变量的地址作为返回值；若为 auto 类型，则返回为错指针。

（5）extern 和 static 不能同时修饰一个变量；static 修饰的全局变量的声明与定义是同时进行的。

（6）当 const 单独使用时，与 static 相同，它们只能作用于本编译模块中。const 与 extern 连用声明常量时，可作用于其他编译模块中。静态变量与 const 结合是静态常量，这种变量在整个程序中只有一份复制，在第一次声明时初始化的值，且始终保持一个不变的值。

4. 寄存器变量

（1）寄存器变量的应用示意图如图 6-19 所示。

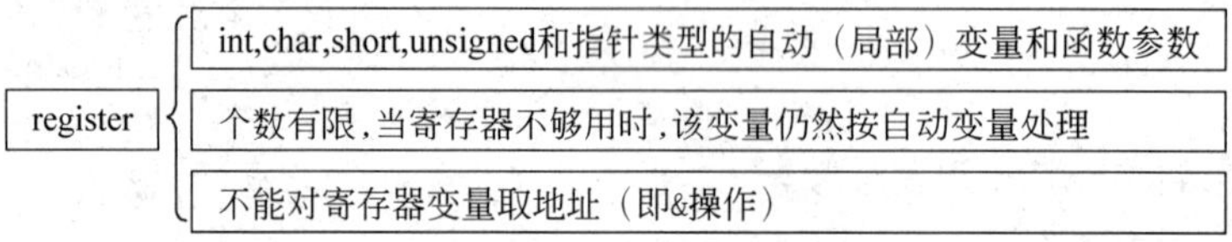

图 6-19 寄存器变量

使用 register 修饰的局部变量是寄存器变量。register 用于指示编译器，因考虑程序运行的效率，在可能的时候，将它所修饰的这个变量使用效率最高。声明寄存器变量时，关键字 register 的作用只能是建议（而不是强制）系统使用寄存器，原因是寄存器虽然存取速度快，但个数有限，当寄存器不够用时，该变量仍然按自动变量处理。

（2）寄存器变量应用的说明：

① 只有自动（局部）变量和函数参数可指定为寄存器存储类，没有全局的或静态的 register 变量。

② 当指定的寄存器变量个数超过系统所能提供的寄存器数量时，多出的寄存器变量将视同自动变量。

③ 限于 int，char，short，unsigned 和指针类型可使用 register。

④ 不能对寄存器变量取地址（即 & 操作）。

6.3.3 作用域与生存期

对一个变量的性质可从两个方面分析：从空间角度的作用域和从时间角度的存储期。

1. 作用域

（1）作用域应用示意图如图 6-20 所示。

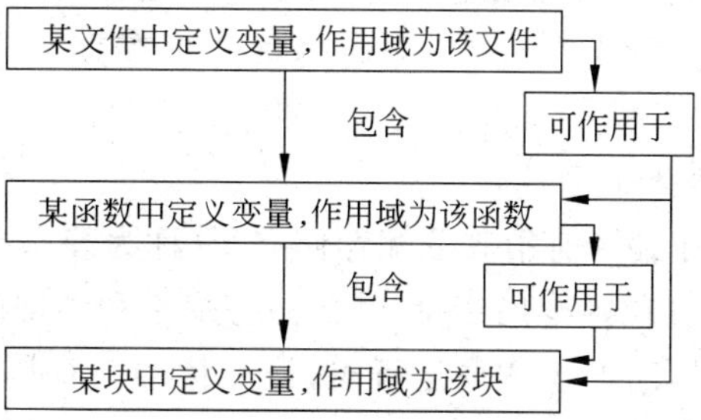

图 6-20 作用域应用

（2）作用域说明。

若一个变量在某个文件、函数或块范围内是有效的，则称该文件、函数或块为该变量的作用域，在此作用域内可使用该变量，又称变量在此作用域内“可见”，该性质又称变量的可见性。

作用域是指变量名可代表该变量存储空间的使用范围。一般情况下，变量的作用域与其生存期一致，但因 C++ 语言允许在程序的不同部分为不同变量取同一名字，故一个变量名的作用域可能小于其生存期。

在函数头部定义的自动变量作用域为定义它的函数，而在块语句中定义的自动变量作用域为所在块。与 C 不同，C++ 还允许在变量使用之前才定义变量。

外部变量的作用域是整个程序（全局变量）。

2. 生存期

（1）生存期应用的示意图如图 6-21 所示，箭头指向作用域范围。

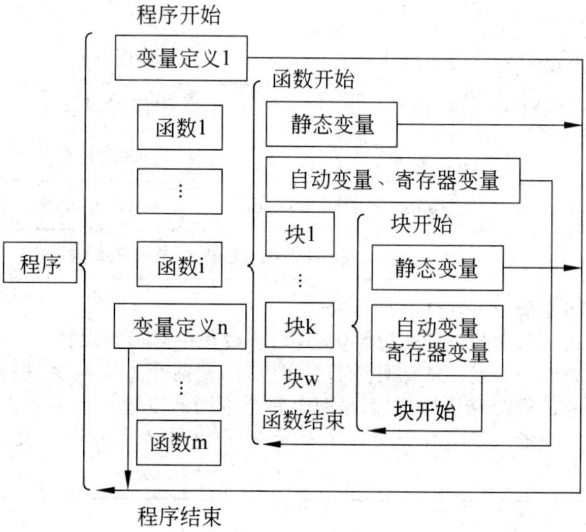

图 6-21 生存期应用

(2) 生存期应用说明。

生存期是指从一个变量被声明且分配了内存开始，直到该变量声明语句失效，它占用的内存空间被释放为止。若一个变量值在某一时刻存在，则这一时刻属于该变量的存储期，或称该变量在此时刻“存在”。一个全局变量的生存期从它被声明开始，直到程序结束。

C++ 变量有以下两种生命周期：

① 变量由编译程序在编译时给其分配存储空间(称为静态存储分配)，并在程序执行过程中始终存在，这类变量包括全局变量、外部静态变量和内部静态变量。这类变量的生存周期与程序的运行周期相同，当程序运行时，该变量的生存周期随即存在，程序运行结束，变量的生存周期随即终止。

② 变量由程序在运行时自动给其分配存储空间(称为自动存储分配)，这类变量为函数(或块)中定义的自动变量、函数参数。它们在程序执行到该函数(或块)时被创建，在函数(或块)执行结束时释放所用的空间。

系统中其他变量在程序执行到该函数(或块)时被创建，在函数(或块)执行结束时释放所用的空间。

3. 存储类别、生存期和作用域的关系

存储类别、生存期和作用域的关系如表 6-1 所示。

表 6-1　存储类别、生存期和作用域的关系

<table>
<tr><td colspan="2"></td><td colspan="3">局部变量(函数内、形式参数、块语句)</td><td colspan="2">全局变量(函数外)</td></tr>
<tr><td colspan="2">存储类型</td><td>auto</td><td>register</td><td>static 局部</td><td>static 全部</td><td>extern</td></tr>
<tr><td colspan="2">存储方式</td><td colspan="2">动态</td><td colspan="3">静态</td></tr>
<tr><td colspan="2">存储区</td><td>动态区</td><td>寄存区</td><td colspan="3">静态存储区</td></tr>
<tr><td colspan="2">生存期</td><td colspan="2">函数调用开始至结束</td><td colspan="3">程序整个运行期间</td></tr>
<tr><td colspan="2">作用域</td><td colspan="3">定义变量的函数或复合语句内</td><td>本实现文件</td><td>其他文件</td></tr>
<tr><td colspan="2">赋初值</td><td colspan="2">每次函数调用时</td><td colspan="3">编译时赋初值，只赋一次</td></tr>
<tr><td colspan="2">未赋初值</td><td colspan="2">不确定</td><td colspan="3">自动赋初值 0 或空字符</td></tr>
<tr><td rowspan="2">语法格式</td><td>前缀</td><td>[auto]</td><td>register</td><td>static</td><td>static 或 const</td><td>[extern]</td></tr>
<tr><td>声明</td><td colspan="5">数据类型 变量名表或数组名[]</td></tr>
<tr><td colspan="2">注意</td><td colspan="5">局部变量：auto 指示符标示
静态局部变量：只被初始化一次，多线程中需加锁保护
全局静态变量：只要文件不互相包含，在两个不同的文件中是可以定义完全相同的两个静态变量的，它们是两个完全不同的变量
全局变量：若在两个文件中都定义了相同名字的全局变量，连接出错：变量重定义</td></tr>
</table>

6.4 内部函数与外部函数

函数本质上是全局的,定义后就可被其他函数调用。当一个源程序由多个实现文件组成时,一个函数要被其他实现文件中的函数调用,也可指定函数只能被本实现文件调用。根据函数能否被其他实现文件调用,将函数区分为内部函数和外部函数。

1. 内部函数

若在一个实现文件中定义的函数只能被本文件中的函数调用,而不能被同一源程序其他实现文件中的函数调用,这种函数称为内部函数或静态函数。在定义内部函数时,在函数前加 static 使得函数成为内部函数。内部函数与普通函数不同,它只能在声明它的文件当中可见,不能被其他文件使用。static 函数在内存中只有一份,普通函数在每个被调用中维持一份复制。内部函数首部的语法图如图 6-22 所示。

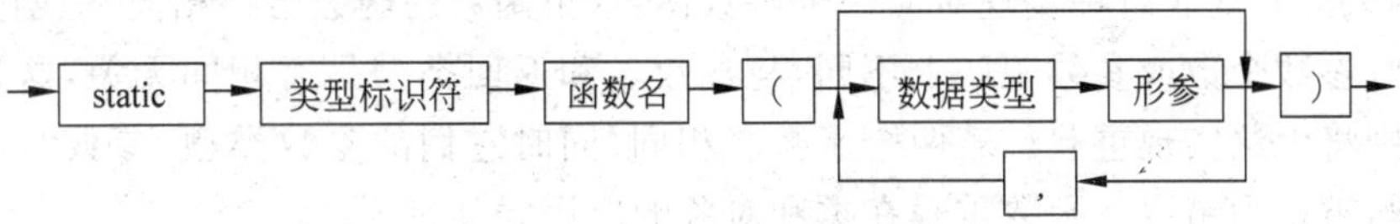

图 6-22 内部函数首部

内部函数首部的语法格式:

```
static 类型标识符 函数名([数据类型 1 形参数 1[,数据类型 2 形参数 2,…]])
```

2. 外部函数

外部函数是指可以被其他源程序所调用的函数。在定义函数时,若在函数首部的最左端冠以关键字 extern,则表示此函数是外部函数,可供其他文件调用。外部函数在整个源程序中都有效。外部函数首部语法图如图 6-23 所示。

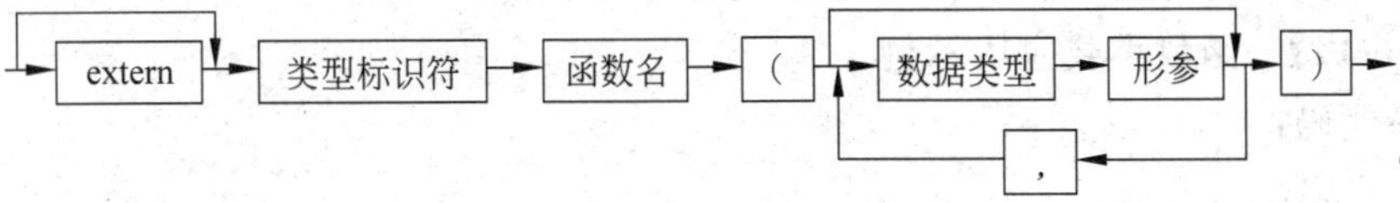

图 6-23 外部函数首部

外部函数原型语法格式:

```
[extern] 类型标识符 函数名([数据类型 1 形参数 1[,数据类型 2 形参数 2,…]])
```

上面定义格式中,extern 表明所定义的函数为外部函数,当 extern 被省略时,隐含为外部函数。

注意:在要调用此函数的源程序文件中,一般要用 extern 标识符说明所用的函数为外部函数。

在一个实现文件的函数中调用其他实现文件中定义的外部函数时,应用 extern 说明被调函数为外部函数。

3. 内部函数与外部函数的区别

一个实现文件中定义的函数能否被其他实现文件调用：能被调用的函数在前面加 extern(一般省略)，而不能被调用的加 static(不能省略)。通常调用的 ♯include 本质上就是一些外部函数的集合，因在一个文件中的函数要调用另外一个文件的函数，要求在开始声明一下，为省略这些声明，使用 include 命令。

6.5 函数重载与递归函数

6.5.1 函数重载

函数重载是指在同一个作用域(同一个类或同一个实现文件)中，同一个函数名可对应多个函数的实现。每种实现对应一个函数体，这组函数的函数名字相同，但函数至少在参数类型、参数个数或参数顺序上不同，与参数名和返回类型是否相同无关，这是重载的条件，否则将无法实现重载。若两个函数名相同，同时它们的参数类型、参数个数或参数顺序相同，被视为错误。函数重载在类和对象的应用尤其重要。

函数重载要求编译器能够唯一确定调用一个函数时应执行哪个函数代码，即采用哪个函数实现。确定函数实现时，要求从函数参数的个数、顺序和类型上来区分。即进行函数重载时，要求同名函数在参数个数上不同，或者参数类型上不同以及参数顺序上不同。否则，将无法实现重载。

在 C++ 中可以将功能类似的函数都重载起来，仅仅让编译根据参数的不同来实现不同的编译，从而实现重载函数的识别和调用。

重载函数与默认参数重叠导致的二义性问题：

当使用函数重载时，就不要使用函数的默认参数；当使用函数的默认参数时，就不要进行函数的重载。若重载一个函数，就要考虑参数信息。

【例 6-11】 函数重载应用示例。

程序代码：

```
1. #include<iostream>
2. using namespace std;
3. //函数声明
4. int min(int a, int b);
5. float min(float a, float b);
6. int min(int a, int b, int c);
7. int min(int a, int b, int c, int d);
8. //主函数
9. void main()
10. {
11.     cout<<min(5, 8)<<endl;
```

第 4～7 行，声明四个参数个数或参数类型不同的函数。

第 11～14 行，4 个函数调用。

```
12.     cout<<min(5, -10, 6)<<endl;
13.     cout<<min(5.0, 11)<<endl;
14.     cout<<min(2, 9, -10, -30)<<endl;
15. }
16. //两个单精度参数的最小值
17. float min(float a, float b)
18. {
19.     if(a<b)
20.     {
21.         return a;
22.     }
23.     else
24.     {
25.         return b;
26.     }
27.  }
28. //两个整型参数的最小值
29. int min(int a, int b)
30. {
31.     if(a<b)
32.     {
33.         return a;
34.     }
35.     else
36.     {
37.         return b;
38.     }
39.  }
40. //三个参数的最小值
41. int min(int a, int b, int c)
42. {
43.     int t=min(a, b);
44.     return min(t,c);
45. }
46. //四个参数的最小值
47. int min(int a, int b, int c, int d)
48. {
49.     int t1=min(a, b);
50.     int t2=min(c, d);
51.     return min(t1, t2);
52. }
```

第 17～27 行，定义有两个单精度形参的函数 min。

第 29～39 行，定义有两个整型形参的函数 min。

第 41～45 行，定义有三个整型形参的函数 min。

第 47～52 行，定义有四个整型形参的函数 min。

本例，四个函数名均为 min 的函数，使用了参数个数不同，参数类型不同的函数重载。

6.5.2 递归函数

递归函数即自调用函数，在函数体内部直接或间接地自己调用自己，即函数的嵌套调用是函数本身，这种函数称为递归函数。递归函数分为直接递归和间接递归。

直接递归就是在函数 a 中直接使用(调用)函数 a 本身，如图 6-24 所示，直接递归比较常用，一般所说的递归就是直接递归。递归调用一般都占用较多的系统资源(如栈空间);递归调用对程序的测试有一定影响。故除非为某些算法或功能的实现方便，应减少没必要的递归调用。

间接递归就是在函数 a 中调用另外一个函数 b，而该函数 b 又调用了函数 a，如图 6-25 所示。不要使用间接递归，即一个函数通过调用另一个函数来调用自己，因为它会损害程序的清晰性。递归调用特别是函数间的递归调用(如 A→B→C→A)，影响程序的可理解性。

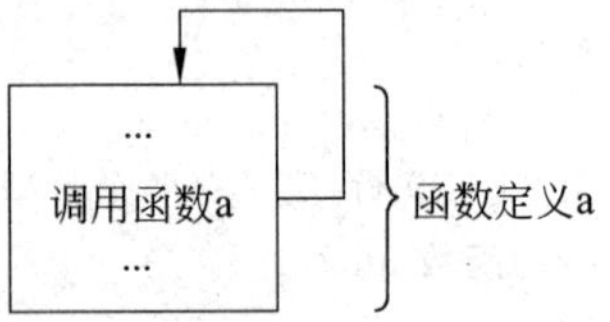

图 6-24 直接递归

图 6-25 间接递归

C++ 允许函数递归。在递归调用中，递归函数反复调用其自身，每调用一次就进入新的一层。递归是解决某些复杂问题的十分有效的方法。

递归是有条件的，一般具有以下两个条件：

(1) 递归公式。

(2) 确定边界(终了)条件。

递归适用以下的一般场合：

(1) 数据的定义形式按递归定义。

(2) 数据之间的关系(即数据结构)按递归定义，如树的遍历，图的搜索等。

(3) 问题解法按递归算法实现，例如回溯法等。

1. 直接递归函数的一般形式

直接递归函数设计的一般语法格式：

```
函数类型 type 递归函数名 f (参数 x)
{
    type 变量名 n;
    if(满足结束条件)
    {
        n=初值;
    }
    else
    {
```

```
    n=含递归函数名 f(x-1)的表达式;
    }
return n;
}
```

2. 递归函数调用机制

任何函数之间不能嵌套定义，调用函数与被调用函数之间相互独立(彼此可以调用)。发生函数调用时，被调函数中保护了调用函数的运行环境和返回地址，使得调用函数的状态可以在被调函数运行返回后完全恢复，而且该状态与被调函数无关。

被调函数运行的代码虽是同一个函数的代码体，但因调用点，调用时状态，返回点的不同，可以看作是函数的一个副本，与调用函数的代码无关，故函数的代码是独立的。被调函数运行的栈空间独立于调用函数的栈空间，故与调用函数之间的数据也是无关的。函数之间靠参数传递和返回值来联系，函数看作为黑盒。这种机制决定了 C++ 允许函数递归调用。

【例 6-12】 有 5 个人坐在一起，问第 5 个人多少岁？他说比第 4 个人大 2 岁。问第 4 个人岁数，他说比第 3 个人大 2 岁。问第 3 个人，又说比第 2 人大两岁。问第 2 个人，说比第一个人大 2 岁。最后问第一个人，他说是 10 岁。请问第 5 个人多大？

设计思路：设第 i 个人年龄 age_i，则有 $age_i = age_{i-1} + 2$；当 $i-1$ 时，$age_1 - 10$。满足直接递归条件。其 UML 活动图由读者完成。

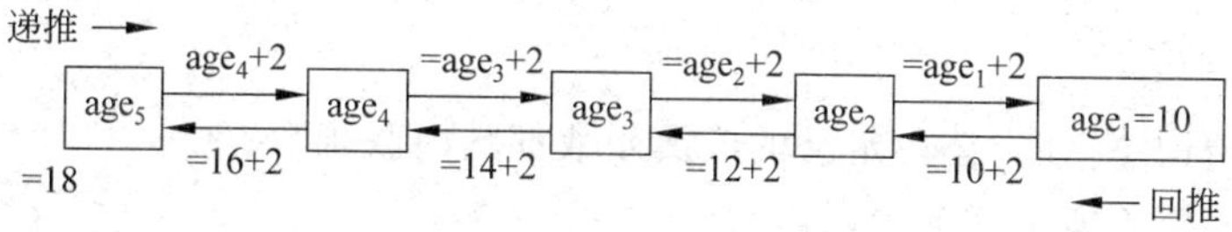

程序代码：

```
1. #include<iostream>
2. using namespace std;
3. int age(int n)
4. {
5.     int c;
6.     if(n==1)                //结束条件
7.         c=10;
8.     else
9.         c=age(n-1)+2;       //递推公式
10.    return c;
11. }
12.
13. int main()
14. {
15.    cout<<age(5);           //函数调用
16.    return 0;
17. }
```

第 3～11 行，定义函数 int age (int n)。

第 6 行，函数结束条件。

第 7 行为初值。

第 9 行，函数调用，age 函数调用了函数 age 自身。

第 13～17 行，定义主函数，其中调用了函数 age。

本例,采用了直接递归：递归结束条件为 n=1,递推公式为 age=age+2。

6.6 内联函数

C++引入内联(inline)函数(内置函数、内嵌函数)的原因是用它来取代C中的宏定义。内联函数和宏定义的区别在于：宏定义是由预处理器对宏进行替换,而内联函数是通过编译器来实现的,故内联函数是真正的函数,只是在调用的时候,内联函数像宏定义一样展开,故它没有一般函数的参数压栈和退栈操作,减少了调用开销,故,内联函数比普通函数有更高的执行效率。

1. 语法格式

在C++中使用inline关键字来定义内联函数。将inline关键字放在函数原型的函数类型之前。不过,编译器会将在类的说明部分定义的任何函数都认定为内联函数,即使它们没有用inline说明。

内联函数的语法格式：

```
inline 函数类型 函数名 ([形式参数表])
{
    函数体;
}
```

说明：

(1) 在类结构中,在类体内定义的成员函数都是内联函数。

(2) 递归函数不能定义为内联函数。

(3) 内联函数只能先定义后使用,否则编译系统也会把它认为是普通函数。

(4) 内联函数不能进行异常的接口声明。

(5) 短小的内联函数名可使用小写字母。

实际上,在内联函数调用处,将对应函数展开。

2. 内联函数的适用情景

(1) 一个函数被重复调用。

(2) 函数只有几行,且不包含循环语句和开关语句。内联函数的函数体一般来讲不宜过大,以1~5行为宜。若函数体内的代码比较长,使用内联将导致内存消耗代价较高。

```
inline void Show()
{
    for(int i=0; i<10; i++)
    {
        cout<<time(0)<<endl;
    }
}
```

因为函数Show()包括一个局部变量和一个for循环,故编译器一般拒绝inline,并且把它当作一个普通的成员函数。

(3) 内联函数应该放在头文件中定义，这一点不同于其他函数。复杂的内联函数的定义，应放在后缀名为－inl.h 的头文件中。若内联函数的定义比较短小、逻辑比较简单，其实现代码可以放在.h 文件中。

内联函数可能在程序中定义不止一次，只要内联函数的定义在某个实现文件中只出现一次，而且在所有的实现文件中，其定义必须是相同的。若 inline 函数的定义和声明是分开的，而在另外一个文件中需要调用这些 inline 函数时，内联是无法在这些调用函数内展开的。这样内联函数在全局范围内就失去了作用。解决的办法就是把内联函数的定义放在头文件中，当其他文件要调用这些内联函数的时候，只要包含这个头文件就可以了。把内联函数的定义放在头文件中，可以确保在调用函数时所使用的定义是相同的，并保证在调用点该函数的定义对调用点可见。

3. 内联函数与一般函数

内联函数具有一般函数的特性，它与一般函数不同之处只在于函数调用的处理：

一般函数进行调用时，要将程序执行权转到被调用函数中，然后再返回到调用它的函数中；而内联函数在调用时，是将调用表达式用内联函数体来替换。

内联函数从源代码层看，有函数的结构，而在编译后，却不具备函数的性质。内联函数不是在调用时发生控制转移，而是在编译时将函数体嵌入在每一个调用处。编译时，类似宏替换，使用函数体替换调用处的函数名。一般在代码中用 inline 修饰，但是能否形成内联函数，需要看编译器对该函数定义的具体处理。

本章小结

(1) 函数的定义语法格式：

```
返回类型 函数名 ([形参列表])
{
    [函数体]
}
```

(2) 函数调用的语法格式：

```
函数名 ([实参表])[;]
```

调用时，注意实参和形参的结合，顺序、个数和类型的三个一致。

(3) 参数传递

函数之间传递参数有传值和传地址两种传递方式。

(4) 一个变量除了数据类型以外，还有 3 种属性：存储类别，C++ 允许使用 auto、static、register 和 extern 四种存储类别。

作用域，指程序中可以使用该变量的区域。存储期，指变量在内存的存储期限。

(5) 全局变量是在所有函数定义、类定义和复合语句之外声明的变量，也称全局量。

它不属于哪一个函数,它属于一个源程序文件。

局部变量是在某个函数定义、类定义或复合语句之内声明的变量,也称局部量。局部变量只能在声明它的函数、类或复合语句中被使用。

(6) 若在一个实现文件中定义的函数只能被本文件中的函数调用,而不能被同一源程序其他实现文件中的函数调用,这种函数称为内部函数或静态函数。在定义内部函数时,在函数前加 static 使得函数成为内部函数。外部函数是指可以被其他源程序所调用的函数。在定义函数时,若在函数首部的最左端冠以关键字 extern,则表示此函数是外部函数,可供其他文件调用。外部函数在整个源程序中都有效。

(7) 函数重载是指在同一个作用域(同一个类或同一个实现文件)中,同一个函数名可以对应着多个函数的实现。每种实现对应着一个函数体,这组函数的名字相同,但是函数至少在参数类型、参数个数或参数顺序上不同,与参数名和返回类型是否相同无关,这是重载的条件,否则将无法实现重载。

递归函数分为直接递归和间接递归。直接递归就是在函数 a 中直接使用(调用)函数 a 本身,直接递归比较常用,一般所说的递归就是直接递归。

(8) 内联函数。

本 章 实 践

第一部分 基础知识

选择题

1. 在对函数进行原型声明时,下列语法成分中,不需要的是(　　)。(2011-09)
   A. 函数返回类型　　B. 函数参数列表
   C. 函数名　　D. 函数体
2. 以下叙述正确的是(　　)。(2012-03)
   A. 函数可以嵌套定义,但不能嵌套调用
   B. 函数既可以嵌套调用,也可以嵌套定义
   C. 函数既不可以嵌套定义,也不可以嵌套调用
   D. 函数可以嵌套调用,但不可以嵌套定义
3. 为了提高函数调用的实际运行速度,可以将较简单的函数定义为(　　)。(2011-03)
   A. 内联函数　　B. 重载函数　　C. 递归函数　　D. 函数模板
4. 下列关于函数参数的叙述中,正确的是(　　)。(2010-09)
   A. 在函数原型中不必声明形参类型
   B. 函数的实参和形参共享内存空间
   C. 函数形参的生存期与整个程序的运行期相向
   D. 函数的形参在函数被调用时获得初始值
5. 下列关于函数的描述中,错误的是(　　)。(2010-03)
   A. 函数可以没有返回值　　B. 函数可以没有参数

C. 函数可以是一个类的成员　　D. 函数不能被定义为模板

6. 关于函数中的<返回类型>,下列表述中错误的是(　　)。(2010-03)

A. <返回类型>中有可能包含关键字 int

B. <返回类型>中有可能包含自定义标识符

C. <返回类型>中有可能包含字符 *

D. <返回类型>中可能包含[]

7. 下列函数原型声明中,错误的是(　　)。(2010-09)

A. int function(int m,int n);　　B. int function(int,int);

C. int function(int m=3,int n);　　D. int function(int &m,int &n);

8. 有以下程序:

```
#include
void fun(int a,int b,int c)
{
    a=456,b=567,c=678;
    }
void main()
{
    int x=10,y=20,z=30;
    fun(x,y,z);
    cout<<x<<','<<y<<','<<z<<endl;
}
```

输出结果是(　　)。(2012-03)

A. 30,20,10　　B. 10,20,30　　C. 456,567,678　　D. 678,567,456

9. 有如下程序:

```
#include
int func(int a,int b)
{
    return(a+b);
    }
void main()
{
    int x=2,y=5,z=8,r;
    r=func(func(x,y),z);
    cout<<r;
}
```

该程序的输出结果是(　　)。(2012-03)

A. 12　　B. 13　　C. 14　　D. 15

填空题

下面是一个递归函数,其功能是使数组中的元素反序排列。请将函数补充完整。

(2009-09)

```
void reverse(int * a,int size){
    if(size<2)return;
    int k=a[0];
    a[0]=a[size-1];
    a[size-1]=k;
    reverse(a+1,________);
}
```

程序设计

1. 打印出所有的“水仙花数”，所谓“水仙花数”是指一个三位数，其各位数字立方和等于该数本身。例如：

153是一个“水仙花数”，因为153＝1的三次方＋5的三次方＋3的三次方。

2. 求s＝a＋aa＋aaa＋aaaa＋aa…a的值，其中a是一个数字。例如2＋22＋222＋2222＋22222(此时共有5个数相加)，几个数相加有键盘控制。

3. 一个数如果恰好等于它的因子之和，这个数就称为“完数”。例如6＝1＋2＋3，编程找出1000以内的所有完数。

4. 一球从100米高度自由落下，每次落地后反跳回原高度的一半；再落下，求它在第10次落地时，共经过多少米？第10次反弹多高？

5. 有1、2、3、4个数字，能组成多少个互不相同且无重复数字的三位数？都是多少？

6. 输入某年某月某日，判断这一天是这一年的第几天？

7. 输出9＊9口诀。

第二部分　项目设计

在第5章基础上，实现菜单中对应的接口。如添加记录、添加班级和添加科目，同时注意添加的信息，可能多条，会涉及后面介绍的数组、链表和文件。

第 7 章 数　组

教学目标：

(1) 掌握数组的定义和应用。

(2) 掌握字符数组以及常用字符串函数的应用。

数组是一组具有相同类型和名称的变量的集合。这些变量称为数组的元素，每个数组元素都有一个编号，这个编号叫下标，可以通过下标来区别这些元素。数组元素的个数称数组的长度。C++ 中，数组是由固定数目元素组成的数据结构，同一数组的所有元素的类型都相同。数组元素是通过下标进行访问的，也称下标变量。数组可以是一维的，一维数组的元素也称单下标变量，也可以是多维的。禁止使用变长数组和 alloca()，C++ 对数组下标不做检查。

数组元素的应用根据数组元素的类型，凡是该类型变量能出现的地方都可以出现。

7.1 一维数组

1. 一维数组的定义

按一定次序排列的一列数称为数列。数列中的每一个数都叫这个数列的项。排在第一位的数称为这个数列的第 1 项(通常也叫做首项)，排在第二位的数称为这个数列的第 2 项，……，排在第 n 位的数称为这个数列的第 n 项。

数列的一般形式，可写成：

$$a_1, a_2, a_3, \cdots, a_n$$

简记为 $\{a_n\}$，项数有限的数列为“有穷数列”。

一维数组与有穷数列很相似。一维数组是由具有一个下标的数组元素组成的数组。

一维数组定义的语法图如图 7-1 所示。

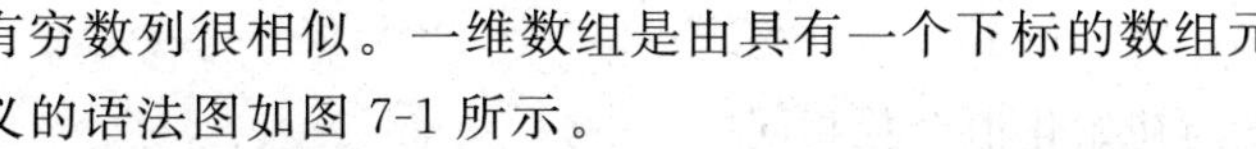

图 7-1　一维数组

语法格式：

类型说明符 数组名[常量表达式]；

说明：

(1) 数据类型可以是除 void 外的任何数据类型，是数组元素的类型，数组名是合法的标识符。

(2) 常量表达式可以是整型、字符型和逻辑类型的表达式，其值是数组元素的个数，称数组长度。

【例 7-1】

```
char* getID (int IDNumber[],
             char* IDNumstr,
             IDRight idrigh)
```

其中，形式参数 int IDNumber[]是整型数组，数组名是 IDNumber，数组元素的类型是 int 类型，由于该数组是函数的形式参数，数组长度被省略了。

2. 一维数组初始化

数组的初始化在一个由花括号括起，并用逗号隔开的常量列表给出，列表中的每一项都对应着一个元素的初始值。

一维数组初始化语法图如图 7-2 所示。

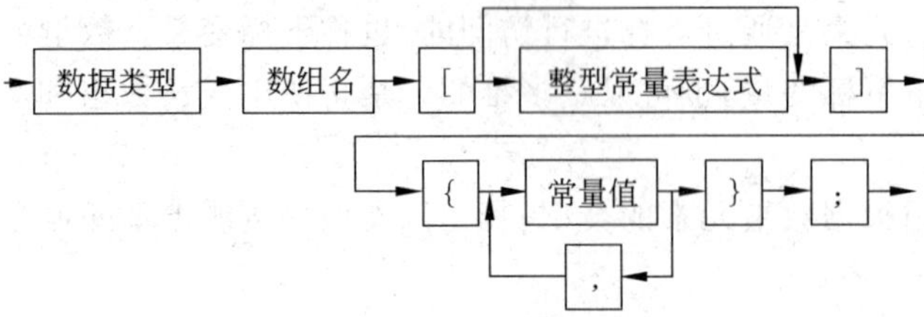

图 7-2　一维数组初始化

语法格式：

```
数据类型 数组名[[常量表达式]]={常量值[,…]};
```

说明：

(1) 若数组声明时，没有给出数组的大小，但有初始化列表时，数组的大小就由列表中元素的个数来确定。

(2) 若明确给出了数组大小，那么常量值的个数要小于等于数组长度，而常量值的个数大于数组长度，则是错误的。

具体情况：

(1) 数组长度与初始化值个数相同

【例 7-2】

```
//加权因子
int factor[17]={7, 9, 10, 5, 8, 4, 2, 1, 6, 3, 7, 9, 10, 5, 8, 4, 2};
```

这里，定义了 int 类型数组 factor，数组名 factor，数组元素类型是 int 类型，定义的数组长度是 17，同时用 17 个常量值进行初始化，故数组元素的个数，即长度是 17。

```
//校验值对应表
int checktable[]={1, 0, 10, 9, 8, 7, 6, 5, 4, 3, 2};
```

这里，定义了 int 类型数组 checktable，数组名 checktable，数组元素类型是 int 类型，同时用 11 个常量值进行初始化，故数组元素的个数，即长度是 11。

(2) 数组长度小于初始化值个数

如：

```
char demo[3]={'a','b','c','d'};
```

字符数组 demo 长度为 3，而数组初始化元素个数为 4，故该数组初始化时出错：

```
error C2078: too many initializers
```

(3) 数组长度大于初始化值个数

在定义数组时，可不必给出所有数组元素的初始值，即在定义时部分地初始化数组。若初始化列表中元素值不够，则不足的元素将被设定为“0”(无初始化列表时，数组不会自动设定为 0)。注意这里的“0”，不同的基类型，对应不同的“0”：整数为 0，实数为 0.0，字符为空格，逻辑型为 flase。

如：

```
bool exmp[3]={true};
```

逻辑类型数组 exmp 长度为 3，而数组初始化元素个数为 1，还有两个元素没有初始化值，系统会自动设定不足部分值为 false。亦即，等价于：

```
bool exmp[3]={true, false, false};
```

3. 一维数组内存存储

实际上，一维数组在内存中是用一段连续的内存单元存储的。当定义好一个数组时，就分配一段连续的内存单元存放数组中元素的值，如，定义一个数组 int a[3]，它在内存中的状态如图 7-3 所示。

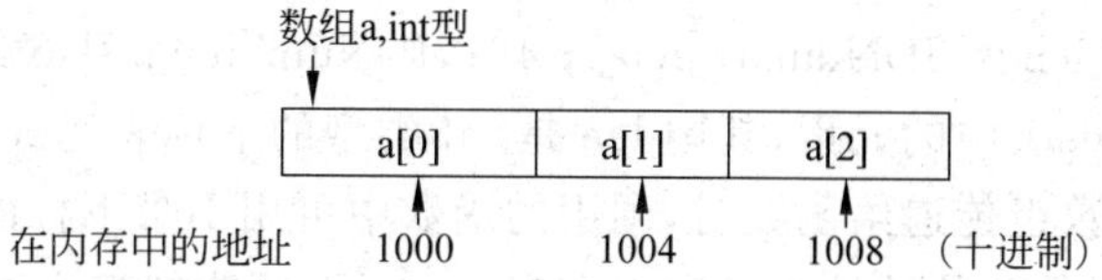

图 7-3 一维数组内存存储

可以看到，数组中的每个元素实际上都有一个自己的地址，图中的这些元素所对应的地址实际上全部都是为了方便表示而假设的，数组在真实的运行中所使用的地址是根据当前系统的内存状态而定，即使运行同一个程序，每次运行时数组所使用的内存单元地址也极有可能不同。

假设 a[0]的地址是 1000，则有从 a[0]到 a[2]的内存地址排是 1000、1004、1008…，每隔 4 个数出现一个，因一个 int 型类型数据占 4 个字节的存储单元，故一个 int 型数据就需要 4 个存储单元，即 4 个字节。

4. 访问数组元素

访问数组元素的语法图如图 7-4 所示。

图 7-4 访问数组元素

语法格式：

数组名[表达式]

说明：

表达式可以是包含函数、数组元素的整型，字符型和逻辑类型表达式，称下标表达式。下标用于指定所要访问的数组中元素的位置。在 C++ 中，[]是一个运算符，称为下标运算符。数组下标从 0 开始，长度为 n 的数组，其下标的范围是 0 到 n－1。在数组定义以后，给数组赋值时，必须一个元素一个元素地逐个访问。

【例 7-3】

```
int charToInt(char* IDNumstr, int IDNum[])
{
    int len=0;
    //相当于类型转换
    for (; len<18 && IDNumstr[len] !='\0';)
    {
        IDNum[len]=IDNumstr[len]-48;
        len++;
    }

    return len;
}
```

函数形式参数 IDNumstr 是字符指针，IDNum 是 int 数组。

将字符数组中的数字字符转换成对应的数字，若不到 18 位，则遇到字符串的结束标记“\0”退出循环。返回实际的字符数组的长度。

本例中 IDNum[len]＝IDNumstr[len]－48;，IDNum[len]、IDNumstr[len]分别访问数组 IDNum、IDNumstr 中的元素，其中 len 是 int 类型的下标表达式。

另外，当将一维数组传递给函数时，调用的函数中可用不带下标的数组名。这实际上是传递数组的第 1 个元素的地址给函数。在 C++ 中，不可能把整个数组作为一个参数来传递，只能用指针来完成。

5. 一维数组的输入输出

一维数组的输入输出，一般采用单重循环。

(1) 一维数组的输入

以 for 循环为例，一般形式：

```
数据类型  数组名[数组长度];
for(int i=0; i<数组长度; i++)
```

```
{
    cin>>数组名[i];
}
```

这里,采用 cin 输入,也可采用文件等方式输入,对有规律的数据,可使用赋值语句。

(2) 一维数组的输出

以 for 循环为例,一般形式:

```
数据类型  数组名[数组长度];
for(int i=0; i<数组长度; i++)
{
    cout>>数组名[i];
}
```

这里,采用 cout 输出,也可采用文件等方式输出。

6. 一维数组应用

【例 7-4】 使用 for 循环为一个数组赋值,并将数组倒序输出。

设计思路:在键盘输入数据,将数组长度减 1 作循环控制变量的初值,循环终值 0,这样从后向前依次为输出元素。

程序代码:

```
1. #include<iostream>
2. using namespace std;
3. int main(void)
4. {
5.     int i,res[10];
6.
7.     for(i=0; i<=9; i++)
8.     {
9.         cin>>res[i];
10.     }
11.
12.     for(i=9; i>=0; i--)
13.     {
14.         cout<<res[i])<<"\t";
15.     }
16.     return 0;
17. }
```

第 5 行,定义了 int 数组 res,数组长度为 10。

使用 for 循环,从键盘输入 10 个数据给 int 数组 res。数组下标从 0 开始到 9。

输出时,下标从 9 到 0,实现倒数输出。

本例,采用 for 循环,从键盘输入数据,采用 for 循环从后向前输出。

【例 7-5】 输入 10 个数字并按从大到小的顺序排列。

设计思路:

升序排列:从第一个元素开始,对数组中两两相邻的元素比较,将值较小的元素放在前面,值较大的元素放在后面,一轮比较完毕,一个最大的数沉底成为数组中的最后一个元素。n 个数，经过 n－1 轮比较后完成排序。

第 1 轮，n 个元素从头依次比较，冒出最大的元素到 a[n－1]，…a[n－1]不动。

a[0] a[1] a[2]…a[n－2] a[n－1]，共做 n－1 次比较，有：1 轮＋n－1 次＝n。

第 2 轮，n－1 个元素从头依次比较，冒出最大的元素到 a[n－2]，… a[n－2]不动。

a[0] a[1] a[2]…a[n－3] a[n－2]，共做 n－2 次比较，有：2 轮＋n－2 次＝n。

……………………………………

第 n－1 轮，2 个元素比较，冒出最大的元素到 a[1]，…a[1]不动。

a[0]a[1]，共做 1 次比较，有：n－1 轮＋1 次＝n。

冒泡排序，共进行了 n－1 轮比较：

第 i∈[0，n－1]轮，每轮比较 j∈[0，jmax]，则 jmax＝n－i－1。

程序代码：

```
1. #include<iostream>
2. using namespace std;
3.
4. void bubbleSort(int R[], int n)
5. { //R[0 .. n-1]待排序数组,自下向上扫描,对 R 冒泡排序
6.    int i, j;
7.    bool exchange;              //交换标志
8.    for(i=0; i<n-1; i++)        //最多做 n-1 趟排序
9.    {//本趟排序开始前,交换标志应为假
10.       exchange=false;
11.      //对当前无序区 R[i]…R[ n-1] 自下向上扫描
12.       for(j=n-1; j>i; j--)
13.       {//交换记录
14.           if(R[j]<R[j-1])
15.           {//暂存单元
16.              int tmp=R[j-1];
17.              R[j-1]=R[j];
18.              R[j]=tmp;
19.              exchange=true; //发生交换,交换标志置为真
20.           }
21.       }
22.       if(!exchange)          //本趟排序未发生交换,提前
终止
23.       {
24.           return;
25.       }
26.    } //endfor(外循环)
27. }     //bubbleSort
28. int main(void)
29. {
```

第 4～27 行，函数 bubbleSort，形参 R 是整型数组，int 型数 n，是数组长度。

第 7 行，定义变量 exchange 交换标志。

第 10 行，每轮的初始值为 false。用于当某轮没有改变该标识时，表明已经排序完成，退出循环。

第 16～18 行，交换。若前面元素大于后面元素就交换。

有交换，则 exchange 的值为 true。

第 22～25 行，若 exchange 为真时，表明某轮后已经排序完成。

```
30.     int i, a[10];
31.     cout<<"\n input 10 numbers:\n";
32.     for(i=0; i<10; i++)
33.       {  //键盘输入数据
34.         cin>>a[i];
35.       }
36.     bubbleSort(a, 10);          //调用冒泡排序函数
37.     for(i=0; i<10; i++)         //输出排序后的数据
38.     {
39.         cout<<"\t"<<a[i];
40.     }
41.     return 0;
42. }
```

第 32～35 行，从键盘输入待排序的数据。

第 36 行，调用排序程序。
第 37～40 行，输出数据。

本例，使用一个标识 exchange，当某次已经有序后，退出排序程序。

7.2 二 维 数 组

数学中，矩阵 A 的第 i 行第 j 列，或 i,j 位，通常记为 A[i,j]或 $A_{i,j}$。二维数组与数学中矩阵极其相似。二维数组以行和列(即二维)形式排列的固定数目元素的集合，并且组成数组的每个元素的类型都相同，即带有两个下标的数组。

1. 二维数组的定义

二维数组定义的语法图如图 7-5 所示。

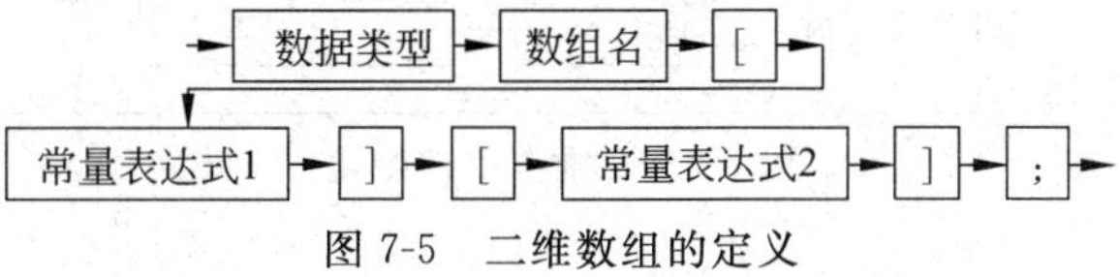

图 7-5 二维数组的定义

语法格式：

```
数据类型 数组名[常量表达式 1] [常量表达式 2];
```

说明：数组名是合法的标识符，数据类型可以是除 void 外的任何数据类型，常量表达式 1 和常量表达式 2 可以是整型、字符型和逻辑类型的表达式，常量表达式 1 值是数组元素的行数 r，常量表达式 2 值是数组元素的列数 l，二维数组具有的元素的个数位 r * l。

如：

```
bool provCode[9][8];
```

它定义了 9 行 8 列的逻辑型二维数组，函数名 provCode，函数元素类型为 bool 型。

2. 二维数组内存存储

(1) 二维数组逻辑结构

二维数组恰似一张表格(或矩阵)。数组元素中的第一个下标值表示该元素在表格中

的行号，第二个下标为列号。M[3][3]具有如下逻辑结构：

M[0][0] M[0][1] M[0][2]

M[1][0] M[1][1] M[1][2]

M[2][0] M[2][1] M[2][2]

(2) 二维数组存储结构

二维数组在内存中，按一维数组存放、占据一片连续的存储单元；是"按行顺序"在内存中分配存储单元。M 数组在内存中排列如图 7-6 所示。

假设 M[0][0]的地址是 1000，则有从 M[0][0]到 M[2][2]的内存地址排是 1000、1000＋L、1000＋2L、…，每隔 L 个数出现一个，因不同数据类型占有不同字节数的存储空间，故这里一个存储单元占有 L 字节。

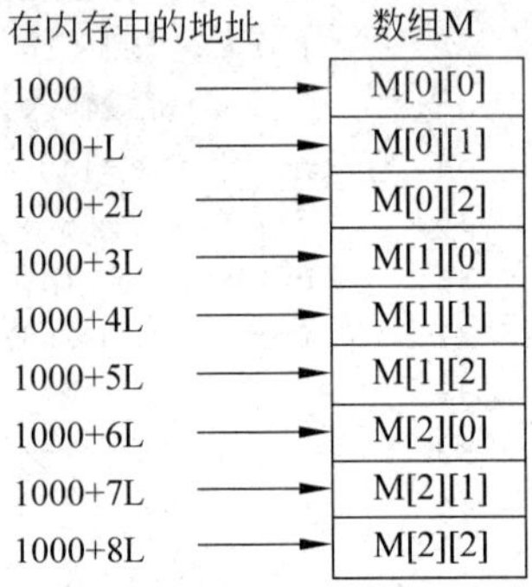

图 7-6　M[3][3]内存存储

3. 二维数组初始化

与一维数组相似，二维数组也可在定义时初始化。二维数组初始化语法图如图 7-7 所示。

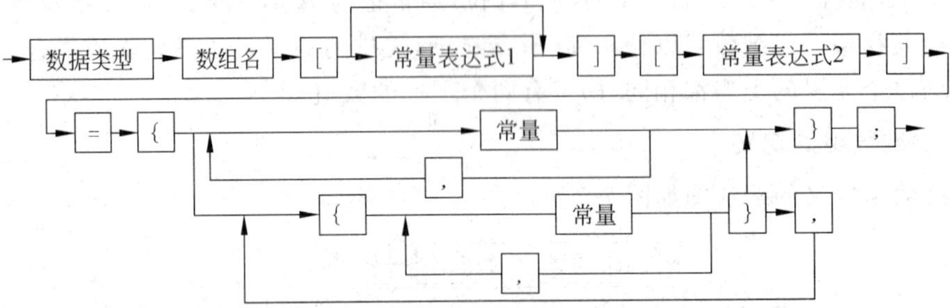

图 7-7　二维数组初始化

语法格式：

```
数据类型 数组名 [常量表达式 1][常量表达式 2]
=　{[ {常量值 [,…]} [,…]]};
```

(1) 分行初始化

用双重花括号进行初始化：在一对花括号内部包含多对用逗号分隔的花括号对。内部花括号对中包含多个用逗号分隔的常量值。从左到右的内部花括号对，依次对应二维数组的第 1 行、第 2 行……如图 7-8 所示。

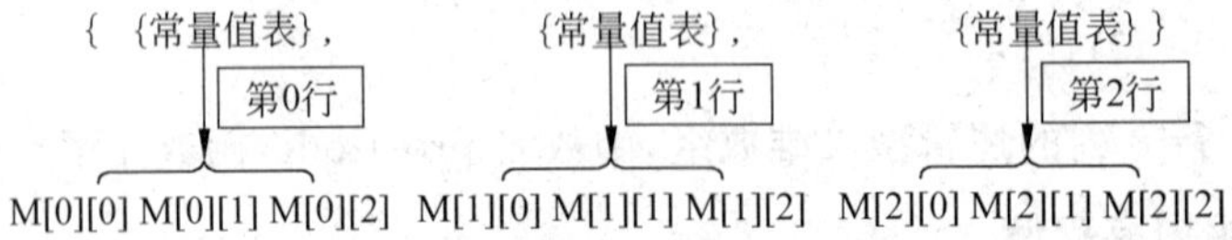

图 7-8　分行初始化

① 全部元素初始化

如：

```
int a[2][3]={{1, 2, 3},{4,5,6}};
```

把第 1 个花括号内的数据依次赋给第 0 行的元素，第 1 个花括号内的数据依次赋给第 2 行的元素……即按行赋初值。第 1 对{ }中的初值 1,2,3 是 0 行的 3 个元素的初值。第 2 对{ }中的初值 4,5,6 是 1 行的 3 个元素的初值。相当于执行如下语句：

```
int a[2][3];
a[0][0]=1;[a[0][1]=2;a[0][2]=3;a[1][0]=4;a[1][1]=5;a[1][2]=6;
```

注意：初始化的数据个数不能超过数组元素的个数，否则出错。

② 部分数组元素初始化

只对各行前面各列的元素赋初值，其余元素值自动置为 0。

如：

```
int a[2][3]={{1,2},{4}};
```

第 1 行只有 2 个初值，按顺序分别赋给 a[0][0]和 a[0][1]；第 2 行的初值 4 赋给 a[1][0]。由于存储类型是 static，故其他数组元素的初值为 0。某些 C++ 语言系统中，只有存储类型 static 的变量或数组的初值也是 0。

③ 省略第一维(最左面维)

如果对全部元素都赋初值(即提供全部初始数据)，则定义数组时对第一维的长度可以不指定，但第二维的长度不能省。系统根据初始化的数据个数和第二维的长度可以确定第一维的长度。

若分行初始化，也可省略第一维的定义。下列的数组定义中有内层花括号两对，已经表示 a 数组有两行：

```
int a[ ][3]={{1,2},{4}};
```

(2) 不分行的初始化

将所有数据放在一对花括号内，按数组排列的顺序对二维数组中各元素赋初值(按行赋值)，如图 7-9 所示。

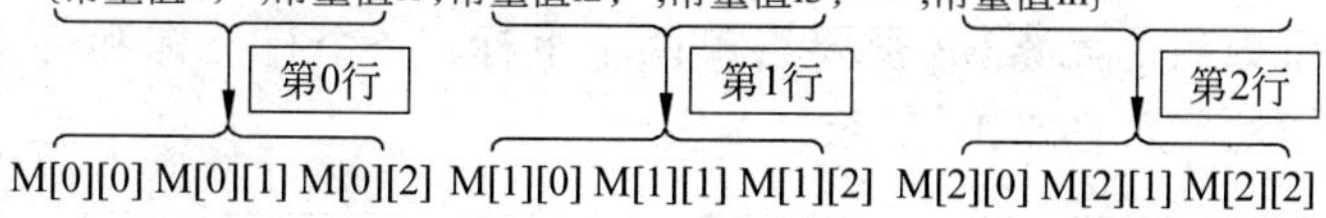

图 7-9 分行初始化

① 全部元素初始化

如：

```
int a[2][3]={1,2,3,4,5,6};
```

把花括号内的数据依次赋给 a[0][0]、a[0][1]、…、a[1][2]。

即有：a[0][0]=1；a[0][1]=2；a[0][2]=3；a[1][0]=4；a[1][1]=5；a[1][2]=6；

② 部分数组元素初始化

如：

```
int a[2][3]={1,2};
```

只有 2 个初值，即 a[0][0]=1，a[0][1]=2，其余数组元素的初值均为 0。

③ 省略第一维（最左面维）

一般，省略第一维的定义时，第一维的大小按如下规则确定：

初值个数能被第二维整除，所得的商就是第一维的大小；若不能整除，则第一维的大小为商再加 1。

如：

```
int a[ ][3]= {1,2,3,4,5,6};
```

a 数组的第一维的定义被省略，初始化数据共 6 个，第二维的长度为 3，即每行 3 个数，故 a 数组的第一维长度是 2。如：

```
bool provCode[9][8]=
{
    {0},
    {0,1,1,1,1,1},        {0,1,1,1},
    {0,1,1,1,1,1,1,1},  {0,1,1,1,1,1,1},
    {1,1,1,1},            {0,1,1,1,1,1},
    {0,1},                {0,1,1}
};
```

其中，内层中第一对花括号中的数据，依次赋值为二维数组 provCode 的第 0 行，因该花括号中只有一个数据 0，故 provCode[0][0]=0，其他元素为默认值，即第 0 行其他元素值均为 0；内层中第二对花括号中的数据，依次赋值为二维数组 provCode 的第 1 行，因该花括号中有六个数据“0，1，1，1，1，1”，故 provCode[1][0]=0、provCode[1][1]=1、provCode[1][2]=1、provCode[1][3]=1、provCode[1][4]=1、provCode[1][5]=1，其他元素为默认值，即第 1 行其他元素值均为 0，依次类推。

4. 访问二维数组元素

若要访问二维数组的元素，必须要给出两个下标：一个行下标和一个列下标。访问二维数组元素的语法图如图 7-10 所示。

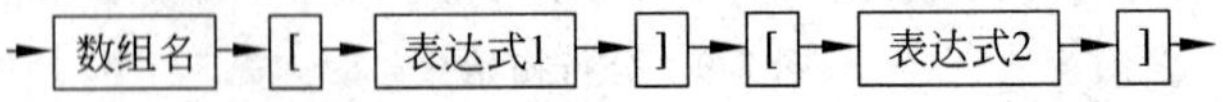

图 7-10　访问二维数组元素

语法格式：

```
数组名[表达式 1][表达式 2];
```

说明：表达式可以是包含函数、数组元素的整型、字符型和逻辑类型表达式，表达式 1 称为行下标表达式，表达式 2 称为列下标表达式。

5. 二维数组的输入输出

二维数组的输入输出，一般采用双重循环。

(1) 二维数组的输入

以 for 循环为例，一般形式：

```
数据类型 数组名[数组长度 1] [数组长度 2];
for(int i=0; i<数组长度 1; i++)
{
    for(int j=0; j<数组长度 2; j++)
    {
        cin>>数组名[i] [j];
    }
}
```

这里，采用 cin 输入，也可采用文件等方式输入，对有规律的数据，可使用赋值语句。

(2) 二维数组的输出

以 for 循环为例，一般形式：

```
数据类型 数组名[数组长度 1] [数组长度 2];
for(int i=0; i<数组长度 1; i++)
{
    for(int j=0; j<数组长度 2; j++)
    {
        cout>>数组名[i] [j];
    }
}
```

这里，采用 cout 输出，也可采用文件等方式输出。

6. 二维数组的应用

【例 7-6】 矩阵转置。

设计思路：设 A 为 $m\times n$ 阶矩阵(即 m 行 n 列)，第 i 行 j 列的元素是 a(i,j)，即：A=a(i,j)。定义 A 的转置为这样一个 $n\times m$ 阶矩阵 B，满足 B=a(j,i)，即 b (i,j)=a (j,i)(B 的第 i 行第 j 列元素是 A 的第 j 行第 i 列元素)。利用二维数组 matrixA[m][n]表示矩阵，将一个二维数组行和列元素互换，即可实现矩阵转置，转置矩阵 matrixB[n][m]。设第 i 行，第 j 列，则矩阵转置的通式：matrixA[i][j]=matrixB[j][i]。其 UML 活动图请读者完成。

程序代码：

```
1. #define M 3
2. #define N 2
```

第 1 行，定义行数。

第 2 行，定义列数。

```
3. #include<iostream>
4. using namespace std;
5.
6. void matrixT(int matrixA[][N], int matrixB[][M])
7. {
8.     int i;
9.     int j;
10.     for (i=0; i<M; i++)
11.     {
12.         for (j=0; j<N; j++)
13.         {
14.             matrixB[j][i]=matrixA[i][j];
15.         }
16.     }
17.     return;
18. }
19.
20. int main()
21. {
22.   int matrixA[M][N];
23.   int matrixB[N][M];
24.   int i;
25.   int j;
26.
27.   cout<<"输入二维数组 matrixA: "<<endl;
28.   for (i=0; i<M; i++)
29.     {
30.     for (j=0; j<N; j++)
31.         {
32.             cin>>matrixA[i][j];
33.         }
34.     }
35.
36.   matrixT(matrixA, matrixB);
37.   cout<<"转置后,matrixB 矩阵: \n";
38.
39.   for (i=0; i<M; i++)
40.   {
41.     for (j=0; j<N; j++)
42.         {
43.             cout<<matrixB[i][j]<<"\t";
44.         }
45.     cout<<endl;
46.     }
47.
48.   return 0;
49. }
```

第 6～18 行，定义函数 matrixT，int 类型二维数组 matrixA，是被转换数组，int 类型二维数组 matrixB，是转换后的二维数组。形式参数的二维数组，最左面的维，即第一维可以省略，其他维不能省略。

第 10～16 行外层循环控制行。

第 12～15 行，内层循环控制列。

第 14 行，转置：matrixB[j][i]=matrixA[i][j]

第 20～49 行，main 函数。

第 22 行，定义被转换二维数组。

第 23 行，定义转换后的二维数组。

第 28～34 行，控制行数。

第 30～33 行，控制列数。

第 32 行，从键盘输入数据。

第 36 行，调用转换函数。

第 39～46 行，控制行数。

第 41～44 行，控制列数。

第 43 行，输出数据。

第 45 行，每行换行。

运行结果：

```
输入二维数组 matrixA:
  1  2  3
  4  5  6
转置后,matrixB 矩阵:
   1  4
   2  5
   3  6
```

本例，对二维数组的输入输出、矩阵转置都采用双重循环，同时将二维数组作为函数参数。二维数组作为函数参数时，二维数组列的长度值，不能省略，行的长度值可省略，因为与行数无关。

7.3 多维数组

一维数组以一维列表的形式排列；二维数组中的元素以二维列表的形式排列。此外还可以定义三维数组或者更多维的数组。在 C++ 中，对数组维数没有限制。以 n 维列表形式排列的固定数目元素的集合，称为 n 维数组。定义 n 维数组的语法图如图 7-11 所示。

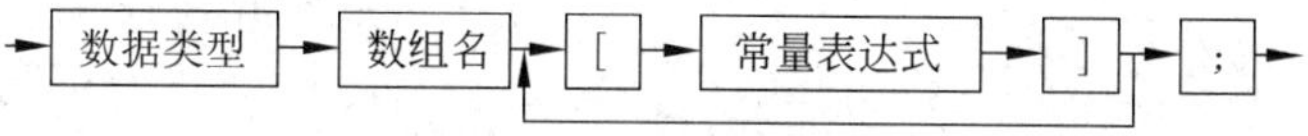

图 7-11 多维数组

语法格式：

```
数据类型 数组名[表达式 1][表达式 2]…[表达式 n];
```

访问 n 维数组元素的语法图如图 7-12 所示。

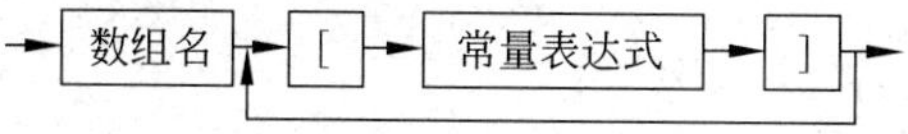

图 7-12 访问 n 维数组元素

语法格式：

```
数组名[表达式 1][表达式 2]…[表达式 n];
```

关于多维数组的初始化、存储空间的分配、数组的输入输出参照 9.2 节。

在将多维数组作为函数的形参时，可以不指定该数组中第一维的大小，即表达式 1 可以省略，但是必须指定该数组中其他维的大小。多维数组只可以作为引用参数传递给函数，并且函数不能返回一个数组类型的返回值。

7.4 字符数组

用来存放字符数据的数组是字符数组,字符数组中的一个元素存放一个 ASCII 字符。字符数组具有数组的共同属性。

字符串是用双引号括起来的一串字符,由于字符串应用广泛,C++ 专门为它提供了许多方便的用法和函数。

字符数组与前面讲到的数组,在定义、初始化、使用、输入输出等方面都基本一致,但 C++ 对字符数组的操作上,还提供了一些特别的函数。

1. string 类型

string 是一种用户自定义的数据类型,它由 C++ 标准库来支持,而不是 C++ 语言本身的一部分。在使用 string 数据类型之前,需要在程序中包含头文件 string 并声明其所在的名字空间 std,如下所示:

```
#include<string>
using namespace std;
```

string 类型变量声明的语法图如图 7-13 所示。

语法格式:

```
string 字符串变量名[,…];
```

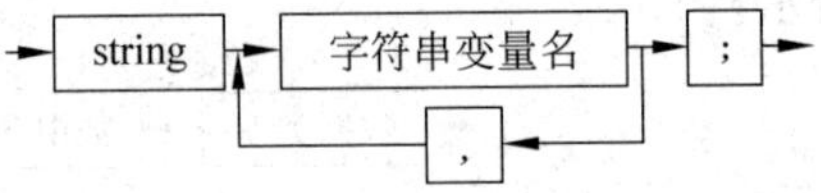

图 7-13 string 类型变量声明

说明:字符串变量名是合法的标识符。如:

```
string promt;
```

这里定义了变量 promt 为字符串 string 类型。

2. 字符数组的定义

语法格式:

```
char 数组名[数据长度];
```

功能:字符数组用于存放字符或字符串,字符数组中的一个元素存放一个 ASCII 字符,它在内存中占用一个字节。如:

```
char demo[12];
```

字符数组也可是二维或多维数组,如:

```
char demo[3][4];
```

即为二维字符数组。

3. 字符数组的初始化

字符数组的初始化即可逐个给数组元素赋予字符,也可直接用字符串对其初始化。

(1) 用字符常量逐个初始化数组。如:

```
char demo[8]={'1','2','3','a','b','c'};
```

可进行完全赋初值及不完全赋初值,不完全赋值时没有赋值的元素被赋为空格。当对全体元素赋初值时,也可省去长度说明。如:

```
char demo[]={'1','2','3','a','b','c'};
```

这时 C++ 数组的长度自动定为 6。

再如:

```
char checktable[]={ '1', '0', 'x', '9', '8', '7', '6', '5', '4', '3', '2' };
```

这里,定义了 char 类型数组 checktable,数组名 checktable,数组元素类型是 char 类型,同时用 11 个常量值进行初始化,故数组元素的个数,即长度是 11。

(2) 字符串常量初始化数组。如:

```
char checktable[]={ '1', '0', 'x', '9', '8', '7', '6', '5', '4', '3', '2' };
```

可写为:

```
char checktable[]={ "0x98765432" };
```

或去掉{}写为:

```
char c[]="0x98765432";
```

用字符串赋初值后,字符数组的长度比字符串的长度多 1,因为字符串以"\0"结束,但"\0"不计为字符串的长度。

4. 字符数组的引用

可通过引用字符数组中的一个元素,得到一个字符。

语法格式:

```
数组名[下标]
```

【例 7-7】 输入"输入身份证号码:"并显示出来。

```
1. #include<iostream>
2. using namespace std;
3.
4. int main(void)
5. {
6.   char a[26]=  "输入身份证号码:";
7.   int i;
8.   for(i=0; i<26; i++)
9.   {
10.      cout<<a[i];
11.   }
12.  return;
13. }
```

第 6 行,定义字符数组,并用字符串初始化。
第 8～11 行,for 循环,输出字符数组元素的值。

运行结果为：

输入身份证号码：

5. 字符数组的输入输出

1）C 语言的输入输出

(1) 字符数组的输入

① 用 getchar()或 scanf()的'% c'格式符对数组进行字符赋值。

如：

```
数组 temp[10]
```

用 getchar()赋值：

```
for(i=0; i<10; i++)
{
    temp [i]=getchar();
}
```

用 scanf()赋值：

```
for(i=0; i<10; i++)
{
    scanf("%c",&temp[i]);
}
```

② 用 scanf()的'% s'格式对数组赋值。

如：

```
数组 temp[10]
scanf("%s",temp);
```

或

```
scanf("%s",& temp[0]);
```

(2) 字符数组的输出

用 putchar()或 printf()的'% c'格式符对数组进行字符赋值。

例如，对于数组 temp[10]="输入身份证号码："：

用 putchar()赋值。

```
for(i=0; i<10; i++)
{
    temp[i]=putchar();
}
```

用 printf()赋值：

```
for(i=0; i<10; i++)
{
    printf("%c",temp[i]);
```

```
}
```

2）C++ 输入输出

(1) 字符数组的输出

① 用 cout 输出

语法格式：

```
cout<<字符串或字符数组名;
```

如：

```
cout<<"输入身份证号码：";
```

② 用 cout 流对象的 put 方法

语法格式：

```
cout.put(字符或字符变量);
```

功能：每次只能输出一个字符，要输出整个字符串，应采用循环的方法。

如：

```
cout.put(a[i]);
```

③ 用 cout 流对象的 write 方法

语法格式：

```
cout.write(字符串或字符数组名, n);
```

功能：输出字符串中的前 n 个字符。

如：

```
cout.write(a, 16);
```

(2) 字符数组的输入

① 利用 cin 直接输入

语法格式：

```
cin>>字符串或字符数组名;
```

如：

```
char ID[40];
cin>>ID;
```

② 利用 cin 流对象的 getline

语法格式：

```
cin.getline(参数 1, 参数 2);
```

说明：参数 1 是存放字符串的数组名称，参数 2 包括了字符串结束标志'\0'在内。

功能：从输入字符串中的签名截取 n−1 个字符存放到字符数组中。

如：

```
char ID[40];
cin.getline(a, 10);
```

③ 利用 cin 流对象的 get

语法格式 1：

```
cin.get(参数 1, 参数 2);
```

说明：参数 1 是存放字符串的数组名称，参数 2 包括了字符串结束标志'\0'在内。

语法格式 2：

```
[字符变量名=]cin.get();
```

功能：输入一个字符。若要保存该字符，将 cin. get()赋值给字符变量名；若不保存该字符，则只写 cin. get()。

```
char temp;
temp=cin.get();
```

【例 7-8】 输入一行字符，统计其中有多少个单词，单词之间用空格分隔开。

设计思想：程序中设置变量 i 作为循环变量，num 用来统计英语单词个数，word 作为判别是否是单词的标志，若 word=0 表示未出现单词，如出现单词 word 置 1。单词的数目可由空格出现的次数决定(连续的若干个空格作为出现一次空格；一行开头的空格不在内)。

程序代码：

```
1. #include<iostream>
2. using namespace std;
3. void main()
4. {
5.     char string[81];
6.     int i, num=0, word=0;
7.     char c;
8.
9.     gets(string);
10.     for(i=0, (c=string[i]) !='\0', i++)
11.     {
12.         if(c=='')
13.             {
14.                 word=0;
15.             }
16.          else if(word==0)
17.         {
18.             word=1;
```

第 5 行，定义字符数组，并用字符串初始化。

第 9 行，从键盘输入字符串。

第 10～21 行，for 循环，遇到字符串结束符退出循环。

第 12～20 行，if 语句。其中第 12 行，判断，如果是空格略过。不是空格，开始记数单词，在遇到空格时，再记录空格，直到再遇到非空格。

```
            num++;
        }
    }
    cout<<"一行中单词个数: "<<num;
}
```

运行结果：

```
I am a boy.
一行中单词个数: 4
```

6. 常用字符串函数

C++ 提供了一系列字符串操作的函数，它们都包含在头文件 cstring 中。

(1) 字符串复制函数 copy

语法格式：

```
字符串对象.copy (char * s, size_t n, size_t pos=0)
```

功能：将字符串复制到字符数组。

说明：

s:是将字符串复制到该 s 数组。该数组被分配的存储空间多于 n 个字符。

n:需要复制的字符个数。若 n 值大于 pos 和字符串结束之间的字符个数，则从 pos 和字符串结束之间的字符全部被复制。

pos：要复制字符串的第一个字符的位置，可以省略，若省略 pos，默认值为 0。

(2) strcpy 函数

语法格式：

```
strcpy(Dest,Scr);
```

功能：将 Scr 字符串中的内容复制到 Dest 字符串中，并返回 Dest。

注意，构成 Dest 的字符串必须足够大，以便保存包含在 Scr 中的字符串。否则，Dest 字符串将会溢出，这很可能会导致系统崩溃。

如：

```
string tempstr;
strcpy(tempstr, "  您输入的登录名称是:");
```

(3) strcat 函数

语法格式：

```
strcat(Dest,src);
```

功能：将字符串 src 添加到字符串 Dest 的末端；但并不修改字符串 src。必须确保字符串 Dest 足够大，以便保存它自己的内容和字符串 src 中的内容。

如：

```
string tempstring;
strcat(tempstring,", 您输入的登录密码是:");
```

(4) strcmp 函数

语法格式:

```
strcmp(str1,str2);
```

功能:比较两个字符串,若两个字符串相等,返回 0。若字符串 str1 在字典顺序上比字符串 str2 大,则返回一个正数;若比字符串 str2 小,则返回一个负数。所谓大小,是指比较字符串每一个字符的 ASCII 码值的大小。字符串大小比较的方法是:依次对两个字符串对应位置上的字符两两比较,当出现第一对不相同的字符时,即由这两个字符(ASCII 码值)决定所在串的大小。

如,上面比较 strcmp("A","a")的结果变为−1,因为字符'A'的编码值为 65,而字符'a'的编码值为 97。

注意:函数 strcmp 比较两个字符串时所采用的字典顺序与真正意义上的字典顺序还是有些差别的。

(5) strlen 函数

语法格式:

```
strlen(str);
```

功能:返回字符串 str 或字符数组的长度,即字符串中字符的个数(不包括字符串结尾的'\0')或字符数组的长度。

如:

```
char test[10]={'g','t','h','e','5'};
strlen(test);    //结果值是 5
```

注意:strlen 函数的功能是计算字符串的实际长度,不包括'\0'在内。另外,strlen 函数也可以直接测试字符串常量的长度,如:strlen("Welcome")。

(6) strstr 函数

语法格式:

```
strstr(haystack,needle);
```

功能:在字符串 haystack 中从左边开始查找字符串 needle,若查找成功则返回 needle 在 haystack 中首次出现的位置开始到末尾的子串,否则返回 NULL,若 needle 为"",则返回 haystack。

如:

```
char p[10]="呼和浩特";
strstr(p, "和");        //呼和浩特
```

【例 7-9】 字符串排序,并查找。

程序代码：

```
1. #include<iostream>
2. #include<string>
3. using namespace std;
4.
5. void sort(char * str[] ,int len)
6. {
7.     for (int i=0; i<len; i++)
8.     {
9.         for (int j=1; j<len-i; j++)
10.         {
11.             if (strcmp(str[j-1], str[j])>0)
12.             {
13.                 char * tmp=str[j-1];
14.                 str[j-1]=str[j];
15.                 str[j]=tmp;
16.             }
17.         }
18.     }
19. }
20.
21. int serch(char * str[], char * key, int len)
22. {
23.     for (int i=0; i<len; i++)
24.     {
25.         if (strcmp(key, str[i])==0)
26.         {
27.             return i;
28.         }
29.     }
30. return -1;
31. }
32.
33. void main()
34. {
35.     char * str[6]=
36.     {"北京", "上海", "哈尔滨",
37.     "乌鲁木齐", "包头","南京"};
38.     sort(str, 6); //调用排序函数
39.     cout<<"按序结果: "<<endl;
40.     for (int i=0; i<6; i++)
41.     {
42.         cout<<str[i]<<"\n";
```

第5～19行，定义排序函数sort。返回类型void，形式参数str是字符指针数组，int型形式参数是len，字符串个数。参数str，存储排序结果。

第7～18行，外层循环，控制轮次。

第9～17行，内层循环，控制每轮的比较次数。

第13～15行，交换。

第21～31行，查询函数serch，返回类型int，值为找到字符串所在位置，找不到返回值－1。

第33～49行，主函数。

第35～37行，定义字符串数组，并赋初值。

第38行，调用排序函数。排序结果存放在实参str。

第40～43行，输出排序结果。

```
43.     }
44.      cout<<endl;
45.     char p[10]="乌鲁木齐";
46.     cout<<endl<<"查找结果: "
47.        <<serch(str, p, 6)<<endl;
48.
49.     return;
50. }
```

第 45～46 行，输出查找结果。

排序结果：

包头　北京　哈尔滨　南京　上海　乌鲁木齐
查询结果：5

7.5 main 函数的参数

一个 C++ 程序总是从 main 函数开始执行的，而不论 main 函数在整个程序中的位置如何。main 函数完整的语法格式：

```
int main(int argc, char * argv[], char * envp[])
```

C++ 编译器允许 main()函数没有参数、两个参数或者三个参数(有些版本实现允许更多的参数，但这只是对标准的扩展)。

第一个参数是 int 类型，记录命令行中字符串的个数，被称为 argc。

第二个参数是字符串类型，是一个指向字符串的指针数组。命令行中的每个字符串被存储到内存中，并且分配一个指针指向它，这个指针数组被称为 argv。系统使用空格把各个字符串隔开。一般情况下，把程序本身的具有全路径的名字赋值给 argv[0]，接着，把第一个字符串赋给 argv[1]等，但 argv[argc]为 NULL。

env：字符串数组。获取本地机中的环境参数，不常用，与输入无关。env[] 的每一个元素都包含 ENVVAR＝value 形式的字符串，其中 ENVVAR 为环境变量，value 为 ENVVAR 的对应值。

程序代码：

```
1. #include<iostream>
2. using namespace std;
3.
4. int main(int argc, char* argv[], char* env[])
5. {
6.     cout<<"argc-------"<<endl;
7.     cout<<argc<<endl;
8.     cout<<"argv-------"<<endl;
9.     int i;
```

第 4 行，是完成的 main 函数。形参 argc 的值，是包含运行文件在内的参数个数，即命令行中字符串的个数。
形参 argv：命令行中的每个字符串被存储到内存中，并且分配一个指针指向它。
形参 env，是输出参数，获取本地机中的环境参数。

```
    for(i=0; i<argc; i++)
        cout<<argv[i]<<endl;
    cout<<"env-------"<<endl;
    for(i=0; env[i] !=NULL; i++)
        cout<<env[i]<<endl;
    return  0;
}
```

运行结果：不同机器,安装的软件不同,结果就不同。本机运行结果的截取。

```
argc-------
1
D:\LoginRegister.exe
env-------
ALLUSERPROFILE=C:\ProgramData
APPDATA=C:\Uaers\aa\AppDaa\Roaming
```

由于直接运行,运行时没有提供参数,所以这里 argc=1。

本 章 小 结

(1) 一维数组

一维数组定义的语法格式：

```
类型说明符 数组名[常量表达式];
```

一维数组初始化语法格式：

```
数据类型 数组名[[常量表达式]]={常量值[,…]};
```

访问数组元素的语法格式：

```
数组名[表达式]
```

(2) 二维数组

二维数组的定义的语法格式：

```
数据类型 数组名[常量表达式 1] [常量表达式 2];
```

二维数组初始化的语法格式：

```
数据类型 数组名 [常量表达式 1][[常量表达式 2]
=  {[ {常量值 [,…] } [,…]] };
```

访问二维数组元素的语法格式：

```
数组名[表达式 1][表达式 2];
```

(3) 字符数组

在使用 string 数据类型之前，需要 # include< string> string 类型变量声明的语法格式：

```
string 字符串变量名[,…];
```

字符数组定义的语法格式：

```
char 数组名[数据长度]
```

字符数组的初始化即可逐个给数组元素赋予字符，也可直接用字符串对其初始化。

字符数组的引用的语法格式：

```
数组名[下标]
```

本章实践

第一部分 基础知识

选择题

1. 假定 int 类型变量占用两个字节，其有定义 int x[10]={0,2,4};，则数组 x 在内存中所占字节数是(　　)。(2012-03)

A. 3　　B. 6　　C. 10　　D. 20

2. 要定义整型数组 x，使之包括初值为 0 的三个元素，下列语句中错误的是(　　)。(2010-03)

A. ihtx[3]={0,0,0};　　B. intx[]={0};

C. static int x[3]={0};　　D. int x[]=<0,0,0>;

3. 已知数组 art 的定义如下：

```
int arr[5]={1,2,3,4,5);
```

下列语句中输出结果不是 2 的是(　　)。(2009-09)

A. cout<< * arr+1<<endl;　　B. cout<< * (arr+1)<<endl;

C. cout<<arr[1]<<endl;　　D. cout<< * arr<<endl;

4. 已知有数组定义如下：

```
char a[3][4];
```

下列表达式中错误的是(　　)。(2009-03)

A. a[2]="WIN"　　B. strcpy(a[2],"WIN")

C. a[2][3]='W'　　D. a[0][1]=a[0][1]

填空题

1. 有如下语句序列：

```
int arr[2][2]={{9, 8}, {7, 6}};
int * p=arr[0]+1; cout<< * p<<endl;
```

运行时的输出结果是________。(2011-03)

2. 有如下程序段：

```
char c[20]="examination";
c[4]=0;
cout<<c<<endl;
```

执行这个程序段的输出是________。(2009-03)

程序设计

1. 对 N 个整型数进行升序排序。

2. 编写程序，输入由数字字符构成的字符串，分别统计该字符串中数字字符对应的数字中奇数和偶数的个数。

样例输入：7843028503

样例输出：4 6

3. 编写程序，输入字符串(不包含空格)，将字符串中的字符按 ASCII 码值从大到小排序后输出。

样例输入：China

样例输出：nihaC

4. 有 n 个人围成一圈，顺序排号。从第一个人开始报数(从 1 到 3 报数)，报到 3 的人退出圈子，最后留下的是原来第几号的那位。

5. 求二维数组中的鞍点。

第二部分　项目设计

在第 6 章基础上：

1. 将选择项序号，利用枚举类型设计。

2. 将系部、学号和姓名定义为结构体，也可将学号、英语、高等数学、计算机等科目定义为结构体。

3. 将结构体组织成数组，并给结构体数组，通过循环方式，输入数据。将系部、姓名、学号组成的结构体，在第 11 章组织成链表形式，数据的磁盘存储，将在第 16 章设计。

第 8 章　指针与引用

教学目标：

掌握指针、引用的定义和应用。

8.1　指针变量

指针是 C++ 语言最大的功能之一。一个指针是一个特定类型数据的存储地址，它是存放地址的变量，与其他类型变量一样，指针变量也必须要先声明。

1. 指针与地址

在编程中定义或声明的变量，编译系统就为已定义的变量分配相应的内存单元，即每个变量在内存会有固定的位置，有具体的地址。由于变量的数据类型不同，它所占的内存字节也不相同。若在程序中的定义为：

```
int a=1, b=2;
float x=3.4, y=4.5;
```

因变量 a、b 是整型变量，在内存各占 2 个字节；x、y 是实型，各占 4 个字节。由于计算机内存是按字节编址的，设变量的存放从内存 2000 单元开始存放，则编译系统对变量在内存的存放情况如图 8-1 所示。

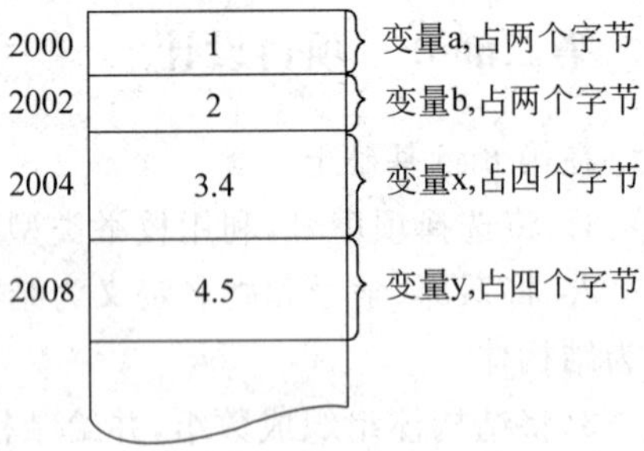

图 8-1　变量在内存的存放

变量在内存中按照数据类型的不同，占内存的大小也不同，都有具体的内存单元地址，如变量 a 在内存的地址是 2000，占据两个字节后，变量 b 的内存地址就为 2002，变量 x 的内存地址为 2004 等。在 C 语言中，对内存中变量的访问，如用 scanf("%d%d%f",&a,&b,&x)表示将数据输入变量的地址所指示的内存单元。

访问变量，首先应找到其在内存的地址，即一个地址唯一指向一个内存变量，称这个地址为变量的指针。若将变量的地址保存在内存的特定区域，用变量来存放这些地址，这样的变量就是指针变量，通过指针对所指向变量的访问，是一种对变量的"间接访问"。

设一组指针变量 pa、pb、px、py，分别指向上述的变量 a、b、x、y，指针变量也同样被存放在内存，二者的关系如图 8-2 所示。

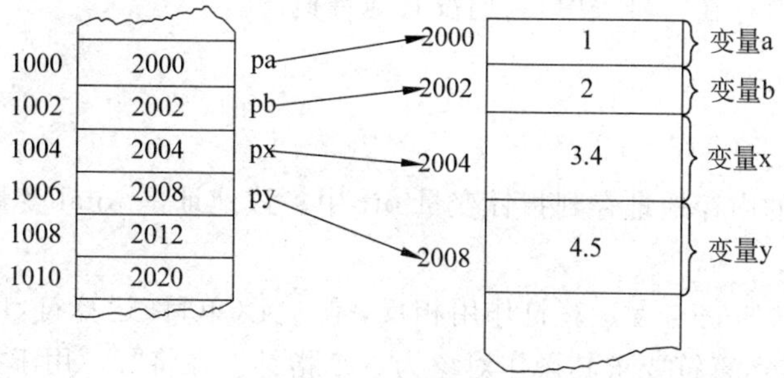

图 8-2 指针变量和变量在内存中关系

在图 8-2 中，左部所示的内存存放了指针变量的值，该值给出的是所指变量的地址，通过该地址，就可以对右部描述的变量进行访问。如指针变量 pa 的值为 2000，是变量 a 在内存的地址。因此，pa 就指向变量 a。变量的地址就是指针，存放指针的变量就是指针变量。

2. 指针变量的定义

指针变量定义的语法图如图 8-3 所示。

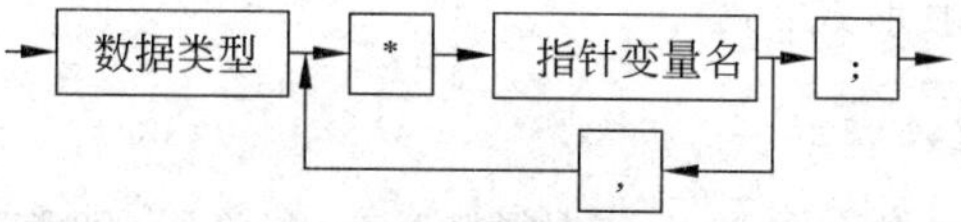

图 8-3 指针变量定义

语法格式：

```
数据类型 * 指针变量名[,…];
```

说明：

(1) 数据类型是指针所指对象的类型，在 C++ 中可以指向任何 C++ 类型。

(2) 符号"*"在说明语句中是指针类型说明符。指针变量名是合法的标识符。如：

```
char* getID (int IDNumber[],
             char* IDNumstr,
             IDRight idrigh)
```

其中形式参数 char* IDNumstr，为字符指针类型的形式变量 IDNumstr。实际，函数的返回类型也是字符指针类型。

从指针的定义可知，指针是用所指对象类型来表征的。不管指针变量是全局的还是局部的、静态的还是非静态的，应当在声明它的同时初始化它，要么赋予它一个有效的地址，要么赋予它 NULL。

3. 指针运算

(1) 运算符"&"，是一元(单目)运算符，用于返回其操作对象的内存地址，其操作对象通常为一个变量名。不能在一个指针前面连续使用多个"&",如 &&p,因为 &p 已经不是一个变量了,不能把"&"单独用于一个非变量的东西。不能对字面常量使用"&"来取其地址,因为字面常量保存在符号表中,它们没有地址概念。

如:

```
ptr=&total;
```

将变量 total 的内存地址存到指针变量 ptr 中。该地址是 total 变量在计算机内存中的存储地址。

(2) 运算符"*",它与 & 运算符作用相反,是一元(单目)运算符,用于返回其操作数所指对象的值。该运算符要求其操作对象为一个指针。在将"*"用于指针时一定要确保该指针指向一个有效的和合法的变量,不能对 void 类型指针使用"*"来取其所指向的变量。

如:

```
对指针变量 ptr,value=*ptr;
```

将指针变量 ptr 所指内存地址单元的内容(值)赋值给变量 value。

注意:变量 value,有 *(&value)的值为 value。

(3) 指针和整型量可进行加减。

设指针变量 ptr,一般形式:

```
指针变量 ptr+|-正整数 vlaue
```

作用是将指针变量的值加(减)上正整数 vlaue 个单元,即移动正整数 vlaue 个单元,其中,一个单元的大小等于指针变量的所指类型占用的字节数。

设指针 ptr 指向的内存单元地址为 add,指针和整型量可进行加减后,所指向单元地址,一般形式:

```
add+|-单元的字节数 *正整数 vlaue
```

如:

```
int* ptr=NULL;
```

假设指针变量 ptr 的值为 2000,即指向地址为 2000 的单元,ptr+4 所指地址为 2000+2*4=2008。

(4) 若 p1、p2 为指针,当 p1 和 p2 指向同一类型时,可进行赋值。

如:

```
int* ptr1, ptr2=NULL;
```

则

```
ptr1=ptr2;
```

(5) 两个指向同一类型的指针,可进行==,>,<等关系运算,其实是地址的比较。

如：

```
ptr1>ptr2
```

(6) 两个指向同一数组成员的指针可进行相减，结果为两个指针之间相差元素的个数。

如：

```
ptr1-ptr2
```

注意：两指针不能相加。

4. 动态存储分配

在 C++ 中，动态存储分配功能是通过 new 和 delete 运算符来实现的。C++ 中使用函数库来解决，即在头<cstdlib>(在 C 中称为<stdlib.h>)中定义的函数：malloc、calloc、realloc、free。

1) 分配内存空间

(1) new 运算符

运算符 new 用于申请并获取动态存储空间，它的操作数为某种数据类型且可以带有初值表达式或元素个数。new 返回一个指向其操作类型变量的指针。

new 运算符语法图，如图 8-4 所示。

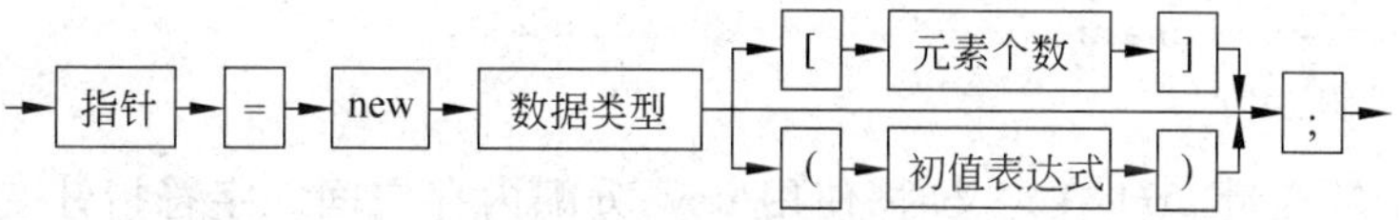

图 8-4　new 获取动态存储空间

语法格式：

```
指针  =  new    类型；
指针  =  new    类型 (初值表达式)；
指针  =  new    类型[元素个数]；
```

说明：

类型表示要分配的变量类型(如 char、int、double)；指针表示指向某类型变量的指针(如 char *、int *、double * 等)。如：

```
char * ptr=new char;
```

(2) malloc、alloc 和 realloc 函数

在 C 语言中，用 malloc、alloc 和 realloc 函数给指针分配一个具体空间。最常用函数 malloc 是给指针动态分配内存，语法格式：

```
类型 * 指针变量=(类型 * ) malloc (数值|数值 * sizeof(类型));
```

说明：数值或 sizeof(类型)是要给指针分配的内存字节数。malloc 函数返回一个 void * 类型的指针，需要用类型转换“(类型 *)”来把它转换成目标指针所需要的数据类

型，如：

```
char* a;
a=(char*)malloc(20);
```

将一个指向20个字节可用空间的指针赋给a。当想给一组除char以外的类型（不是1字节长度的）的数值分配内存时，需要用元素数乘以每个元素的长度来确定所需内存的大小。操作符sizeof，它可以返回一个具体数据类型的长度。

```
int* b;
b=(int*)malloc (10 * sizeof(int));
```

将一个指向可存储10个int型整数的内存块的指针赋给b，它的实际长度可能是2,4或更多字节数，这取决于程序是在什么操作系统下被编译的。

2) 指针变量赋值

(1) 将另一个同类型的指针赋给它以获得值。

语法格式：

```
类型 1* 指针变量 1  =  new 类型 1;
类型 1* 指针变量 2  =指针变量 1;
```

如：

```
char* ptr1=new char;
char* ptr2=ptr1;
```

字符型指针变量ptr1在定义时，使用new分配内存空间。字符指针变量ptr2是用已经定义过的指针变量ptr1赋值。

(2) 通过&运算符指向某个对象。

语法格式：

```
类型 1 变量名;
类型 1* 指针变量=&变量名;
```

如：

```
int temp;
int *ptr=&temp;
```

定义整型指针变量ptr，采用地址运算符&，获取已定义同类型变量的地址。

3) 释放动态内存空间

(1) delete运算符

当动态分配的内存空间在程序中使用完毕之后，必须显式地将它们释放。其目的是把闲置不用的堆内存归还给系统，使其可以被系统重新分配。在C++程序中由new分配的动态内存空间必须通过delete运算符释放。

delete运算符语法图如图8-5所示。

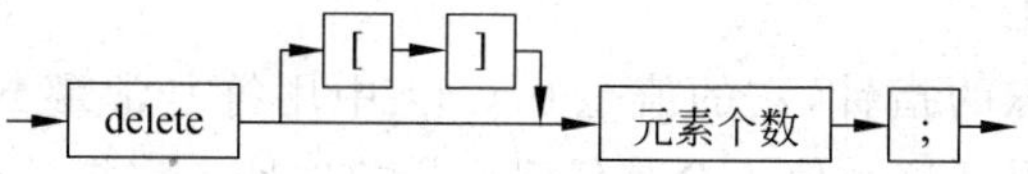

图 8-5 delete 运算符

语法格式：

格式一：

```
delete    指针;
```

其中，指针表示指向单个变量的指针。

格式二：使用 delete 对动态分配的数组进行释放的语法格式为：

```
delete[]指针;
```

其中，指针表示指向数组首元素的指针。delete 之后的方括号指明将要释放的内存空间中存储着数组元素。程序中需要分配动态内存空间，则 new 和 delete 总是成对出现的。

说明：

① new 操作过程中，先申请内存，然后调用构造函数初始化对象。在调用 delete 时，先调用析构函数，然后再销毁堆内存。

② new/delete 重载时，成为函数。函数中可自定义申请过程，如记录所申请内存的总长度，以及跟踪每个对象的指针。

(2) free 函数

free 函数用来释放动态分配的内存空间，语法格式：

```
free (欲释放的指针变量);
```

free()可释放由 malloc()、calloc()、realloc()分配的内存空间，以便其他程序再次使用。

共同点：

① 都必须配对使用。是指在作用域内，new/malloc 所申请的内存，必须被有效释放，否则将会导致内存泄露。

② 都是申请内存，释放内存，free 和 delete 可以释放 NULL 指针。

5. 特殊的指针

(1) this 指针

C++ 提供了一个特殊的对象指针——this 指针，它是成员函数所属对象的指针，它指向类对象的地址。成员函数通过这个指针可以知道自己属于哪一个对象。

this 指针是一个隐含的指针，它隐含于每个类的非静态成员函数中，它明确地表示出了成员函数当前操作的数据所属的对象。当对一个对象调用成员函数时，编译程序先将对象的地址赋值给 this 指针，然后调用成员函数，每次成员函数存取数据成员时，则隐含使用 this 指针。

(2) 空指针 NULL

空指针是一个特殊的指针，它的值是 0，C++ 中用符号常量 NULL（在 stdio.h 中定义）表示这个空值，并保证这个值不会是任何变量的地址。空指针对任何指针类型赋值都是合法的。一个指针变量具有空指针值表示当前它没有指向任何有意义的东西。

(3) void 指针

(void *)类型的指针叫通用指针，可指向任何的变量，C++ 允许直接把任何变量的地址作为指针赋给通用指针。但是有一点需要注意，void * 不能指向由 const 修饰的变量。

【例 8-1】

```
struct way* contway;
struct way* congwayhead;
struct way* congwaytemp;
string *conwayptr=conway;
congwaytemp=contway=new way();      //头结点
congwayhead=NULL;                   //头结点指针空
```

定义结构体 struct way 指针变量 contway、congwayhead、congwaytemp 和 conwayptr，并用字符串数组形参 conway 为结构体 struct way 指针 conwayptr 赋初值。

用 new 运算符，申请 way 大小空间给结构体 struct way 指针变量 congwaytemp、contway 赋值。结构体 struct way 指针变量 congwayhead 的初始值为 NULL。

```
listlen=&len;
```

&len 是用地址运算符“&”取变量 len 的地址。

【例 8-2】 利用指针变量，交换数据。

设计思路：利用 * 运算，交换指针指向单元内容。

程序代码：

```
1. #include<iostream>
2. using namespace std;
3. void compositor(int *ptr1, int *ptr2)
4. {
5.     int temp;
6.     if(*ptr1<*ptr2)
7.     {//交换
8.         temp=*ptr1;
9.         *ptr1=*ptr2;
10.        *ptr2=temp;
11.    }
12. }
13.
14. int main()
15. {
```

第 3～12 行，定义交换函数 compositor，形参 int *ptr1，int *ptr2 都是 int 类型指针。

第 5 行，建立临时存储变量 temp。

第 6～11 行，if 语句，比较条件是 *ptr1 < *ptr2，即两个指针变量所指单元内容的比较。

第 8 行将指针变量 ptr1 所指单元内容赋值给 temp。

第 9 行将指针变量 ptr2 所指单元内容赋值到指针变量 ptr1 所指单元中。

第 10 行将 temp 单元内容赋值到指针变量 ptr2 所指单元中。

第 14～25 行，main 函数。

```
16.     int vala, valb;
17.     int *point1, *point2;
18.     cin>>vala>>valb;
19.     point1=&vala;
20.     point2=&valb;
21.     //调用函数
22.     compositor(point1, point2);
23.     cout<<vala<<"\t"<<valb;
24.     return 0;
25. }
```

第16行，定义用于输入的两个整数

第17行，定义两个指针变量

第18行，给vala、valb输入值。

第19行，把vala的地址赋值给指针变量point1。

第20行，把valb的地址赋值给指针变量point2。

第22行，调用交换函数compositor。

运行结果：

```
14  56
56  14
```

本例，定义了int类型指针变量point1和point2，以及int类型指针形参ptr1和ptr2。同时使用了运算符&和*。

8.2　指针和数组

在C++中，指针和数组的关系极为密切。实际上，数组作参数传递、数组元素的存取，都可通过指针操作来完成。指针和数组常常可以互换。

1. 用指针方式表示数组元素

在C++中，数组的名字实际是指向该数组第一个元素(下标为0)的指针，即该数组第一个元素的地址，亦即数组的首地址。

一般定义形式：

```
类型　数组名[数组长度];
数组名[下标表达式1]=*(数组名+下标表达式1)
```

如：一个数组元素的下标访问a[i]等价于相应的指针访问*(a+i)。

再如例8-1，*(conwayptr+i)是用指针方式表示数组元素，取该数组的第i个元素。

指向数组的指针和数组在使用时容易混淆。设：

```
int values[100];
int *intptr=values;
int i;
```

表8-1归纳了指向一维数组的指针和一维数组之间的各种关系。

注意：数组名values和指针(变量)intptr是有区别的，前者是常量，即数组名是一个常量指针，而后者是指针变量。可写intptr =values，但不能写values=intptr或intptr=&values，因不能改变常量的值，也不能取常量的地址。

表 8-1 指针和一维数组的关系

表达式	值(地址)	表达式	值(数据)
&values[0]; values; intptr;	指向 values 数组第一个元素的指针(即数组首地址)	values[0]; * values; * intptr;	values 数组第一个元素
&values[i]; values+i; intptr+i;	指向 values 数组第 i+1 个元素的指针	values[i]; * (values+i); * (intptr+i);	values 数组第 i+1 个元素

数组名可作为参数进行传递。当将数组名传给函数的形参时,实际上所传递的是数组的开始地址,即数组第一个元素的地址。

可把字符串常量看成是一个无名字符数组,C++ 编译程序会自动为它分配一个空间来存放这个常量,字符串常量的值本身就是指向这个无名字符数组的第一个字符的指针,其类型是字符指针。

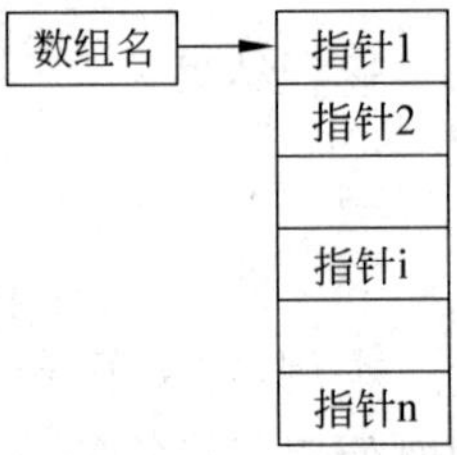

图 8-6 指针数组

2. 指针数组

指针数组(指针的数组)是由指针组成的数组,即数组中的每一个元素都是指向同一类型对象的指针。它是“储存指针的数组”的简称,如图 8-6 所示。指针数组可以是全局的、静态的和局部的。指针数组定义的语法图如图 8-7 所示。

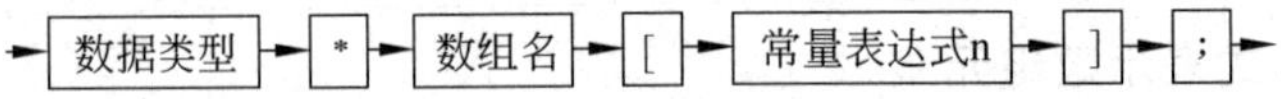

图 8-7 指针数组

语法格式:

数据类型 * 数组名[常量表达式 n];

[]优先级高,先与“数组名”结合成为一个数组,再由“数据类型 *”说明这是一个整型指针数组,它有 n 个指针类型的数组元素。p[0]、p[1]、p[2]…p[n−1]分别是指针变量可以用来存放变量地址。

【例 8-3】 求输入 10 个数中最大最小并把最大和最后一个数交换,最小和第一个数交换,其他数的位置不变并用指针形式输出。

设计思路:利用指针数组记录数组对应单元的地址。通过指针指向的内容比较,记录最大值和最小值所在位置,然后进行交换。

程序代码:

```
1. #include<iostream>
2. using namespace std;
3. //交换位置
4. void exchange(int * elma,int * elmy)
```

第 4 ~ 11 行,定义函数 exchange,形参 int * elma,int * elmy 都是 int 类型指针。

```
5. {
6.     int temp;
7.     temp= * elma;
8.      * elma= * elmy;
9.      * elmy=temp;
10.     return;
11. }
12. //求最大和最小
13. void maxmin(int * param[])
14. {
15.       int i, * max, * min;
16.       max=min=param[0];
17.
18.       for (i=0; i<10; i++)
19.       {//求最大和最小
20.           max= * param[i]> * max ? param[i] : max;
21.           min= * param[i]< * min ? param[i] : min;
22.     }
23.
24.     exchange(min, param[0]);
25.     exchange(max, param[9]);
26.  }
27.
28. int main()
29. {
30.     int * arraya[10], i;
31.     int arrayb[10];
32.     //求最大和最小
33.     for(i=0; i<10; i++)
34.     {
35.         cin>>arrayb[i];
36.         arraya[i]=&arrayb[i];
37.     }
38.     maxmin(arraya);
39.
40.      for(i=0;i<10; i++)
41.     {
42.          cout<< * arraya[i]<<"\t";
43.     }
44.     return 0;
45. }
```

第7～9行，交换。

第13～26行，定义函数maxmin，形式参数int * param[]，是整数指针数组。

第16行，max和min都指向数组param[0]的地址。

第18～22行，for循环。

第19行，求最大值所在位置。

第20行，求最小值所在位置

第24行，调用交换函数exchange，是最小值与最前面元素交换。

第25行，调用交换函数exchange，是最大值与最后面元素交换。

第28～45行，main函数。

第33～37行，输入数据，并且将数据所在的地址存入数组arraya。

第38行，调用函数maxmin，求数组arraya最大最小值所在位置，并交换。

第40～43行，利用指针数组，输出数组元素。

运行结果：

```
2 6 -1 -10 5 7 8 100 89 10
-10 6 -1 2 5 6 7 8 10 89 100
```

本例，采用指针数组记录普通数组对应单元的地址。

3. 命令行参数——有参主函数

在 C++ 中，主函数 main 可以带有参数，语法格式：

```
int main(int argc,char * argv[])
```

或

```
int main(int argc,char ** argv[])
```

其中：argc 必须是整型变量，为包含命令本身在内的参数个数。argv 必须是字符型指针数组，数组元素为指向各参数(包含命令本身在内)的指针。

由于 main 函数不能被其他函数调用，因此不可能在程序内部取得实际值。实际上，main 函数的参数值是从操作系统命令行上获得的。当要运行一个可执行文件时，在 DOS 提示符下输入文件名，再输入实际参数即可把这些实参传送到 main 的形参中去。

DOS 提示符下命令行，语法格式：

文件名 参数 1 参数 2 …

参数传递：

命令行	文件名	参数 1	参数 2	…
参数传递	↓	↓	↓	↓
argv 数组中元素的值	文件名	参数 1	参数 2	…
argv 数组元素	argv[0]	argv[1]	argv[2]	…

特别注意的是，main 的两个形参和命令行中的参数在位置上不是一一对应的。因 main 的形参只有两个，而命令行中的参数个数原则上未加限制。argc 参数表示了命令行中参数的个数(注意：文件名本身也算一个参数)，argc 的值是在输入命令行时由系统按实际参数的个数自动赋予的。

如有命令行为：

```
C:\>demo param1 param2 param3
```

则有：

```
argv[0]="demo"、argv[1]="param1"、argv[2]="param2"、argv[3]="param3"
```

即文件名 demo 本身也算一个参数，故共有 4 个参数，因此 argc 取得的值为 4。argv 参数是字符型指针数组，其各元素值为命令行中各字符串(参数均按字符串处理)的首地址。指针数组的长度即为参数个数加 1，数组元素初值由系统自动赋予。

4. 数组指针(也称行指针)

数组指针(数组的指针)是一个指针，它指向一个数组，是“指向数组的指针”的简称，如图 8-8 所示。

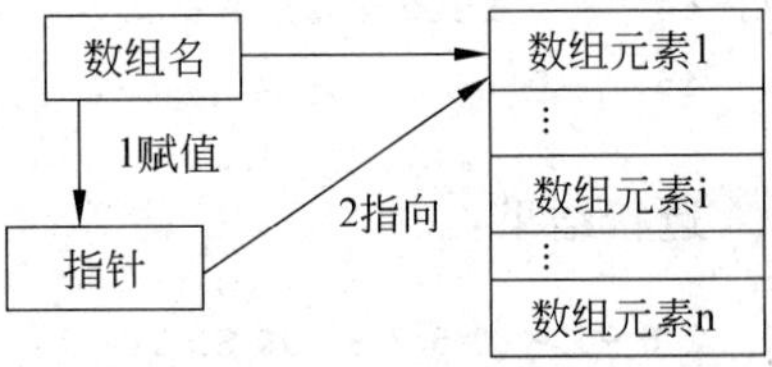

图 8-8 数组指针

数组指针定义的语法图如图 8-9 所示。

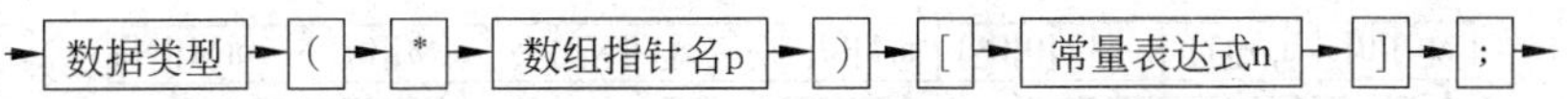

图 8-9　数组指针定义

语法格式：

数据类型 (*数组指针名 p)[常量表达式];

说明：

()优先级高，数组指针 p 指向一个“数据类型”的一维数组，常量表达式值是一维数组的长度。可以说是 p 的步长。即执行 p+1 时，p 要跨过 n 个整型数据的长度。在定义时，数组指针的长度要与对应的一维数组的长度相同。

【例 8-4】 数组指针的应用。

程序代码：

```
1. #include<iostream>
2. using namespace std;
3. int main()
4. {
5.     int arryc[4]={1,2,3,4};
6.     int *arrya[4]; //指针数组
7.     int (*arryb)[4]; //数组指针
8.     arryb=&arryc;
9.     //将数组 arryc 中元素赋给数组 arrya
10.    for(int i=0; i<4; i++)
11.    {
12.        arrya[i]=&arryc[i];
13.    }
14.    //输出结果
15.    cout<<*arrya[1]<<"\t";
16.            <<(*arryb)[2]<<endl;
17.    return 0;
18. }
```

第 5 行，定义数组 arryc。
第 6 行，定义指针数组 arrya。
第 7 行，定义数组指针 arryb。
第 8 行，数组 arryb 指向 arryc。

第 10～13 行，for 循环，数据传递。
第 12 行，arryc 数组元素地址传递给指针数组 arrya 对应单元。
第 15 行，指针数组元素输出。
第 16 行，数组指针元素输出。

运行结果：

```
2   3
```

本例，是数组指针和指针数组的应用。

5. 多维数组与指针

(1) 多维数组地址的表示方法

设有二维数组 a[M+1][N+1]，其内存存储示意如图 8-10 所示，其中 L 表示元素所占据的存储单元的字节数。

设二维数组的首地址为 a，各行下标变量的首地址及其值如图 8-9 所示。C++ 允许把

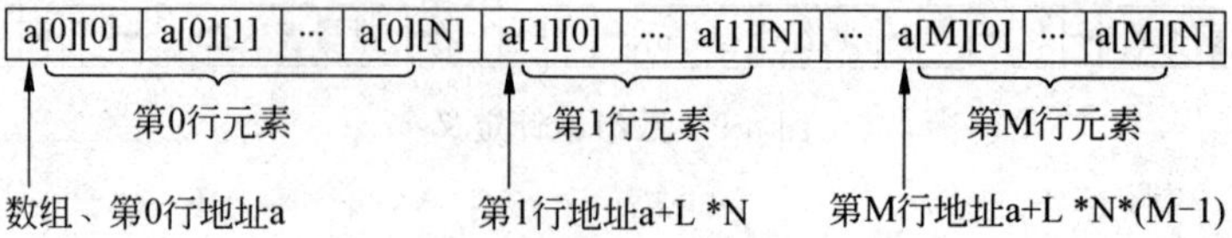

图 8-10　二维数组内存存储示意图

一个二维数组分解为多个一维数组来处理，故数组 a 可分解为 M+1 个一维数组，即 a[0]，a[1]，…，a[M]。每一个一维数组又含有 N+1 个元素。如 a[0]对应的一维数组，含有 a[0][0]，a[0][1]，…，a[0][N]N+1 个元素。

对与第 i∈[0,M]行，a[i]是第 i+1 个一维数组的数组名和首地址，&a[i][0]是二维数组 a 的 i 行 0 列元素地址，a+i，a[i]，*(a+i)，&a[i][0]是等同的。二维数组元素 a[i][j]的地址为 a+L(*N*i+j)。

【例 8-5】 二维数组地址的表示方法。

程序代码：

```
1. #include<iostream>
2. using namespace std;
3. int main()
4.  {
5.     int a[3][4]={0,1,2,3,4,5,6,7,8,9,10,11};
6.     cout<<a<<"\t"<<*a<<"\t"<<a[0]
7.          <<"\t"<<&a[0]<<"\t"<<&a[0][0]
8.          <<endl;
9.
10.     cout<<a+1<<"\t"<<*(a+1)<<"\t"
11.          <<a[1]<<"\t"<<&a[1]<<"\t"
12.          <<&a[1][0]<<endl;
13.
14.     cout<<a+2<<"\t"<<*(a+2)<<"\t"
15.          <<a[2]<<"\t"<<&a[2]<<"\t"
16.          <<&a[2][0]<<endl;
17.
18.      cout<<a[1]+1<<"\t"<<*(a+1)+1<<endl;
19.      cout<<*(a[1]+1)<<"\t"<<*(*(a+1)+1)
20.          <<endl;
21.      return 0;
22.  }
```

第 6～8 行，数组、第 0 行、第 0 行 0 列的数组和指针的单元的存储地址。

第 10～12 行，第 1 行、第 1 行 0 列的数组和指针的单元的存储地址。

第 14～16 行，第 2 行、第 2 行 0 列的数组和指针的单元的存储地址。

第 18 行，第 1 行 1 列的数组和指针的单元的存储地址。

第 19～20 行，第 1 行 1 列的数组和指针的单元值。

运行结果：

```
0018FF14    0018FF14    0018FF14    0018FF14    0018FF14
0018FF24    0018FF24    0018FF24    0018FF24    0018FF24
0018FF34    0018FF34    0018FF34    0018FF34    0018FF34
```

```
0018FF28   0018FF28
5          5
```

本例,主要是求出数组行地址,首元素地址。

(2) 多维数组的指针变量

设有二维数组 a[M+1][N+1],设 ptr 为指向二维数组的指针变量。可定义为:

```
数组类型 (*ptr)[N+1]
```

ptr 是一个指针变量,它指向二维数组 a 或指向第一个一维数组 a[0],其值等于 a,a[0],或 &a[0][0]等。而 ptr+i 则指向二维数组 a 的第 i 行。于是有 *(ptr +i)+j 表示二维数组 i 行 j 列的元素的地址,而 *(*(p+i)+j)则是 i 行 j 列元素的值。

二维数组指针变量说明的语法格式:

```
类型说明符 (*指针变量名)[长度]
```

说明:

类型说明符为所指数组的数据类型。“*”表示其后的变量是指针类型。“长度”表示二维数组分解为多个一维数组时,一维数组的长度,即二维数组的列数。

应注意“(*指针变量名)”两边的括号不可少,如缺少括号则表示是指针数组,意义就完全不同了。

【例 8-6】 二维数组地址的表示方法。

程序代码:

```
1. #include<iostream>
2. using namespace std;
3. int main()
4. {
5.     int arry[3][4]={0,1,2,3,4,5,6,7,8,9,10,11};
6.     int(*ptr)[4];
7.     int i, j;
8.     ptr=arry;
9.     for(i=0; i<3; i++)
10.     {
11.         for(j=0; j<4; j++)
12.         {
13.             cout<<*(*(ptr+i)+j)<<"\t";
14.         }
15.     }
16.     return 0;
17. }
```

第 5 行,定义的二维数组。
第 6 行,定义数组指针。
第 8 行,将数组地址赋值给数组指针。
第 9～15 行,外层循环。
第 11～14 行,内层循环。其中第 13 行,使用指针方式输出二维数组元素。

运行结果:

```
0  1  2  3  4  5  6  7  8  9  10  11
```

本例，用指针方式输出二维数组元素的值。

使用指针的优点：指针运算比数组运算的速度快；在大量数据传递时，使用传递指针要远比传递数据本身效率高得多。当然，使用指针会给程序带来安全隐患（如指针悬挂问题），同时还使得程序的可读性降低（显然，用数组实现的程序要比用指针实现的程序的可读性要好）。

8.3 结构体与指针

在定义结构体时，可将指针作为结构中的一个成员，也可以是指向该结构体的指针。指向结构体的指针简称结构体指针。

1. 结构体指针

C++ 中可以定义结构体指针，通过指针来使用结构体变量。

(1) 定义

结构体指针定义的语法图如图 8-11 所示。

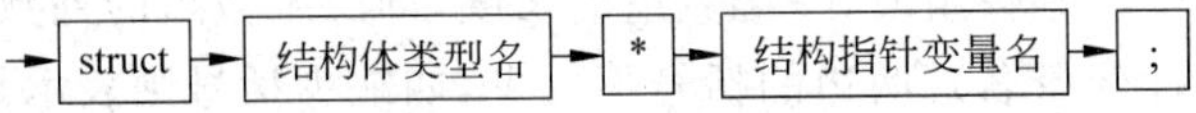

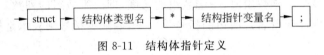

图 8-11 结构体指针定义

语法格式：

```
struct  结构体类型名称 * 结构指针变量名;
```

如下定义：

```
struct way
{
    string specificway;        //联系方式
    struct way * link;         //指针
};
```

(2) 引用

结构体指针的引用语法图如图 8-12 所示。

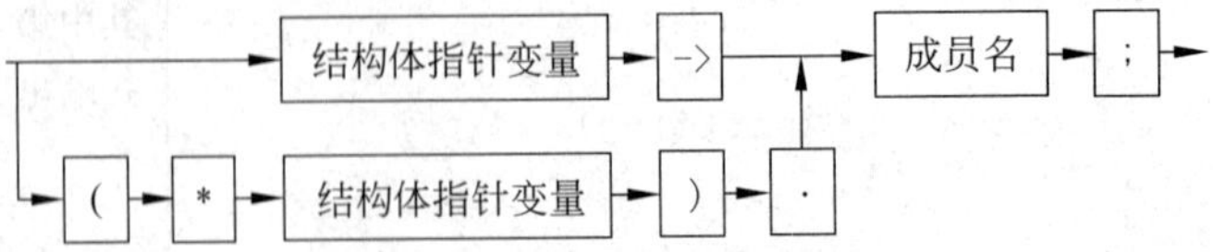

图 8-12 结构体指针的引用

语法格式：

```
结构体指针变量->成员名;
```

或

```
(*结构体指针变量).成员
```

必须要给结构体指针变量赋予一个有效的结构体变量地址，才能正常操作结构体指针变量。如：

```
struct way* congwaytemp=head->link;
cout<<congwaytemp->specificway;
congwaytemp=congwaytemp->link;
return head->link;
```

都使用了结构体指针变量的引用。

【例 8-7】 一种加密方法。

程序代码：

```
1. #include<iostream>
2. using namespace std;
3. struct iotab
4. {
5.     char input, output;
6. };
7.
8. struct iotab trantab[ ]=
9. {
10.     'a', 'd', 'b', 'w', 'c', 'k', 'd', ';' ,
11.     'e', 'i', 'i', 'a', 'k', 'b', ';', 'c',
12.     'w', 'e'
13. };/* 建立加密对照表 */
14.
15. int main()
16. {
17.     char ch;
18.     /*ptr 和 ptrend 为指向结构 table 的指针 */
19.     struct iotab *ptr, *ptrend;
20.     ptrend=&trantab;
21.         sizeof(trantab)/sizeof(struct iotab)-1
22.         ];
23.     /*ptrend 指向结构数组 translate 的最后一个元素 */
24.     while ((ch=getchar()) !='/n')
25.     {
26.         for(ptr=trantab;
27.             ptr->input !=ch && ptr !=ptrend;
28.             ptr++);
29.         {
30.             if(ptr->input==ch)
31.             {
```

第 3～6 行，定义结构体类型 iotab。

第 8～13 行定义结构体数组 trantab，并初始化。

第 15～41 行，主函数。

第 19 行，定义结构体指针变量 ptr 和 ptrend。

第 20～22 行，计算结构体数组最后元素的地址。其中：sizeof(trantab)/sizeof(struct iotab)用于求结构体数组的元素个数。

第 24～39 行，外层循环。while 循环的条件中，输入数据，并以回车结束循环。

```
32.             putchar(ptr->output);
33.         }
34.         else
35.         {
36.             putchar(ch);
37.         }
38.     }
39.   }
40.   return 0;
41. }
```

第26～38行，内层循环。循环控制变量ptr，初始值是结构体数组的起始地址，结束条件：没到数组尾并没在数组中，输出。若在数组中，输出，不在数组中，输出本字符。

运行结果：

```
we15n
ei15n
```

本例，应用了结构体指针和结构体数组。而且利用数组占用的总空间的字节数除一个元素占用的空间，得到数组长度。

2. 结构体中的指针成员

结构体中的指针就是结构体中含有指针变量成员。单链表是结构体中的指针的重点应用。链表是指将若干个数据项按一定规则链接起来的表。链表中每一个元素(可包含多个成员项)称为结点。每一个结点都应包括两个部分：结点本身的数据和下一个结点的地址。

单链表中结点的语法格式：

```
struct  结构体类型名
{
    数据类型 1 变量表 1;
    数据类型 2 变量表 2;
    ⋮
    数据类型 i 变量表 i;
    ⋮
    数据类型 n 变量表 n;
    结构体类型名 * 指针变量表;
}
```

链表的第一个结点称为“表头”结点，必须用一个称为头指针的特殊指针指向它，如图8-13所示的head指针。链表的最后一个结点称为“表尾”结点，它不指向任何其他结点，该结点的指针设置为NULL(空地址)，如图示的“3110”结点。中间结点(除表头结点和表尾结点外)的指针成员指向下一个结点。

如，定义结构体：

```
struct way
{
```

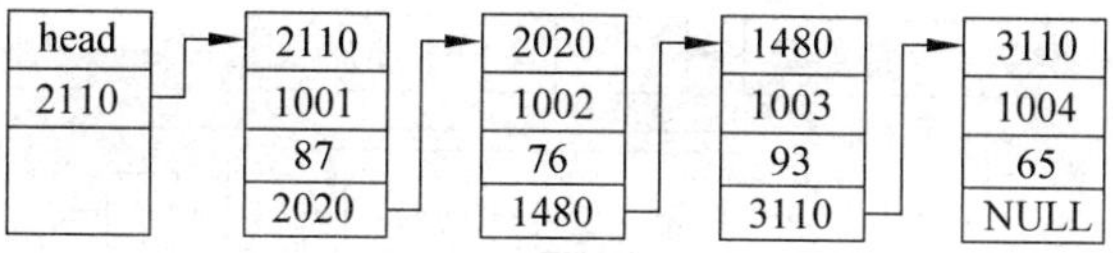

图 8-13 链表

```
    string specificway;         //联系方式
    struct way * link;          //指针
};
```

结构体类型 way 中，含有字符串类型数据成员和结构体类型 way 指针变量。

8.4 函数与指针

C++ 规定，函数也有地址，一个函数的地址就是这个函数的名字。

1. 指针函数

指针函数是指返回值是指针的函数，其本质是一个函数。

指针函数定义的语法图略，语法格式：

```
返回类型 * 函数名(形式参数表)
{
    函数体
}
```

说明：

后缀运算符括号"()"表示这是一个函数，其前缀运算符星号"*"表示此函数为指针型函数，其函数值为指针，即它带回来的值的类型为指针。当调用这个函数后，将得到一个指向"返回类型"的指针(地址)，"类型"表示函数返回的指针指向的类型"。在主调函数中，函数返回值必须赋给同类型的指针变量。"(函数参数列表)"中的括号为函数调用运算符，在调用语句中，即使函数不带参数，其参数表的一对括号也不能省略。如：

```
struct way* creatList(string conway[], int * listlen)
struct way* dispList(struct way* head)
struct way * getNode (struct way * congwayhead, string value, const int *
index)
```

这里，函数返回类型都是结构体指针类型。

2. 函数指针

函数指针是指向函数的指针变量。在编译时，每一个函数都有一个入口地址，该入口地址就是函数指针所指向的地址。函数指针有两个用途：调用函数和函数的参数。

(1) 函数指针定义

函数指针定义的语法图如图 8-14 所示。

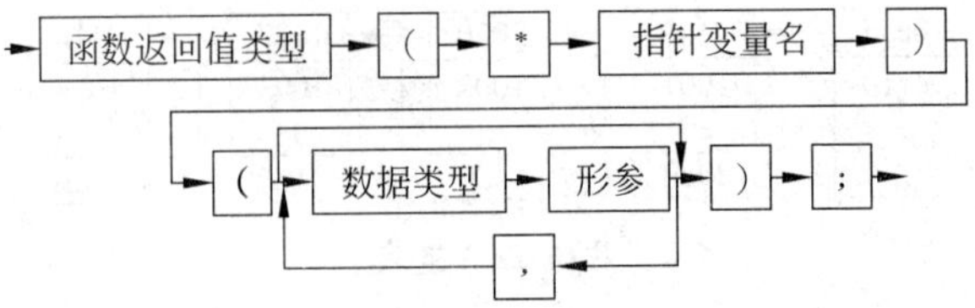

图 8-14 函数指针定义

语法格式：

```
返回值类型 ( * 指针变量名)([形参列表]);
```

说明：

① 返回值类型是函数的返回类型，“(* 指针变量名)”中的括号不能省，括号改变了运算符的优先级。若省略括号则成为一个函数说明，说明了一个返回的数据类型是指针的函数，“形参列表”表示指针变量指向的函数所带的参数列表。如：

```
int func(int x);          /* 声明一个函数 */
int (* f)(int x);         /* 声明一个函数指针 */
f=func;                   /* 将 func 函数的首地址赋给指针 f */
```

或者使用下面的方法将函数地址赋给函数指针：

```
f=&func;
```

赋值时函数 func 不带括号，也不带参数，由于 func 代表函数的首地址，因此经过赋值以后，指针 f 就指向函数 func(x)的代码的首地址。

② 函数括号中的形参可有可无，视情况而定。

(2) 函数指针的应用

在使用函数指针前，必须使它指向一个具体的函数。若要函数指针指向一个具体函数，可通过赋值语句或参数传递。

① 定义函数指针类型，如：

```
typedef int (* fun_ptr)(int,int);
```

② 声明变量，同时赋值，如：

```
fun_ptr max_func=max;
```

赋给函数指针的函数应该和函数指针所指的函数原型是一致的。

③ 使用赋值语句

```
函数指针=函数名;
```

该赋值语句将使一个函数指针指向一个具体函数(在 C++ 中，函数名是作为指向函数的指针值来处理)。函数指针的最大用途是它可以使得一个函数作为其他函数的参数进行传递，扩展了函数的功能。

3. 函数指针数组

函数指针数组的结构示意图如图 8-15 所示。

(1) 函数指针数组的定义

函数指针数组是一个其元素是函数指针的数组。即此数据结构是一个数组，且其元素是一个指向函数入口地址的指针。函数指针数组的定义语法图如图 8-16 所示。

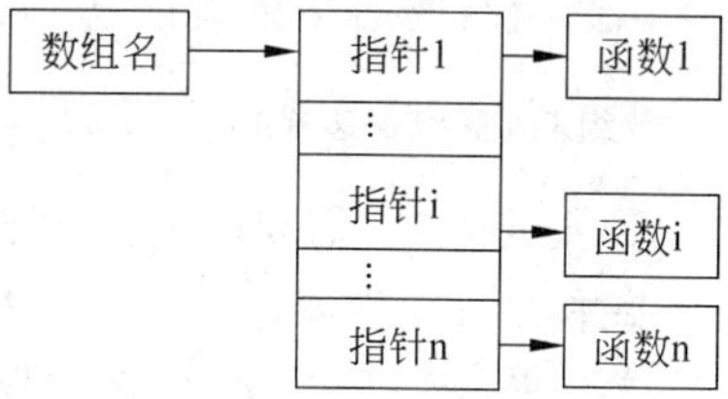

图 8-15　函数指针数组

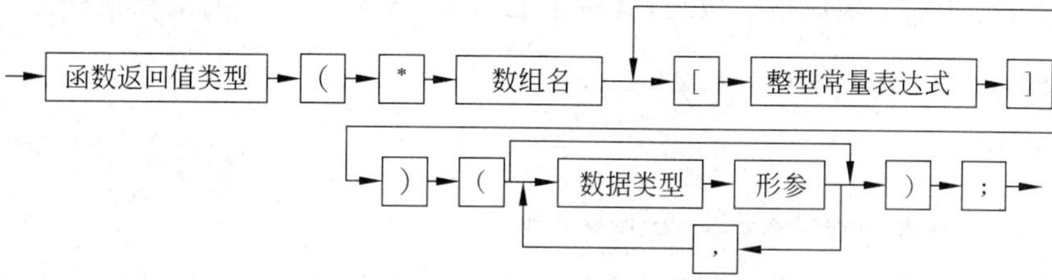

图 8-16　函数指针数组的定义

语法格式：

```
函数返回值类型 (*数组名[整型常量表达式][…])([形参表]);
```

说明：把"*数组名[]"用圆括号括起来，是因为圆括号和数组说明符的优先级是等同的，若不用圆括号把指针数组说明表达式扩起来，根据圆括号和方括号的结合方向，那么 *数组名[]() 说明的是元素返回值类型为指针的函数数组。所以必须括起来，以保证数组的每一个元素是指针。

(2) 获取函数地址的方法

语法格式：

```
不带有括号和参数的函数名
```

说明：函数名相当于一个指向其函数入口指针常量，可以对其进行一些相应的处理，如强制类型转换等。可以把这个地址放在一个整型指针数组中，然后作为函数指针调用即可。

如例 8-8，第 11～12 行：

```
ptr[o]=Add;
cout<<ptr[o](vala,valb)<<endl;
```

使用函数名获取函数地址，亦即不带有括号和参数的函数名。

(3) 函数指针数组赋值

为函数指针数组赋值有两种方式：

① 静态定义，用函数名初始化函数指针数组赋值。

语法格式：

```
void(*int 数组名[])(void)={函数名 1[,…]};
```

函数执行的语法格式：

```
数组名[整型表达式]()
```

② 动态赋值，需要时为其赋值。

基本方法与步骤：

第一步，定义一个函数指针类型。

```
typedef  数据类型 1 (*数据类型 2  函数名)(形参表);
```

第二步，定义一个函数指针数组，其每个成员为"数据类型 2"的函数指针。

```
数据类型 2  函数名  数组名[数组长度];
```

第三步，赋值。

```
数据类型 2  数组名[整型表达式 i]=函数名;
```

第四步，调用函数指针数组的第 i 个成员指向的函数。

```
数据类型 2  数组名[整型表达式 i] (实参表);
```

如：

```
struct way*  (*contwayfun[2])(struct way[] ,
                               string,
                               const int*)
                               ={getNode,insertNodeLast};
```

定义函数指针数组 contwayfun，并进行了初始化。函数指针是结构体类型指针，初始化时用花括号括起来的函数名。

再如：

```
cout<<"请输入"
    <<(*(*contwayfun[0])(congwayhead,
                        "",
                        &i)).specificway;
```

这里(*contwayfun[0])(congwayhead, "", &i)是利用函数指针数组的第 0 个元素，调用函数 getNode。

```
head=(*contwayfun[1])(congwaytemp, value, 0);
```

其中，(*contwayfun[1])(congwaytemp,value,0) 是利用函数指针数组的第 1 个元素，调用函数 insertNodeLast。

【例 8-8】 函数指针数组的应用。

程序代码：

```
1. #include<iostream>
2. using namespace std;
3. typedef int (*FuncPtr)(int, int);
```

第 3 行，定义函数指针类型。

```
4. int Add(int a, int b){ return a+b;}
5. int Sub(int a, int b){ return a-b;}
6. int Mul(int a, int b){ return a * b;}
7. int main(){
8.     int vala=12, valb=3;
9.     FuncPtr ptr[3];
10.
11.     ptr[0]=Add;
12.     cout<<ptr[0](vala, valb)<<endl;
13.
14.     ptr[1]=Sub;
15.     cout<<ptr[1](vala, valb)<<endl;
16.
17.     ptr[2]=Mul;
18.     cout<<ptr[2](vala, valb)<<endl;
19.
20.     return 0;
21. }
```

第 4～6 行，函数定义，它们的返回类型没和形式参数类型相同。

第 7～21 行，main 主函数。

第 9 行，定义函数指针数组。

第 11、14、17 行，给函数指针数组元素赋值。

第 12、15、18 行，利用函数指针数组元素执行函数。

运行结果：

```
15
9
36
```

本例，将函数返回类型，形式参数个数、类型、顺序一致，而函数名不同的函数，可以利用函数指针数组来执行相应函数。

8.5 常量与指针

在 C++ 中，关键字 const 常用来定义一个只读的变量或者对象，有如下优点：

(1) 便于类型检查，如函数 fun(const int param)的形参 param 的值不允许变，便于保护实参。

(2) 定义常量，方便参数的修改和调整。如 const int MAXCONST=10。

C++ 中，常把 *（指针）和 const（常量）混合起来使用，其最大的用途就是作为函数的形式参数，保证实参在被调函数中的不可改变的特性。* 象征着地址，const 象征着内容。如果 *（指针）出现的位置在 const（常量）前，就是指针常量，地址不可改变，反之，如果 const（常量）出现的位置在 *（指针）前，就是常量指针，单元内容不可以改。

1. 常量指针

常量指针是一个指向常量的指针（变量）。它指向的对象不能通过该指针来修改，但可通过原来的声明修改。常量指针定义的语法图如图 8-17 所示。

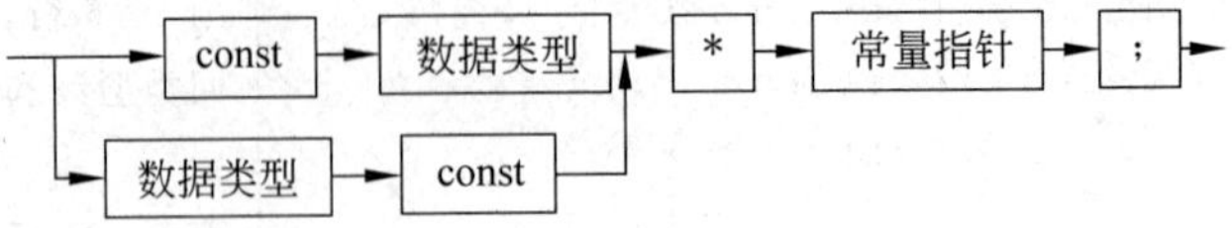

图 8-17 常量指针定义

语法格式：

```
const 数据类型 * 指针变量;
```

或

```
数据类型 const * 指针变量;
```

常量指针可被赋值为变量的地址，之所以叫常量指针，是因为它限制了通过该指针修改变量的值。

```
const int *ptra;
int const * ptra;
```

两者等价，都是常量指针。为常量指针赋值的语法图如图 8-18 所示。

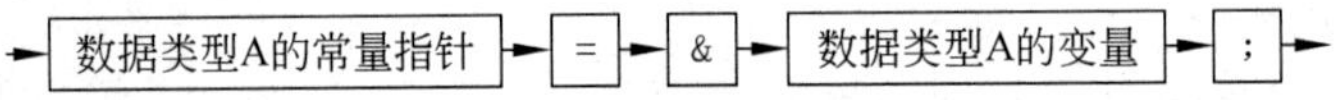

图 8-18 常量指针赋值

语法格式：

```
数据类型 A 的常量指针= & 数据类型 A 的变量;
```

注意：常量指针的数据类型必须与“&”后面的变量的数据类型相同。
如：

```
int vala=0, valb=1;
const int *ptr;              //声明常量指针 ptr
ptr=&vala;                   //ptr 指向 ptr
ptr=&valb;                   //修改指针 ptr 让其指向 valb,允许
*ptr=valb;                   //不允许
```

说明：常量指针可指向相同类型的不同的变量(或对象)，但不可利用常量指针改变它所指变量(对象)的值。

2. 指针常量

指针常量是指针的常量，它是不可改变地址的指针，但可对它所指向的内容进行修改。指针常量定义的语法图如图 8-19 所示。

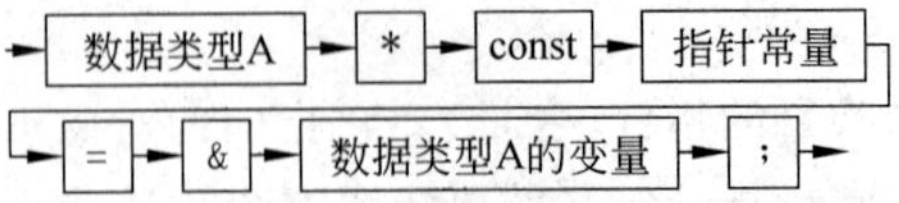

图 8-19 指针常量定义

语法格式：

```
数据类型 A * const 指针常量=& 数据类型 A 的变量;
```

如：

```
int valc=2;
int * const ptr=&valc;          //* 在 const 前,定义为指针常量
```

说明：指针常量必须在定义时初始化。指针变量的数据类型必须与“&”后面的变量的数据类型相同。

再如：

```
int vala=0, valb=1;
int * const ptr1=&vala;
int * const ptr2;               //不允许,必须对其初始化
ptr2=&valb;                     //不允许,ptr2 是常量不允许作为左值
*ptr1=2;                        //允许修改指针 * ptr1 的值
```

指针常量是一个常量，在声明的时候必须要给它赋初始值。一旦赋值，以后这个常量再也不能指向其他的地址。指针常量的值不能变，可是它指向的对象是可变的，因为并没有限制它指向的对象是常量。

指针常量就是指针地址是常量的指针，它是不可改变地址的指针，但是可以对它所指向的内容进行修改。

3. 常量指针与指针常量的区别

对于 const int * ptra 和 int * const ptrb：

前者，const 直接修饰 *，说明 *(解引用)这种行为具有常量性，即“不能靠解引用改变它指向的对象的值”，即常量指针，指向常量的指针。

后者，const 直接修饰 ptrb，说明 ptrb 本身的值具有常量性，即指针常量。

4. 指向常量的指针常量

指向常量的指针常量(指向常量的常指针)就是一个常量，且它指向的对象也是一个常量。因一个指针常量，它指向的对象是一个指针对象，而它又指向常量，它指向的对象不能变化。指向常量的指针常量定义的语法图如图 8-20 所示。

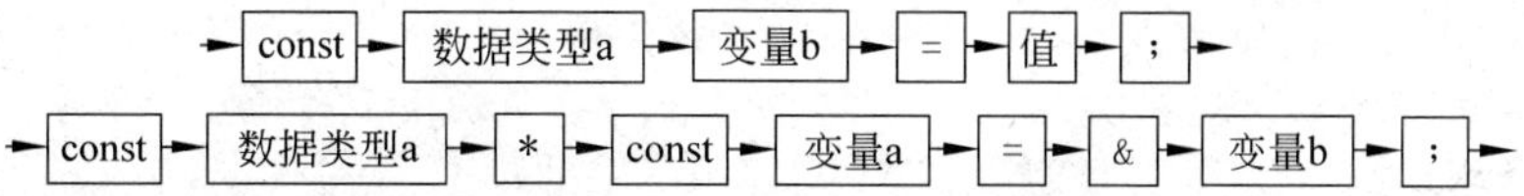

图 8-20 指向常量的指针常量

语法格式：

```
const  数据类型 a 变量 b=值;
const 数据类型 a * const 变量 a=  & 变量 b;
```

说明：

指针 * 声明操作符左边有一个 const，说明声明的是一个指向常量的指针。指针 * 声明操作符右边有一个 const，说明声明的是一个指针常量。指向的对象不能变，指针常量本身也不能变。

可定义一个指向常量的指针常量，它必须在定义时进行初始化。如：

```
const int valci=7;
int valai;
const int * const cptrc=&valci;        //指向常量的指针常量
const int * const cptri=&valai;        //正确
cptri=&valci;                          //错误：指针值不能修改
*cptri=39;                             //错误：不能修改所指向的对象
valai=39;                              //正确
```

cptrc 和 cptri 都是指向常量的指针常量，它们既不允许修改指针值，也不允许修改 * cptrc 的值。赋值给指向常量的指针常量的地址，可以是常量地址，也可以是变量的地址。

8.6 引　　用

引用是 C++ 引入的新语言特性，是 C++ 常用的一个重要内容之一，正确、灵活地使用引用，可以使程序简洁、高效。

1. 引用的概念

引用就是某一变量（目标）的一个别名，建立引用时必须用另一个同数据类型数据对象（变量名或对象名）进行初始化，以指定该引用所代表的数据对象。对引用的任何操作实际上就是对所代表的数据对象的操作。一个引用变量要占用相当于一个指针所需要的空间，但系统不会为它所代表的数据对象再次分配空间。

在类型名后跟引用运算符“&”，以及引用名来创建一个引用。引用名就是一个变量名。

定义引用的语法图如图 8-21 所示。

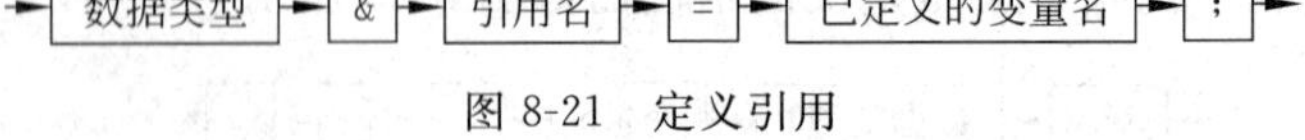

图 8-21　定义引用

语法格式：

<数据类型>&<引用名>=<已定义的变量名>

说明：

（1）& 在此不是求地址运算，而是起标识作用。定义引用变量时必须用同类型的变量名将其初始化。引用声明完毕后，相当于目标变量名有两个名称，即该目标原名称和引用名，且不能再把该引用名作为其他变量名的别名。

(2) 声明一个引用，不是新定义了一个变量，它只表示该引用名是目标变量名的一个别名，它本身不是一种数据类型，故引用本身不占存储单元，系统也不给引用分配存储单元。对引用求地址，就是对目标变量求地址。

(3) 不能建立数组的引用。因数组是一个由若干个元素所组成的集合，无法建立一个数组的别名。

(4) 没有 NULL 引用。必须确保引用是具体合法的对象的引用(即引用应和一块合法的存储空间关联)。如：

```
int vala;
int &ra=vala;          //定义引用 ra,它是变量 vala 的引用,即别名
ra=1;                  //错误
vala=1;                //正确
```

定义引用的同时，用同类型的变量名初始化，对引用变量再赋值是错误的，但可改变引用对应变量的值。

2. 用引用传递函数参数

引用的一个重要用途就是作为函数的参数。在 C++ 中，函数参数传递采用的是传值，若要有占用空间大的对象(如一个大的结构体变量或类对象)需要作为函数参数传递时，为避免将整个实参对象数据全部复制给形式参数，提高程序的执行效率，在 C 语言中常用指针，但指针会带来安全隐患(如传递的指针为空指针或者指向无效地址)。

(1) 引用的最多用处就是作为函数的参数(结构和对象)，通过引用变量作参数可使函数使用原始数据，而不是复制。

【例 8-9】 用引用传递函数参数。

程序代码：

```
1. #include<iostream>
2. using namespace std;
3.
4. void swap(int &ptr1, int &ptr2)
5. { //函数的形参 ptr1, ptr2 都是引用
6.     int tempptr;
7.     tempptr=ptr1;
8.     ptr1=ptr2;
9.     ptr2=tempptr;
10. }
11. int main()
12. {
13.     int vala, valb;
14.     //输入 vala,valb 两变量的值
15.     cin>>vala>>valb;
16.     //直接以变量 vala 和 valb 作为实参调用 swap 函数
17.     swap(vala, valb);
```

第 4～10 行，定义交换函数，其中形参是引用型 int 量。第 7～9 行，是交换，和前面用过的相同。也即引用是变量的别名。

第 11～20 行是主函数。

第 17 行，是调用交换函数。调用处，直接以变量作为实参进行调用即可，而不需要实参变量有任何的特殊要求。

```
    cout<<vala<< ' '<<valb;     //输出结果
    return 0;
}
```

如果输入数据 10 20 并回车后，则运行结果：

```
20 10
```

说明：

① 传递引用给函数与传递指针的效果是一样的。这时，被调函数的形参就成为原来主调函数中的实参变量或对象的一个别名来使用，在被调函数中对形参变量的操作就是对其相应的目标对象（在主调函数中）的操作。

② 使用引用传递函数的参数，在内存中并没有产生实参的副本，它是直接对实参操作；而使用一般变量传递函数的参数，当发生函数调用时，需要给形参分配存储单元，形参变量是实参变量的副本；如果传递的是对象，还将调用复制构造函数。当参数传递的数据较大时，用引用比用一般变量传递参数的效率和所占空间都好。

③ 使用指针作为函数的参数虽然也能达到使用引用的效果，但是，在被调函数中同样要给形参分配存储单元，且需要重复使用"*指针变量名"的形式进行运算，这很容易产生错误且程序的阅读性较差；另一方面，在主调函数的调用点处，必须用变量的地址作为实参。引用更容易使用，更清晰。

如果既要利用引用提高程序的效率，又要保护传递给函数的数据不在函数中被改变，就应使用常引用。

(2) 引用的特点更接近于 const 指针，一旦与某个变量关联起来就将一直使用它，可通过初始化来设置引用，但不能通过赋值来设置。若程序不想改变传递给它的信息，又想使用引用，则应该使用常量引用。在参数为 const 引用时，若实参和形参不匹配，C++ 将为此产生临时变量，函数参数将引用该变量。当参数不是 const 引用时，若不是左值（又无法生成临时变量）将导致编译错误。如：假设有如下函数声明：

```
string foo();
void bar(string &str);
```

那么下面的表达式将是非法的：

```
bar(foo());
bar("hello world");
```

这在于 foo()和"hello world"串都会产生一个临时变量，而在 C++ 中，临时变量都是 const 类型的，上面的表达式就是试图将一个 const 类型的变量转换为非 const 类型，这是非法的。一般，引用型参数应该在能被定义为 const 的情况下，尽量定义为 const。

(3) 尽量将函数返回的引用声明为 const，避免通过返回的引用而修改它的值，返回引用其实是返回被引用变量的别名。

要以引用返回函数值，则函数定义时，语法格式：

```
数据类型  & 函数名(形参列表或类型说明)
{
函数体
}
```

说明：

① 以引用返回函数值，定义函数时需要在函数名前加 &。

② 用引用返回一个函数值的最大好处是，在内存中不产生被返回值的副本。

【例 8-10】 定义了一个普通的函数 fuctn1(它用返回值的方法返回函数值)，另外一个函数 fuctn2，它以引用的方法返回函数值。

程序代码：

```
1. #include<iostream>
2. using namespace std;
3.
4. float temp;             //定义全局变量 temp
5.
6. //定义函数 fuctn1,它以返回值的方式返回函数值
7. float fuctn1(float real)
8. {
9.     temp=(float)(real * real * 3.14);
10.     return temp;
11. }
12. //定义函数 fuctn2,它以引用方式返回函数值
13. float &fuctn2(float real)
14. {
15.     temp=(float)(real * real * 3.14);
16.     return temp;
17. }
18. //主函数
19. int main()
20. {
21.     //系统生成要返回值的副本(即临时变量)
22.     float vala=fuctn1(10.0);
23.     //可能会出错(不同 C++系统有不同规定)
24.     //不能从被调函数中返回一个临时变量
25.     //或局部变量的引用
26.     float &valb=fuctn1(10.0);
27.     //系统不生成返回值的副本
28.     float valc=fuctn2(10.0);
29.     //可以从被调函数中返回一个全局变量的引用
30.     //系统不生成返回值的副本
31.     float &vald=fuctn2(10.0);
32.     //可以从被调函数中返回一个全局变量的引用
```

第 7～11 行，定义函数 fuctn1，它以返回值的方法返回函数值。

第 13～17 行，定义函数 fuctn2，它以引用方式返回函数值。

第 19～35 行，主函数。

第 22 行，函数 fuctn1 以返回值的方式返回函数值，并将该值赋值给变量 vala。

第 26 行，函数 fuctn1 以返回值的方式返回函数值，并将该值赋值给引用变量 valb，出错。

第 28 行，函数 fuctn2，它以引用方式返回函数值，并将该值赋值给变量 valc。

第 31 行，函数 fuctn2，它以引用方式返回函数值，并将该值赋值给引用变量 valc。

```
33.     cout<<vala<<"\t"<<valc<<"\t"<<vald;
34.     return 0;
35. }
```

将 26 行加注释后,运行结果:

```
314      314      314
```

本例,引用返回函数值可赋值给引用变量或变量,普通函数的返回值可赋值给变量,但不能赋值引用变量。

引用作为返回值,必须遵守以下规则:

(1) 不能返回局部变量的引用。局部变量会在函数返回后被销毁,被返回的引用就成为了"无所指"的引用,程序会进入未知状态。

(2) 不能返回函数内部 new 分配的内存的引用。虽然不存在局部变量的被动销毁问题,但返回函数内部 new 分配内存的引用,面临其他尴尬局面。如,被函数返回的引用只是作为一个临时变量出现,而没有被赋予一个实际的变量,这个引用所指向的空间(由 new 分配)就无法释放,造成内存泄露(存储渗露)。

(3) 可返回类成员的引用,但最好是 const。当对象的属性与某种业务规则(business rule)相关联时,其赋值常常与某些其他属性或者对象的状态有关,有必要将赋值操作封装在一个业务规则当中。如果其他对象可以获得该属性的非常量引用(或指针),那么对该属性的单纯赋值就会破坏业务规则的完整性。

3. 指针和引用的区别

(1) 引用不可以为空,指针可以为空。引用是对象的别名,定义一个引用的时候,必须初始化。若有一个变量是用于指向另一个对象,但是它可能为空,应该使用指针;若变量总是指向一个对象,不允许变量为空,应该使用引用。若定义一个引用变量,不初始化引用变量,即该引用变量值为空,则编译时出现错误。

声明指针时可以不指向任何对象,使用指针之前必须做判空操作,而引用就不必。

(2) 引用不可改变指向,指针可改变指向,指向其他对象。引用不可以改变指向,可改变初始化对象的内容。对指针的操作不改变所指对象的内容。

如++操作:对引用的操作直接反应到所指向的对象,而不是改变指向;指针使指针指向下一个对象。

(3) 引用的大小是所指向的变量的大小,引用只是一个别名而已;指针是指针本身的大小,4 个字节。

总之,指针指向一块内存,它的内容是所指内存的地址;引用是某块内存的别名,引用不改变指向。

4. 指针传递和引用传递

指针传递参数本质上是值传递的方式,它所传递的是一个地址值。值传递过程中,被调函数的形式参数作为被调函数的局部变量处理,即在栈中开辟了内存空间以存放由主调函数放进来的实参的值，从而成为了实参的一个副本。值传递的特点是被调函数对形式参数的任何操作都是作为局部变量进行，不会影响主调函数的实参变量的值。

引用传递过程中，被调函数的形式参数也作为局部变量在栈中开辟了内存空间，但这时存放的是由主调函数放进来的实参变量的地址。被调函数对形参的任何操作都被处理成间接寻址，即通过栈中存放的地址访问主调函数中的实参变量。被调函数对形参做的任何操作都影响了主调函数中的实参变量。

引用传递和指针传递是不同的，尽管它们都是在被调函数栈空间上的一个局部变量，但任何对于引用参数的处理都会通过一个间接寻址的方式操作到主调函数中的相关变量。而对于指针传递的参数，若改变被调函数中的指针地址，它将影响不到主调函数的相关变量。若想通过指针参数传递来改变主调函数中的相关变量，那就得使用指向指针的指针，或者指针引用。

本章小结

(1) 指针变量

一个指针是一个特定类型数据的存储地址，它是存放地址的变量。指针运算有："&"、"*"、指针和整型量可进行加减、当 p1 和 p2 指向同一类型时，可进行赋值、两个指向同一类型的指针，可进行==，>，<等关系运算、两个指向同一数组成员的指针可进行相减，结果为两个指针之间相差元素的个数。

在 C++ 中，动态存储分配功能是通过 new 和 delete 运算符来实现的。

(2) 指针和数组

用指针方式表示数组元素的一般形式：

```
类型　数组名[数组长度];
数组名[下标表达式 1]= *(数组名+下标表达式 1)
```

指针数组的语法格式：

```
数据类型 *数组名[常量表达式 n];
```

(3) 结构体指针

结构体指针定义的语法格式：

```
struct 结构体类型名称 * 结构指针变量名;
```

结构体体指针的引用的语法格式：

```
结构体指针变量-> 成员名;
```

或

```
(*结构体指针变量).成员
```

(4) 函数与指针

指针函数定义的语法格式：

```
返回类型 *函数名(形式参数表)
{
函数体
}
```

函数指针定义的语法格式：

```
返回值类型 ( * 指针变量名)([形参列表]);
```

函数指针数组的定义的语法格式：

```
函数返回值类型 (*数组名[整型常量表达式][…])(形参表);
```

获取函数地址的方法：不带有括号和参数的函数名、函数指针数组赋值。

为函数指针数组赋值有两种方式：静态定义和动态赋值。

(5) 常量与指针

常量指针定义的语法格式：

```
const 数据类型 * 指针变量;
```

或

```
数据类型 const * 指针变量;
```

常量指针赋值的语法格式：

```
数据类型 A 的常量指针=& 数据类型 A 的变量;
```

指针常量定义的语法格式：

```
数据类型 *const 指针常量;
```

指针常量的赋值的语法格式：

```
数据类型 A 的指针常量=& 数据类型 A 的变量;
```

指向常量的指针常量的语法格式：

```
const 数据类型 a 变量 b=值;
const 数据类型 a * const 变量 a=& 变量 b;
```

(6) 引用

引用是别名，建立时须用另一个数据对象(如一个变量)的名字进行初始化，以指定该引用所代表的数据对象。

本章实践

第一部分 基础知识

选择题

1. 以下程序中调用 cin 函数给变量 a 输入数值的方法是错误的,其错误原因是(　　)。(2012-03)

```
#include
void main()
{
    int *p, *q,a,b;
    p=&a;
    cout<<"input a:";
    cin>>p;
}
```

A. *p 表示的是指针变量 p 的地址

B. p 表示的是变量 a 的地址,而不是变量 a 的值

C. *p 表示的是指针变量 p 的值

D. *p 只能用来说明 p 是一个指针变量

2. 下列定义中 p 指向的地址可更改,但 *p 不能够更改的是(　　)。(2012-03)

A. const int *p;　　B. int * const p;

C. const int * const p;　　D. int *p;

3. 下面的语句中错误的是(　　)。(2012-03)

A. int a=5; int x[a];

B. const int a=5; int x[a];

C. int n=5; int *p=new int [a];

D. const int n=5; int *p=new int [a];

4. 有如下语句序列:

```
int x=100, &r=x;
cout<<x<<'-'<<r<<endl:
```

已知其中变量 x 的地址为 0012FF7C,则执行该语句序列的输出结果为(　　)。(2011-09)

A. 100—100　　B. 100—0012FF7C

C. 0012FF7C—100　　D. 0012FF7C—0012FF7C

5. 有如下程序:

```
#include<iostream>
using namespace std;
```

```
int main(){
    int a[6]={23, 15, 64, 33, 40, 58};
    int s1, s2;
    s1, s2=a[0];
    for(int * p=a+1; p<a+6; p++)
   {
    if(s1> * p)s1= * p;
    if(s2< * p)s2= * p;
   }
 cout<<s1+s2<<endl;
 return 0;
 }
```

运行时的输出结果是(　　)。(2011-03)

A. 23　　B. 58　　C. 64　　D. 79

填空题

1. 下列程序运行时的输出结果是(　　)。(2011-09)

```
#include<iostream>
using namespace std;
int Xfun(int * a, int n);
int main()
int b[6]={-2, 6, 8, -3, 5, 4);
cout<<Xfun(b, 6)<<endl;
return 0;
}
int Xfun(int * a, int n){
int x=0;
for(int * p=a; p<a+n; p++)if( * p>0)x+= * p;
return X;
}
```

2. 下列程序运行时的输出结果是(　　)。(2011-09)

```
#include<iostream>
using namespace std;
void Xfun(int&, int&);
int main(){
    int a=3, b=4;
    Xfun(a, B.;
    cout<<a * a+b<<endl;
    return 0;
}
void Xfun(int& x, int& y){
    int z=x;
```

```
        x=y; y=z;
    }
```

程序设计

1. 利用指针，编写用于交换两个整型变量值的函数。

2. 利用指针，将输入字符串反序输出。

3. 利用指针，采用简单选择排序法，编写一个用于对整型序列进行排序的函数。

4. 使用指针编写函数 strcat()，实现两个字符串的首尾连接(将字符串 str2 接到 str1 的后面，str1 最后面的'\0'被取消)。

5. 一元多项式加法计算。

第二部分　项目设计

将第 7 章的系部、姓名、学号组成的结构体，建立成链表。定义函数：创建链表、输入数据、查找数据、删除数据。

第9章 类和对象

教学目标：

(1) 掌握类的定义方式、数据成员、成员函数及访问权限。

(2) 掌握对象和对象指针的定义与使用。

(3) 掌握构造函数与析构函数。

(4) 掌握静态数据成员与静态成员函数的定义与使用方式。

(5) 掌握常数据成员与常成员函数。

(6) 掌握 this 指针的使用。

(7) 掌握友元函数和友元类。

(8) 掌握对象数组与成员对象。

类是一种复杂的数据类型，它是将不同类型的数据和与这些数据相关的操作封装在一起的集合体。类具有更高的抽象性，类中的数据具有隐藏性，类还具有封装性。

9.1 类与对象

类是定义同一类所有对象的变量和方法的蓝图或原型。建议采用“以行为为中心”的方式来设计类，即首先考虑类应该提供什么样的接口(即成员函数)。对类的操作是通过接口(即类的成员函数)来实现的，使用者只关心接口的功能，对它是如何实现的并不感兴趣。

1. 类的定义

类的定义可以分为两部分：说明部分和实现部分。说明部分说明类中包含的数据成员(也称属性)和成员函数(也称方法)，实现部分是对成员函数的定义。

类定义的说明部分语法图，如图 9-1 所示。

语法格式：

```
//类的说明部分
    class 类名
    {
        [public:
```

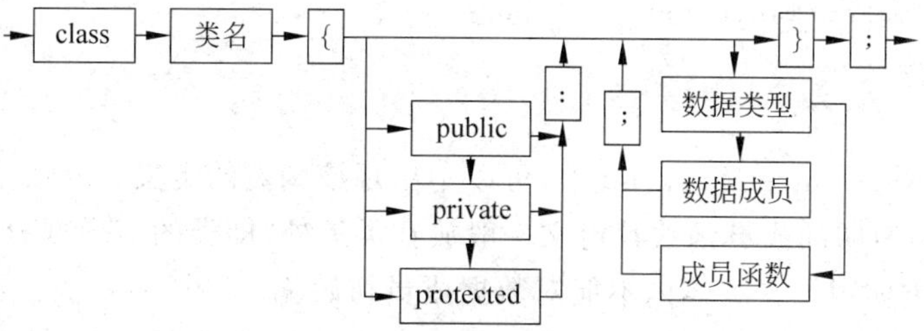

图 9-1　类定义的说明部分

```
        [数据成员] [成员函数]|[ 成员函数原型]]          //公有成员,外部接口
        [protected:
        [数据成员] [成员函数]|[ 成员函数原型]]          //保护成员
        [private:
        [数据成员] [成员函数]|[ 成员函数原型]]          //私有成员
    };
//类的实现部分
各个成员函数的实现
```

说明：

(1) class 是关键字,声明为类类型。类名是合法的标识符,是声明的类的名字。

(2) 一对花括号表示类的声明范围,其后的分号表示类声明结束(因为类是类型),花括号中声明该类的数据成员和成员函数。数据成员描述类所表达的问题的属性,成员函数描述类所表达的问题的行为,类的成员函数应当只使用"动词",被省略掉的名词就是对象本身。

(3) public、protected 和 private 关键字的顺序可任意的。如先声明私有成员再声明其他的也可以,每个关键字也可以出现多次,如声明一些 public 的成员,后面又出了个 public 声明了另一些成员,也是可以的,但类中成员的定义次序,一般为：public 块、protected 块、private 块,若那一块没有,直接忽略即可。public:、protected:、private:要缩进 1 个空格。每一块中,声明次序一般如下：

- typedefs 和 enums；
- 常量；
- 构造函数；
- 析构函数；
- 成员函数,纯静态成员函数；
- 数据成员,纯静态数据成员。

.cpp 文件中函数的定义应尽可能和声明次序一致。

(4) 若一个成员函数在类体内进行了定义,它将不出现在类的实现部分;若所有的成员函数都已在类体内进行了定义,则省略类的实现部分。在类体内定义的成员函数都是内联函数。如：

```
ConcreteNickname(std::string name)
```

```
    : ComFactContwayProduct(name)
{
}
```

实现文件 RegContactWay.cpp 中，可以不出现该函数的定义。

(5) 类体内声明的成员函数其定义一般放在类体外，即类的实现部分，只有成员函数较短时才放在类体内。在类体内不能对数据成员初始化。

(6) 类中数据成员的数据类型，可以是除 void 类型外任何类型：基本类型(除 void 类型外)和非基本类型，当然也可以是类类型。当一个类的数据成员是另一个类的对象时，这个对象就叫数据成员对象，简称成员对象或对象成员。概括地说，就是一个类的数据成员是一个对象，即成员对象。

【例 9-1】 Date 类的定义及其应用。类图如图 9-2 所示。

Date
-int m iYear -int m iMonth -int m iDay
+Date() +Date(int year, int month, int day) +Date(const Date& date) +virtual ~Date() #inline int GetYear() #inline int GetMonth() #inline int GetDay() #inline void SetYear(int year) #inline void SetMonth(int month) #inline void SetDay(int day) #friend istream&operator >>(istream& in, Date& date) #friend ostream&operator <<(ostream& out, Date& date)

图 9-2 Date 类

程序代码：

```
1. #include<iostream>
2. #include<string>
3. using namespace std;
4.
5. class Date
6. {
7.     public:
8.         Date():
9.           m_iYear(2015), m_iMonth(1), m_iDay(1)
10.          {
11.
12.          }
13.
14.          Date(int year, int month, int day)
15.              :m_iYear(year),
```

第 1～86 行，定义 Date 类。
第 7～32 行为 public 的成员。
第 8～12 行定义公有的无参构造方法，其中 m_iYear(2015)、m_iMonth(1)、m_iDay(1) 是给类内三个私有数据成员赋初值，使 m_iYear 的初值为 2015、m_iMonth 的初值为 1、m_iDay 的初值为 1。即 3015 年 1 月 1 日。
第 14～20 行，定义有参构造函数，形式参数为：int year, int month, int day，分别给类内三个私有数据成员赋初值，

```
16.            m_iMonth(month),
17.            m_iDay(day)
18.        {
19.
20.        }
21.
22.        Date(const Date& date)
23.        {
24.            m_iYear=date.m_iYear;
25.            m_iMonth=date.m_iMonth;
26.            m_iDay=date.m_iDay;
27.        }
28.
29.        virtual ~Date()
30.        {
31.
32.        }
33.
34.    protected:
35.        inline int GetYear()
36.        {
37.            return m_iYear;
38.        }
39.
40.        inline int GetMonth()
41.        {
42.            return m_iMonth;
43.        }
44.
45.        inline int GetDay()
46.        {
47.            return m_iDay;
48.        }
49.
50.        inline void SetYear(int year)
51.        {
52.            m_iYear=year;
53.        }
54.
55.        inline void SetMonth(int month)
56.        {
57.            m_iMonth=month;
58.        }
59.
```

使 m_iYear 的初值为 year、m_iMonth 的初值为 month、m_iDay 的初值为 day。

第 22～27 行，定义公有构造函数 Date，形参 const Date& date，用常量引用对象为三个私有数据成员赋初值，使 date.m_iYear 的初值为 year、m_iMonth 的初值为 date.m_iMonth、m_iDay 的初值为 date.m_iDay。

第 29～32 行，析构函数。

第 34 行，保护成员，即第 34～62 行的数据成员和函数成员为保护、内嵌类型。

第 35～36 行，40～43 行，45～48 行，50～53 行，55～58 行，60～63 行，65～71 行，73～80 行对应的函数成员 GetYear、GetMonth、GetDay、SetYear、SetMonth、SetDay。GetYear、GetMonth、GetDay 的功能是获取对应的私有成员的值，SetYear、SetMonth、SetDay 是设置私有成员的值。

```
60.         inline void SetDay(int day)
61.         {
62.             m_iDay=day;
63.         }
64.
65.         friend istream& operator>>
66.             (istream& in,Date& date)
67.         {
68.             in>>date.m_iYear>>
69.                 date.m_iMonth>>date.m_iDay;
70.             return in;
71.         }
72.
73.         friend ostream& operator<<
74.             (ostream& out,Date& date)
75.         {
76.             out<<date.m_iYear<<"-"
77.                 <<date.m_iMonth<<"-"
78.                 <<date.m_iDay;
79.             return out;
80.         }
81.
82.     private:
83.         int m_iYear;
84.         int m_iMonth;
85.         int m_iDay;
86. };
```

第65～71行，73～80行对应的保护型的友元运算符重载函数成员。重载运算符>>、<<。

第65～71行，保护型的友元运算符>>重载函数，形参istream& in，Date&date，完成输入Date对象的年月日。

第73～80行，保护型的友元运算符<<重载函数，形参ostream & out，Date& date，完成输出Date对象的年月日，“-”为分隔符。

第82行，私有成员，为三个私有数据成员。

本例，定义了类Date。第5～86行是Date类定义，Date是类名，其中包含public、protected、private三个部分，每部分中，都有数据成员和成员函数，以及成员函数的实现。图9-2中，-表示私有、+表示公有、#表示保护。

2. 对象的定义

类的对象也称类的实例，一个对象必须属于一个已知的类。因此在定义对象之前，必须先定义该对象所属的类。对象定义的语法图，如图9-3所示。

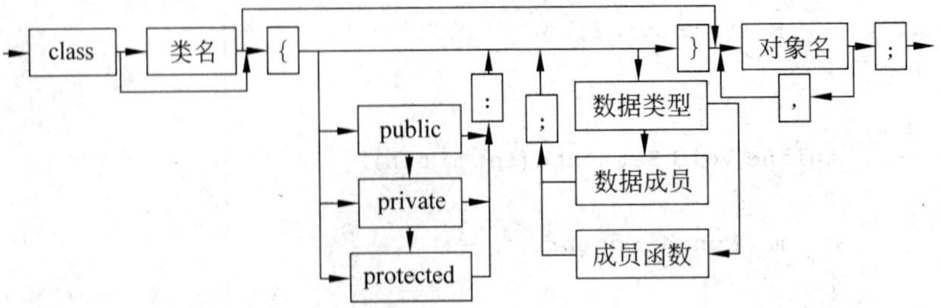

图9-3　对象定义

语法格式：

```
//类的说明部分
    class [类名]
    [{
    [public:
    [成员函数]|[数据成员的说明]]        //公有成员,外部接口
    [protected:
    [成员函数]|[数据成员的说明]]        //保护成员
    [private:
    [成员函数]|[数据成员的说明]]        //私有成员
    ]] 对象表;
    //类的实现部分
    各个成员函数的实现
```

具体定义对象，有以下三种方法。

(1) 在 C++ 中，在声明了类类型以后，定义对象。

语法格式，有两种形式：

① class 类名 对象名表

② 类名 对象名表

直接用类名定义对象。这两种方法是等效的。第 1 种方法是从 C 语言继承下来的，第 2 种方法是 C++ 的特色，显然第 2 种方法更为简捷方便。如：

```
ComFactContwayProduct * root
        =new ConcreteNickname(name);
```

(2) 在声明类类型的同时定义对象。

(3) 不出现类名，直接定义对象。

直接定义对象，在 C++ 中是合法的、允许的，但却很少用，也不提倡用。在实际的程序开发中，一般都采用上面 3 种方法中的第 1 种方法。在小型程序中或所声明的类只用于本程序时，也可以用第 2 种方法。在定义一个对象时，编译系统会为这个对象分配存储空间，以存放对象中的成员。

3. 对象的成员的引用

一个对象的成员就是该对象的类所定义的成员，包括数据成员和成员函数。在定义了对象后，可使用“.”运算符和“->”运算符访问对象的成员。其中，“.”运算符适用于一般对象和引用对象，而“->”运算符适用于指针对象(即指向对象的指针)。

访问对象成员的语法图，如图 9-4 所示。

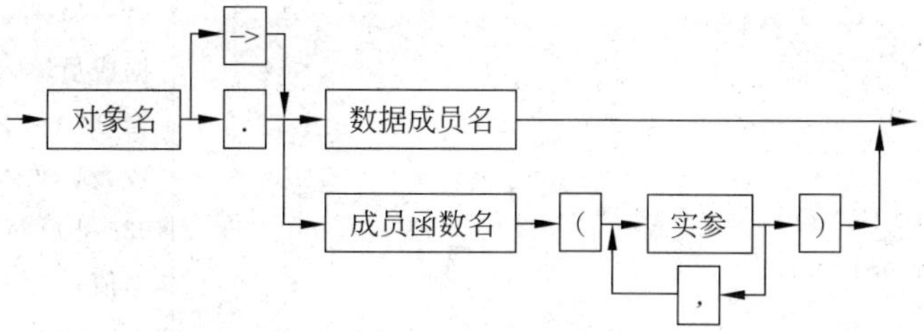

图 9-4 访问对象成员

语法格式：

```
<对象名>.<数据成员名>
```

或

```
<对象名>-><数据成员名>
<对象名>.<成员函数名>(<参数表>
```

或

```
<对象名>-><成员函数名>(<参数表>)
```

如访问的对象为指针对象：

```
mid->Add(leaf);
root->Add(mid);
root->Show(0);
```

【例 9-2】 Person 类的定义及其应用。类中各函数的 UML 活动图请读者完成。类图如图 9-5 所示。

Person
+string m_szNum #string m_szName #string m_szSex +Date m_birth
+Person() +Person(const Person&p) +virtual~Person() +void Get() +void Show() +inline void SetNum(string &num) +inline string GetNum() #inline void SetSex(string &sex) #inline string GetSex() #inline void SetName(string &name) #inline string GetName() -inline void SetBirth(Date &birth) -inline Date GetBirth()

图 9-5 Person 类

程序代码：

```
1. #include<iostream>
2. #include<string>
3. using namespace std;
4.
5. class Person
6. {
7.     public:
8.         Person()
9.         {
10.            m_szNum="000001";
11.            m_szSex="男";
12.            m_birth=Date();
13.            m_szName="";
14.         }
15.
16.         Person(const Person& p);
17.
18.     virtual ~Person()
19.     {
20.         }
21.
22.     void Get();
23.     void Show();
24.
```

第 5～71 行，定义 Person 类。
第 7 行，公有访问属性。
第 8～14 行，定义无参构造函数 Person。函数体给数据成员赋初值：公有型数据成员 string m_szNum，保护型数据成员 string m_szName、string m_szSex 以及私有数据成员 Date m_birth。
第 16 行是有参构造函数 Person 的声明，形参为常量引用型 Person 对象，函数体在类 Person 外部第 73～79 行。
第 18～20 行，虚析构函数 Person。
第 22 行成员函数 Get 函数声明，函数体在类的外部。第 81～91 行，从键盘为类内的数据成员输入数据。
第 23 行，成员函数 Show 函数，函数体在类的外部，第 93～100 行，输出内部变量数据值。

```
25.     inline void SetNum(string &num)
26.     {
27.           m_szNum=num;
28.         }
29.
30.     inline string GetNum()
31.     {
32.            return m_szNum;
33.         }
34.     string m_szNum;
35.
36.     protected:
37.         inline void SetSex(string &sex)
38.         {
39.            m_szSex=sex;
40.         }
41.         inline string GetSex()
42.         {
43.            return m_szSex;
44.         }
45.
46.         inline void SetName(string &name)
47.         {
48.            m_szName=name;
49.         }
50.
51.         inline string GetName()
52.         {
53.            return m_szName;
54.         }
55.
56.         string m_szName;
57.         string m_szSex;
58.
59.     private:
60.         inline void SetBirth(Date &birth)
61.         {
62.            m_birth=birth;
63.         }
64.
65.         inline Date GetBirth()
66.         {
67.            return m_birth;
68.         }
```

第 25～33 行，内嵌公有字符串成员函数。

第 34 行，公有数据成员。

第 36 行，protected 保护类型。

第 37～40 行，41～44 行，46～49 行，51～54 行分别是内嵌的成员函数 SetSex、GetSex、SetName、GetName 函数，分别是设置、获取、设置、获取数据成员 m _ szName、m _ szSex 值。

第 56～57 行，定义保护型数据成员。

第 59 行，私有属性。

第 60～63 行，65～68 行，内嵌的成员函数，分别设置、获取私有数据成员的值。

```
69.
70.          Date m_birth;
71.     };
72.
73. Person::Person(const Person& p)
74. {
75.     m_szNum=p.m_szNum;
76.     m_szSex=p.m_szSex;
77.     m_birth=p.m_birth;
78.     m_szName=p.m_szName;
79. }
80.
81. void Person::Get()
82. {
83.     cout<<"请输入编号:"<<endl;
84.     cin>>m_szNum;
85.     cout<<"请输入名字:"<<endl;
86.     cin>>m_szName;
87.     cout<<"请输入性别:"<<endl;
88.     cin>>m_szSex;
89.     cout<<"请输入生日日期(以空格隔开):"<<endl;
90.     cin>>m_birth;
91. }
92.
93. void Person::Show()
94. {
95.     cout<<"该人信息:"<<endl;
96.     cout<<"身份证号:"<<m_szName<<endl;
97.     cout<<"编号:"<<m_szNum<<endl;
98.     cout<<"性别:"<<m_szSex<<endl;
99.     cout<<"生日:"<<m_birth<<endl;
100. }
101.
102. int main()
103. {
104.     Person p;
105.     p.Get();
106.     p.Show();
107.     return 0;
108. }
```

第 73～79 行，构造函数。

第 81～91 行，类 Person 成员函数 Get。

第 93～100 行，类 Person 成员函数 Show。

第 102～108 行，主函数。

第 104 行，定义类 Person 对象 p。

第 105 行，调用 p 的 Get 函数。

第 106 行，调用 p 的 Show 函数。

本例，定义了类 Person。第 5～72 行是 Person 类定义，Person 是类名，其中包含 public、protected、private 三个部分，第 74～101 行，是 Person 类的实现部分，即该部分是类中部分函数的外部实现。

本例中，定义了例 9-1 中类 Date 对象。

说明：

(1) 每个类的定义要附着描述类的功能和用法的注释，如类定义注释示例：

```
/***********************************************
本类的功能：输出错误信息
           本类是一个单件
           在程序中需要进行错误信息输出的地方
***********************************************/
class CPrintError
{
        ⋮
}
```

(2) 若已经在文件顶部详细描述了该类，类定义处只简单描述，也可“完整描述见文件顶部”，建议多少在类中加点注释。

(3) 若类有任何同步前提，文档说明之。若该类的实例可被多线程访问，使用时务必注意文档说明。

(4) 基类名应在 80 列限制下尽量与派生类名放在同一行。

(5) 除第一个关键词(一般是 public)外，其他关键词前空一行，若类比较小也可以不空。这些关键词后不要空行；一般 public 放在最前面，然后是 protected 和 private。

(6) 使用 extern 来声明的常量是全局的，若要将常量的作用域限制在类中，则须在类中声明常量，并将其声明为 static(这样它们就不会计入每个对象的内存大小中)。

(7) 通常将类的定义放在头文件中，将实现部分放在执行文件中，如：

```
//myclass.h
class MyClass
{
public:
    static const int MAX_NAME_LENGTH;
    static const float LOG_2E;
    static const std::string LOG_FILE_NAME;
};
```

然后在相应的.cpp 文件中定义这些常量：

```
//myclass.cpp
const int MAX_NAME_LENGTH=128;
const float LOG_2E=log2(2.71828183f);
const std::string LOG_FILE_NAME="filename.log";
```

4. 类成员的访问控制

C++ 类中提供了 3 种访问控制权限：公有(public)、私有(private)和保护(protected)。

公有(public)：公有类型定义了类的外部接口，任何一个外部的访问都必须通过外部接口进行。具有公有访问控制级别的成员是完全公开的，任何环境下都可以通过对象访问公有成员。

public 成员函数，如例 9-2 中：

```
+Person()、+Person(const Person& p);
```

私有(private)：私有类型的成员只允许本类的成员函数访问，来自类外部的任何访问都是非法的。具有私有访问控制级别的成员是完全保密的，即只能通过指向当前类(不包括派生类)的。this 指针才可以访问，其他环境均无法直接访问这个成员。类默认权限是私有的，类中的成员的默认权限也是私有的。不能在类外使用。

私有成员函数，如例 9-2 中：

```
private 的成员函数：
-inline void SetBirth(Date &birth)
-inline Date GetBirth()
```

protected：保护类型介于公有类型和私有类型之间，在继承和派生时可以体现出其特点，访问时它和私有类型一样也只允许本类的成员函数访问。具有这个访问控制级别的成员是半公开的：外界无法直接访问这个控制级别的成员，但是派生类的 this 指针可以获得访问能力。

如例 9-2 中：

```
protected 的成员函数：
#inline void SetSex(string &sex)
#inline string GetSex()
#inline void SetName(string &name)
#inline string GetName()
```

5. 类的数据成员

类中的数据成员描述类所表达的问题的属性。数据成员在类体中进行定义，其定义方式与一般变量相同，但对数据成员的访问要受到访问权限修饰符的控制。如例 9-2 中数据成员：

```
+string m_szNum;
#string m_szName;
#string m_szSex;
-Date m_birth;
```

在定义类的数据成员时，要注意：

(1) 类中的数据成员可以是任意类型，包括整型、浮点型、字符型、数组、指针和引用等，也可以是对象。但只有另外一个类的对象，才可以作为该类的成员。自身类的对象是不可以作为自身类的成员存在的，但自身类的指针可以。

如例 9-1 中数据成员：string 类型 m_szNum、m_szNam、m_szSex，以及例 10-1 类 Date 的 m_birth。

如在例 9-1 的类 Date 中，增加：Date exmp;，编译时：

```
error C2460: 'exmp' : uses 'Date', which is being defined
```

(2) 在类体中不允许对所定义的数据成员进行初始化。

如在例 9-1 中，给数据成员 m_iYear 初始化 int m_iYear＝2015;，编译时：

```
error C2258: illegal pure syntax, must be '=0'
error C2252: 'm_iYear' : pure specifier can only be specified for functions
```

注意：

(1) 每个类数据成员(也叫实例变量或成员变量)应注释说明用途，若变量可以接受 NULL 或－1 等警戒值，需要给予说明。

(2) 类的数据成员加前缀 m(表示 member)，这样可以避免数据成员与成员函数的参数同名。

(3) 类成员变量定义注释示例：

① 在成员变量上面加注释的格式

```
//成员变量描述
int m_Var;
```

② 在成员变量后面加注释的格式

```
int m_color;      //颜色变量
```

6. 类的成员函数

类的成员函数描述类所表达的问题的行为。类中所有的成员函数都必须在类体内进行声明。但成员函数的定义既可在类体内给出，也可在类体外给出。

如例 9-2 中成员函数：

类体内定义的成员函数有：

```
+Person()
+virtual ~Person()
+inline void SetNum(string &num)
#inline void SetSex(string &sex)
-inline Date GetBirth()
```

类体外定义的成员函数有：

```
Person::Person(const Person& p)
void Person::Get()
```

说明：

(1) 将成员函数直接定义在类的内部，其语法格式与普通函数语法格式没有区别。

如例 9-1 中，所有成员函数都在类体内定义。

(2) 在类声明中给出对成员函数的说明，而在类外部对成员函数进行定义(但成员函数仍然在类范围内)。这种在类外部定义的成员函数的语法图,如图 9-6 所示。

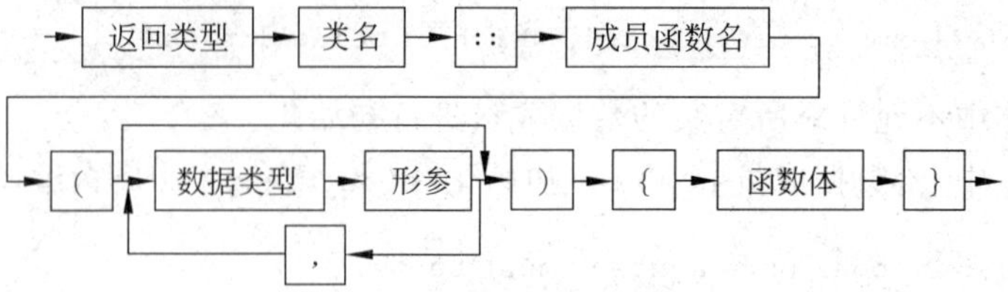

图 9-6 类外部定义的成员函数

语法格式:

```
返回类型 类名:: 成员函数名([参数表])
{
    函数体
}
```

其中,"::"是作用域运算符,"类名"用于表明其后的成员函数名是在"类名"中说明的。在函数体中可以直接访问类中说明的成员,以描述该成员函数对它们所进行的操作。

如例 9-2 中,成员函数:

```
Person::Person(const Person& p)
void Person::Get()
void Person::Show()
```

都是在类体外定义的。

在类体外定义成员函数时,要注意必须在成员函数名前加上类名和作用域运算符(::)。作用域运算符用来标识某个成员属于某个类。作用域运算符的语法图,如图 9-7 所示。

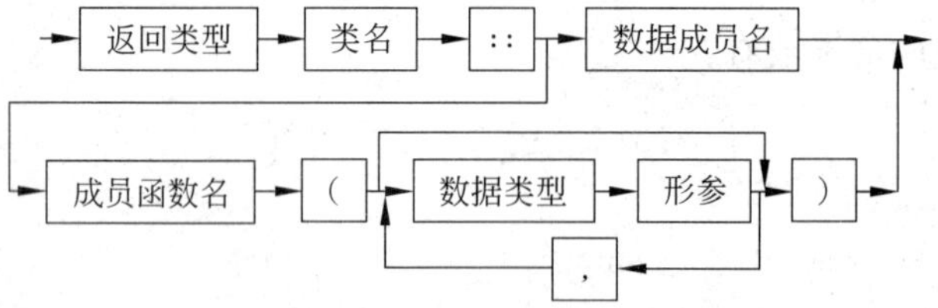

图 9-7 作用域运算符

语法格式:

```
返回类型类名:: 成员函数名([参数表])
```

或

```
类名:: 数据成员名
```

在类体外定义成员函数,它们的声明在类内,定义在类外的现实部分。

如函数定义:

```
ComFactContwayProduct
::ComFactContwayProduct(string name)
```

等等。

成员函数的类内和类外定义之间的差别：若一个成员函数的声明和定义都在类体内，该成员函数就是内联函数。若一个成员函数的声明在类体内，而定义在类体外，该成员函数的调用是按一般函数进行的。

若要将定义在类体外的成员函数也作为内联函数处理，就必须在成员函数的定义前加上关键字"inline"，以此显式地说明该成员函数也是一个内联函数。成员函数除了可定义为内联函数以外，也可进行重载，可对其参数设置默认值。声明时没有使用 inline，定义时使用 inline，也是内联函数。声明和定义时，同时使用 inline，也是内联函数。

【例 9-3】 类的定义及其应用，一元多项式的求导，其中类图和类中各函数的 UML 活动图请读者完成。

程序代码：

```
1. #include<iostream>
2. using namespace std;
3. //最高次幂
4. congst int MAX=100;
5. typedef struct
6. {
7.     float coeff[MAX];
8.     int length;
9. } Lnode;
10.
11. class polynomial
12. {
13. public:
14.     polynomial()
15.     {
16.         power=0;
17.         polyn=new Lnode();
18.     }
19.
20.     ~polynomial()
21.     {
22.     }
23.
24.     void Createpolynomial(Lnode * polyn, int n);
25.     void polynomial::Deriv(Lnode * polyn);
26.     void out(Lnode * polyn, bool promt=true);
27.
28.     void setpower(int power);
```

第 4 行，定义最高次幂。

第 5～9 行，定义链表的结点，结构体类型。

第 11～33 行定义类 polynomial。

第 13～29 行，是类 polynomial 的公有部分：

第 14～18 行，无参构造函数。

第 20～22 行，析构函数。

第 24～29 行，定义公有类型成员函数。

本例中，没有 protected 部分。

```
29.     int getpower();
30. private:
31.     int power;//一元多项式的最高次幂
32.     Lnode * polyn;//一元多项式
33. };
34.
35. inline void polynomial::setpower(int power)
36. {
37.     this->power=power;
38. }
39.
40. inline int polynomial::getpower()
41. {
42.     return power;
43. }
44. void polynomial::Createpolynomial(Lnode * polyn, int n)
45. {//一元多项式的创建
46.     int i;
47.     cout<<"常数项:";
48.     cin>>polyn->coeff[0];
49.     for(i=1; i<=n; i++)
50.     {
51.         cout<<i<<"次项:";
52.         cin>>polyn->coeff[i];
53.     }
54.
55.     polyn->length=n;
56. }
57.
58. void polynomial::Deriv(Lnode * polyn)//一元多项式的求导
59. {
60.     polyn->coeff[0]=0;
61.     for(int i=1; i<=polyn->length; i++)
62.         polyn->coeff[i]=polyn->coeff[i] * i;
63. }
64. void polynomial::out(Lnode * polyn, bool promt)
65. {
66.     cout<<(promt ? "一元多项式 f="
67.                  : "一元多项式的导数 f'=");
68.
69.     for(int i=polyn->length; i>=0; i--)
70.     {//一元多项式的高次幂在前
71.         if(polyn->coeff[i] !=0)
72.         {
```

第 30～32 行，是类 polynomial 的私有部分，这里只有两个数据成员。

第 35～95 行，是类 polynomial 的公有部分成员函数的实现部分。由于在类外定义成员函数，所以在成员函数前要加上类名和域运算符。

第 35～43 行，内联函数 setpower，设置最高次幂。

第 44～56 行，利用单向链表，创建多项式函数 Createpolynomial。

第 58～63 行，一元多项式求导函数。

第 64～95 行，输出一元多项式。

第 66 行采用“?：”表达式，其条件有成员函数的形参给出。

```
73.             if(i==polyn->length)
74.             {
75.                 if(polyn->coeff[i])
76.                 {
77.                     cout<<polyn->coeff[i];
78.                 }
79.             }
80.             else
81.             {
82.                 if(polyn->coeff[i]>0)
83.                 {
84.                     cout<<"+";
85.                 }
86.                 cout<<polyn->coeff[i];
87.             }
88.             if(i+promt-1)
89.             {
90.                 cout<<"X"<<i+promt-1;
91.             }
92.         }
93.     }
94.     cout<<"\n";
95. }
96.
97. void main()                             //主函数
98. {
99.     polynomial poly;                    //定义对象
100.     Lnode *polynode;                   //定义结点
101.     int power;                         //最高次幂
102.
103.     cout<<"请输入最高次幂：";
104.     cin>>power;
105.
106.     poly.setpower(power);              //设置最高次幂
107.    //分配结点
108.     polynode=(Lnode *)malloc(sizeof(Lnode));
109.    //创建一元多项式
110.     poly.Createpolynomial(polynode,
111.                               poly.getpower());
112.     poly.out(polynode, true);          //输出一元多项式
113.     poly.Deriv(polynode);              //一元多项式求导
114.     poly.out(polynode, false);         //输出导数
115.
116.     return;
117. }
```

第 97～117 行，主函数 main。

第 99 行定义 polynomial 类的对象。

第 100 行，定义链表指针。

第 106 行，利用类的对象调用成员函数 setpower。

第 110～111 行，用类的对象调用成员函数 Createpolynomial。

第 112 行，用类的对象调用成员函数 out。其中实参 true 表示是求导前的一元多项式。

第 113 行，用类的对象调用成员函数 Deriv。

第 114 行，用类的对象调用成员函数 out。其中实参 false 表示求导后的多项式。

运行结果：

```
请输入最高次幂：6
常数项：11
1次项：22
2次项：0
3次项：-34
4次项：4
5次项：3
6次项：44
一元多项式 f=44×6+3×5+4×4-34×3+22×1+11
一元多项式的导数 f'=264×5+1×4+16×3-102×2+22
```

本例，第35～38行，定义了内嵌函数：

```
inline void polynomial::setpower(int power)
```

说明：

成员函数的注释示例：

```
/************************************************
含有参数的函数的注释说明(简述)
该函数的详述信息
@param a 被测试的变量(param 描述参数)
@param s 指向描述测试信息的字符串
@return   测试结果 (return 描述返回值)
@see      本函数参考其他的相关的函数
@note     描述需要注意的问题
int testMe(int a,const char * s);
************************************************/
```

7. 嵌套类

在一个类的内部定义另一个类，称为嵌套类或嵌套类型，外面的类称外围类，内嵌和外围是相对的。

一般形式：

```
class 类名 1
{
    …
    class 类名 2
    {
        …
        class 类名 3
        {                                     外围类
            …        嵌套类     嵌套类或外围类
            …
        }
        …
    }
    …
}
```

嵌套类和外围类是两个互相独立的类。

嵌套类在外围类内部定义,但它是一个独立的类,基本上与外围类不相关。它的成员不属于外围类,同样,外围类的成员也不属于该嵌套类。嵌套类的出现只是告诉外围类有一个这样的类成员供外围类使用。并且,外围类对嵌套类成员的访问没有任何特权,嵌套类对外围类成员的访问也同样如此,它们都遵循普通类所具有的标号访问控制。

嵌套类既可在外围类内定义也可以在外围类外定义。

若不在嵌套类内部定义其成员,则其定义只能写到与外围类相同的作用域中,且要用外围类进行限定,不能把定义写在外围类中。

在嵌套类中可以直接访问外围类中的静态成员,类型名和枚举成员。即在嵌套类中访问这些外围类的这些成员时,可以不使用作用域解析运算符,当然也可使用,而在外围类的外面访问这些成员时,必须使用作用域解析运算符。

外围类的对象同样不能直接访问嵌套类中的成员,但可用作用域解析运算符来访问,这条规则只适合于公有数据成员,对成员函数则是错误的,因为嵌套类不知道外围类中的成员。

注意:当使用上面的方法使用外围类访问嵌套类的非静态成员函数时,因为外围类和嵌套类的非静态成员函数都有隐藏的this指针,而外围类的this指针指向外围类的对象,嵌套类的this指针指向嵌套类的对象,这时就存在this指针指向不同的对象的问题。如构造函数:

```
strtonumber()
{
    for(int i=0; i<str.length(); i++)
    {
        outnumer[i]=0;
    }
    this->str="";
    strlen=str.length();
    arraylen=0;
}
```

这里的this,是类strtonumber中的。

在convt类中:

```
void setvalue(long value)
    {
        this->value=value;
    }
```

这里的this作用于类convt。

访问控制权限同样适用于嵌套类,当嵌套类为公有、私有和保护的访问权限时,嵌套类同样遵守数据成员的私有、公有和保护的特性。

使用嵌套类的实现隐藏底层。为了实现这种目的,需要在另一个头文件中定义该嵌套类，而只在外围类中声明这个嵌套类即可。

在外围类外面定义这个嵌套类时，应该使用外围类进行限定。使用时，只需要在外围类的实现文件中包含这个头文件即可。

嵌套类可以直接引用外围类的静态成员、类型名和枚举成员(假定这些成员是公有的)。类型名是一个 typedef 名字、枚举类型名或是一个类名。

若要在嵌套类中访问外围类的成员则必须以外围类的指针、引用或对象的形式访问外围类中的成员。同样，若要在外围类中访问嵌套类中的成员时也必须以嵌套类的指针，引用或对象的形式来访问嵌套类中的成员。

注意：不要将嵌套类定义为 public，除非它们是接口的一部分，比如，某方法使用了返个类的一系列选项。

8. 局部类

在一个函数体内定义的类称为局部类。局部类只在定义它的局部域内可见，与嵌套类不同的是，在定义局部类时需要注意：局部类中不能说明静态成员函数，并且所有成员函数都必须定义在类体内。在定义该类的局部域外没有语法能够引用局部类的成员。局部类不能被外部所继承。在实践中，局部类是很少使用的。

【例 9-4】 对有序集合的折半查找，又称二分查找。

算法思想：先确定待查记录所在的范围(区间)，然后逐步缩小范围直到找到或者找不到为止。关键点在于比较中间位置所记录的关键字和给定值，如果比给定值大(这里假设集合从小到大排列)，那么可以缩小区间范围(集合开始->中间位置的上一位)，再比较该区间的中间位置所记录的关键字与给定值，依次循环到找到或者找不到位置为止。其中类图和类中各函数的 UML 活动图请读者完成。

程序代码：

```
1. #include<iostream>
2. using namespace std;
3.
4. const int LEN=10;
5. //折半查找,数组必须按照一定的顺序
6. //参数:数组,数组长度,最大,最小,目标
7. int BinarySearch(int array[],int len,
8.                  int min, int max, int num)
9. {
10.     class  BinSearch
11.     {
12.     public:
13.         BinSearch()
14.         {
15.         }
16.
17.         BinSearch(int min, int max, int num)
```

第 7～68 行，定义函数：int BinarySearch (int array[ ], int len, int min, int max, int num)。其中，第 10～62 行，定义类 BinSearch，该类在函数内部定义，为局部类。

第 12～54 行，公有成员。第 13～15 行，构造函数。

第 17～22 行，重载的构造函数。

```
18.         {
19.             this->min=min;
20.             this->max=max;
21.             this->num=num;
22.         }
```

第 23～25 行，析构函数。

```
23.         ~BinSearch()
24.         {
25.         }
26.
```

第 27～35 行，定义函数 setarray，用于为数组赋值。

```
27.         void setarray(int array[], int len)
28.         {
29.             for(int i=0;
30.                     i<len && len<=LEN; i++)
31.             {
32.                 sort[i]=array[i];
33.             }
34.             this->len=len;
35.         }
36.
```

第 37～54 行，二分法查找数据。

```
37.         int BSearch()
38.         {
39.             int mid;
40.             while(min<=max)
41.             {
42.                 mid=(min+max) / 2;
43.                 if(sort[mid]==num)
44.                 {
45.                     return mid;
46.                 }
47.                 else if(sort[mid]>num)
48.                 {
49.                     max=mid-1;
50.                 }
51.                 else min=mid+1;
52.             }
53.             return -1;
54.         }
55.
```

第 56～61 行，私有成员。定义私有数据成员。

```
56.     private:
57.         int sort[LEN];
58.         int len;
59.         int min;
60.         int max;
61.         int num;
```

```
62.    };
63.
64.  BinSearch bs(min, max, num);
65.  bs.setarray(array, len);
66.
67.  return bs.BSearch();
68. }
69.
70. int main()
71. {
72.   int array[LEN]={-10, -5, 0 ,2,6,12,67,78,89,100};
73.   cout<<BinarySearch(array, LEN, 0, LEN-1, 120)
74.       <<endl;
75.   return 0;
76. }
```

第64行，定义对象，调用类有参构造函数。

第65行，通过对象调用函数BSearch为数组赋值操作。

第70～76行，主函数。

运行结果：

```
-1
```

本例，在函数BinarySearch中，定义类BinarySearch。

9. 类与结构体区别

(1) class中默认的成员访问权限是private的，而struct中则是public的。

(2) 从class继承默认是private继承，而从struct继承默认是public继承。

10. 对象的生存期

对象的生存期是指对象从被创建开始到被释放为止的时间。对象按生存期可分为3类：

(1) 局部对象：当程序执行到局部对象的定义之处时，调用构造函数创建该对象；当程序退出定义该对象所在的函数体或程序块时，调用析构函数释放该对象。

(2) 静态对象：当程序第一次执行到静态对象的定义之处时，调用构造函数创建该对象；当程序结束时调用析构函数释放该对象。静态数据成员在定义或说明时前面加关键字static。

(3) 全局对象：当程序开始执行时，调用构造函数创建该对象；当程序结束时调用析构函数释放该对象。

注意：局部对象是被定义在一个函数体或程序块内的，它的作用域小，生存期也短。静态对象是被定义在一个文件中，它的作用域从定义时起到文件结束时止。它的作用域比较大，它的生存期也比较大。全局对象是被定义在某个文件中，而它的作用域却在包含该文件的整个程序中，它的作用域是最大的，它的生存期也是长的。

动态内存分配技术可以保证在程序运行过程中按照实际需要申请适量的内存，使用结束后进行释放。这种在程序运行过程中根据需要可以随时建立或删除的对象称为自由存储对象。建立和删除工作分别由堆运算符new和delete完成。

9.2　构造函数和析构函数

若变量是一个对象，每次进入作用域都要调用其构造函数，每次退出作用域都要调用其析构函数。构造函数（也称构造器）处理对象的初始化。析构函数与构造函数相反，当对象脱离其作用域时（如对象所在的函数已调用完毕），系统自动执行析构函数。

9.2.1　构造函数与默认构造函数

C++ 提供了用构造函数（也称构造器）处理对象的初始化。构造函数的功能是由用户定义的，用户根据初始化的要求设计函数体和函数参数。

1. 构造函数首部定义

构造函数首部语法图，如图 9-8 所示。

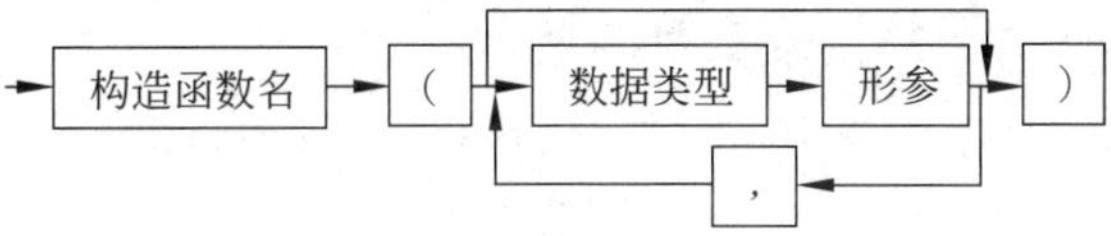

图 9-8　构造函数首部

语法格式：

```
构造函数名([数据类型 1 形参 1[,数据类型 2 形参 2,…]])
```

构造函数的首部与一般成员函数除没有返回类型外，其他与一般函数一样。构造函数名与类同名，形参一般是对类中的私有数据成员初始化。

如例 9-4 中：

```
BinSearch()
BinSearch(int min, int max, int num)
```

2. 构造函数的特点

一般函数都有返回类型，而构造函数没有，因此，有人为了与一般成员函数的区别，称其为构造器。构造函数是一种特殊的成员函数，它除了具有一般成员函数的特性之外，还具有一些特殊的性质。

（1）构造函数的命名必须和类名完全相同，是成员函数，但不能为虚函数，有 0 个以上参数，可以重载。既可在类内定义，也可在类外定义。

如例 9-4 中，有两个构造函数：

```
BinSearch()
{
}
BinSearch(int min, int max, int num)
{
```

```
    this->min=min;
    this->max=max;
    this->num=num;
}
```

本例中，函数名与类名相同，为构造函数。前面的构造函数没有形参，后面的构造函数有三个形参，它们都在类内定义的。

(2) 定义一个类时，通常都会定义该类的构造函数，并在构造函数中为该类中的数据成员指定初始值，因类的数据成员一般都定义为私有成员，以实现类的封装。它没有返回类型(包括 void 类型)，在构造函数的体内没有 return 语句。

如例 9-4 中对构造函数的定义。

(3) 构造函数不能被直接调用，在创建对象时系统会自动调用，而一般成员函数在程序执行到它的调用的时候被执行。通常，构造函数都是公有的，当一个类只定义了私有的构造函数，将无法创建对象。如：

```
private:
BinSearch()
{
}
```

在定义 BinSearch 类的对象时，出现错误 error C2248：

```
cannot access private member declared in class 'BinSearch'
```

(4) 构造函数可省略，当一个类没有定义任何构造函数，编译器会为该类自动生成一个默认的无参的构造函数。而一般的成员函数不存在这一特点。

如例 9-4 中，有两个构造函数，它们没有返回类型，函数体中也没有返回语句 return。

例 9-4 的第 64 行语句：

```
BinSearch bs(min, max, num);
```

就是在定义对象时，利用给定的实参初始化类中私有数据成员。

(5) 从概念上讲，构造函数的执行可分两个阶段，初始化阶段和计算阶段，初始化阶段先于计算阶段。

① 初始化阶段，所有类类型的数据成员都会在初始化阶段初始化，即使该数据成员没有出现在构造函数的初始化列表中。

② 计算阶段，一般用于执行构造函数体内的赋值操作。

3. 数据成员初始化

一个类的数据成员的数据类型是除 void 外的任何数据类型。初始化类的数据成员有两种方式：初始化列表和在构造函数体内进行赋值操作。

对非成员对象初始化，如 int，float 等，使用初始化类表和在构造函数体内初始化差别不是很大。若数据成员是类类型即成员对象，最好使用初始化列表。使用初始化列表少了一次调用默认构造函数的过程，这对于数据密集型的类来说，是非常高效的。

若构造函数不带参数，在函数体中对数据成员赋初值，使该类的每一个对象都得到同一组初值。采用带参数的构造函数，在调用不同对象的构造函数时，从外面将不同的数据传递给构造函数，以实现不同的初始化。

(1) 构造函数内赋值

数据成员初始化时，一般采用构造函数，构造函数的实参是在定义对象时给出的。此时定义对象的语法图，如图 9-9 所示。

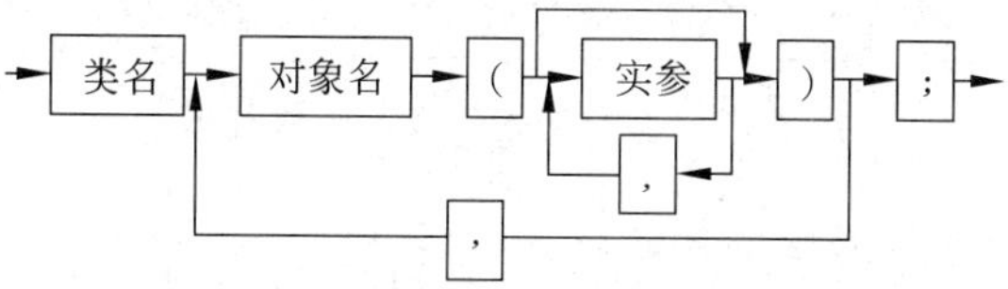

图 9-9　用构造函数定义对象

语法格式：

```
类名 对象名 ([实参 1[,实参 2,…]])[,…];
```

说明：类名是待定义的对象所属的类的名字。对象名是合法的标识符，可有一个或多个对象名，多个对象名之间用逗号分隔。对象名可以是一般的对象名，也可以是指向对象的指针名或引用名，还可以是对象数组名。实参表是初始化对象时需要的，建立对象时，可根据给定的参数调用相应的构造函数对对象进行初始化。调用无参构造函数时，圆括号可省略。

如例 9-4 中的构造函数：

```
BinSearch(int min, int max, int num)
{
    this->min=min;
    this->max=max;
    this->num=num;
}
```

本构造函数采用构造函数体内，初始化数据成员。

(2) 参数初始化表

C++ 提供了参数初始化表来实现对数据成员的初始化。该方法不在函数体内对数据成员初始化，而是在函数首部实现。不能用初始化列表来初始化静态数据成员。

利用参数初始化表的函数首部，初始化列表以冒号开头，后跟一系列以逗号分隔的初始化字段。语法图如图 9-10 所示。

语法格式：

```
类名::构造函数名(形参表)[: 对象 1(参数表)[,对象 2(参数表),…]]
    {…}
```

说明：

① 构造函数初始化列表以一个冒号开始，接着是以逗号分隔的数据成员列表，每个

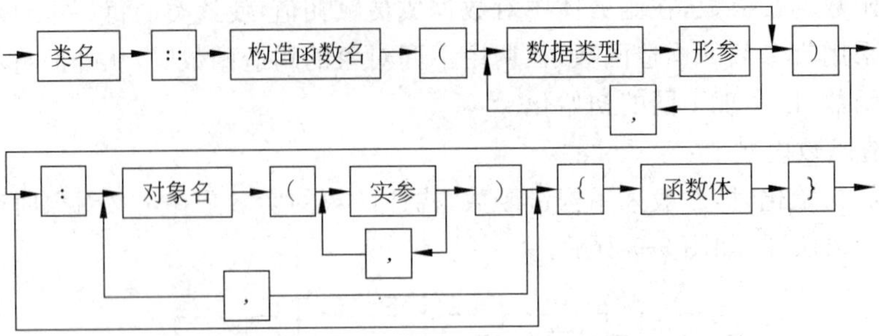

图 9-10 参数初始化表的函数首部

数据成员后面跟一个放在括号中的初始化式。

如例 9-5 中：

```
DemoSpecialdatamembers(): general(1), cont(2), refer(general){}
```

这里，采用初始化列表方式，为类 DemoSpecialdatamembers 初始化数据成员。

② 数据成员是按照它们在类中出现的顺序进行初始化的，而不是按照它们在初始化列表出现的顺序初始化的，一个好的习惯是，按照成员定义的顺序进行初始化。

如例 9-5 中构造函数的应用。

③ 成员对象的初始化，一般采用初始化表形式：

- 类的成员对象必须初始化，但不能将成员对象直接在构造函数体内进行初始化。
- 成员对象初始化时，必须有相应的构造函数，且多个对象成员的构造次序不是按初始化成员列表的顺序，而是按各类声明的先后次序进行的。
- 成员对象初始化可在类构造函数定义时进行。

④ 构造函数初始化列表放在同一行或按四格缩进并排几行。

【例 9-5】 示例特殊数据成员的初始化。旨在说明类中特殊成员的初始化，没有实际意义。其中类图和类中各函数的 UML 活动图请读者完成。

程序代码：

```
1. #include<iostream>
2. using namespace std;
3. class DemoSpecialdatamembers
4. {
5. public:
6.      /* 常量型数据成员和引用型数据成员，
7.      必须通过参数初始化化列表的方式进行。
8.      普通数据成员可放在构造函数的函数体里，
9.      但是本质已不是初始化，而是一种普
10.      通的运算操作-->赋值运算，效率也低。 */
11.      DemoSpecialdatamembers()
12.         : general(1), cont(2), refer(general){}
13. private:
```

第 3～30 行，定义类。

第 5～12 行，公有成员。

第 11～12 行，采用初始化列表的构造函数。

```
14.     int general;            //普通数据成员
15.     const int cont;         //常量数据成员
16.     int &refer;             //引用数据成员
17.     static int stat;        //静态数据成员
18.     //error: 只有静态常量数据成员,才可如下初始化
19.     //static int statmem=100;
20.     //静态常量数据成员
21.     static const int contstatint;
22.     //有的系统允许,int、short、char 类型的静态常量
23.     //数据成员可在类中初始化
24.     //static const int contstatintmem=100;
25.     //非整型的静态常量数据成员
26.     static const double contstatdoub;
27.     //error: 非整型的静态常量数据成员,
28.     //不可在类中初始化
29.     //static const double contstatmem=99.9;
30. };
31. //注意下面三行: 不能再带有 static
32. //静态整型数据成员的初始化
33. int DemoSpecialdatamembers::stat=0;
34. //静态整型常量数据成员的初始化
35. const int DemoSpecialdatamembers::contstatint=1;
36. //静态非整型常量数据成员的初始化
37. const double DemoSpecialdatamembers
38.                         ::contstatdoub=2.1;
39. //在 C++11 中是可以在类的定义中初始化静态成员的。
40. //const int DemoSpecialdatamembers::statmem;
41. int main()
42. {
43.      DemoSpecialdatamembers b;
44.      return 0;
45. }
```

第 13～29 行,私有成员。私有成员中,有常量静态、静态整型常量、静态双精度常量。

第 33 行,对常量私有数据成员初始化。

第 35 行,对静态常量数据成员初始化。

第 37 行,对静态非整型常量数据成员的初始化。

其中注释的语句,是不允许的。

4. 默认构造函数

调用构造函数时不必给出实参的构造函数,称为默认构造函数。默认构造函数的函数名与类名相同,它的参数表或为空,或它的所有参数都具有默认值。

无参的构造函数属于默认构造函数。对于一个类,创建每一个对象时都只执行其中一个构造函数。应该在声明构造函数时指定默认值,而不能只在定义构造函数时指定默认值。若构造函数的全部参数都指定了默认值,则在定义对象时可以给一个或几个实参,也可不给出实参。在一个类中定义了全部是默认参数的构造函数后,不能再定义重载构造函数。

若定义了一个带参构造函数,还要使用默认的无参构造函数的话,就需要自己定义。

每一个类只有一个析构函数，但可以有多个构造函数(包含一个默认构造函数，一个复制构造函数，和其他普通构造函数)和多个赋值函数(包含一个复制赋值函数，其他的为普通赋值函数)。

一般情况下，对于任意一个类，若程序员不显示的声明和定义上述函数，C++ 编译器将会自动产生 4 个 public inline 的默认函数，这 4 个函数最常见的形式为：

(1) 默认构造函数

若一个类中没有定义任何的构造函数，那么编译器只有在以下三种情况，才会提供默认的构造函数：

① 若类有虚拟成员函数或者虚拟继承父类(即有虚拟基类)时。

② 若类的基类有构造函数(可以是用户定义的构造函数，或编译器提供的默认构造函数)。

③ 在类中的所有非静态的对象数据成员，它们对应的类中有构造函数(可以是用户定义的构造函数，或编译器提供的默认构造函数)。

若类中定义了一个默认构造函数，则使用该函数；若一个类中没有定义任何构造函数，编译器将生成一个不带参数的公有默认构造函数，它的语法格式如下：

```
<类名>::<类名>()
{
}
```

(2) 默认析构函数

每个类都必须有一个析构函数。若一个类没有声明析构函数，编译器将生成一个公有的析构函数，即默认析构函数，它的语法格式如下：

```
<类名>:: ~<类名>()
{
}
```

(3) 默认复制构造函数

```
类名(const 类名 &)                //默认复制构造函数
{
}
```

(4) 默认赋值函数

```
类名 & operator=(const 类名 &)    //默认赋值函数
{
}
```

5. 特殊数据成员初始化

(1) static 静态数据成员

static 数据成员为类所有，而不属于类的对象。不管类被实例化了多少个对象，该变量都只有一个。在类外进行初始化，语法图如图 9-11 所示。

图 9-11　static 静态数据成员

语法格式：

```
数据类型 类名:: 静态数据成员名=初始化值;
```

注意：在类外初始化静态数据成员时，要有数据类型。

如例 9-5 中，类中静态数据成员的声明：

```
static int stat;
```

类外数据成员的初始化：

```
int DemoSpecialdatamembers::stat=0;
```

对于普通数据成员，不能在类外初始化，也不能使用初始化列表。

(2) const 常量数据成员

const 常量数据成员需要在声明时初始化。一般采用在构造函数的初始化列表中进行，语法图参见图 9-10。

语法格式：

```
类名::构造函数(实参表): 常量数据成员名(初始化值);
```

如例 9-5 中：

```
DemoSpecialdatamembers(): general(1) , cont(2) , refer(general){}
```

采用初始化列表，对常量数据成员 const 初始化。

(3) 引用型数据成员

引用型数据成员与 const 数据成员类似，需要在创建数据成员时初始化，在初始化列表中进行，但需要注意用引用类型。其语法图如图 9-12 所示。

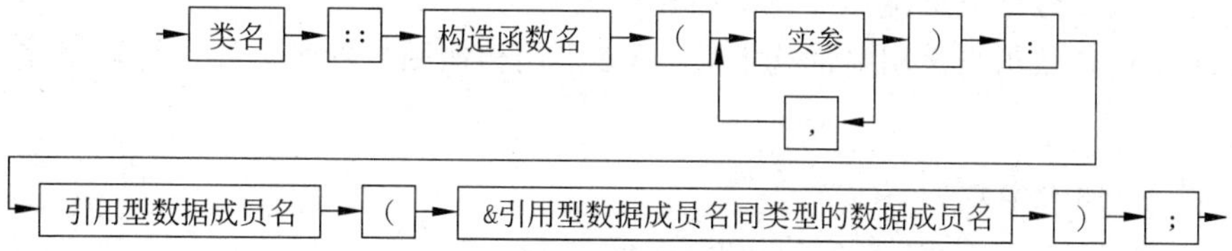

图 9-12　引用型数据成员

语法格式：

```
类名::构造函数名(实参表)
:引用型数据成员名(&引用型变量名类型相同的数据成员名);
```

如例 9-5 中：

```
DemoSpecialdatamembers(): general(1), cont(2), refer(general){}
```

采用初始化列表,对引用数据成员 refer 初始化。

(4) const static 静态常量整型数据成员

对于既是 const 又是 static 而且还是整型的数据成员,即同时具有 const 和 static 的特点,C++ 是给予特权的(但是不同的编译器可能会有不同的支持,VC 6 不支持)。可以直接在类的定义中初始化。此外 char、short 也直接在类的定义中初始化,但 float 和 double 类型只能在类外进行初始化。其语法图如图 9-13 所示。

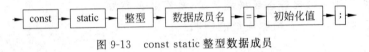

图 9-13 const static 整型数据成员

语法格式:

```
const static 整型 变量名=初始化值;
```

注意:在 C++ 11(ISO/IE(14882—2011)中是可以在类的定义中初始化静态成员的。如例 9-4 中,类内声明:

```
static const int contstatint;
```

类外定义,并初始化:

```
const int DemoSpecialdatamembers::contstatint=1;
```

对静态常量整型数据成员,有的系统允许在类内初始化。但对于实型的静态常量数据成员必须在类外初始化。

总结:

(1) 在类的定义中进行的初始化,只有 const 和 static 且整型的数据成员才可以。

(2) 在类的构造函数初始化列表中,包括 const 对象和引用型对象的数据成员。

(3) 在类的定义之外初始化的,包括 static 数据成员。

(4) 普通的数据成员在构造函数的内部,通过赋值方式进行初始化。

(5) 数组型数据成员是不能在初始化列表里初始化的。

(6) 不能给数组指定明显的初始化,通常采用构造函数的函数体进行初始化,如:

```
strtonumber()
    {//初始化本类的私有成员
        for(int i=0; i<str.length(); i++)
        {
            outnumer[i]=0;
        }
        this->str="";
        strlen=str.length();
        arraylen=0;
    }
```

在构造函数体中,利用循环方式对数组初始化。

9.2.2 析构函数

析构函数也是一个特殊的成员函数，析构函数与构造函数的作用相反，它用来完成对象删除前的一些清理工作。一般情况下，析构函数在对象的生命周期即将结束时，由系统自动调用。它的调用完成后，对象就消失了，相应的内存空间也被释放。

图 9-14 析构函数首部

析构函数首部的语法图如图 9-14 所示。

语法格式：

~析构函数名()

析构函数的函数名与类同名。析构函数名是在类名前加上"～"，它既没有返回类型，也没有参数，还没有返回任何值，它不能被重载。一个类可以有多个构造函数，但只能有一个析构函数。

实际上，析构函数的作用并不仅限于释放资源方面，它还可以被用来执行"类的设计者希望在最后一次使用对象之后所执行的任何操作"。如，输出有关的信息。析构函数可以完成类的设计者所指定的任何操作。析构函数的作用并不是删除对象，而是在撤销对象占用的内存之前完成一些清理工作，使这部分内存可以被程序分配给新对象使用。

当对象的生命期结束时，会自动执行析构函数，具体情况如下：

(1) 若在一个函数中定义了一个对象(它是自动局部对象)，当这个函数被调用结束时，对象应该释放，在对象释放前自动执行析构函数。

(2) static 局部对象在函数调用结束时对象并不释放，也不调用析构函数，只在 main 函数结束或调用 exit 函数结束程序时，才调用析构函数释放 static 局部对象。

(3) 若定义了一个全局对象，则在程序的流程离开其作用域时(如 main 函数结束或调用 exit 函数)时，调用析构函数释放该全局对象。

(4) 若用 new 运算符动态地建立了一个对象，当用 delete 运算符释放该对象时，先调用该对象的析构函数。

【例 9-6】 示例旨在说明类中析构函数的应用，没有实际意义。其中类图和类中各函数的 UML 活动图请读者完成。

程序代码：

```
1. #include<iostream>
2. using namespace std;
3. class destructordemo
4. {
5. public:
6.     destructordemo()
7.     {
8.         pint=new int[32];
9.     }
```

第 3～22 行，定义类。

第 5～19 行，公有成员。

第 6～9 行，构造函数，为整型指针赋初值。

```
10.     ~destructordemo()
11.     {
12.         cout<<"deconstructor"<<endl;
13.         delete []pint;
14.         pint=NULL;
15.     }
16.     void display()
17.     {
18.         cout<<"display"<<endl;
19.     }
20. private:
21.     int *pint;
22. };
23. void main()
24. {
25.     destructordemo exmp;
26.     exmp.~destructordemo();
27.     exmp.display();
28. }
```

第 10～15 行，析构函数，主要是删除指针。

第 20～21 行，私有成员，定义整型指针。

运行结果：

```
deconstructor
display
deconstructor
```

本例，第一次显式调用析构函数，相当于调用一个普通成员函数，执行函数语句，释放了堆内存，但未释放栈内存，对象还在栈存在(但已残缺，存在不安全因素)；第二次调用析构函数，再次释放堆内存，然后释放栈内存，对象此时销毁，不能再用。

在一般情况下，调用析构函数的次序正好与调用构造函数的次序相反，如图 9-15 所示：最先被调用的构造函数，其对应的(同一对象中的)析构函数最后被调用，而最后被调用的构造函数，其对应的析构函数最先被调用。

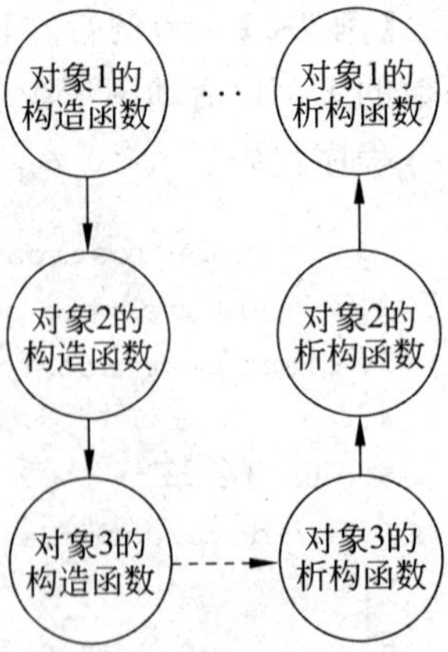

图 9-15 构造函数与析构函数的调用次序

说明：

(1) 在全局范围中定义的对象(即在所有函数之外定义的对象)，它的构造函数在文件中的所有函数(包括 main 函数)执行之前调用。但若一个程序中有多个文件，而不同的文件中都定义了全局对象，则这些对象的构造函数的执行顺序是不确定的。当 main 函数执行完毕或调用 exit 函数时(此时程序终止)，调用析构函数。

(2) 若定义的是局部自动对象(例如在函数中定义对象)，则在建立对象时调用其构造函数。若函数被多次调用，则在每次建立对象时都要调用构造函数。在函数调用结束，对象释放时先调用析构函数。

(3) 若在函数中定义静态(static)局部对象，则只在程序第一次调用此函数建立对象时调用构造函数一次，在调用结束时对象并不释放，因此也不调用析构函数，只在 main 函数结束或调用 exit 函数结束程序时，才调用析构函数。

(4) 成员类型是一个类，是没有默认构造函数的类。若没有提供显示初始化时，则编译器隐式使用成员类型的默认构造函数，若类没有默认构造函数，则编译器尝试使用默认构造函数将会失败。

(5) 默认析构函数

每个类都必须有一个析构函数。若一个类没有声明析构函数，编译器将生成一个公有的析构函数，即默认析构函数，它的语法格式如下：

```
<类名>:: ~<类名>()
{
}
```

【例 9-7】 示例旨在说明构造函数和析构函数的调用次序，没有实际意义。其中类图和类中各函数的 UML 活动图请读者完成。

程序代码：

```
1. #include<iostream>
2. using namespace std;
3. class demoA
4. {
5. public:
6.     demoA()
7.     {
8.         cout<<"demoA()"<<endl;
9.         valuea=10;
10.    }
11.
12.    ~demoA()
13.    {
14.        cout<<"~demoA()"<<endl;
15.    }
16.
17.    int getvaluea()
18.    {
19.        return valuea;
20.    }
21. private:
22.    int valuea;
23. };
24.
```

第 3～23 行，定义类 demoA。

第 5～20 行，公有成员，包括构造函数、析构函数、获取变量值函数。

第 25～45 行，定义类 demoB。

第 27～42 行，公有成员：构造函数、析构函数、获取数据成员的函数。

```
25. class demoB
26. {
27. public:
28.     demoB(): valueb(true)
29.     {
30.         cout<<"demoB()"<<endl;
31.
32.     }
33.
34.     ~demoB()
35.     {
36.         cout<<"~demoB()"<<endl;
37.     }
38.
39.     bool getvalueb()
40.     {
41.         return valueb;
42.     }
43. private:
44.         bool valueb;
45. };
46.
```

第 47～68 行，定义类 demoC。

第 49～63 行，公有成员：构造函数、析构函数、获取私有数据成员值的函数。

```
47. class demoC
48. {
49. public:
50.     demoC()
51.     {
52.         cout<<"demoC()"<<endl;
53.     }
54.
55.     ~demoC()
56.     {
57.         cout<<"~demoC()"<<endl;
58.     }
59.
60.     int getvaluec()
61.     {
62.         return valuec;
63.     }
64.
65.     private:
66.         enum {id1=0, id2} valuec;
67.
68. };
```

```
69. class Comprehensive
70. {
71. public:
72.     void outComprehensive()
73.     {
74.         cout<<exmpa.getvaluea()<<endl;
75.         cout<<exmpb.getvalueb()<<endl;
76.         cout<<exmpc.getvaluec()<<endl;
77.         cout<<valueComp<<endl;
78.     }
79.     private:
80.     demoA exmpa;
81.     demoB exmpb;
82.     demoC exmpc;
83.     double valueComp;
84. };
85.
86. int main()
87. {
88.    Comprehensive Comobject;
89.    Comobject.outComprehensive();
90.
91.     return 0;
92. }
```

第 69～84 行，定义类 Comprehensive。

第 71～78 行，公有成员函数，输出私有数据成员的值。

第 79～83 行，私有数据成员，其中三个成员是对象。

运行结果：

```
demoA()
demoB()
demoC()
10
1
-858993460
-9.25596e+061
~demoC()
~demoB()
~demoA()
```

本例，从运行结果可看出，析构函数的调用次序正好与构造函数调用的次序相反。其中值−858993460 是没有初始化，也没有给枚举类型数据成员 valuec 赋值，由系统给出的值。值−9.25596e+061 是没有初始化，也没有给 valueComp 赋值，由系统给出的值。

9.2.3 复制构造函数

【例 9-8】 复数加法运算，其中类图和类中各函数的 UML 活动图请读者完成。

程序代码：

```
1. #include<iostream>
2. using namespace std;
3.
4. class Complex
5.  {
6.  private :
7.         double   * real;
8.         double  imag;
9.  public:
10.      //无参数构造函数
11.      Complex(void) :real(new double), imag(0){};
12.      //构造函数
13.     Complex(double refreal,double refimag)
14.     {
15.         real=new double;
16.          * real=refreal;
17.         imag=refimag;
18.     }
19.      //复制构造函数,也称拷贝构造函数
20.      Complex(const Complex &ref)
21.      {
22.            //将对象中的数据成员值复制
23.            real=new double;
24.             * real=ref.get_real();
25.            imag=ref.imag;
26.         }
27.         //根据一个指定的类型的对象创建一个本类的对象
28.         Complex(double ref)
29.         {
30.            real=new double;
31.             * real=ref;
32.              imag=0.0;
33.         }
34.           //等号运算符重载(也叫赋值构造函数)
35.        Complex &operator=(const Complex &ref)
36.        {
37.           //首先检测等号右边的是否就是左边的对象本身
38.           //若是本对象本身,则直接返回
39.           if (this==&ref)
40.           {
41.                return * this;
42.            }
```

第 4～84 行，定义类 Complex。

第 6～8 行，私有数据成员。

第 9～66 行，公有成员。

第 11 行，无参构造函数。

第 13～18 行，有参构造函数。

第 20～26 行，复制构造函数。

第 28～33 行，构造函数，类型转换。

第 35～48 行，赋值构造函数。等号运算符重载。

```
43.           //复制等号右边的成员到左边的对象中
44.           this->real=ref.real;
45.           this->imag=ref.imag;
46.           //把等号左边的对象再次传出
47.           return * this;
48.       }
49.     double get_real() const
50.     {
51.        return * real;
52.     };
53.
54.     double get_imag()const
55.     {
56.        return this->imag;
57.     };
58.     //加法相关运算 (a+bi)+(c+di)=(a+c)+(b+d)i.
59.     //加号运算符重载
60.     Complex operator+(const Complex& param) {
61.       Complex result((this->get_real()
62.           +param.get_real()),
63.           (this->get_imag()
64.           +param.get_imag()));
65.       return result;
66.     };
67.     //加号运算符重载
68.     Complex operator+(const double param)
69.     {
70.       Complex tmp(param,0);
71.       return (* this)+tmp;
72.     };
73.     //加等号运算符重载
74.     void operator+=(const Complex& param)
75.     {
76.        * this=(* this)+param;
77.     };
78.      //加等号运算符重载
79.     void operator+=(const double param)
80.     {
81.       Complex tmp(param, 0);
82.        * this+=tmp;
83.     };
84. };
85.
```

第 49～52 行，获取实部。

第 54～57 行，获取虚部。

第 60～66 行，加号运算符重载函数。

第 68～72 行，加号运算符重载函数。

第 74～83 行，符合加号+=运算符重载函数。

```
86. int main(int argc, char *argv[])
87.  {
88.     //调用无参构造函数,数据成员初值为 0.0
89.     Complex cobject1, cobject2;
90.     //调用构造函数,数据成员初值被赋为指定值
91.     Complex cobject3(11.0, 21.52);
92.    Complex cobject6=Complex(12.0, 31.52);
93.     //把 cobject3 的数据成员的值赋值给 cobject1
94.     //cobject1 已经事先被创建,不调用任何构造函数
95.     //只会调用=号运算符重载函数
96.     cobject1=cobject3;
97.     //系统首先调用类型转换构造函数,
98.     cobject2=55.2;
99.     //调用复制构造函数
100.     Complex cobject5(cobject2);
101.     Complex cobject4=cobject2;
102.     //加法相关运算 (a+bi)+(c+di)=(a+c)+(b+d)i
103.     cobject1=cobject3+cobject6;
104.     cout<<"cobject1="<<cobject1.get_real()
105.       <<"+"<<cobject1.get_imag()<<"i"<<endl;
106.
107.     return 0;
108. }
```

第 86～108 行,main 函数。

运行结果:

```
cobject51=23+53.04i
```

本例,主要完成复数加法运算。涉及构造函数、默认析构函数、复制构造函数、赋值运算符重载和“+”运算符的重载,以及对象的赋值和复制。

1. 对象的赋值和复制

1)对象赋值

若对一个类定义了两个或多个对象,则这些同类的对象之间可以互相赋值,对象之间的赋值通过赋值运算符“=”进行,语法格式:

```
对象名 1=对象名 2;
```

对象的赋值只对其中的数据成员赋值,而不对成员函数赋值。类的数据成员中不能包括动态分配的数据,否则在赋值时可能出现严重后果。

如例 9-8 的第 96 行:

```
cobject1=cobject3;
```

cobject1 和 cobject3 都是 Complex 对象,将对象 cobject3 赋值给对象 cobject1。

2）对象的复制

用一个已有的对象快速地复制出多个完全相同的对象，称对象复制。语法格式：

```
类名 对象 2(对象 1);
```

如例 9-8 的第 100 行：

```
Complex cobject5(cobject2);
```

cobject2 和 cobject5 都是 Complex 对象，利用复制构造函数，将对象 cobject2 赋值给对象 cobject5，即为对象复制。

2. 复制构造函数

类中有一种特殊的构造函数叫做复制构造函数，它用一个已知的对象初始化一个正在创建的同类对象。

1）通过复制建立对象时，调用一个特殊的构造函数——复制构造函数

复制构造函数首部的语法图，如图 9-16 所示。

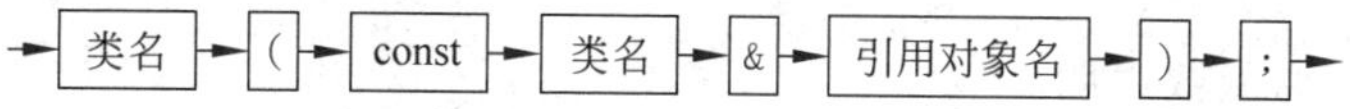

图 9-16　复制构造函数首部

语法格式：

```
类名::类名(const 类名 & 引用对象名)
{
//复制构造函数体
}
```

如例 9-8 中：

```
Complex(const Complex &ref)
{
    //将对象中的数据成员值复制
    real=new double;
    * real=ref.get_real();
    imag=ref.imag;
}
```

这里是复制(复制)构造函数的定义，用对象 ref 给私有成员初始化。

2）用赋值号代替括号

语法格式：

```
类名 对象名 1=对象名 2;
```

如例 9-8 中第 101 行：

```
Complex cobject4=cobject2;
```

在定义对象 cobject4 时,用已经定义的对象初始化。

3）复制构造函数的特点

(1) 复制构造函数也是一种构造函数,函数名与类名相同,并且不能指定函数返回类型。

如例 9-8 中,涉及的复制构造函数。

(2) 有且只有一个参数,是对同类的某个对象的引用。

如例 9-8 中定义的复制构造函数,只有一个常量引用型对象作为形参。

4）普通构造函数和复制构造函数的区别

(1) 在形式上。

普通构造函数的声明：

```
类名(形参表列);
```

复制构造函数的声明：

```
类名(类名 & 对象名);
```

如例 9-8,普通函数声明：

```
Complex(double refreal,double refimag);
```

复制构造函数的声明：

```
Complex(const Complex &ref);
```

(2) 在建立对象时,实参类型不同。系统会根据实参的类型决定调用普通构造函数或复制构造函数。实参是对象名,调用复制构造函数。

如例 9-8 中,第 100 行：

```
Complex cobject5(cobject2);
```

就调用复制构造函数。

(3) 被调用时机。

普通构造函数在程序中,建立对象时被调用。

如例 9-8 中,第 89 行：

```
Complex cobject1, cobject2;
```

在建立对象时,自动调用构造函数。

复制构造函数在用已有对象复制一个新对象时被调用。

如例 9-8 中,第 89 行：

```
Complex cobject1, cobject2;
```

在以下 3 种情况下需要复制对象：

① 程序中需要新建立一个对象,并用另一个同类的对象对它初始化。

如例 9-8 中,第 100～101 行：

```
Complex cobject5(cobject2);
Complex cobject4=cobject2;
```

这里，建立一个对象时，用另一个同类的对象对它初始化。

② 当函数的参数为类的对象时。在调用函数时需要将实参对象完整地传递给形参，系统是通过调用复制构造函数来实现的。

如例 9-8 第 100 行：

```
Complex cobject5(cobject2);
```

此时，实参 cobject2 传递给常量引用的对象形参。

③ 函数的返回值是类的对象。此时需要将函数中的对象复制一个临时对象并传给该函数的调用处。

如例 9-8 中，定义的赋值运算符重载函数，+和+=运算符重载函数，返回值类型都是对象。

每一个类中都必须有一个复制构造函数。若在类中没有显式地声明一个复制构造函数，编译器将会自动生成一个默认的复制构造函数，该构造函数完成对象之间的位复制（浅复制），即将被复制对象的数据成员的值一一赋值给新创建的对象，若该类的数据成员中有指针成员，则会使得新的对象的指针所指向的地址与被复制对象的指针所指向的地址相同，delete 该指针时则会导致两次重复 delete 而出错。默认复制构造函数语法格式为：

```
类名(const 类名 &)        //默认复制构造函数
{
}
```

如例 9-8 中：

```
Complex cobject4=cobject2;
```

因 Complex 现在是引用对象，Complex cobject4＝cobject2 的赋值动作实际上执行的是浅复制。即它们引用了同一个对象，只是对象名 cobject4 和 cobject2 不同而已。

若复制构造函数在复制成员数据的同时，还复制了动态申请的资源，称为深复制。深复制是指源对象与复制对象互相独立，其中任何一个对象的改动都不会对另外一个对象造成影响。如例 9-8 中：

```
Complex(const Complex &ref)
    {
        real=new double;
        * real=ref.get_real();
        imag=ref.imag;
    }
```

这里对 real 使用了深复制。

注意：

(1) 对于一个类，若该类的一个构造函数的第一个参数是下列之一，且没有其他参数或其他参数都有默认值，则该函数是复制构造函数：

① 类名 &。

② const 类名 &。

③ volatile 类名 &。

④ const volatile 类名 &。

(2) 类中可以存在多个复制构造函数。

若一个类中只存在一个参数为“类名 &”的复制构造函数，就不能使用“const 类名”或“volatile 类名”的对象实行复制初始化。

9.3 静态成员

在一个类中，用 static 关键字声明的数据成员和成员函数，统称静态成员。用 static 声明的数据成员称静态数据成员，用 static 声明的成员函数称静态成员函数。静态成员属于整个类而不属于某个对象。

1. 静态数据成员的声明

使用 static 修饰的数据成员称静态数据成员。其声明的语法图如图 9-17 所示。

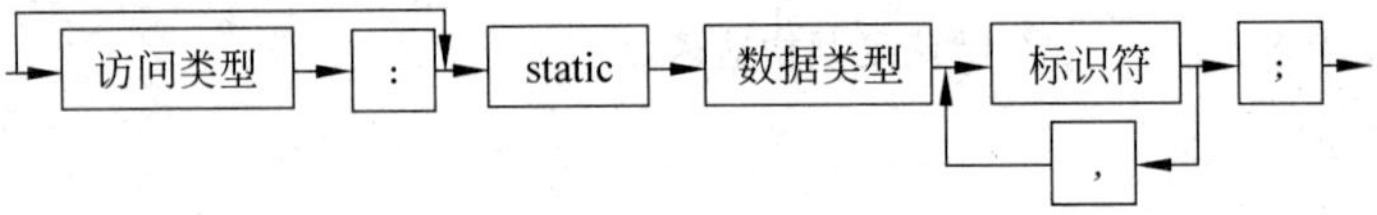

图 9-17 静态数据成员的声明

语法格式：

```
[访问类型：] static 数据类型 静态数据成员名表列
```

说明：

(1) 访问类型：可以有 public、protected 和 private。默认为 private。

(2) static：说明静态数据成员的关键字。

(3) 数据类型：可为任何类型。

(4) 静态数据成员名表列：由逗号分隔的合法标识符构成。

当在一个类中声明静态数据成员时，不管是 public、protect 还是 private，都没有定义该数据成员，即没有为它分配存储空间，必须在类外对静态数据成员提供全局定义(注意必须在类外)，才可为数据成员分配存储空间，才可应用。在类外定义的语法格式：

```
数据类型 类名::数据成员名=初值表达式;
```

说明： 数据类型必须是声明时的数据类型。

【例 9-9】 本例采用单例模式，展示静态成员的实用，其中类图和类中各函数的

UML 活动图请读者完成。

程序代码：

```
1. #include<iostream>
2. using namespace std;
3. class Singleton
4. {
5. private:
6.     //默认构造私有化
7.     Singleton();
8.     //复制构造私有化
9.     Singleton(Singleton &obj);
10.     //私有的静态成员,用来保存单一实例的指针
11.     static Singleton * pSingle;
12.     static bool lock;
13. public:
14.     //接口,让类外获取单一实例对象
15.     static Singleton * GetInstance();
16.     //接口,让类外获取单一实例对象
17.     static void ReleaseInstance();
18.     static void setlock();
19.     void unlock();
20.     void checklock();
21.     static int counter;//计数
22. };
23. //对静态成员初始化,否则不能使用
24. Singleton * Singleton::pSingle=NULL;
25. bool Singleton::lock=true;
26. int Singleton::counter=0;
27. Singleton::Singleton()
28. {
29. }
30.
31. Singleton::Singleton(Singleton &obj)
32. {
33. }
34.
35. void Singleton::setlock()
36. {
37.     lock=true;//静态成员不能使用 this
38. }
39. void Singleton::unlock()
40. {
41.     lock=false;
42. }
```

第 3～22 行，定义类 Singleton。

第 5～12 行，私有成员：无参构造函数、有参构造函数，以及静态私有数据成员。

第 13～22 行，公有成员：第 15～20 行，公有成员函数。

第 21 行，公有静态整型量。

第 24～26 行，静态数据成员初始化。

第 27～29 行，类外定义无参构造函数。

第 31～33 行，类外定义有参构造函数。

第 35～38 行，类外定义函数 setlock。

第 39～42 行，类外定义函数 unlock。

```
43.
44. void Singleton::checklock()
45. {
46.     while(lock)
47.     {
48.     };
49. }
50.
51. #ifndef MULTI_THREAD
52. //没有考虑多线程的情况
53. Singleton * Singleton::GetInstance()
54. {
55.     if (!pSingle)
56.     {
57.         pSingle=new Singleton;
58.     }
59.     return pSingle;
60. }
61. #else
62. //多线程版本,应考虑加锁
63. Singleton * Singleton::GetInstance()
64. {
65.     Singleton lock;
66.     if (pSingle)
67.     {
68.         return pSingle;
69.     }
70.     //加锁后还需再检查一次对象是否已经创建
71.     lock.lock();
72.     lock.checklock()
73.     Singleton::counter++;
74.     {
75.         if (!pSingle)
76.         {
77.             pSingle=new Singleton;
78.         }
79.     }
80.     //unlock 解锁
81.     lock.unlock();
82.     return pSingle;
83. }
84. #endif
85.
```

第 44～49 行,类外定义函数 unlock。

第 51 行,条件编译。

第 53～60 行,类外定义未加锁的函数 GetInstance。

第 63～83 行,类外定义加锁的函数 GetInstance。

```
86. void Singleton::ReleaseInstance()
87. {
88.     if (pSingle)
89.     {
90.         delete pSingle;
91.         pSingle=NULL;
92.     }
93. }
94.
95. int main(int argc, string* argv[])
96. {
97.     //对象 pObj1, pOjb2 的地址一样,保证了单例模式
98.     Singleton *pObj1=Singleton::GetInstance();
99.     Singleton *pObj2=Singleton::GetInstance();
100.     //调用私有的默认构造函数,出错
101.     //singleton pObj3;
102.     //调用私有的复制构造函数,出错
103.     //singleton pObj4(*pObj1);
104.
105.     Singleton::ReleaseInstance();
106.     cout<<pObj1->counter;
107.     return 0;
108. }
```

第 86～93 行,类外定义函数 ReleaseInstance,相当于析构函数。

第 95～108 行,主函数 main。

本例,涉及构造函数、默认析构函数、复制构造函数和静态成员。如第 11、12 行,声明静态私有数据成员:

```
static Singleton* pSingle;     //静态对象指针成员
static bool lock;              //静态逻辑成员
```

第 21 行静态公有数据成员:

```
static int counter;
```

第 24～26 行,为静态数据成员初始化:

```
Singleton* Singleton::pSingle=NULL;
bool Singleton::lock=true;
int Singleton::counter=0;
```

2. 静态数据成员的访问

若静态数据成员是类中的公有成员,则访问它的语法格式:

类名::公有静态数据成员

或

```
类名 对象名;
对象名.静态数据成员
```

如例 9-9 中,第 73 行采用类名和域名的方式引用公有静态数据成员:

```
Singleton::counter++;
```

第 106 行,采用"对象名.静态数据成员"方式引用公有静态数据成员:

```
cout<<pObj1->counter;
```

尽管对象是指针类型,但实际是"对象名.静态数据成员"形式。

若数据成员是私有或者保护的,则只能用静态的成员函数来访问该数据成员。

如例 9-9 中,第 98～99 行:

```
Singleton * pObj1=Singleton::GetInstance();
Singleton * pObj2=Singleton::GetInstance();
```

表面看,第 98～99 行是调用函数,但实际是获取私有静态数成员 pSingle 的值。

对类中的非静态数据成员,每一个类对象都拥有一个副本,即每个对象的同名数据成员可以分别存储不同的数值,保证每个对象都拥有区别于其他对象的特征的需要。

如例 9-8 中,第 7～8 行:

```
double * real;
double imag;
```

都是非静态数据成员。不同对象中的 real 和 imag 的值一般会不同的。

而类中的静态数据成员则是解决同一个类的不同对象之间的数据和函数共享问题的。

如例 9-9 中,第 11～12 行:

```
static Singleton * pSingle;        //静态对象指针成员
static bool lock;                  //静态逻辑成员
```

第 21 行静态公有数据成员:

```
static int counter;
```

其中,lock 用于加锁,正因该数据成员为类所属,所以多个对象共享。lock 为访问第 63～82 行代码的对象的计数器。亦即每个对象访问该段代码是都要对这两个数据成员访问,访问时所是使用的值都是前一个对象改变的前提的访问。

静态数据成员的特性是不管这个类创建了多少个对象,它的静态数据成员都只有一个副本,这个副本被所有属于这个类的对象共享。这种共享与全局变量或全局函数相比,既没有破坏数据隐藏的原则,又保证了安全性。

对静态数据成员的操作和一般数据成员的操作是一样的。静态数据成员可由任意访问权限许可的函数访问。因为静态数据成员不从属于任何一个对象,因此必须对它初始化，而且对它的初始化不能在构造函数或类体中进行，而应该在文件范围内初始化，即应该在类体外进行初始化。

静态数据成员初始化的语法图如图 9-18 所示。

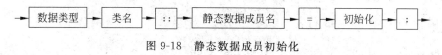

图 9-18　静态数据成员初始化

语法格式：

<数据类型><类名>::<静态数据成员名>=<初始值>;

在对静态数据成员初始化时应注意：

(1) 由于在类的声明中仅仅是对静态数据成员进行了引用性声明，必须在文件作用域的某个地方对静态数据成员进行定义并初始化，即应在类体外对静态数据成员进行初始化(静态数据成员的初始化与它的访问控制权限无关)。如例 9-9 中，在类外定义并初始化的数据成员：

```
Singleton* Singleton::pSingle=NULL;
bool Singleton::lock=true;
int Singleton::counter=0;
```

(2) 静态数据成员初始化时前面不加 static 关键字，以免与一般静态变量或对象混淆，否则会出现下面错误：

'static ' storage-class specifier illegal on members

(3) 由于静态数据成员是类的成员，因此在初始化时必须使用作用域运算符(::)限定它所属的类。

3. 静态成员函数

公有的静态数据成员可以直接访问，但私有的或保护的静态数据成员却必须通过公有的接口进行访问，一般将这个公有的接口定义为静态成员函数。使用 static 关键字声明的成员函数就是静态成员函数，静态成员函数也属于整个类而不属于类中的某个对象，它是该类的所有对象共享的成员函数。

如例 9-9 中，第 98～99 行：

```
Singleton *pObj1=Singleton::GetInstance();
Singleton *pObj2=Singleton::GetInstance();
```

这里采用公有的成员函数:GetInstance 访问私有静态的数据成员 pSingle。此外，还有公有的静态成员函数：

```
setlock();
```

静态成员函数可在类体内定义，也可在类外定义。当在类外定义时，要注意不能使用 static 关键字作为前缀。同一个函数不可以既是静态又是非静态的。静态成员函数不可以是虚函数，也不能是 const 和 volatile。

公有的静态成员函数和公有的静态数据成员一样，也可以不用通过对象名而直接访问，其访问语法格式：

```
<类名>::<公有静态成员函数>(<参数表>)
```

如例 9-9 中，第 98～99 行：

```
Singleton *pObj1=Singleton::GetInstance();
Singleton *pObj2=Singleton::GetInstance();
```

静态成员函数没有 this 指针，静态成员函数只能使用这个类的其他类静态成员，不能访问除静态成员之外的成员。

调用静态成员函数，可用成员访问操作符(.)和(->)为一个类的对象或指向类对象的指针调用静态成员函数。静态数据成员只能被静态成员函数调用。静态成员函数也是由同一类中的所有对象共用。只能调用静态成员变量和静态成员函数。如表 9-1 所示。

表 9-1 类成员间的访问

	数据成员		成员函数	
	静态数据成员	非静态数据成员	静态成员函数	非静态成员函数
静态成员函数	可以	不可以	可以	不可以
非静态成员函数	可以	可以	可以	可以

注意：由于静态成员函数不属于任何一个对象，在类中只有一个副本，因此它访问对象的成员时要受到一些限制：静态成员函数可以直接访问类中说明的静态成员，但不能直接访问类中说明的非静态成员；若要访问非静态成员时，必须通过参数传递的方式得到相应的对象，再通过对象来访问。

9.4 常成员

数据隐藏保证了数据的安全性，但各种形式的数据共享却又不同程度地破坏了数据的安全性。故，对于既需要共享又需要防止改变的数据应该定义为常量进行保护，以保证它在整个程序运行期间是不可改变的。这些常量需要使用 const 修饰符进行定义。const 关键字不仅修饰类对象本身，也可修饰类对象的成员函数和数据成员，分别称为常对象、常成员函数和常数据成员。const 能用则用，提倡 const 在前。

【例 9-10】 KMP 算法用于字符串模式匹配，目标串 T=[T1…Tn]，模式串 P=[P1…Pm]，这里 n>=m，i 代表 T 的索引指针。KMP 算法的精髓就是记录模式串中前缀最后位置的 next 数组，其中数组元素 next[i]：i 表示字符串后缀最后的位置，前缀开始的位置是 0，k 表示后缀开始的位置，P[0…i−k]=P[k…i]，这个 next[i]就等于 i−k。其中类图和类中各函数的 UML 活动图请读者完成。

程序代码：

```
1. #include<iostream>
2. using namespace std;
3. #include<cstring>
4.
5. const int MAXSIZE=100;
6. class CMyString;
7. ostream& operator<<(ostream& os, const CMyString& str);
8. istream& operator>>(istream& is, const CMyString& str);
9. class CMyString
10. {
11. public:
12.     CMyString(const CMyString& copy);
13.     CMyString(const char * init);
14.     CMyString();
15.     ~CMyString(){
16.         delete[] m_pstr;
17.     }
18.
19.     int Length() const{
20.         return m_ncurlen;
21.     }
22.
23.     int Find(CMyString part) const;
24.     char * GetBuffer() const;
25.     friend ostream& operator<<
26.                 (ostream&, const CMyString&);
27.     friend istream& operator>>
28.                 (istream&, const CMyString&);
29.
30. public:
31.     bool operator==(const CMyString &cmp_str) const;
32. private:
33.     void Next();
34.
35. private:
36.     int m_ncurlen;
37.     char *m_pstr;
38.     int *m_pnext;
39. };
40. //创建空串
41. CMyString::CMyString(){
42.     m_pstr=new char[MAXSIZE+1];
```

第6行，声明类。

第7～8行声明“<<”“>>”重载。

第9～39行，定义类CMyString。

第11～31公有成员，复制构造函数、不同有参构造函数、无参构造函数、析构函数。

第19～21行，类内定义函数Length。

第23～28行，类型声明函数，其中第25～28行，友元函数声明。

第31行，运算符==重载函数。

第32～38行，私有成员。

第33行，私有成员函数。

第41～146行，类外定义的函数，还有友元函数。

```
    if(!m_pstr){
        cerr<<"Allocation Error"<<endl;
        exit(1);
    }
    this->m_ncurlen=0;
    m_pstr[0]='\0';
}
//用字符指针初始化字符串
CMyString::CMyString(const char * init){
    m_pstr=new char[MAXSIZE+1];
    if(!m_pstr){
        cerr<<"Allocation Error"<<endl;
        exit(1);
    }
    this->m_ncurlen=strlen(init);
    strcpy(m_pstr, init);
}
//用字符串初始化字符串
CMyString::CMyString(const CMyString &copy){
    m_pstr=new char[MAXSIZE+1];
    if(!m_pstr){
        cerr<<"Allocation Error"<<endl;
        exit(1);
    }
    this->m_ncurlen=copy.m_ncurlen;
    strcpy(m_pstr, copy.m_pstr);
}
//字符串匹配算法:KMP
int CMyString::Find(CMyString part) const{
    int posP=0, posT=0;
    int lengthP=part.m_ncurlen,
        lengthT=this->m_ncurlen;

    part.Next();
    while(posP<lengthP && posT<lengthT){
        if(part.m_pstr[posP]==this->m_pstr[posT]){
            posP++;
            posT++;
        }
        else{
            if(posP==0){
                posT++;
            }
            else{
```

```
                posP=part.m_pnext[posP-1];
            }
        }
    }

    delete[] part.m_pnext;
    if(posP<lengthP){
        return 0;
    }
    else{
        return 1;
    }
}
//获取匹配的下一个字符 : KMP
void CMyString::Next(){
    int length=this->m_ncurlen;
    this->m_pnext=new int[length];
    this->m_pnext[0]=0;
    for(int i=1; i<length; i++){
        int j=this->m_pnext[i-1];
        while(*(this->m_pstr+i)
                !=*(this->m_pstr+j) && j>0){
            j=this->m_pnext[j-1];
        }
        if(*(this->m_pstr+i)==*(this->m_pstr+j)){
            this->m_pnext[i]=j+1;
        }
        else{
            this->m_pnext[i]=0;
        }
    }
}
//将字符串转换成字符指针
char *CMyString::GetBuffer() const{
    return this->m_pstr;
}
//==运算符重载
bool CMyString::operator==
        (const CMyString &cmp_str) const{
    if(this->m_ncurlen !=cmp_str.m_ncurlen){
        return 0;
    }
    for(int i=0; i<this->m_ncurlen; i++){
        if(this->m_pstr[i] !=cmp_str.m_pstr[i])
```

```
131.             return 0;
132.     }
133.     return 1;
134. }
135. //<<重载,友元函数
136. ostream& operator<<
137.           (ostream& os, const CMyString& str){
138.     os<<str.m_pstr;
139.     return os;
140. }
141. //>>重载,友元函数
142. istream& operator>>
143.           (istream& is, const CMyString& str){
144.     is>>str.m_pstr;
145.     return is;
146. }
147. //主函数
148. int main(){
149.     const CMyString test1("babc");
150.     CMyString const test2("babc");
151.
152.     cout<<test2.Find(test1)<<endl;
153.
154.     if(test1==test2){
155.         cout<<test1<<"=="<<test2<<endl;
156.     }
157.     return 0;
158. }
```

本例,涉及构造函数、默认析构函数、复制构造函数和静态成员。还有常对象、常成员函数、常数据成员、常指针、指向常变量的指针变量和对象的常引用。

1. 常对象

使用 const 关键字修饰的对象,称为常对象,也称常量对象。它的语法格式:

```
类名 const 对象名[(实参表列)];
```

或

```
const 类名 对象名 [(实参表列)];
```

常对象在定义时必须进行初始化,而且不能被更新。

如例 9-10 中,第 149～150 行:

```
const CMyString test1("babc");
CMyString const test2("babc");
```

它们定义的都是常对象，在定义时就应初始化了。对于常量对象在定义时，尽管不显示给出初始化值，类中也没有显示的构造函数，实际使用默认的复制构造函数进行初始化。

通过它只能调用常成员函数，并且常对象不能更新它的任何数据成员，因不是 const 的函数都有可能改变对象的值。如例 9-10 中，第 152 行：

```
cout<<test2.Find(test1)<<endl;
```

其中的 test2.Find(test1)就是通过 test2 调用常成员函数，如果不是常成员函数，编译时出错。

常对象可调用类中的公有数据成员。不能对常对象的公有数据成员重新赋值。

如例 9-10，在类的公有部分中，添加数据成员：

```
int x;
```

在 main 函数中，添加：

```
test1.x=10;
```

将出现错误：

```
error C2166: l-value specifies const object
```

若一个对象被声明为常对象，则不能调用该对象的非 const 型的成员函数(除了由系统自动调用的隐式的构造函数和析构函数)。引用常对象中的数据成员，需将该成员函数声明为 const。

2. 常成员函数

使用 const 关键字说明的成员函数，称为常成员函数，常成员函数的声明语法格式：

```
返回类型　成员函数名 (参数表)const;
```

常成员函数实现的语法格式：

```
返回类型 类名:: 成员函数名(参数表)const
{
  函数体
}
```

常成员函数的 const 是函数类型的一部分，在声明函数和定义函数时都要有 const 关键字，在调用时不必加 const。

如例 9-10 中，第 19～21 行：

```
int Length() const{
        return m_ncurlen;
    }
```

这里，定义了常成员函数 Length，返回类型为 int。

此外，23～24 行，是常成员函数的声明：

```
int Find(CMyString part) const;
char * GetBuffer() const;
```

第 71～99 行是常成员函数 int Find(CMyString part)const 的函数体。

第 120～122 行是常成员函数 char * GetBuffer()const 的函数体。

常成员函数只能引用本类中的数据成员，包括 const 数据成员和非 const 的数据成员，而不能修改它们。

如例 9-10 中，在函数 char * GetBuffer()const 的函数体中，添加语句：

```
m_ncurlen=10;
```

编译时出现错误：

```
error C2166: l-value specifies const object
```

添加语句：

```
cout<<m_ncurlen;
```

则是正确的。

const 数据成员可被 const 成员函数引用，也可被非 const 的成员函数引用。

如将语句：

```
cout<<m_ncurlen;
```

添加在 void CMyString::Next()函数的函数体中，也是正确的。

常成员函数不能调用另一个非 const 成员函数。

如在例 9-10 的函数 char * GetBuffer() const 体中，添加非 const 成员函数语句：

```
Next();
```

将给出错误：error C2662: 'Next' : cannot convert 'this' pointer from 'const class CMyString' to 'class CMyString &' Conversion loses qualifiers。

常成员函数与一般成员函数的区别在于：它不能更新对象的任何数据成员，也不能调用任何非常成员函数。

对象与成员函数之间的关系如表 9-2 所示。

表 9-2 成员函数与对象之间的操作关系

数据成员	常成员函数	非常成员函数
常数据成员	可引用，不可改变值	可引用，不可改变值
非常数据成员	可引用，不可改变值	可引用，可改变值
常对象的数据成员	可引用，不可改变值	不可引用和改变值

常对象只能调用其中的 const 成员函数，而不能调用非 const 成员函数(不论这些函数是否会修改对象中的数据)。若需要访问对象中的数据成员，可将常对象中所有成员函数都声明为 const 成员函数，但应确保在函数中不修改对象中的数据成员。常对象只保

证其数据成员是常数据成员，其值不被修改。若在常对象中的成员函数未加 const 声明，编译系统把它作为非 const 成员函数处理。

3. 常数据成员

使用 const 说明的数据成员称为常数据成员。常数据成员的定义与一般常量的定义方式相同，只是它的定义必须出现在类体中。

常数据成员的语法格式：

```
const 数据类型名 数据成员名[,…];
```

说明：只有定义在类内，才称常数据成员。

常数据成员必须进行初始化，并且不能被更新。但常数据成员的初始化只能通过构造函数的成员初始化列表进行。对于大多数数据成员而言，既可使用成员初始化列表的方式，也可使用赋值，即在构造函数体中使用赋值语句将表达式的值赋值给数据成员。

用 const static 修饰的数据成员称常量静态数据成员。这种类型的数据成员可以直接在类的定义中直接初始化，这也是唯一一种可以在类中初始化的类型，若没有在类中初始化，在类外的初始化语法格式：

```
const 数据类型 类名::数据成员=初始值;
```

说明：const 和类型都必须有。

【例 9-11】 常数据成员示例。其中类图和类中各函数的 UML 活动图请读者完成。

程序代码：

```
1. #include<iostream>
2. #include<string>
3. using namespace std;
4. class Happy
5. {
6. public:
7.     Happy(string name):name(name)
8.     {
9.     }
10.
11.     void Print()
12.     {
13.         if(age>=45 && age<60)
14.         {
15.             cout<<name
16.             <<"! 您是中流砥柱!"<<endl;
17.         }
18.         else if (age<45)
19.         {
20.             cout<<name
```

第 4～27 行，定义类 Happy。

第 6～23 行，公有成员。

```
21.             <<"! 好好学习,天天向上!"<<endl;
22.         }
23.     }
24. private:
25.     const string name;
26.     static const int age;
27. };
28. const int Happy::age=55;
29. int main()
30. {
31.     Happy demo("朋友");
32.     demo.Print();
33.     return 0;
34. }
```

第 24～26 行,常量和静态常量的私有成员。

第 28 行,常量成员初始化。

第 29～34 行,主函数。

本例,主要说明常数据成员和静态常数据成员的使用。

本例,第 25 行:

```
const string name;
```

是常量字符串数据成员。如果在函数 print 中,添加语句:

```
name="朋友";
```

将给出错误,因试图修改常数据成员 name 的值。

第 26 行:

```
static const int age;
```

是静态整型常量字数据成员。

第 28 行:

```
const int Happy::age=55;
```

在类外给静态整型常量 age 初始化。

4. 指向对象的常指针

将对象声明为 const * 常指针型,这样的指针值始终保持为其初值,不能改变。定义指向对象的常指针。

语法格式:

```
类名 * const 对象名[=& 对象名];
```

若将一个指针固定地与一个对象相联系(即该指针始终指向一个对象),可将它指定为 const 指针。

如:

```
CMyString test1("你好"), test2;
```

```
CMyString * const ptr1=&test1;
ptr1=&test2;
```

常用常指针作为函数的形参。

5. 指向常对象的指针

将对象指针声明为 const 型，则只能用指向常对象的指针指向它，而不能用一般的(非 const 型的)指针指向它。

语法格式：

```
类名 const *数据成员名;
```

如：

```
const CMyString test1;          //定义常对象
const CMyString * ptr1;         //定义指向常对象的指针
ptr1=test1;
```

若定义了一个指向常对象的指针，是不能通过它改变所指向的对象的值的，但指针本身的值是可以改变的。

如：

```
//定义指向常对象的指针 ptr1,并指向对象 test1
const CMyString *ptr1=&test1;
ptr1=&test2;                   //ptr1 改为指向 test2,合法
```

指向常对象的指针最常用于函数的形参，目的是保护形参指针所指向的对象，使它在函数执行过程中不被修改。

指向常对象的指针的形实参数之间的关系如表 9-3 所示。

表 9-3　指向常对象的指针的形实参数之间的关系

形式参数	实际参数	形参实参结合
非 const 对象的指针	const 对象的指针	不合法
非 const 对象的指针	非 const 对象的指针	改变指针所指对象的数据成员的值
const 对象的指针	const 对象的指针	不可改变指针所指对象的数据成员的值
const 对象的指针	非 const 对象的指针	不可改变指针所指对象的数据成员的值

指向常对象的指针除了可指向常对象外，还可指向未被声明为 const 的对象。此时不能通过此指针改变该对象的值。若函数的形参是指向非 const 对象的指针，实参只能用指向非 const 对象的指针，而不能用指向 const 对象的指针。

若在调用函数时对象的值不被修改，就应当把形参定义为指向常对象的指针变量，同时用对象的地址作实参(对象可以是 const 或非 const 型)。若要求该对象不仅在调用函数过程中不被改变，而且要求它在程序执行过程中都不改变，则应把它定义为 const 型。

6. 对象的常引用

若不希望在函数中修改实参值，可把引用对象声明为 const(常引用)，函数原型的语

法格式：

```
函数返回类型 函数名(const 类名 & 对象名);
```

则在函数中不能改变对象的值，即不能改变其对应的实参的值。

如例 9-10 的第 12 行：

```
CMyString(const CMyString& copy);
```

如例 9-10 的第 31 行：

```
bool operator==(const CMyString &cmp_str) const;
```

在函数声明时，函数的形式参数使用了对象的常引用。

9.5 友　　元

C++ 规定，一个类的私有成员和保护成员，只能由其本身的成员函数来访问，不能被其他函数访问，保护了类本身的数据不被破坏，实现了封装。若让类中的成员数据可被其他函数访问，可通过友元函数声明，来分享类中的资源。除了友元函数外，还有友元类。友元函数和友元类统称友元，友元的作用是提高程序的运行效率，但牺牲了类的封装。

友元提供了不同类或对象的成员函数之间、类的成员函数与一般函数之间进行数据共享的机制。对于一个类，可利用 friend 关键字将一般函数、其他类的成员函数或是其他类声明为该类的友元，使得这个类中本来隐藏的信息(包括私有成员和保护成员)可被友元所访问。若友元是一般成员函数或是类的成员函数，称为友元函数；若友元是一个类，则称为友元类，友元类的所有成员函数都称为友元函数。

通常将友元定义在同一文件下，避免设计者到其他文件中查找其对某个类私有成员的使用。

1. 友元函数

友元函数不是当前类的成员函数，而是独立于当前类的外部函数(包括普通函数和其他类的成员函数)，但它可访问该类的所有对象的成员，包括私有成员、保护成员和公有成员。友元函数要在类定义时声明，声明时要在其函数名前加关键字 friend。友元函数的定义既可在类内部进行，也可在类外部进行。

语法格式：

```
friend 返回类型 函数名 ([参数列表]);
```

友元函数声明的位置可以在类的任何部位，既可在公有区，也可在保护区或私有区，意义完全一样。

如例 9-10 中，第 6～8 行：

```
class CMyString;
ostream& operator<<(ostream& os, const CMyString& str);
```

```
istream& operator>>(istream& is, const CMyString& str);
```

是对友元函数的声明，需要在这里声明，否则编译不能通过。其中第 6 行尽管不是友元函数，但这里是必须的，否则第 7～8 行将出错。

第 25～28 行：

```
friend ostream& operator<<(ostream&, const CMyString&);
friend istream& operator>>(istream&, const CMyString&);
```

是真正的友元函数声明，声明在公有部分。

第 136～140 行，是友元函数 ostream& operator<<(ostream& os, const CMyString& str)的函数体，定义在类的外部。

第 142～146 行，是友元函数 friend istream& operator>>(istream&,const CMyString&)的函数体，也定义在类的外部。

C++ 中，既可将普通函数声明为类的友元函数，也可将另一个类的成员函数声明为类的友元函数。

使用友元函数时，应注意：

(1) 类的友元函数可直接访问该类的所有成员，但它不是类的成员函数，可以像普通函数一样在任何地方调用。

(2) 友元函数不是类的成员函数，在友元函数的定义时，不用加上关键字 friend。

(3) 使用友元函数直接访问对象的私有成员，可免去再调用类的成员函数所需的开销。同时，友元函数作为类的一个接口，对已经设计好的类，只要增加一条声明语句，便可以使用外部函数来补充它的功能，或架起不同类对象之间联系的桥梁。然而，它同时也破坏了对象封装与信息隐藏，使用时需要谨慎小心。

2. 友元类

一个类可以作为另一个类的友元，称为友元类。友元类的所有成员函数都是另一个类的友元函数，都可以访问另一个类中的隐藏信息(包括私有成员和保护成员)。友元类可以在另一个类的公有部分或私有部分进行说明，说明的语法格式：

```
friend  类名;          //友元类类名
```

若友元类没有访问属性的说明，默认访问属性为私有属性：

```
friend class convert;
friend class strcheck;
friend class alltrim;
```

这样在类 convert、strcheck、alltrim，就能访问类 strtonumber 中资源。

注意：

(1) 友元关系是单向的，并且只在两个类之间有效。即使类 B 是类 A 的友元，类 A 是否是类 B 的友元，也要看类 B 中是否有相应的声明。即友元关系不就有交换性。

(2) 若类 A 是类 B 的友元，类 B 是类 C 的友元，也不一定就说明类 A 是类 C 的友元，即友元关系也不具有传递性。

要在类中定义友元函数或者友元类，那么该类或者函数必须在外围类外进行声明，注意是声明不是定义，声明的位置无关紧要，只要在使用之前声明就行。若在全局范围类声明了友元函数，则函数就可以在全局范围类使用；若在局部声明则只能在局部使用。若既在类中定义友元函数或友元类，又在类外定义，则会出现二重定义的错误。若只在类中定义友元函数或友元类而在类外不进行声明，则将出现无法访问到该友元的情况，当然该程序能通过编译，只是无法访问友元而已。

9.6 对象的应用

9.6.1 成员对象

类的数据成员既可是简单类型或自定义类型，当然也可是类类型的对象。因此，可利用已定义的类来构成新的类，使得一些复杂的类可由一些简单类组合而成。类的聚集，描述的就是一个类内嵌其他类的对象作为成员的情况。

当一个类的成员是另外一个类的对象时，该对象就称为成员对象。当类中出现了成员对象时，该类的构造函数要包含对成员对象的初始化，通常采用成员初始化列表的方法来初始化成员对象。

建立一个类的对象时，要调用它的构造函数。若这个类有成员对象，要首先执行所有的成员对象的构造函数，当全部成员对象的初始化都完成之后，再执行当前类的构造函数体。析构函数的执行顺序与构造函数的执行顺序相反。

9.6.2 指向类成员的指针

在C++语言中，可定义一个指针，使其指向类成员或成员函数，然后通过指针来访问类的成员。

1. 指向数据成员的指针

在C++语言中，可定义一个指针，使其指向类数据成员。当数据成员属性为静态和非静态时，指针的使用也有不同。其中，指向非静态数据成员的指针语法格式：

```
数据类型 类名::*指针名[=&类名::非静态数据成员]
```

指向非静态数据成员的指针在定义时必须和类相关联，在访问时必须和具体的对象关联。语法格式：

```
对象名.*指向非静态数据成员的指针
```

指向静态数据成员的指针的定义和使用与普通指针相同，在定义时无须和类相关联，在使用时也无须和具体的对象相关联。

指向静态数据成员的指针语法格式：

```
数据类型 *指针名[=&类名::静态数据成员]
```

访问时，语法格式：

```
*指向静态数据成员的指针
```

2. 指向成员函数的指针

定义一个指向非静态成员函数的指针必须在三个方面与其指向的成员函数保持一致：参数列表要相同、返回类型要相同、所属的类型要相同。

语法格式：

```
数据类型(类名::*指针名)(参数列表)[=&类名::非静态成员函数]
```

使用指向非静态成员函数的指针的方法和使用指向非静态数据成员的指针的方法相似，语法格式：

```
(类对象名.*指向非静态成员函数的指针)(参数列表);
```

指向静态成员函数的指针和普通指针相同，在定义时无须和类相关联，在使用时也无须和具体的对象相关联。

```
数据类型(*指针名)(参数列表)[=&类名::静态成员函数]
```

指向非静态成员函数时，必须用类名作限定符，使用时则必须用类的实例作限定符。指向静态成员函数时，则不需要使用类名作限定符。

指向类中成员的指针，注意是直接指向类中的成员而不是指向对象的某一成员的指针。类成员指针提供的是成员在类中的对象的偏移量，不是一个真正的指针，因为不是一个真正的指针所以不能通过指针来访问类中的成员，而只能通过特殊的运算符.*或->*来访问指针指向的成员。

9.6.3　对象数组

对象数组是指数组元素为对象的数组。该数组中若干个元素必须是同一个类的若干个对象。对象数组的定义、赋值和引用与普通数组一样，只是数组的元素与普通数组不同，它是同类的若干个对象。

1. 对象数组的定义

对象数组语法格式：

```
类名 数组名[大小]…
```

其中，类名指出该数组元素是属于该类的对象，方括号内的大小给出某一维的元素个数。一维对象数组只有一个方括号，二维对象数组要有两个方括号，等等。

2. 对象数组的赋值

C++语言不允许初始化对象数组，要创建一个类的对象数组，这个类必须具备以下三个条件之一：

(1) 没有构造函数；

(2) 有构造函数，但要有一个构造函数不带参数；

(3) 有构造函数，但要有一个构造函数具有的参数全是默认参数。

对象数组可被赋初值，也可被赋值。

3. 对象指针数组的定义

对象指针数组是指该数组的元素是指向对象的指针，它要求所有数组元素都是指向同一个类类型的对象的指针。语法格式：

```
类名 *数组名[大小]…
```

它与前面讲过的一般的指针数组所不同的地方仅在于该数组一定是指向对象的指针。即指向对象的指针用来作该数组的元素。

9.6.4 对象指针

指向类的成员的指针即为对象指针，对象空间的起始地址就是对象的指针。可以定义一个指针变量，用来存放对象的指针。

1. 指向对象成员的指针

存放对象成员地址的指针变量就是指向对象成员的指针变量。

定义指向对象数据成员的指针变量的语法格式：

```
类名 *对象指针名;
```

定义指向公用成员函数的指针变量的语法格式：

```
数据类型名 (类名::*指针变量名)(参数表列);
```

指针变量的类型必须与赋值号右侧函数的类型相匹配，要求在以下 3 方面都要匹配：

(1) 函数参数的类型和参数个数；

(2) 函数返回值的类型；

(3) 所属的类。

2. this 指针

在每一个成员函数中都包含一个特殊的指针，称为 this。它是指向本类对象的指针，它的值是当前被调用的成员函数所在的对象的起始地址。this 指针默认是 *const this 类型，即 this 是一个常量指针，不能改变 this 指针指向的地址。

this 指针是所有成员函数的隐含指针，每次调用成员函数时，this 指针就指向调用此函数的对象，可以在成员函数类显式使用 this 指针。

注意：

友元函数不是类的成员函数，所以友元函数没有 this 指针。

静态成员函数也没有 this 指针。

本章小结

(1) 嵌套类。

嵌套类在外围类内部定义,但它是一个独立的类,基本上与外围类不相关。

在一个函数体内定义的类称为局部类。局部类只在定义它的局部域内可见,与嵌套类不同的是,在定义局部类时需要注意:局部类中不能说明静态成员函数,并且所有成员函数都必须定义在类体内。在定义该类的局部域外没有语法能够引用局部类的成员。

(2) 构造函数的特点。

① 构造函数的命名必须和类名完全相同,是成员函数,但不能为虚函数,有 0 个以上参数,可以重载。既可在类内定义,也可在类外定义。

② 构造函数的功能,主要用于在类的对象创建时定义数据成员的初始化状态。它没有返回类型(包括 void 类型),在构造函数的体内没有 return 语句。

③ 构造函数不能被直接调用,在创建对象时系统会自动调用,而一般成员函数在程序执行到它的调用的时候被执行。一般构造函数都是公有的,当一个类只定义了私有的构造函数,将无法创建对象。

④ 定义一个类时,通常都会定义该类的构造函数,并在构造函数中为该类中的数据成员指定初始值,因类的数据成员一般都定义为私有成员,以实现类的封装。构造函数可省略,当一个类没有定义任何构造函数,编译器会为该类自动生成一个默认的无参的构造函数。而一般的成员函数不存在这一特点。

⑤ 从概念上讲,构造函数的执行可分两个阶段,初始化阶段和计算阶段,初始化阶段先于计算阶段。

一个类的数据成员的数据类型是除 void 外的任何数据类型。初始化类的数据成员有两种方式:初始化列表和在构造函数体内进行赋值操作。

成员对象的初始化,一般采用初始化表形式:

① 类的成员对象必须初始化,但不能将成员对象直接在构造函数体内进行初始化。

② 成员对象初始化时,必须有相应的构造函数,且多个对象成员的构造次序不是按初始化成员列表的顺序,而是按各类声明的先后次序进行的。

③ 成员对象初始化可在类构造函数定义时进行。

(3) 默认构造函数。

若一个类中没有定义任何的构造函数,那么编译器只有在以下三种情况,才会提供默认的构造函数:

① 若类有虚拟成员函数或者虚拟继承父类(即有虚拟基类)时。

② 若类的基类有构造函数(可以是用户定义的构造函数,或编译器提供的默认构造函数)。

③ 在类中的所有非静态的对象数据成员,它们对应的类中有构造函数(可以是用户定义的构造函数,或编译器提供的默认构造函数)。

系统会自动产生默认析构函数、默认复制构造函数、默认赋值函数。

本章实践

第一部分 基础知识

选择填空题

1. 面向对象方法中,继承是指(　　)。(2010-09)

   A. 一组对象所具有的相似性质　　B. 一个对象具有另一个对象的性质
   C. 各对象之间的共同性质　　D. 类之间共享属性和操作的机制

2. 下列关于对象初始化的叙述中,正确的是(　　)。(2010-09)

   A. 定义对象的时候不能对对象进行初始化
   B. 定义对象之后可以显式地调用构造函数进行初始化
   C. 定义对象时将自动调用构造函数进行初始化
   D. 在一个类中必须显式地定义构造函数实现初始化

3. this 指针是 C++ 语言实现(　　)的一种机制。(2012-03)

   A. 抽象　　B. 封装　　C. 继承　　D. 重载

4. 下列关于 this 指针的描述中,正确的是(　　)。(2011-09)

   A. 类的成员函数都有 this 指针
   B. 类的友元函数都有 this 指针
   C. 任何与类相关的函数都有 this 指针
   D. 类的非静态成员函数都有 this 指针

5. 下列描述中,抽象类的特性是(　　)。(2012-03)

   A. 可以说明虚函数　　B. 可以定义友元函数
   C. 可以进行构造函数重载　　D. 不能说明其对象

6. 下列关于构造函数的描述中,错误的是(　　)。(2011-03)

   A. 构造函数名与类名相同　　B. 构造函数可以有返回值
   C. 构造函数可以重载　　D. 每个类都有构造函数

7. 若 PAT 是一个类,则程序运行时,语句“PAT{ * aD.[3];”调用 PAT 的构造函数的次数是(　　)。(2011-03)

   A. 0　　B. 1　　C. 2　　D. 3

8. 建立一个类对象时,系统自动调用(　　)。(2009-03)

   A. 析构函数　　B. 构造函数　　C. 静态函数　　D. 友元函数

9. 下列关于析构函数的描述中,错误的是(　　)。(2011-03)

   A. 析构函数可以重载　　B. 析构函数由系统自动调用
   C. 每个对象的析构函数只被调用一次　　D. 每个类都有析构函数

10. 下列描述中,错误的是(　　)。(2011-03)

   A. 公有继承时基类中的公有成员在派生类中仍是公有成员
   B. 公有继承时基类中的保护成员在派生类中仍是保护成员

C. 保护继承时基类中的公有成员在派生类中仍是公有成员

D. 保护继承时基类中的保护成员在派生类中仍是保护成员

11. ________是实现 C++ 语言编译时多态性的机制，________是实现 C++ 语言运行时多态性的机制。(2012-03)

12. 若 Xcs 是一个类，该类中具有一个函数体为空的不带参数的构造函数，此构造函数的类外定义为________。(2011-09)

13. 友元类的所有成员函数都是另一个类的________。(2012-03)

14. 有如下程序：

```
#include<iostream>
using namespace std;
class MyClass{
public:
    MyClass()    {cout<<'*';)
    MyClass(MyClass& A)   {cout<<'#';}
    ~MyClass()    {cout<<'@'; }
};
int main(){
MyClass a;
Myclass b(A);
return 0;
}
```

运行时的输出结果是(　　)。(2011-09)

A. *@#@　　B. #@*@　　C. *#@@　　D. #*@@

15. 已知类 Myclass 的定义如下：

```
class MyClass{
public:
    MyClass(int d) {data=d;}
    ~MyClass (){}
private:
    int data;
};
```

下列对 Myclass 类对象数组的定义和初始化语句中，正确的是(　　)。(2011-09)

A. MyClass arrays[2];

B. MyClass arrays[2]={MyClass(5) };

C. MyClass arrays[2]={MyClass(5) , MyClass(6) };

D. MyClass * arrays=new MyClass[2];

16. 有如下程序：

```
#include<iostream>
using namespace std;
```

```
class Sac{
    int n;
public:
    Sac():n(4){cout<<n;}
     Sac(int k):n(k){cout<<n;}
    ~Sac(){cont<<n+n;}
};
int main(){
    Sac s1, * s2;
    s2=new Sac(3);
    delete s2;
    return 0;
}
```

运行时的输出结果是________。(2011-09)

17. 有如下程序：

```
#include<iostream>
using namespace std;
class XA{
int a;
public:
static int b;
XA(int aA. : a(aA. {b++;}
~XA(){}
int get(){return a;}
};
int XA::b=0;
int main(){
XA d1(2), d2(3);
cout<<d1. get()+d2. get()+XA::b<<endl;
return 0;
}
```

运行时的输出结果是(　　)。(2011-03)

A. 5　　B. 6　　C. 7　　D. 8

18. 有如下程序：

```
#include<iostream>
using namespace std;
class Point{
int x, y;
public:
Point(int x1=0, int y1=0):x(x1), y(y1){}
int get(){return x+y;)
};
```

```
class Circle{
Point center;
int radius;
public:
Circle(int CX, int cy, int r):center(cx, cy), radius(r){}
int get(){return center. get()+radius;}
};
int main(){
circle c(3, 4, 5);
cout<<c. get()<<endl;
return ():
}
```

运行时的输出结果是(　　)。(2011-03)

A. 5　　B. 7　　C. 9　　D. 12

程序设计

1. 设计并实现一个圆锥类,用 UML 图表示该类的模型,编写构造方法,其成员变量为底面半径和高;成员方法有计算底面积和体积。另外,再编写一个测试类,利用其中的 main 方法生成一个圆锥对象,并计算圆锥面积和体积。

2. 编写程序:设计并实现一个员工(Employee)类,用 UML 图表示该类的模型,其成员变量有:姓名、性别、工龄、基础工资、岗位津贴、效益工资;成员方法有:

(1) 计算应发工资(基础工资+岗位津贴+效益工资)

(2) 实发工资(应发工资一个人所得税)

(3) 计算个人所得税

假设个人所得税的计算规则为 3500 以下免税,超出 3500 以上部分按 3%缴纳。

另外,再编写一个测试类,利用其中的 main 方法生成一个员工对象,并显示该员工的姓名、性别、工龄、应发工资和实发工资。

第二部分　项目设计

在第 8 章基础上,定义学生成绩类,数据成员,包含第 11 章定义的结构体数据成员,以及增加记录,删除记录,修改记录,查询记录,查看全部记录函数。

第 10 章　继承和派生

教学目标：

(1) 掌握派生类的定义和访问权限。

(2) 掌握继承基类的数据成员与成员函数。

(3) 掌握基类指针与派生类指针的使用、虚基类。

(4) 掌握多态性概念。

(5) 掌握虚函数机制的要点、纯虚函数与抽象基类，虚函数。

10.1　继承与派生

1. 基本概念

一个新类从已有的类那里获得其已有的特性，该现象称类的继承。通过继承，一个新建类（子类）从已有的类（父类）那里获得父类的特性，亦即从子类向父类看。从父类向子类看，从已有的类（父类）产生一个新的类（子类），称为类的派生。

从派生类的角度，根据它所拥有的基类数目不同，可以分为单继承和多继承。

(1) 一个派生类只从一个直接基类派生，称为单继承，这种继承关系所形成的层次是一个树形结构，如图 10-1 所示。

(2) 一个派生类有两个或多个直接基类的称为多基派生或多重继承，如图 10-2 所示。

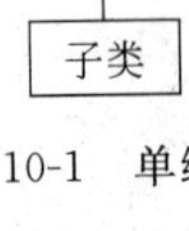

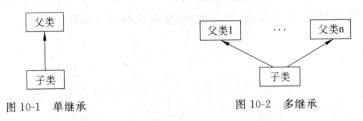

图 10-1　单继承

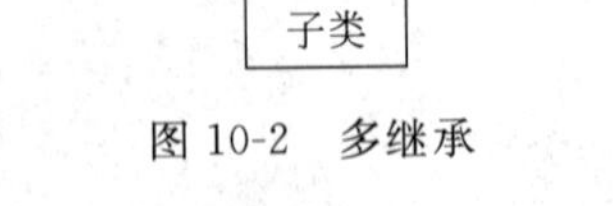

图 10-2　多继承

任何一个类都可以派生出一个新类，派生类也可再派生出新类，故基类和派生类是相对而言的，一个基类可以是另一个基类的派生类，从而形成了复杂的继承结构，出现了类的层次，如图 10-3 所示。

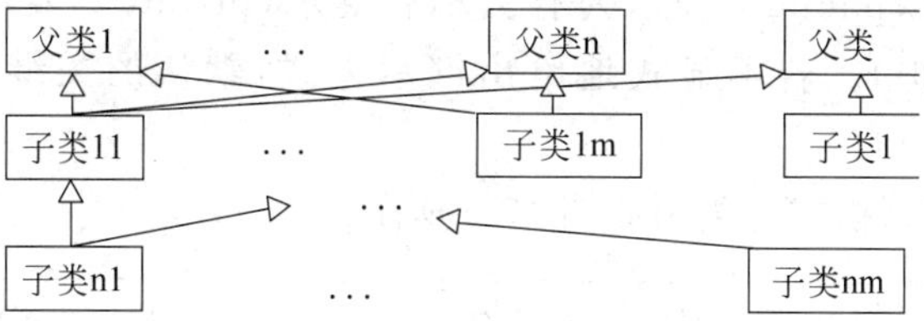

图 10-3 类的层次结构

基类与派生类之间的关系：

(1) 基类是派生类的抽象，派生类是基类的具体化。基类抽取了它的派生类的公共特征，而派生类通过增加信息将抽象的基类变为某种有用的类型，派生类是基类定义的延续。

(2) 派生类是基类的组合。多继承可看作是多个单继承的简单组合。

(3) 公有派生类的对象可作为基类的对象处理。这一点与类聚集(成员对象)是不同的，在类聚集(成员对象)中，一个类的对象只能拥有作为其成员的其他类的对象，但不能作为其他类对象而使用。

公有派生类与基类的赋值兼容性规则：

(1) 公有派生类对象可以作为基类对象使用，但只能使用从基类继承的成员。

(2) 公有派生类对象可以赋值给基类对象使用，反之则不行。

(3) 公有派生类对象可以初始化基类对象的引用。

(4) 有派生类对象的地址可以赋值给其基类的指针，反之则不行。

2. 派生类的定义

派生类的定义语法图，如图 10-4 所示。

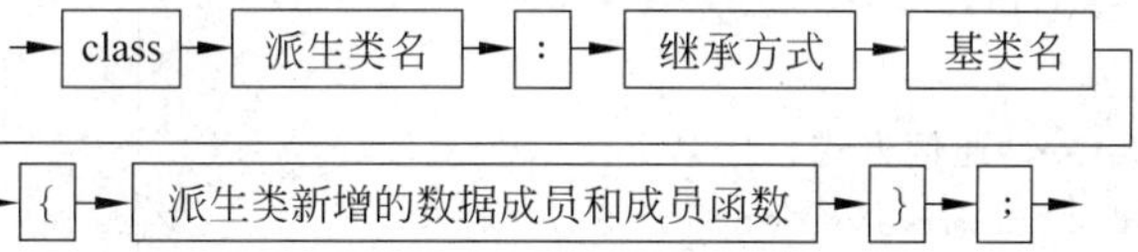

图 10-4 派生类的定义

语法格式：

```
class 派生类名 : 继承方式 基类名
{
    派生类新增的数据成员和成员函数
};
```

说明：

(1) 基类名是已有的类的名称，派生类名是继承原有类的特性而生成的新类的名称。单继承时，只需定义一个基类；多继承时，需同时需要两个以上基类。

(2) 继承方式即派生类的访问控制方式，用于控制基类中声明的成员在多大的范围内能被派生类的用户访问。每一个继承方式，只对紧随其后的基类进行限定。继承方式包括 3 种：公有继承(public＋表示公有)、私有继承(private－表示私有)和保护继承(protected＃表示保护)。若不显式地给出继承方式，默认的类继承方式是私有继承 private。

【例 10-1】 适配器模式。类图如图 10-5 所示。

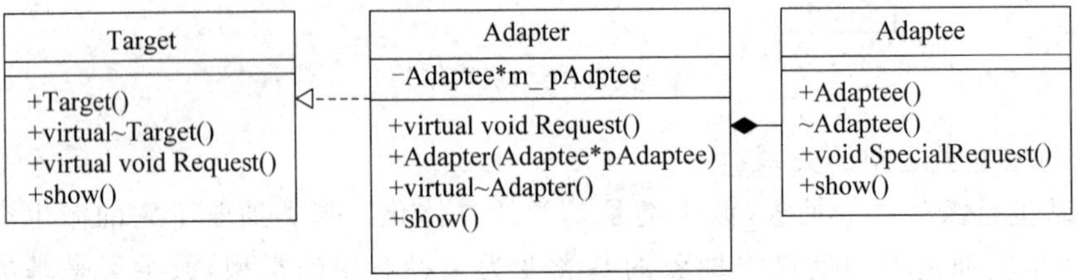

图 10-5　适配器模式

程序代码：

```
1. #include<string>
2. #include<iostream>
3. using namespace std;
4. //需要被 Adapt 的类
5. class Target
6. {
7. public:
8.     Target(){}
9.     Target(string comm):commway(comm){}
10.     virtual ~Target() {}
11.     virtual void Request()=0;
12.     void show()
13.     {
14.         cout<<"通信方式: "
15.             <<commway<<endl;
16.     }
17. protected:
18. 
19. private:
20.     string commway;
21. };
22. 
23. //与被 Adapt 对象提供不兼容接口的类
24. class Adaptee
25. {
26. public:
27.     Adaptee(){}
28.     Adaptee(string inte):interf(inte){}
29.     ~Adaptee(){}
```

第 5～21 行，定义类 Target，其中第 7～16 行为公有部分，第 19～20 行为私有部分。

第 24～39 行，定义类 Adaptee，其中第 26～35 行为公有部分，第 37～38 行为保护部分。

```
30.     void SpecialRequest();
31.     void show()
32.     {
33.             cout<<"特殊通信方式"
34.                 <<interf<<endl;
35.     }
36.
37. protected:
38.     string interf;
39. };
40.
41. //进行 Adapt 的类,采用聚合原有接口类的方式
```

第42～58行,定义类 Adapter, Adapter类的基类 Target。其中第45～54行为公有部分,第56～57行为私有部分。

```
42. class Adapter
43.     : public Target
44. {
45. public:
46.     Adapter(Adaptee * pAdaptee);
47.     virtual ~Adapter();
48.
49.     virtual void Request();
50.     void show()
51.     {
52.     cout<<"通信方式"
53.         <<m_pAdptee<<endl;
54.     }
55.
56. private:
57.     Adaptee * m_pAdptee;
58. };
```

第59～80行,为类中函数在类外的定义。

```
59. void Adaptee::SpecialRequest()
60. {
61.     std::cout<<"SpecialRequest of Adaptee\n";
62. }
63.
64. Adapter::Adapter(Adaptee * pAdaptee)
65.     : m_pAdptee(pAdaptee)
66. {
67.
68. }
69.
70. Adapter::~Adapter()
71. {
72.     delete m_pAdptee;
73.     m_pAdptee=NULL;
```

```
74. }
75.
76. void Adapter::Request()
77. {
78.     std::cout<<"Request of Adapter\n";
79.     m_pAdptee->SpecialRequest();
80. }
81. int main()
82. {
83.     Adaptee *pAdaptee=new Adaptee;
84.     Target *pTarget=new Adapter(pAdaptee);
85.     pTarget->Request();
86.     pAdaptee->show();
87.     pTarget->show();
88.
89.     delete pTarget;
90.     return 0;
91. }
```

第81～91行,为主函数。

运行结果:

```
Request of Adapter
SpecialRequest of Adaptee
特殊通信方式
通信方式
```

本例为适配器模式,定义了三个类即Adaptee、类Target和类Adapter,其中Adapter类继承类Target。

3. 派生类的构成

派生类中的成员包括从基类继承来的成员,也包括派生类中新增加的成员两大部分。从基类继承的成员体现了派生类从基类继承而获得的共性,而新增加的成员体现了派生类的个性。新增加的成员体现了派生类与基类的不同,体现了不同派生类之间的区别。一个派生类包括以下三部分:

(1) 吸收基类成员。派生类把基类的成员(不包括构造函数和析构函数)没有选择的接收过来。注意:派生可能会造成数据的冗余。

如例10-1中,Adapter类吸收了基类Target中成员。

(2) 修改基类成员。通过指定继承方式来调整从基类接收的成员。注意:函数的重载与覆盖。

(3) 添加新成员。在声明派生类时增加的成员,它体现了派生类对基类功能的扩展。

如例10-1中,类Adapter中即可访问基(父)类Target中的成员(公有成员函数:Adapter、~Adapter()、Request)。

构建派生类的一般思路:

派生类是基类定义的延续。先声明一个基类，在此基类中只提供某些最基本的功能，而另外有些功能并未实现，然后在声明派生类时加入某些具体的功能，形成适用于某一特定应用的派生类，通过对基类声明的延续，将一个抽象的基类转化成具体的派生类。故派生类是抽象基类的具体实现。

如例 10-1，先声明了基类 Target，通过类 Target 派生出类 Adapter。

在定义派生类时，C++ 里是允许派生类中的成员名和基类中的成员名相同，出现这种情况，称派生类成员覆盖了基类中使用相同名称的成员。即当在派生类中或用对象访问该同名成员时，所访问只是派生类中的成员，基类中的就自动被忽略。但若确实要访问到基类中的同名成员，C++ 中这样规定必须在成员名前加上基类名和作用域标识符“::”。

10.2 派生类对基类的成员的访问

基类的成员在派生类中的访问属性在派生的过程中是可以通过继承方式来调整的。基类的成员有公有(public)、保护(protected)和私有(private)三种访问属性，类的继承方式也有公有继承(public)、保护继承(protected)和私有继承(private)三种。不同的继承方式，导致具有不同访问属性的基类成员在派生类中具有了新的访问属性。基类成员在派生类中的访问属性如表 10-1 所示。

表 10-1 基类成员在派生类中的访问属性

基类成员 / 继承方式	公有成员 public	保护成员 protected	私有成员
公有成员 public	公有 public	保护 protected	不可访问
保护成员 protected	保护 protected	保护 protected	不可访问
私有成员 private	私有 private	私有 private	不可访问

说明：

(1) 公有，派生类内和派生类外都可以访问。

(2) 保护，派生类内可以访问，派生类外不能访问，其下一层的派生类可以访问。

(3) 私有，派生类内可以访问，派生类外不能访问。

(4) 不可访问，派生类内和派生类外都不能访问。

如例 10-1 中：class Adapter: public Target。

对子类 Adapter 继承了公有的 Target。

【例 10-2】 桥接模式。类图由读者给出。

程序代码：

```
#include<iostream>
#include<string>
using namespace std;

```

```
5. class OS
6. {
7. public:
8.     OS(){}
9.     OS(string ver):version(ver){}
10.     virtual void NameOS(){}
11.     string version1;
12. private:
13.     string version;
14. };
15.
```

第 5～14 行，定义类 OS，其中第 7～11 行是公有成员，第 12～13 行是私有成员。

```
16. class WindowOS:public OS
17. {
18. public:
19.     WindowOS(){}
20.     WindowOS(string ver):version(ver){}
21.     void NameOS()
22.     {
23.         cout<<"安装了 Window 操作系统!"<<endl;
24.         cout<<version1<<endl;
25.     }
26. private:
27.     string version;
28. };
29.
```

第 16～28 行，定义类 WindowOS，其基类是 OS，其中第 18～25 行是公有成员，第 26～27 行是私有成员。

```
30. class AppleOS:public OS
31. {
32. public:
33.     AppleOS(){}
34.     AppleOS(string ver):version(ver){}
35.     void NameOS()
36.     {
37.     //  cout<<version;//私有属性不能访问
38.         cout<<  "安装了 Apple 操作系统!"<<endl;
39.     }
40. private:
41.     string version;
42. };
43.
```

第 30～42 行，定义类 AppleOS，其公有继承基类是 OS，其中第 32～39 行是公有成员，第 40～41 行是私有成员。

```
44. class UnixOS:public OS
45. {
46. public:
47.     void NameOS()
48.     {
```

第 44～52 行，定义类 UnixOS，其公有继承基类是 OS，其中第 46～51 行是公有成员。

```
49.         //    cout<<version;//私有属性不能访问
50.         cout<<"安装了 Unix 操作系统!"<<endl;
51.     }
52. };
53.
```

第 54 ～ 63 行，定义类 Computer，其中第 56～68 行是公有成员，第 59～60 行是保护成员，第 61～62 行是私有成员。

```
54. class Computer
55. {
56. public:
57.     Computer(OS * osptr):m_osPtr(osptr){ }
58.     virtual void InstallOs()=0;
59. protected:
60.     OS * m_osPtr;
61. private:
62.      OS * m_osPtrau;
63. };
64.
```

第 65 ～ 76 行，定义类 AppleComputer，其保护继承基类是 Computer。其中第 67～75 行是公有成员。

```
65. class AppleComputer:protected Computer
66. {
67. public:
68.     AppleComputer(OS * osptr):Computer(osptr){ }
69.
70.     void InstallOs()
71.     {
72.         cout<<"苹果计算机,";
73.         m_osPtr->NameOS();
74.     //    m_osPtrau->NameOS();//私有成员不能访问
75.     }
76. };
77.
```

第 78 ～ 88 行，定义类 LenovoComputer，其私有继承基类是 Computer。其中第 80～87 行是公有成员。

```
78. class LenovoComputer:private Computer
79. {
80. public:
81.     LenovoComputer(OS * osptr):Computer(osptr){ }
82.     void InstallOs()
83.     {
84.         cout<<"联想计算机,";
85.         m_osPtr->NameOS();
86.        //   m_osPtrau->NameOS();//私有成员不能访问
87.     }
88. };
89.
```

第 90～105 行，定义 main 函数。

```
90. int main()
91. {
```

```
    AppleComputer * ApplePtr1
            =new AppleComputer(new WindowOS);
    ApplePtr1->InstallOs();

    AppleComputer * ApplePtr2
              =new AppleComputer(new AppleOS);
    ApplePtr2->InstallOs();

    LenovoComputer * LenovoPtr2
           =new LenovoComputer(new UnixOS);
     LenovoPtr2->InstallOs();

     return 0;
}
```

运行结果：

```
苹果计算机,安装了 Window 操作系统!
苹果计算机,安装了 Apple 操作系统!
联想计算机,安装了 Unix 操作系统!
```

本例为桥接模式，定义了类 OS 派生出类 WindowOS、类 AppleOS、类 UnixOS，类 Computer 派生出类 AppleComputer 和类 LenovoComputer。

1. 公有继承

在定义一个派生类时将基类的继承方式指定为 public 的，称为公有继承，用公有继承方式建立的派生类称为公有派生类，其基类称为公有基类。

如例 10-2，派生类 WindowOS、类 AppleOS、类 UnixOS 继承了公有的 NameOS 是公有继承。

采用公有继承方式时，基类的公有成员和保护成员在派生类中仍然保持其公有成员和保护成员的属性，而基类的私有成员在派生类中并没有成为派生类的私有成员，它仍然是基类的私有成员，只有基类的成员函数可访问它，而不能被派生类的成员函数访问，故就成为派生类中的不可访问的成员。

基类的私有成员对派生类来说是不可访问的，在派生类中的函数中直接访问基类的私有数据成员是不允许的。只能通过基类的公有成员函数来访问基类的私有数据成员。

如例 10-2 中，对公有继承，基类 OS 的成员的继承，取决于基类 OS 成员的访问属性，亦即派生 WindowOS、AppleOS、UnixOS 的成员函数 NameOS 是公有继承。对基类的私有成员也可访问。

```
void NameOS()
{
    cout<<"安装了 Window 操作系统!"<<endl;
    cout<<version<<endl;
}
```

2. 私有继承

在声明一个派生类时，将基类的继承方式指定为 private 的，称私有继承，用私有继承方式建立的派生类称为私有派生类，其基类称为私有基类。

如例 10-2，派生类 AppleComputer 对类 Computer 继承是私有继承。

私有基类的公有成员和保护成员在派生类中的访问属性相当于派生类中的私有成员，即派生类的成员函数能访问它们，而在派生类外不能访问它们。私有基类的私有成员在派生类中成为不可访问的成员，只有基类的成员函数可以引用它们。一个基类成员在基类中的访问属性和在私有派生类中的访问属性可能是不同的。

如例 10-2 中：

```
void InstallOs()
{
    cout<<"苹果计算机,";
    m_osPtr->NameOS();
//  m_osPtrau->NameOS();     //私有成员不能访问
}
```

这里，访问了基类的保护成员，但对私有成员不能继承。

说明：一个成员在不同的派生层次中的访问属性可能是不同的。它与继承方式有关。

(1) 不能通过派生类对象引用从私有基类继承过来的任何成员。

(2) 派生类的成员函数不能访问私有基类的私有成员，但可访问私有基类的公有成员。可通过派生类的成员函数调用私有基类的公有成员函数。

3. 保护成员和保护继承

protected 声明的成员称为受保护的成员，简称保护成员。在定义一个派生类时将基类的继承方式指定为 protected 的，称为保护继承，用保护继承方式建立的派生类称为保护派生类，其基类称为受保护的基类，简称保护基类。

如例 10-2，派生类 AppleComputer 对类 Computer 继承是保护继承。

保护基类的公有成员和保护成员在派生类中都成了保护成员，其私有成员仍为基类私有。也就是把基类原有的公有成员也保护起来，不让派生类外任意访问。受保护成员不能被类外访问，这点和私有成员类似，可以认为保护成员对类的用户来说是私有的。从类的用户角度来看，保护成员等价于私有成员。但有一点与私有成员不同，保护成员可以被派生类的成员函数引用。如例 10-2 中：

```
void InstallOs()
{
    cout<<"苹果计算机,";
    m_osPtr->NameOS();
//  m_osPtrau->NameOS();     //私有成员不能访问
}
```

10.3 派生类的构造函数和析构函数

派生类的数据成员由所有基类的数据成员与派生类新增的数据成员共同组成，若派生类新增成员中包括其他类的对象（成员对象），派生类的数据成员中实际上还间接包括了这些对象的数据成员。所以，在构建派生类的对象时，必须对基类数据成员、新增成员对象的数据成员和新增的其他数据成员进行初始化。派生类的构造函数必须以合适的初值作为参数，隐含调用基类和新增成员对象的构造函数，用以初始化它们各自的数据成员，然后再对新增的其他数据成员进行初始化。

【例 10-3】 类的继承。类图如图 10-6 所示。

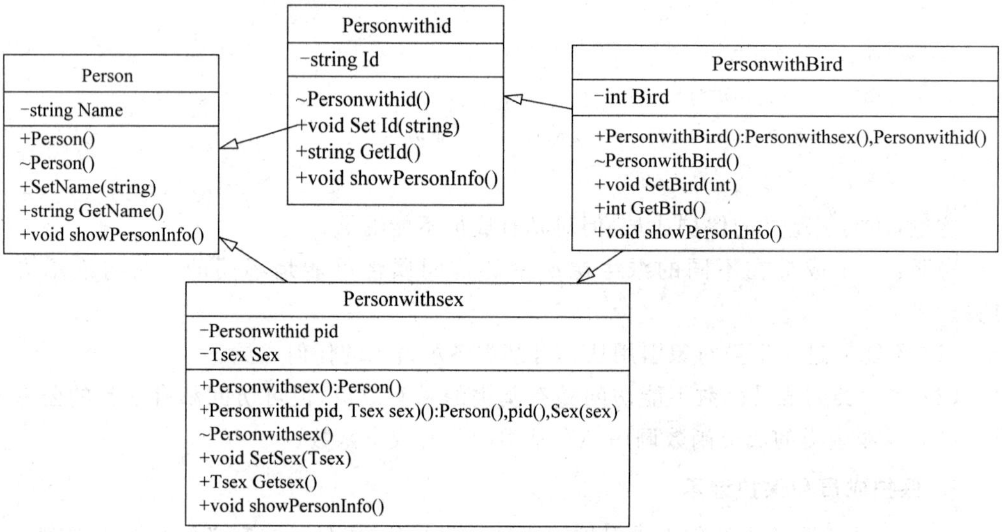

图 10-6 类的继承

程序代码：

```
1. #include<iostream>
2. #include<string>
3. using namespace std;
4.
5. enum Tsex{mid,man,woman};
6.
7. class Person
8. {
9.     string Name;
10. public:
11.     Person()
12.     {
13.         Name="#";
```

第 5 行是枚举量定义。

第 6～27 行，定义类 Person，第 9 行，私有成员。

第 10～26 行，公有成员。

```
14.         cout<<"Person类"<<endl;
15.     }
16. 
17.     ~Person()
18.     {
19.         cout<<"析构Person类"<<endl;
20.     }
21.     void SetName(string);
22.     string GetName()
23.     {
24.         return Name;
25.     }
26.     void showPersonInfo();
27. };
28. 
29. void Person::SetName(string name){
30.     Name=name;
31. }
32. 
33. void Person::showPersonInfo()
34. {
35.     cout<<"姓名:"<<Name<<endl;
36. }
37. 
38. class Personwithid: public Person
39. {
40. public:
41.     ~Personwithid()
42.     {
43.         cout<<"析构Personwithid类"<<endl;
44.     }
45.     void SetId(string);
46.     string GetId()
47.     {
48.         return Id;
49.     }
50.     void showPersonInfo();
51. private:
52.     string Id;
53. };
54. void Personwithid::SetId(string id){
55.     Id=id;
56. }
57. 
58. void Personwithid::showPersonInfo()
```

第29～36行定义成员函数。

第38～53行定义类Personwithid，基类为Person。

```
59. {
60.     cout<<  "姓    名:"<<GetName()
61.         <<"\n 身份证号:"<<Id<<endl;
62. }
63.
64. class Personwithsex: protected Person
65. {
66. public:
67.     //有 Personwithsex(Tsex sex)
68.     //必须有 Personwithsex()
69.     Personwithsex():Person()
70.     {
71.         cout<<"Personwithsex 类"<<endl;
72.     }
73.     Personwithsex(Personwithid pid,
74.                 Tsex sex):Person(),pid(),Sex(sex)
75.     {
76.     }
77.     ~Personwithsex()
78.     {
79.         cout<<"析构 Personwithsex 类"<<endl;
80.     }
81.     void SetSex(Tsex);
82.     Tsex GetSex()
83.     {
84.         return Sex;
85.     }
86.     void showPersonInfo();
87. private:
88.     Personwithid pid;
89.     Tsex Sex;
90. };
91.
92. void Personwithsex::SetSex(Tsex sex)
93. {
94.     Sex=sex;
95. }
96.
97. void Personwithsex::showPersonInfo()
98. {
99.     cout<<"性    别:";
100.    if(Sex==man)
101.    {
102.        cout<<"男"<<'\n';
```

第 64 ～ 90 行定义类 Personwithsex，基类为 Person。

```
103.     }
104.     else
105.     {
106.         if(Sex==woman)
107.         {
108.             cout<<"女"<<'\n';
109.         }
110.         else
111.         {
112.             cout<<" "<<'\n';
113.         }
114.     }
115. }
116.
117. class PersonwithBird:
118.   private Personwithsex, protected Personwithid
119. {
120. public:
121.
122.     PersonwithBird():Personwithsex(),Personwithid()
123.     {
124.         cout<<"PersonwithBird类"<<endl;
125.     }
126.     ~PersonwithBird()
127.     {
128.         cout<<"析构 PersonwithBird类"<<endl;
129.     }
130.     void SetBird(int);
131.     int GetBird()
132.     {
133.         return Bird;
134.     }
135.     void showPersonInfo();
136. private:
137.     int Bird;
138. };
139. void PersonwithBird::SetBird(int bird){
140.     Bird=bird;
141. }
142.
143. void PersonwithBird::showPersonInfo()
144. {
145.     cout<<"出生日期:"<<Bird<<endl;
```

第117～146行是定义类PersonwithBird，基类为Personwithsex和Personwithsex。

第139～146行是为类PersonwithBird的函数外部定义。

```
146. }
147. void main()
148. {
149.     cout<<"PersonwithBird类对象的输出: "<<endl;
150.     PersonwithBird persb;
151. }
```

第 147～151 行，定义主函数。

本例继承时，各类实例增加的成员情况如图 10-7 所示。

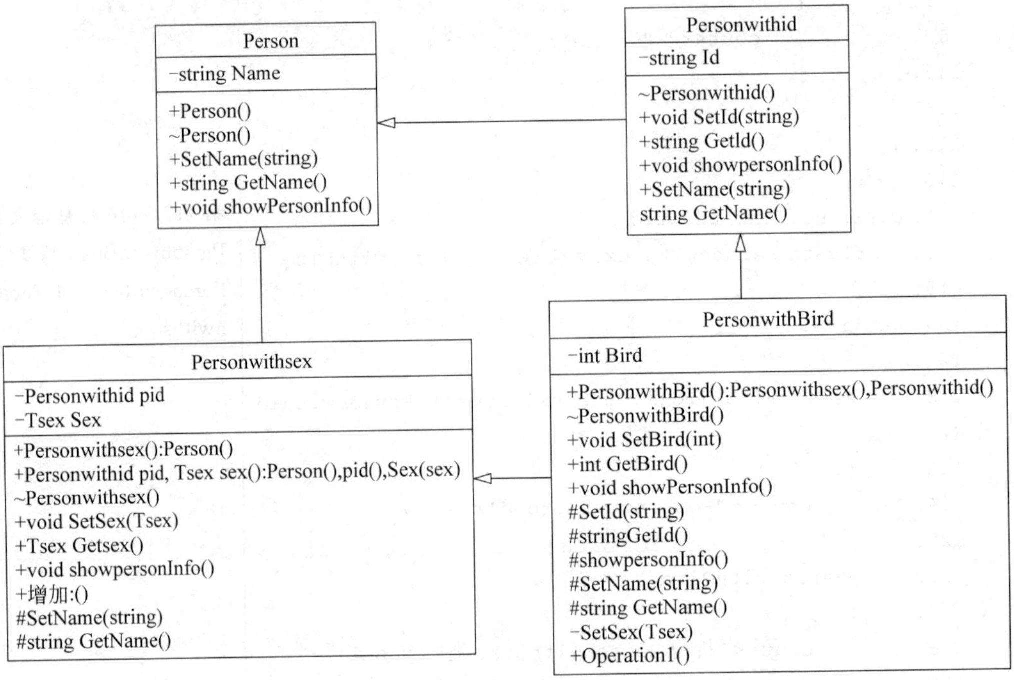

图 10-7　各类实例增加的成员情况

运行结果：

略

本例，类 Personwithid 是基类 Person 的继承类。基类 Person 的构造函数 Person 不带参数，派生类 Personwithid 中没有定义构造函数。类 Personwithsex 是基类 Person 的继承类。

1. 派生类的构造函数

派生类的构造函数语法图，如图 10-8 所示。

语法格式：

```
派生类名(参数总表):基类名(参数子表)
    {
        派生类新增成员的初始化语句;
    }
```

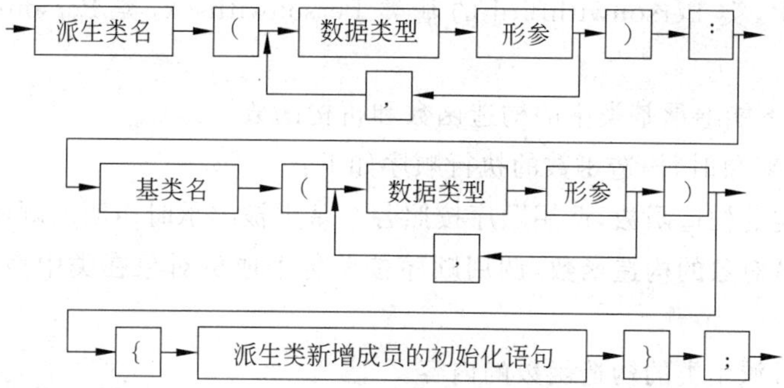

图 10-8　派生类的构造函数

说明：

(1) 冒号前面的部分是派生类构造函数的主干，它和以前介绍过的构造函数的形式相同，但它的总参数表列中包括基类构造函数所需的参数和对派生类新增的数据成员初始化所需的参数；冒号后面的部分是要调用的基类构造函数及其参数。

如例 10-3 中：

```
Personwithsex(Tsex sex):Sex(sex)
```

其中，Personwithsex(Tsex sex)是派生类 Personwithsex 的构造函数的主干，冒号号后面 Sex(sex)是对新增的数据成员初始化。

(2) 当基类构造函数不带参数时，派生类不一定需要定义构造函数，若派生类有无参构造函数，其基类必须有无参构造函数。

如例 10-3 中，类 Person 中有构造函数 Person()不带参数，派生类 Personwithsex 中定义了无参构造函数和有参构造函数。派生类 Personwithid 中未定义构造函数。

(3) 当基类使用默认构造函数或不带参数的构造函数时，则在派生类中定义构造函数时，可省略：基类构造函数名(参数表)，若派生类不需构造函数，则可不定义构造函数。

如例 10-3 中，类 Person 的派生类 Personwithid 中未定义构造函数。类 Person 的派生类 Personwithsex 中定义了无参的构造函数和有参构造函数。

(4) 在构造函数的参数表中，给出了初始化基类数据、成员对象数据以及新增的其他数据成员所需要的全部参数。在参数表之后，列出需要使用参数进行初始化的基类名和成员对象名以及各自的参数名，各项之间使用逗号分隔。

如例 10-3 中，Personwithsex(Personwithid pid, Tsex sex):pid(),Sex(sex)，这里是单继承。

(5) 对基类成员和新增成员对象的初始化必须在成员初始化列表中进行。当派生类有多个基类时，处于同一层次的各个基类的构造函数的调用顺序取决于定义派生类时声明的顺序(自左向右)，而与在派生类构造函数的成员初始化列表中给出的顺序无关。若派生类的基类也是一个派生类，则每个派生类只需负责它的直接基类的构造，依次上溯。当派生类中有多个成员对象时，各个成员对象构造函数的调用顺序也取决于在派生类中定义的顺序(自上而下)，而与在派生类构造函数的成员初始化列表中给出的顺序无关。

如例 10-3 中，类 PersonwithBird 的基类 Personwithsex，类 Personwithsex 的基类 Person。

(6) 派生类不能继承基类中的构造函数和析构函数。

建立派生类对象时，构造函数的执行顺序如下：

① 执行基类的构造函数，调用顺序按照各个基类被继承时声明的顺序(自左向右)；

② 执行成员对象的构造函数，调用顺序按照各个成员对象在类中声明的顺序(自上而下)；

③ 最后执行派生类的构造函数的内容。

析构函数的调用顺序与构造函数的调用顺序相反。

如例 10-3 中，从运行结果看出构造函数和析构函数的调用顺序。

派生类的构造函数只有在需要的时候才必须定义。派生类构造函数提供了将参数传递给基类构造函数的途径，以保证在基类进行初始化时能够获得必要的数据。

一般，若基类的构造函数定义了一个或多个参数时，派生类必须定义构造函数。若基类中定义了默认构造函数或根本没有定义任何一个构造函数(此时，由编译器自动生成默认构造函数)时，在派生类构造函数的定义中可以省略对基类构造函数的调用，即省略"<基类名>(<参数表>"。

成员对象的情况与基类相同。当所有的基类和成员对象的构造函数都可以省略，并且也可不在成员初始化列表中对其他数据成员进行初始化时，可省略派生类构造函数的成员初始化列表。

当派生类中还有对象成员时，其构造函数的语法图，如图 10-9 所示。

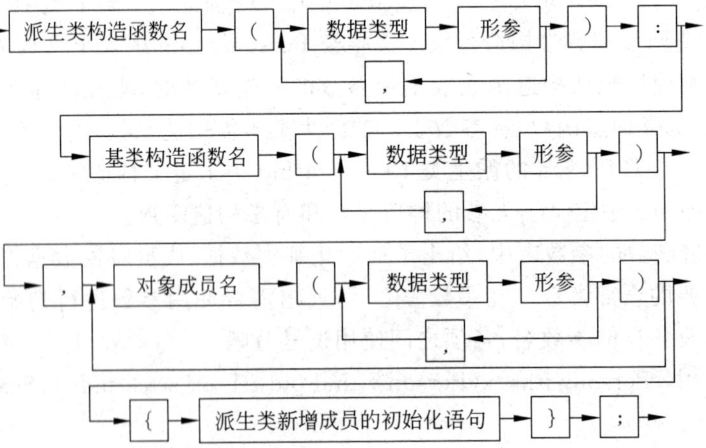

图 10-9 派生类中还有对象成员

语法格式：

```
派生类构造函数名(总参数表)
:基类构造函数名(参数表),对象成员名 1(参数表),
…对象成员名 n(参数表)
```

```
{
  ⋮
}
```

当派生类中有对象成员时,构造函数的执行顺序：基类的构造函数、对象成员的构造函数、派生类的构造函数。

如例 10-3 中：

```
Personwithsex(Personwithid pid, Tsex sex):pid(),Sex(sex)
{
}
```

2. 派生类的析构函数

与构造函数相同,派生类的析构函数在执行过程中也要对基类和成员对象进行操作,但它的执行过程与构造函数严格相反,即：

(1) 对派生类新增普通成员进行清理。

(2) 调用成员对象析构函数,对派生类新增的成员对象进行清理。

(3) 调用基类析构函数,对基类进行清理。派生类析构函数的定义与基类无关,与没有继承关系的类中的析构函数的定义完全相同。它只负责对新增普通成员的清理工作,系统会自己调用基类及成员对象的析构函数进行相应的清理工作。

析构函数可由用户自己定义,由于其是不带参数的,故在派生类中是否要自定义析构函数与它所属基类的析构函数无关。在执行派生类的构造函数时,系统会自动调用基类的析构函数,进行对象清理。

从例 10-3 的运行结果可看出,析构函数的调用顺序与构造函数的调用顺序刚好相反。

10.4　多继承与虚基类

10.4.1　多继承

多继承可看作是单继承的扩展。所谓多继承是指派生类具备多个基类,派生类和每个基类之间的关系仍可看作是个单继承。

在多继承的情况下,派生类的构造函数语法图如图 10-10 所示。

语法格式：

```
派生类名 (总参数表):基类名 1(参数表 1),
基类名 2(参数表 2),
⋮
子对象名 1(参数表 1),
子对象名 2(参数表 2),
```

⋮

{

派生类构造函数体

}

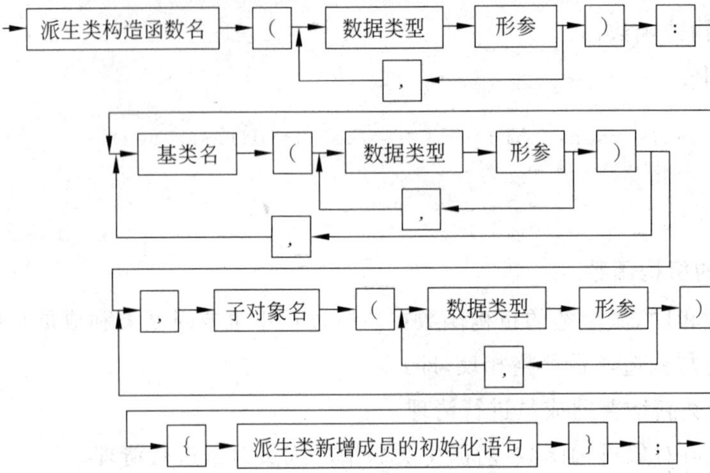

图 10-10　派生类的构造函数

其中，总参数表中各个参数包含了其后的各个分参数表。

多继承下派生类的构造函数和单继承下派生类构造函数相似，它必须同时负责该派生类任何基类构造函数的调用。同时，派生类的参数个数必须包含完成任何基类初始化所需的参数个数。

如：

```
class Adapter:public Target,public Adaptee
```

派生类 Adapter 公有地继承了基类 Target，也公有地继承基类 Adaptee，属多继承。

【例 10-4】 IDcard 类、Date 类和 Time 类派生出 DateTime 类。类图如图 10-11 所示。

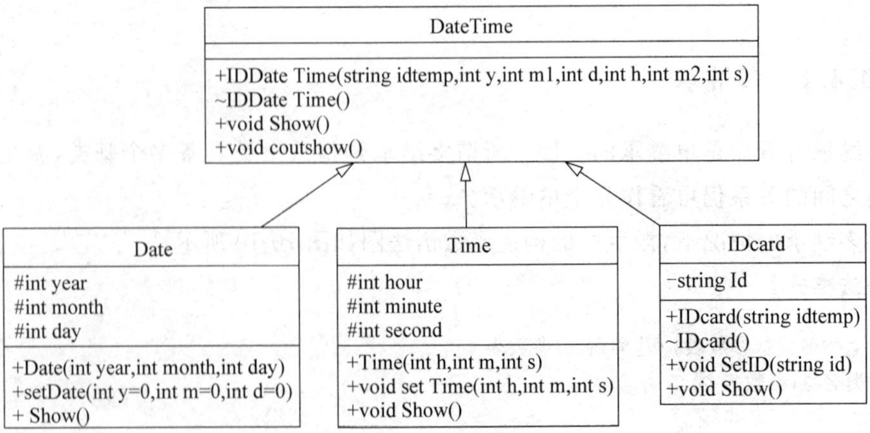

图 10-11　多继承

程序代码：

```
1. #include<iostream>
2. #include<string>
3. using namespace std;
4.
5. class IDcard
6.  {
7.  public:
8.      IDcard(string idtemp)
9.          :id(idtemp)
10.     {
11.         cout<<"构造函数 IDcard\n";
12.     }
13.     ~IDcard()
14.     {
15.         cout<<"析构函数 IDcard\n";
16.     }
17.     void setID(string id)
18.     {
19.        this->id=id;
20.     }
21.     void Show()
22.     {
23.         cout<<"身份证号: "<<id<<endl;
24.     }
25.
26.  private:
27.      string id;
28.  };
29.
30. class Date
31.  {
32.  public:
33.      Date(int y, int m, int d)
34.          :year(y), month(m), day(d)
35.     {
36.         cout<<"构造函数 Date\n";
37.     }
38.      ~Date()
39.     {
40.         cout<<"析构函数 Date\n";
41.     }
42.     void setDate(int y=0, int m=0, int d=0)
```

第 5 ～ 28 行，定义类 IDcard，其中第 7～24 行为公有成员，第 26～27 行，私有成员。

第 30～59 行，定义类 Date，其中第 32～54 行为公有成员，第 55～56 行，保护成员，第 57 ～ 58 行，私有成员。

```
43.     {
44.         year=y;
45.         month=m;
46.         day=d;
47.     }
48.     void Show()
49.     {
50.         cout<<"出生日期: "<<year<<"年"
51.             <<month<<"月"
52.             <<day<<"日"<<endl;
53.     }
54.     int year;
55. protected:
56.     int month;
57. private:
58.     int day;
59. };
60.
61. class Time
62. {
63. public:
64.     Time(int h, int m, int s)
65.         :hour(h), minute(m), second(s)
66.     {
67.         cout<<"构造函数 Time\n";
68.     }
69.     ~Time()
70.     {
71.         cout<<"析构函数 Time\n";
72.     }
73.     void setTime(int h, int m, int s)
74.     {
75.         hour=h;
76.         minute=m;
77.         second=s;
78.     }
79.     void Show()
80.     {
81.         cout<<"出生时间: "<<hour<<"点"
82.             <<minute<<"分"
83.             <<second<<"秒"<<endl;
84.     }
85.     int hour;
86. protected:
```

第 61 ~ 90 行，定义类 Time，其中第 63～85 行为公有成员，第 86～87 行，保护成员，第 88～89 行，私有成员。

```
87.     int minute;
88. private:
89.     int second;
90. };
```

第 91～121 行，定义类 IDDateTime，其中第 94～120 行为公有成员。类 IDDateTime 继承公有基类 IDcard、保护基类 Date 和私有基类 Time。

```
91. class IDDateTime: public IDcard,
92.      protected Date, private Time
93. {
94. public:
95.     IDDateTime(string idtemp, int y,
96.      int m1, int d, int h, int m2, int s)
97.       :IDcard(idtemp), Date(y, m1, d),Time(h, m2, s)
98.     {
99.        cout<<"构造函数 IDDateTime\n";
100.     }
101.     ~IDDateTime()
102.     {
103.        cout<<"析构函数 IDDateTime\n";
104.     }
105.     void Show()
106.     {
107.        IDcard::Show();
108.        Date::Show();
109.        Time::Show();
110.     }
111.     void coutshow()
112.     {
113.    //  cout<<id<<endl;       //私有成员不能访问
114.        cout<<year<<endl;
115.        cout<<month<<endl;
116.    //  cout<<day<<endl;      //私有成员不能访问
117.        cout<<hour<<endl;
118.        cout<<minute<<endl;
119.    //  cout<<second<<endl; //私有成员不能访问
120.     }
121. };
122.
```

第 123～135 行，定义主函数。

```
123. int main()
124. {
125.      IDDateTime dt("12345",2014,10,26,21,55,12);
126.      dt.Show();
127.     dt.coutshow();
128. //    cout<<dt.day<<endl;       //不能访问
129. //    cout<<dt.month<<endl;     //不能访问
130. //    cout<<dt.year<<endl;      //不能访问
```

```
//     cout<<dt.hour<<endl;      //不能访问
//     cout<<dt.minute<<endl;    //不能访问
//     cout<<dt.second<<endl;    //不能访问
     return 0;
}
```

运行结果:

略

本例,定义了四个类即 IDcard、类 Date、类 Time 和类 DateTime,其中 IDDateTime 类同时继承三个类即 IDcard、类 Date、Time 类。

派生类构造函数执行顺序是:先执行所有基类的构造函数,再执行派生类本身构造函数,处于同一层次的各基类构造函数的执行顺序取决于定义派生类时所指定的各基类顺序,和派生类构造函数中所定义的成员初始化列表的各项顺序无关。即执行基类构造函数的顺序取决于定义派生类时基类的顺序。可见,派生类构造函数的成员初始化列表中各项顺序能够任意地排列。

多继承中的二义性问题

在派生类中对基类成员的访问应该是唯一的。在多继承情况下,可能造成对基类中某个成员的访问出现了不唯一的情况,这时就称对基类成员的访问产生了二义性。

产生二义性问题主要有两种情况:

(1) 第一种情况是在多继承中,有两个以上的基类存在同名的成员。当派生类的对象或成员访问该成员时,由于无法确定应该访问的是哪个基类成员中的成员,从而产生二义性。

要解决这一问题,有两种方法:

① 通过作用域运算符(::)明确指出访问的是哪个基类的函数。使用作用域运算符进行限定的语法图,如图 10-12 所示。

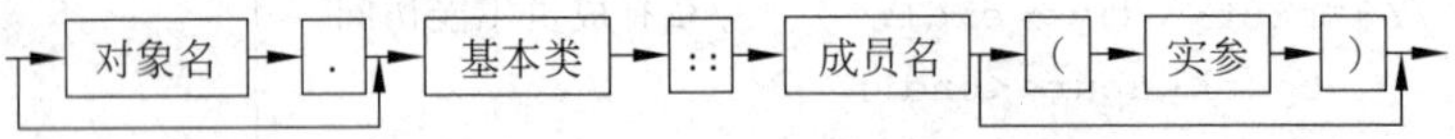

图 10-12 使用作用域运算符进行的限定

语法格式:

对象名.基类名:: 成员名 //派生类对象访问基类数据成员
对象名.基类名:: 成员名(参数表) //派生类对象访问基类成员函数
基类名:: 成员名 //派生类对象访问基类数据成员
基类名:: 成员名(参数表) //派生类对象访问基类成员函数

② 在派生类中定义同名成员以屏蔽基类中产生的二义性成员,还可通过域运算符(::)来指定访问基类中的同名成员。

(2) 产生二义性问题的另外一种情况是当一个派生类从多个基类派生,而这些基类又有一个共同的基类,当对该基类中说明的成员进行访问时,可能出现二义性。

针对这种情况，同样可以采用上述两个方法来解决二义性问题。但在使用域运算符时要注意：基类名应为派生类的多个直接基类中的某一个，而不能使用派生类基类的基类名。解决这类问题的更有效的方法是引用虚基类。

在派生类中，定义同名成员对于在不同的作用域中声明的标识符的可见性原则是：

(1) 若存在两个或多个具有包含关系的作用域，外层声明的标识符若在内层没有声明同名标识符，那么它在内层可见；若内层声明了同名标识符，则外层标识符在内层不可见，这时称内层变量覆盖了外层同名变量。

(2) 在类的继承层次结构中，基类的成员和派生类新增的成员都具有类作用域，二者的作用范围不同，是相互包含的两个层，派生类在内层。这时，若派生类定义了一个和某个基类成员同名的新成员(若是成员函数，则参数表也要相同，参数不同的情况属于重载)，派生的新成员就覆盖了外层同名成员，直接使用成员名只能访问到派生类的成员。

10.4.2　虚继承与虚基类

当一个派生类从多个基类派生，而这些基类又有一个共同的基类，当对该基类中说明的成员进行访问时，可能出现二义性。虚基类就是为了解决这种二义性问题提出来的。

通过虚基类所派生的类，在所产生的对象中，只包含一个和其他类共享的子对象。而派生类中只保留指向该子对象的指针，这样就不会出现同时有两份基类子对象的情况了。

1. 虚基类的定义

不使用虚基类的情况如图 10-13 所示，使用虚基类的情况如图 10-14 所示。

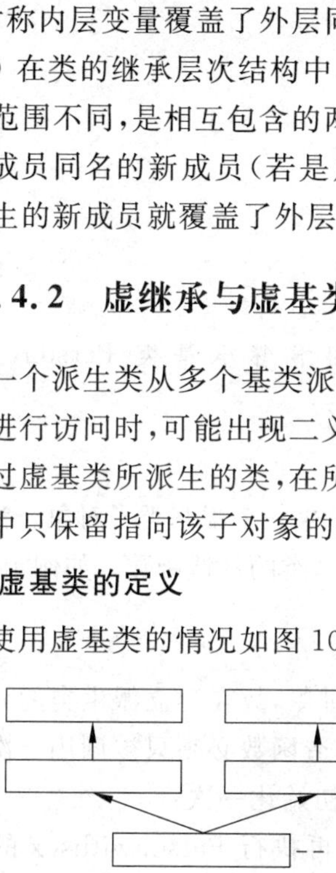

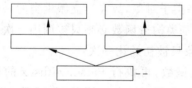

图 10-13　不使用虚基类的情况

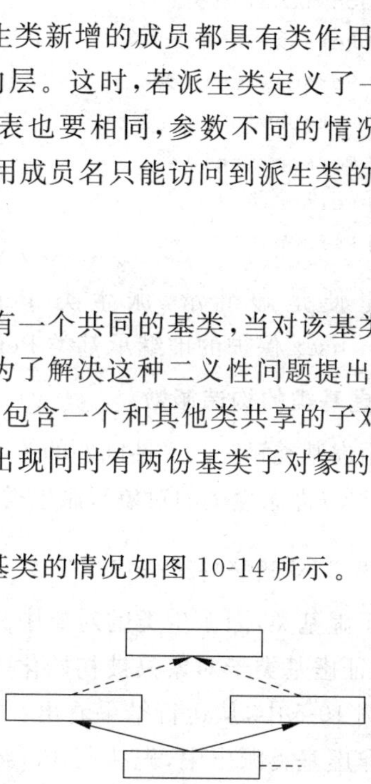

图 10-14　使用虚基类的情况

虚基类的说明语法图如图 10-15 所示。

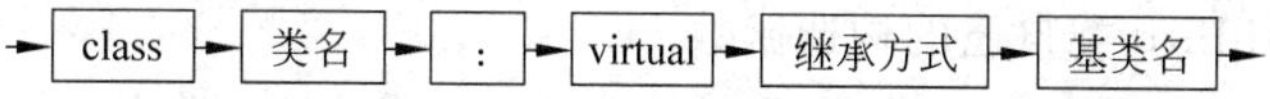

图 10-15　虚基类

语法格式：

```
class 类名: virtual  继承方式  基类名
```

其中，关键字 virtual 与继承方式的位置无关，但必须位于虚基类名之前，且 virtual 只对紧随其后的基类名起作用，继承方式有 public、protected、private。

【例 10-5】　如例 10-3 中，将 class Personwithid: public Person，改为：

```
class Personwithid: virtual public Person
```

将 class Personwithsex: protected Person，改为：

```
class Personwithsex: protected virtual Person
```

运行结果：

```
PersonwithBird类对象的输出：
Person类
Person类
Personwithsex类
PersonwithBird类
析构 PersonwithBird类
析构 Personwithid类
析构 Personwithsex类
析构 Personwithid类
析构 Person类
析构 Person类
```

这里便是虚继承，派生类 Personwithid 公有的虚继承基类 Person，派生类 Personwithsex 保护的虚继承基类 Person。

2. 虚基类的构造函数

使用虚基类解决二义性问题的关键是在派生类中只产生一个虚基类子对象。为初始化基类子对象(即派生类的对象)，派生类的构造函数要调用基类的构造函数。如例 10-4 中：

```
Personwithsex():Person()
```

对于虚基类，因派生类的对象中只有一个虚基类子对象，故在建立派生类的一个对象时，为保证虚基类子对象只被初始化一次，这个虚基类构造函数必须只被调用一次。

如例 10-5 中，从运行结果看出：虚基类子对象只被初始化一次：

在非虚基类派生中，先执行 Person 类的构造函数，再执行 Personwithsex 的构造函数(执行 Personwithsex 的构造函数时，先执行 Person 类的构造函数，在执行 Personwithsex 自己的构造函数)，然后执行 Personwithid 的构造函数(执行 Personwithid 的构造函数时，先执行 Person 类的构造函数，在执行 Personwithid 自己的构造函数)，最后执行 PersonwithBird 类自己的构造函数。

在例 11-3 中，在非虚基类派生中，先执行 Person 类的构造函数，再执行 Personwithsex 的构造函数(执行 Personwithsex 的构造函数时，先执行 Person 类的构造函数，因本类含有 Personwithid 类的对象，故执行 Personwithid 的构造函数，然后执行 Personwithsex 自己的构造函数)，之后执行 Personwithid 的构造函数(执行 Personwithid 的构造函数时，先执行 Person 类的构造函数，再执行 Personwithid 自己的构造函数)，最后执行 PersonwithBird 类自己的构造函数。

在例 10-5 中，在虚基类派生中，先执行 Person 类的构造函数，再执行 Personwithsex 的构造函数(执行 Personwithsex 的构造函数时，先执行 Person 类的构造函数，因本类含有 Personwithid 类的对象，故执行 Personwithid 的构造函数，然后执行 Personwithsex 自己的构造函数)，之后执行 Personwithid 的构造函数(执行 Personwithid 的构造函数时，因虚基类,所以不执行 Person 类的构造函数,直接执行 Personwithid 自己的构造函数),最后执行 PersonwithBird 类自己的构造函数。

注意:

(1) 继承结构的层次可能很深,要建立的对象所属的类只是这个继承结构中间的某个类,将在建立对象时所指定的类称为“最(远)派生类”。虚基类子对象由“最派生类”的构造函数通过调用虚基类的构造函数进行初始化,该派生类的其他基类对虚基类的调用构造函数则被忽略。

如例 10-3 的类 Personwithsex 中,有虚基类子对象定义:

```
Personwithid pid;
```

则类 Personwithsex 就成为“最派生类”。虚基类子对象 pid 的初始化由类 Personwithsex 的构造函数调用虚基类 Person 的构造函数实现。

(2) “最派生类”总是相对的,从虚基类直接或间接派生的派生类中的构造函数的成员初始化列表中必须列出对虚基类构造函数的调用;若未列出,则表示使用该虚基类的默认构造函数。如例 10-3 中:

```
class PersonwithBird: private Personwithsex, protected Personwithid
```

该类的构造函数的初始化列表:

```
PersonwithBird():Personwithsex(),Personwithid()
```

这里的成员初始化列表中没有列出虚基类的构造函数 Person(),使用了该虚基类的默认构造函数。

(3) 只有用于建立对象的“最派生类”的构造函数才调用虚基类的构造函数,此时“最派生类”的所有基类中列出的对虚基类的构造函数的调用在执行过程中都被忽略,从而保证对虚基类子对象只初始化一次。

(4) 对于多个虚基类,则构造函数执行顺序从左到右。当在一个成员初始化列表中同时出现对虚基类和非虚基类构造函数的调用时,虚基类的构造函数先于非虚基类的构造函数执行,析构则相反。假如将例 10-4 中:

```
class IDDateTime: public IDcard,
    protected Date, private Time
```

改为:

```
class IDDateTime: public IDcard,
        virtual protected Date, private Time
```

则虚基类 Date 的构造函数先于非虚基类 IDcard 和 Time 的构造函数执行。

(5) 若在虚基类中定义了带有参数的构造函数,且没有定义默认形式的构造函数,则在整个继承过程中,所有直接或间接的派生类都必须在构造函数的成员初始化表中列出对虚基类构造函数的调用;若虚基类由非虚基类派生而来,那么仍然先调用基类构造函数,再调用派生类的构造函数。

【例 10-6】 虚基类的定义带有参数的构造函数。类图请读者完成。

程序代码：

```
1. #include<iostream>
2. #include<string>
3. using namespace std;
4.
5. class Base
6. {
7. public:
8.     Base(int ref, int refb)  //Base 基类,构造函数带参数
9.     {
10.        parama=ref;
11.        parampr=refb;
12.        cout<<parama<<"  Base 基类  "
13.            <<parampr<<endl;
14.    }
15. protected:
16.    int parama;
17. private:
18.    int parampr;
19. };
20. class subBase:virtual public Base
21. {
22. public:
23.    subBase(int refb,int refs):Base(refb,refs)
24.    {
25.        paramb=refs;
26.        parambp=refs;
27.        cout<<paramb<<"  subBase 类  "
28.            <<parambp<<endl;
29.    }
30. protected:
31.    int paramb;
32. private:
33.    int parambp;
34. };
35.
36. void main()
37. {
38.    Base testb(1,2);
39.    subBase testsb(3, 4);
40.    subBase *testsp=NULL;
41.    Base *testbp=&testsb;
```

第 5～19 行，定义类 Base，其中第 7～14 行为公有成员，第 15～16 行，保护成员，第 17～18 行，私有成员。

```
    testb=testsb;
    Base &testr=testsb;
    testbp=testsp;
}
```

运行结果：

```
1  Base 基类  2
3  Base 基类  4
4  subBase 类 4
```

本例，Base 基类，构造函数带参，派生类构造函数必须有基类的构造函数 Base(sa)，以完成虚基类的初始化。

3. 子类型关系

有一个特定的类型 S，当且仅当它提供了类型 T 的行为时，称类型 S 是类型 T 的子类型。公有继承时，派生类的对象可作为基类的对象处理，派生类是基类的子类型。

如例 10-6 中，派生类 subBase 是基类 Base 的子类型。

子类型关系使得在需要基类对象的任何地方都可使用公有派生类的对象来替代，从而可使用相同的函数统一处理基类对象和公有派生类对象(形参为基类对象时，实参可以是派生类对象)，而不必为每一个类设计单独的处理程序，大大提高了程序的效率。它是实现多态性的重要基础之一。

具有子类型关系的基类和派生类的对象之间满足如下赋值兼容规则：

(1) 公有派生类的对象可赋值给基类的对象，即用公有派生类对象中从基类继承来的成员，逐个赋值给基类对象的成员。如例 10-6 中：

```
testb=testsb;
```

这里，将派生类 subBase 的对象 testsb 赋值给基类 Base 的对象 testb。

(2) 引用是除指针外另一个可以产生多态效果的手段。即，一个基类的引用可指向它的派生类实例。公有派生类的对象可初始化基类的引用。如例 10-6 中：

```
Base &testr=testsb;
```

这里，将派生类 subBase 的对象 testsb 的初始化了基类 Base 对象 testbp 的引用。

(3) 公有派生类的对象的地址可赋值给指向基类的指针。如例 10-6 中：

```
Base * testbp=&testsb;
```

这里，用派生类 subBase 的对象 testsb 的地址初始化了基类 Base 对象 testbp。

4. 多态性

面向对象程序设计中的多态性是指向不同的对象发送同一个消息，不同对象对应同一消息产生不同行为。在程序中消息就是调用函数，不同的行为就是指不同的实现方法，即执行不同的函数体。

在 C++ 语言中，多态性可分为两类：编译时的多态性和运行时的多态性。前者是通过静态联编来实现的，例如 C++ 中通过函数的重载和运算符的重载。后者则是通过动态联编来实现的，在 C++ 中运行时的多态性主要是通过虚函数来实现的。

编译时的多态性是通过函数重载和模板体现的：

利用函数重载机制，在调用同名的函数时，编译系统可根据实参的具体情况确定所调用的是同名函数中的哪一个。函数重载参见 7.5 节。

利用函数模板，编译系统可根据模板实参以及模板函数实参的具体情况确定所要调用的是哪个函数，并生成相应的函数实例。

利用类模板，编译系统可根据模板实参的具体情况确定所要定义的是哪个类的对象，并生成相应的类实例。

函数模板和类模板，参见第 15 章。

运行时的多态性是通过虚函数体现的。其实现机制称为动态绑定(也称动态联编)。

10.5 虚函数与抽象类

10.5.1 虚函数

虚函数的作用是允许在派生类中重新定义与基类同名的函数，并可通过基类指针或引用来访问基类和派生类中的同名函数。

如类 Target 中声明的虚函数：

```
virtual ~Target();
virtual void Request();
virtual std::string GetBirth(std::string id);
```

【例 10-7】 以状态模式为引例。类图请读者完成。

程序代码：

```
1. #include<iostream>
2. using namespace std;
3.
4. class Context;
5. class State
6. {
7. public:
8.      State()
9.      {
10.      }
11.      virtual ~State()
12.      {
13.      }
14.      virtual void OperInterface(Context * )=0;
15.      virtual void OperChangeState(Context * )=0;
```

第 4 行，声明类 Context。第 5～18 行，定义类 State，其中第 7～15 行为公有成员，第 16～17 行，保护成员。

第 14～15 行是公有纯虚函数。

```
16. protected:
17.     bool  ChangeState(Context * ,State * );
18. };
19.
20. class stateClass1:public State
21. {
22. public:
23.     stateClass1();
24.     virtual void OperInterface(Context * );
25.     virtual void OperChangeState(Context * );
26. };
27. class stateClass2:public State
28. {
29. public:
30.     stateClass2();
31.     void OperInterface(Context * );
32.     void OperChangeState(Context * );
33. };
34.
35. class Context
36. {
37. public:
38.     Context(State * state);
39.     void ChangeState();
40.     void OperInterface();
41.     void OperChangeState();
42. private:
43.     friend class State;//友元类
44.     //State 类中可以访问其私有成员
45.     bool ChangeState(State * state);
46.     State * _state;
47. };
48.
49. void State::OperInterface(Context * )
50. {
51.     cout<<"State…"<<endl;
52. }
53. void State::OperChangeState(Context * )
54. {
55. }
56. bool State::ChangeState(Context * con,State * st)
57. {
58.     con->ChangeState(st);
59.     return true;
```

第 20～26 行，定义类 stateClass1，公有继承类 State，其中第 22～25 行为公有成员，第 24～25 行是公有虚函数。

第 27～33 行，定义类 stateClass2，公有继承类 State，其中第 22～25 行为公有成员，第 31～32 行是公有虚函数。

第 35～47 行，定义类 Context，其中第 37～41 行为公有成员，第 42～46 行是私有成员。

第 49～108 行，类中函数的类外定义。

```
}

stateClass1::stateClass1()
{
}
void stateClass1::OperInterface(Context * con)
{
    cout<<"stateClass1::OperationInterface"<<endl;
    OperChangeState(con);      //状态改变
}

void stateClass1::OperChangeState(Context * con)
{
    ChangeState(con,new stateClass2());
}

stateClass2::stateClass2()
{
}
void stateClass2::OperInterface(Context * con)
{
    cout<<"stateClass2::OperationInterface…"<<endl;
    OperChangeState(con);     //状态改变
}
void stateClass2::OperChangeState(Context * con)
{
    ChangeState(con,new stateClass1());
}

Context::Context(State * state)
{
    _state=state;               //记录初始状态
}
void Context::OperInterface()
{//调用 State 子类的呈现结果
    _state->OperInterface(this);

}
bool Context::ChangeState(State * state)
{
    _state=state;               //状态切换
    return true;                     //可判断状态切换成功否
}

```

```
104. //此处函数的功能,主动去改变状态,本例子中没有体现
105. void Context::OperChangeState()
106. {
107.     _state->OperChangeState(this);
108. }
109. int main(int argc,char* argv[])
110. {
111.     State* st=new stateClass1();
112.     Context* con=new Context(st);
113.     //调用方式不变,但是内部状态已经在改变,
114.     //导致最后的表现形式是在变化的
115.     con->OperInterface();
116.     con->OperInterface();
117.     con->Context::OperInterface();
118.     if (NULL !=con)
119.     {
120.         delete con;
121.     }
122.     if (NULL !=st)
123.     {
124.         st=NULL;
125.     }
126.     return 0;
127. }
```

第 109～127 行,定义主函数。

运行结果:

略

1. 虚函数定义

在成员函数声明的前面加上 virtual 修饰,即把该函数声明为虚函数。虚函数允许函数调用与函数体之间的联系在运行时才建立,即在运行时才决定如何动作。虚函数声明的语法格式:

```
virtual 返回类型 函数名(形参表)
{
    函数体
}
```

如例 10-7 中:

```
virtual void OperInterface(Context* );
virtual void OperChangeState(Context*);
```

这里声明的都是虚函数。

说明：

(1) 只能用 virtual 声明类的成员函数，使它成为虚函数，而不能将类外的普通函数声明为虚函数。因虚函数的作用是允许在派生类中对基类的虚函数重新定义，它只能用于类的继承层次结构中。

如用 virtual 声明类外的普通函数，将出错：

```
only member functions and bases can be virtual
```

virtual void OperInterface(Context *)的实现：

```
void stateClass1::OperInterface(Context * con)
{
    cout<<"stateClass1::操作界面"<<endl;
    OperChangeState(con);        //状态改变
}
```

(2) 在定义了 virtual 虚函数后，当派生类的指针传递给基类指针时或在调用成员函数时，若子类有该成员函数，则优先调用子类成员函数(覆盖)，若子类没有该函数，才调用父类的。

(3) 由虚函数实现的动态多态性就是：同一类族中不同类的对象，对同一函数调用作出不同的响应。

(4) 虚函数可以是另一个类的友元函数，但不能是静态成员函数、构造函数和内联函数。

【例 10-8】 解释器模式。类图请读者完成。

程序代码：

```
1. #include<iostream>
2. #include<string>
3. using namespace std;
4.
5. class Context
6. {
7. public:
8.     Context();
9.     ~Context();
10. protected:
11. private:
12. };
13.
14. Context::Context()
15. {
16. }
17.
18. Context::~Context()
```

第 5～12 行，定义类 Context，其中第 7～9 行为公有成员。

第 14～20 行，类的函数在类外定义。

```
19. {
20. }
21. class AbsExpre
22. {
23. public:
24.     virtual ~AbsExpre();
25.     virtual void Interpret(const Context& c);
26. protected:
27.     AbsExpre();
28. private:
29. };
30.
```

第21～29行，定义类AbsExpre，其中第23～25行为公有成员，第26～27行是保护成员。

```
31. class TermiExpre:public AbsExpre
32. {
33. public:
34.     TermiExpre(const string& statement);
35.     ~TermiExpre();
36.     void Interpret(const Context& c);
37. protected:
38. private:
39.     string _statement;
40. };
41.
```

第31～40行，定义类TermiExpre，公有继承基类AbsExpre。其中第33～36行为公有成员，第38～39行是私有成员。

```
42. class NonExpres:public AbsExpre
43. {
44. public:
45.     NonExpres(AbsExpre* expression, int times);
46.     ~NonExpres();
47.     void Interpret(const Context& c);
48. protected:
49. private:
50.     AbsExpre* _expression;
51.     int _times;
52. };
53.
```

第42～52行，定义类NonExpres，公有继承基类AbsExpre。其中第44～47行为公有成员，第49～50行是私有成员。

```
54. AbsExpre::AbsExpre()
55. {
56.     cout<<"AbsExpre构造函数\n";
57. }
58. AbsExpre::~AbsExpre()
59. {
60. }
61. void AbsExpre::Interpret(const Context& c)
62. {
```

第54～98行，类中函数在类外的定义。

```
63.     cout<<"AbsExpre 的 Interpret 函数\n";
64. }
65.
66. TermiExpre::TermiExpre(const string& statement)
67. {
68.     cout<<"TermiExpre 构造函数\n";
69.     this->_statement=statement;
70. }
71. TermiExpre::~TermiExpre()
72. {
73. }
74.
75. void TermiExpre::Interpret(const Context& c)
76. {
77.     cout<<"TermiExpre 的 Interpret 函数\n";
78.     cout<<this->_statement<<" 好!"<<endl;
79. }
80.
81. NonExpres::NonExpres(AbsExpre * expression, int times)
82. {
83.     cout<<"NonExpres 构造函数\n";
84.     this->_expression=expression;
85.     this->_times=times;
86. }
87.
88. NonExpres::~NonExpres()
89. {
90. }
91. void NonExpres::Interpret(const Context& c)
92. {
93.     cout<<"NonExpres 的 Interpret 函数\n";
94.     for (int i=0; i<_times; i++)
95.     {
96.         this->_expression->Interpret(c);
97.     }
98. }
99.
100. int main(int argc, char * argv[])
101. {
102.     Context * c=new Context();
103.     AbsExpre * te;//=new TermiExpre("朋友们!");
104. //AbsExpre * nte=new NonExpres(te,2);
105. //nte->Interpret(* c);
106.     TermiExpre * tex=new TermiExpre("朋友们!");
```

第 100～113 行，定义主函数。

```
    te=tex;
    tex->Interpret(*c);
    NonExpres* ntex=new NonExpres(tex,2);
    te=ntex;
    ntex->Interpret(*c);
    return 0;
}
```

运行结果：

略

本例,属于解释器模式,其中：

```
virtual void Interpret(const Context& c);
```

定义的是虚函数。在基类 AbsExpre 的派生类 TermiExpre、NonExpres 中,对虚函数 Interpret 都进行了重新定义。语句 te=tex;和 te=ntex;都是将子类指针传递给基类指针。成员函数 NonExpres 的形式参数为 AbsExpre 的指针类型,实参 tex 是类 TermiExpre 类型地址。此时,对实参 tex,先调用类 TermiExpre 的函数 Interpret。

tex->Interpret(*c);语句调用类 TermiExpre 中的 Interpret 函数,ntex->Interpret(*c);语句调用类 NonExpres 的 Interpret 函数。

说明：

(1) 因为虚函数使用的基础是赋值兼容,而赋值兼容成立的条件是派生类从基类公有派生而来。故使用虚函数,派生类必须是基类公有派生的。

(2) 定义虚函数,不一定要在最高层的类中,而是看在需要动态多态性的几个层次中的最高层类中声明虚函数。

(3) 调用在编译时进行静态联编,它没有充分利用虚函数的特性。只有通过基类对象来访问虚函数才能获得动态联编的特性。

(4) 一个虚函数无论被公有继承了多少次,它仍然是虚函数。

(5) 虚函数必须是所在类的成员函数,而不能是友元函数,也不能是静态成员函数。因为虚函数调用要靠特定的对象类决定该激活哪一个函数。

(6) 内联函数不能是虚函数,因内联函数是不能在运行中动态确定其位置的,即使虚函数在类内部定义,编译时将其看作非内联。

(7) 构造函数不能是虚函数,但析构函数可以是虚函数。

2. 重新定义虚函数

在派生类中可以重新定义从基类继承下来的虚函数,从而提供该函数的适用于派生类的函数。也可不需重新定义,在这种情况下,继承下来的虚函数仍然保持其在基类中的定义,即派生类和基类使用同一函数。除少数特殊情况外,在派生类中重定义虚函数时,函数名、形参表和返回值类型必须保持不变。如例 10-7 所示,将类 State 中：

```
virtual void OperInterface(Context*) =0;
```

```
virtual void OperChangeState(Context *)  =0;
```

改为：

```
virtual void OperInterface(Context*);//=0;
virtual void OperChangeState(Context *);//=0;
```

将 stateClass1 中：

```
virtual void OperInterface(Context*);
virtual void OperChangeState(Context*);
```

改为：

```
//    virtual void OperInterface(Context*);
//    virtual void OperChangeState(Context*);
```

将类 stateClass1 中函数 OperInterface 和 OperChangeState 注释。

此时，运行结果：

```
State…
State…
State…
```

从这个结果可以看出，在没有重新定义的情况下，继承下来的虚函数仍然保持其在基类中的定义，即派生类和基类使用同一函数。

虚函数在派生类被重定义后，重定义的函数仍然是一个虚函数，可在其派生类中再次被重定义。注意，对于虚函数的重定义函数，无论是否用 virtual 修饰都是虚函数。建议，最好不要省略 virtual 修饰，以免削弱程序的可读性。

基类中的非虚函数也可在派生类中重定义，但重定义的函数仍然是非虚函数。在非虚函数的情况下，通过基类指针（或引用）所调用的只能是基类的那个函数，无法调用到派生类中的重定义函数。尽管调用的语法形式可能是相同的，但对非虚函数的任何形式的调用都是非多态的。

3. 对虚函数调用的两种方式

调用虚函数的两种方式是非多态调用和多态调用。

非多态调用是指不借助于指针或引用的直接调用，它总是通过成员访问运算符“.”进行。非多态调用建立在静态绑定机制的基础之上，不具备多态性特征。

多态调用是指借助于指向基类的指针或引用的调用。如例 10-8 中：

```
tex->Interpret(*c);
ntex->Interpret(*c);
```

tex 和 ntex 都借助指针调用函数 Interpret。

注意：无论是虚函数还是非虚函数，在派生类中被重定义后，原来的函数即被隐藏，在通过成员访问运算符“.”直接调用该函数时，所调用的是重定义的函数。但被重定义的函数依然存在，仍然可通过在函数名前加域修饰(即：类名::)来调用它们。

如例 10-7 中：

```
con->Context::OperInterface();
```

在函数名前使用“Context::”。

确定调用的具体对象的过程称为关联(binding)。即指把一个函数名与一个类对象捆绑在一起，建立关联。一般地说，关联指把一个标识符和一个存储地址联系起来。函数重载和通过对象名调用的虚函数，在编译时即可确定其调用的虚函数属于哪一个类，其过程称为静态关联(static binding)，也称早期关联。

在运行阶段把虚函数和类对象“绑定”在一起，此过程称为动态关联。动态关联是动态的多态性，即运行阶段的多态性，也称滞后关联(late binding)。

4. 函数重载与虚函数的区别

函数重载是同一层次(一般指同一个类中的或不在类中而在同一个执行文件中的，称同一层次)上的同名函数问题，而虚函数处理的是不同派生层次上(即“父子”关系中定义的)的同名函数问题，前者是横向重载，后者可以理解为纵向重载。

如例 10-7，在类 Context 中函数：

```
void ChangeState();
bool ChangeState(State * state);
```

这两个函数就是该类中的函数重载。

在类 stateClass2 和 State 中，都有函数 OperChangeState，因基类 State 的派生类 stateClass2，且函数 OperChangeState 在类 State 中被声明为虚函数，故在类 stateClass2 中也是虚函数。此外，还有同一类族的虚函数的首部是相同的，而函数重载时函数的首部是不同的(参数个数、参数类型或参数顺序不同)。

5. 虚函数的应用

(1) 先考虑成员函数所在的类是否可作为基类，再考虑成员函数在类的继承后是否会被更改功能。若需要更改其功能，一般应该考虑将它声明为虚函数。

(2) 应考虑对成员函数的访问是通过对象名还是通过基类指针或引用去访问。若是通过基类指针或引用去访问的，则应考虑声明为虚函数。

(3) 在定义虚函数时，并不定义其函数体。它的作用只是定义了一个虚函数名，具体功能留给派生类去添加。

注意： 当一个类带有虚函数时，编译系统会为该类构造一个虚函数表，它是一个指针数组，存放每个虚函数的入口地址。系统在进行动态关联时的时间开销很少，故多态性是高效的。

6. 虚析构函数

定义虚析构函数的语法格式：

```
virtual ~类名()
{
    函数体
```

```
};
```

说明：

若将基类的析构函数定义为虚函数，则由该基类派生而来的所有派生类的析构函数都自动成为虚函数。

如类 Target 中声明的虚析构函数：

```
virtual ~Target();
```

如例 11-8 中，定义的虚析构函数：

```
virtual ~AbsExpre();
```

若用 new 运算符建立了临时对象，若基类中有析构函数，并定义了一个指向该基类的指针变量，在程序用带指针参数的 delete 运算符撤销对象时，系统会只执行基类的析构函数，而不执行派生类的析构函数。为解决该问题，一般将基类的析构函数声明为虚函数，由该基类所派生的所有派生类的析构函数也都自动成为虚函数，即使派生类的析构函数与基类的析构函数名字不相同。

一个虚析构函数被调用执行后，接着就调用执行基类的虚析构函数，依次类推，直到调用执行了派生序列的最开始的那个虚析构函数为止。

10.5.2 纯虚函数

虚函数是用来提供函数接口和默认的函数操作，非虚函数是用来提供函数操作的，一般不要在子类中重定义一个非虚函数。

纯虚函数是用来提供函数接口的。在某些情况下，基类无法确定(或无法完全确定)一个虚函数的具体操作方式或内容，只能靠派生类来提供各个具体的实现。基类中的必须由派生类来重定义的虚函数称为纯虚函数。为了将一个虚函数声明为纯虚函数，需要在虚函数原形的语句结束符“;”之前加上“＝0”。声明纯虚函数的语法格式：

```
virtual 类型 函数名(参数表)=0;
```

说明：

(1) 纯虚函数没有函数体；

(2) 最后面的“＝0”并不表示函数返回值为 0，它只起形式上的作用，告诉编译系统是“纯虚函数”；

(3) 这是一个声明语句，最后应有分号；

(4) 纯虚函数不得声明为内联函数。

如例 11-7 中：

```
virtual void OperInterface(Context * )=0;
virtual void OperChangeState(Context * )=0;
```

定义了 2 个纯虚函数。

有纯虚函数的类是不可能生成类对象的，如果没有纯虚函数则可以。

10.5.3　抽象类

拥有纯虚函数的类称为抽象类，抽象类不能用来定义对象，它常用作基类，通常称抽象基类。若一抽象类的派生类没有重定义来自基类的某个纯虚函数，则该函数在派生类中仍然是纯虚函数，这就使得该派生类也成为抽象类。也就是说，一个派生类可以把重定义纯虚函数的任务进一步转交给它自己的派生类。

对于抽象类有以下几个注意点：

(1) 抽象类只能作为其他类的基类来使用，不能建立抽象类对象。

(2) 不允许从具体类中派生出抽象类(不包含纯虚函数的普通类)。

(3) 抽象类不能用作函数的参数类型、返回类型和显示转化类型。

(4) 若派生类中没有定义纯虚函数的实现，而只是继承了基类的纯虚函数。

若在抽象类所派生出的新类中对基类的所有纯虚函数进行了定义，那么这些函数就被赋予了功能，可以被调用，这个派生类就不是抽象类，而是可以用来定义对象的具体类(concrete class)。凡是包含纯虚函数的类都是抽象类(因为纯虚函数是不能被调用的)，包含纯虚函数的类是无法建立对象的。抽象类的作用是作为一个类族的共同基类，或者说，为一个类族提供一个公共接口。

虽然抽象类不能定义对象(或者说抽象类不能实例化)，但是可以定义指向抽象类数据的指针变量。当派生类成为具体类之后，就可以用这种指针指向派生类对象，然后通过该指针调用虚函数，实现多态性的操作。

【例 10-9】 以模板模式示例抽象类。类图请读者完成。

程序代码：

```
1. #include<iostream>
2. using namespace std;
3.
4. class AbstractClass
5. {
6. public:
7.     virtual ~AbstractClass(){}
8.     void CommonMethod()
9.     {
10.         cout<<"这是本类族公共方法"<<endl;
11.     }
12.     void TemplateMethod()
13.     {
14.         this->PrimitiveOperation1();
15.         this->PrimitiveOperation2();
16.     }
17. protected:
18.     virtual void PrimitiveOperation1()=0;
```

第 4～22 行，定义类 AbstractClass，其中第 6～16行为公有成员，第 17～20 行为公有成员。

第 18～19 行，纯虚函数。

```
19.     virtual void PrimitiveOperation2()=0;
20.     AbstractClass(){}
21. private:
22. };
23.
```

第24～39行，定义类 ConcreteClass1 公有继承基类 AbstractClass，其中第26～28行为公有成员，第29～37行为保护成员。

```
24. class ConcreteClass1:public AbstractClass
25. {
26. public:
27.     ConcreteClass1(){}
28.     ~ConcreteClass1(){}
29. protected:
30.     void PrimitiveOperation1()
31.     {
32.         cout<<"子类一的方法一"<<endl;
33.     }
34.     void PrimitiveOperation2()
35.     {
36.         cout<<"子类一的方法二"<<endl;
37.     }
38. private:
39. };
40.
```

第41～56行，定义类 ConcreteClass2 公有继承基类 AbstractClass，其中第43～45行为公有成员，第46～54行为保护成员。

```
41. class ConcreteClass2:public AbstractClass
42. {
43. public:
44.     ConcreteClass2(){}
45.     ~ConcreteClass2(){}
46. protected:
47.     void PrimitiveOperation1()
48.     {
49.         cout<<"子类二的方法一"<<endl;
50.     }
51.     void PrimitiveOperation2()
52.     {
53.         cout<<"子类二的方法二"<<endl;
54.     }
55. private:
56. };
```

第57～72行，定义主函数。

```
57. int main(int argc, char* argv[])
58. {
59.     //模板模式,本类族公共方法在抽象类
60.     //分别生成不同子类对象各一个
61.    AbstractClass* p1=new ConcreteClass1();
62.    AbstractClass* p2=new ConcreteClass2();
```

```
    //调用公共方法测试
    cout<<"调用公共方法测试:…"<<endl;
    p1->CommonMethod();p2->CommonMethod();
    cout<<"调用子类方法测试:…"<<endl;
    //p1->PrimitiveOperation1();p2->PrimitiveOperation2();
    p1->TemplateMethod();
    p2->TemplateMethod();
    //printf("Hello World! \n");
    return 0;
}
```

运行结果：

略

本例，是抽象类的应用，也说明构造函数的执行顺序。

构造函数的执行顺序：

(1) 先执行静态成员的构造函数，如果静态成员只是在类定义中声明了，而没有实现，是不用构造的。必须初始化后才执行其构造函数。

(2) 任何抽象基类的构造函数按照它们被继承的顺序构造(不是初始化列表中的顺序)。

(3) 任何虚拟基类的构造函数按照它们被继承的顺序构造(不是初始化列表中的顺序)。

(4) 任何非虚拟基类的构造函数按照它们被继承的顺序构造(不是初始化列表中的顺序)。

(5) 任何成员对象的构造函数按照它们声明的顺序构造。

(6) 类自己的构造函数。

本章小结

(1) 一个新类从已有的类那里获得其已有的特性，该现象称类的继承。通过继承，一个新建类(子类)从已有的类(父类)那里获得父类的特性，亦即从子类向父类看。从父类向子类看，从已有的类(父类)产生一个新的类(子类)，称为类的派生。

基类与派生类之间的关系：

(2) 派生类的定义语法格式：

```
class 派生类名: 继承方式 基类名
{
派生类新增的数据成员和成员函数
};
```

继 承 方 式	公有成员 public	保护成员 protected	私有成员
公有成员 public	公有 public	保护 protected	不可访问
保护成员 protected	保护 protected	保护 protected	不可访问
私有成员 private	私有 private	私有 private	不可访问

① 公有,派生类内和派生类外都可以访问。

② 保护,派生类内可以访问,派生类外不能访问,其下一层的派生类可以访问。

③ 私有,派生类内可以访问,派生类外不能访问。

④ 不可访问,派生类内和派生类外都不能访问。

(3) 派生类的构造函数,语法格式:

```
派生类名(参数总表):基类名(参数子表)
    {
        派生类新增成员的初始化语句;
    }
```

(4) 派生类中还有对象成员,语法格式:

```
派生类构造函数名(总参数表)
:基类构造函数名(参数表),对象成员名 1(参数表),
…对象成员名 n(参数表)
{
  ⋮
}
```

(5) 当派生类中有对象成员时,构造函数的执行顺序:基类的构造函数、对象成员的构造函数、派生类的构造函数。

派生类的构造函数,语法格式:

```
派生类名 (总参数表):基类名 1(参数表 1),
基类名 2(参数表 2),
…
子对象名(参数表 1)
子对象名(参数表 2)
        ⋮
{
    派生类构造函数体
}
```

其中,总参数表中各个参数包含了其后的各个分参数表。

(6) 虚基类,语法格式:

```
class 类名: virtual 继承方式  基类名
```

本章实践

第一部分　基础知识

选择题

1. 下列描述中，抽象类的特性是(　　)。(2012-03)

A. 可以说明虚函数　　B. 可以定义友元函数

C. 可以进行构造函数重载　　D. 不能说明其对象

2. 下列关于析构函数的描述中，错误的是(　　)。(2011-03)

A. 析构函数可以重载

B. 析构函数由系统自动调用

C. 每个对象的析构函数只被调用一次

D. 每个类都有析构函数

3. 下列关于构造函数的描述中，错误的是(　　)。(2011-03)

A. 构造函数名与类名相同　　B. 构造函数可以有返回值

C. 构造函数可以重载　　D. 每个类都有构造函数

4. 若PAT是一个类，则程序运行时，语句“PAT{ * aD.[3];”调用PAT的构造函数的次数是(　　)。(2011-03)

A. 0　　B. 1　　C. 2　　D. 3

5. 下列描述中，错误的是(　　)。(2011-03)

A. 公有继承时基类中的公有成员在派生类中仍是公有成员

B. 公有继承时基类中的保护成员在派生类中仍是保护成员

C. 保护继承时基类中的公有成员在派生类中仍是公有成员

D. 保护继承时基类中的保护成员在派生类中仍是保护成员

填空题

1. 友元类的所有成员函数都是另一个类的________。(2012-03)

2. ________是实现C++语言编译时多态性的机制，________是实现C++语言运行时多态性的机制。(2012-03)

3. 下列程序的输出结果是________。(2012-03)

```
#include
class Myclass{
public:Myclass(int i=0,int j=0)
{ x=i;
y=j;
}
void show(){cout<<"x="<
```

4. 若Xcs是一个类，该类中具有一个函数体为空的不带参数的构造函数，此构造函

数的类外定义为________。(2011-09)

5. 有如下程序：

```
#include<iostream>
using namespace std;
class Sac{
int n;
public:
Sac():n(4){cout<<n;}
Sac(int k):n(k){cout<<n;}
~Sac(){cont<<n+n;}
};
int main(){
Sac s1, * s2;
s2=new Sac(3);
delete s2;
return 0;
}
```

运行时的输出结果是________。(2011-09)

程序设计

编写 Circle 类，代表圆，要求如下：

- 成员变量 r，double 型，代表半径
- 构造方法 Circle(double r)
- 存取 r 的 get 和 set 方法
- 计算圆面积的方法 double getArea()
- 计算圆周长的方法 double getPerimeter()

编写圆柱类 Column，要求如下：

- 继承 Circle 类
- 增添成员变量 h，double 型，代表圆柱的高
- 构造方法 Column(double r,double h)
- 计算圆柱表面积的方法 double getArea()
- 计算圆柱体积的方法 double getVolume()

第二部分　项目设计

在第 9 章定义类的基础上，定义子类，在子类中，添加系部、姓名、学号、科目组成的结构体成员，添加成员函数(设置参数)：添加班级、添加科目的函数。

第 11 章　运算符重载

教学目标：

了解运算符重载。

11.1　运算符的重载

在 C++ 中可以重新定义运算符，并赋予已有运算符新的功能，使它能够用于特定类型执行特定的操作。运算符重载的实质是函数重载，它提供了 C++ 的可扩展性。C++ 把重载的运算符视为特殊的函数，也称运算符函数。

一般不要重载操作符，尤其是赋值操作比较危险，应避免重载。若需要，可定义成函数。然而，极少数情况下需要重载操作符以便与模板或“标准”C++ 类衔接，若被证明是正当的尚可接受，但要尽可能避免重载操作符。尤其是不要仅仅为了在 STL 容器中作为 key 使用就重载 operator==或 operator<，应该在声明容器的时候，创建相等判断和大小比较的仿函数类型。

11.1.1　运算符重载的定义

运算符重载是通过创建运算符函数实现的，运算符函数定义了重载的运算符将要进行的操作。运算符函数的函数名是由关键字 operator 和其后要重载的运算符符号构成。

运算符重载的语法图如图 11-1 所示。

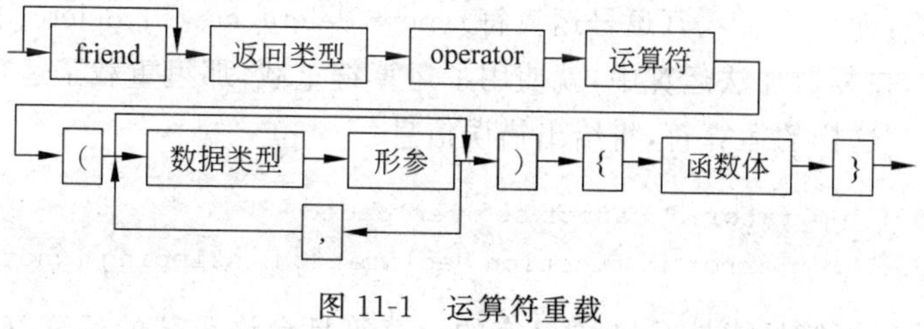

图 11-1　运算符重载

语法格式：

```
[friend] 返回类型 operator 运算符符号([参数表])
{
```

```
    函数体
}
```

说明：

(1) friend 是可选项，选择 friend 时，表示友元函数运算符，否则，表示成员函数运算符。

(2) 当选 friend 时，参数表一般最多 2 个参数，当不选择 friend 时，一般最多一个参数。

如例 9-10 中：

```
//加号运算符重载
Complex operator+(const Complex& param)
{
    Complex result((this->get_real()
        +param.get_real()),
        (this->get_imag()
        +param.get_imag()));
    return result;
};
```

该函数为加号运算符重载函数，其中，Complex operator+(const Complex& param)是重载+运算符函数的首部，花括号中的内容是函数体。

11.1.2 运算符重载遵循的规则

(1) 除了类属关系运算符"."、成员指针运算符".*"、作用域运算符"::"、sizeof 运算符和三目运算符"?:"5 个运算符外，C++ 中的所有运算符都可重载：

算术运算符：=、-、*、/、%、++、--；

位操作运算符：—、|、~、^、<<、>>；

逻辑运算符：!、&&、||；

比较运算符：>、<、>=、<=、==、!=；

赋值运算符：=、+=、-=、*=、% =、\=、^=、<<=、>>=；

其他运算符：[ ]、()->、,(逗号运算符)、new、delete、new[]、delete[]、->*。

如例 10-10，在复数加法运算中，就使用了运算符重载，那里重载了运算符：=、+、+=。

如果重载"."这样的运算符，将给出错误信息：

```
error C2800: 'operator .' cannot be overloaded
error C2333: '.' : error in function declaration; skipping function body
```

(2) 重载的运算符只能是 C++ 中已有的运算符且允许重载的运算符，不能创建新的运算符。重载之后的运算符不能改变运算符的优先级和结合性，也不能改变运算符操作数的个数及语法结构。

如例 10-10 中：

```
cobject1=cobject3+cobject6;
```

运用了重载运算符＝和＋。先计算“＋”运算，然后进行赋值运算。

(3) 编译程序对运算符重载的选择时，遵循函数重载的选择原则。重载运算符的函数不能有默认的参数，否则就改变了运算符的参数个数。

假如有：

```
Complex &operator=()
{
}
```

则编译时给出错误信息：

```
error C2805: binary 'operator=' has too few parameters
error C2333: '=' : error in function declaration; skipping function body
```

(4) 运算符重载不能改变该运算符用于内部类型对象的含义，它只能和用户自定义类型的对象一起使用，或者用于用户自定义类型的对象和内部类型的对象混合使用。

如例 10-10 中：

```
cobject1=cobject3+cobject6;
```

但：

```
cobject1=cobject3+cobject6+"cobject1=";
```

将是错误的，因为作为内部类型，＋运算符有两个作用：正号、数值加法。在例 10-10 中，重载运算符“＋”，使之完成复数与复数，复数与实数间的加法运算，没有定义复数与其他数据类型的运算，故是错误的。

(5) 运算符重载是针对新类型数据的实际需要对原有运算符进行的适当的扩展，一般重载的功能应当与原有功能相类似，即与系统定义的运算符功能相似，避免没有目的地使用重载运算符。

如例 10-10 中，重载运算符＋，完成复数与复数、复数与实数之间的运算。

(6) 重载的运算符只能是用户自定义类型，否则就不是重载，而是对现有的 C++ 标准数据类型的运算符规则的改变。

(7) 用户自定义类中的运算符一般都必须重载后方可使用，但两个例外，运算符“=”和“&”不必用户重载。因运算符“=”能实现复制构造函数的赋值，运算符“&”是获取地址运算符。

重载运算符坚持 4 个“不能改变”：

不能改变运算符操作数的个数；

不能改变运算符原有的优先级；

不能改变运算符原有的结合性；

不能改变运算符原有的语法结构。

11.1.3 运算符重载的形式

运算符函数重载一般有两种形式：重载为类的成员函数和重载为类的非成员函数。非成员函数通常是友元。尽管可把一个运算符作为一个非成员、非友元函数重载，但是这样的运算符函数访问类的私有和保护成员时，必须使用类的公有接口中提供的设置数据和读取数据的函数，调用这些函数时会降低性能，可以内联这些函数以提高性能。

1. 成员函数运算符

语法图如图 11-1 所示，语法格式同运算符重载的定义。

说明：

(1) 双目运算符重载为类的成员函数时，函数只显式说明一个形参，该形参是运算符的右操作数。

如例 10-10 中，加号运算符重载函数 Complex operator+(const Complex& param)，其中形参 param，将作为"+"运算的右操作数。

(2) 前置单目运算符(++、--)重载为类的成员函数时，不需要显式说明参数，即函数没有形参。

(3) 后置单目运算符(++、--)重载为类的成员函数时，函数要带有一个整型形参。

单目运算符的举例参见后面实例。

从上面的(1)、(2) 看出，形参的个数是实际参加运算对象的个数减 1。实际上，重载的运算符最左边的操作数由成员函数的 this 指针隐式地使用了类的一个对象。

调用成员函数运算符的语法图，如图 11-2 所示。

图 11-2 调用成员函数运算符

语法格式：

```
对象名.operator 运算符(参数)
```

相当于

```
对象名 运算符 参数
```

如：

```
cobject1=cobject3+cobject6;
```

改为：

```
cobject1=cobject3.operator+(cobject6);
```

对于 cobject3+cobject6，cobject3 是运算对象，cobject6 是参数，即调用函数 Complex operator+(const Complex& param)。而 cobject3. operator+(cobject6)，则是直接调用函

数 Complex operator+(const Complex& param)。

2. 友元函数运算符

语法图如图 11-1 所示，语法格式同运算符重载的定义。做友元函数运算符时，必须要有形式参数。

当运算符重载为类的友元函数时，因没有隐含的 this 指针，故操作数的个数没有变化，即运算符所需运算对象的个数不变，如对于加法运算的运算符+，需要两个运算对象。所有的操作数都必须通过函数的形参进行传递，函数的参数与操作数自左至右依次对应。

调用友元函数运算符的语法图，如图 11-3 所示。

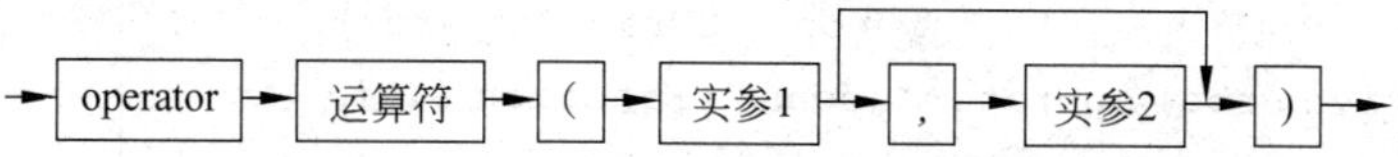

图 11-3 调用友元函数运算符

语法格式：

```
operator 运算符(参数 1, [参数 2])
```

相当于

```
参数 1 运算符 参数 2
```

说明：友元函数运算符的使用，和内部类型所使用的运算符语法格式一致。

【例 11-1】 分数运算。类图请读者完成。

程序代码：

```
1. #include<iostream.h>//不能用#include<iostream>
2. //using namespace std;
3. enum style_enum{zero, one, two, three };
4.
5. class CFraction
6. {
7. private:
8.     int nume;  //分子
9.     int deno;  //分母
10. public:
11.     //构造函数,初始化用
12.     CFraction(int nu=0,int de=1):nume(nu),deno(de){}
13.     //化简(使分子分母没有公因子)
14.     void simplify();
15.     //输入输出重载
16.     friend ostream& operator<<(ostream &out,
17.                 const CFraction &cf);
18.     friend istream& operator>>(istream &in,
19.                     CFraction &cf);
20.     //加减乘除,结果需要化简
```

第 5～45 行，定义类 CFraction。第 7～9 行，私有成员。

第 10～44 行，公有成员。

第 16～41 行，友元方式重载运算符。

```
21.     friend CFraction operator+(const CFraction &lcf,
22.                                const CFraction &rcf);
23.     friend CFraction operator-(const CFraction &lcf,
24.                                const CFraction &rcf);
25.     friend CFraction operator*(const CFraction &lcf,
26.                                const CFraction &rcf);
27.     friend CFraction operator/(const CFraction &lcf,
28.                                const CFraction &rcf);
29.     //关系运算符
30.     friend bool operator>(const CFraction &lcf,
31.                           const CFraction &rcf);
32.     friend bool operator<(const CFraction &lcf,
33.                           const CFraction &rcf);
34.     friend bool operator>=(const CFraction &lcf,
35.                            const CFraction &rcf);
36.     friend bool operator<=(const CFraction &lcf,
37.                            const CFraction &rcf);
38.     friend bool operator==(const CFraction &lcf,
39.                            const CFraction &rcf);
40.     friend bool operator!=(const CFraction &lcf,
41.                            const CFraction &rcf);
42.     //取+、-单目运算符
43.     CFraction operator+();
44.     CFraction operator-();
45. };
46. void CFraction::simplify()
47. {
48.     int v1=nume;
49.     int v2=deno;
50.     while(v2)
51.     {
52.         int temp=v2;
53.         v2=v1%v2;
54.         v1=temp;
55.     }
56.     nume /=v1;
57.     deno /=v1;
58.     if(deno<0)
59.     {
60.         deno=-deno;
61.         nume=-nume;
62.     }
63. }
64. //输出重载
```

第43～44行，重载单目运算符。

第46～185行，在类外定义类内声明的函数。

```
ostream& operator<< (ostream &out,const CFraction &cf)
{
    out<<cf.nume<<'/'<<cf.deno;
    return out;
}
//输入重载
istream& operator>> (istream &in,CFraction &cf)
{
    char ch;
    while(1)
    {
        in>>cf.nume>>ch>>cf.deno;
        if(cf.deno==0)
            cerr<<"分母为 0 请重新输入\n";
        else if(ch !='/')
            cerr<<"格式错误(形如 m/n)请重新输入\n";
        else break;
    }
return in;
}
//加法重载
CFraction operator+ (const CFraction &lcf,
                     const CFraction &rcf)
{
    CFraction cf;
    cf.nume=lcf.nume * rcf.deno+lcf.deno * rcf.nume;
    cf.deno=lcf.deno * rcf.deno;
    cf.simplify();
    return cf;
}
//减法重载
CFraction operator- (const CFraction &lcf,
                     const CFraction &rcf)
{
    CFraction cf;
    cf.nume=lcf.nume * rcf.deno-rcf.nume * lcf.deno;
    cf.deno=lcf.deno * rcf.deno;
    cf.simplify();
    return cf;
}
//乘法重载
CFraction operator * (const CFraction &lcf,
                      const CFraction &rcf)
{
```

```
    CFraction cf;
    cf.nume=lcf.nume * rcf.nume;
    cf.deno=lcf.deno * rcf.deno;
    cf.simplify();
    return cf;
}
//除法重载
CFraction operator/(const CFraction &lcf,
                    const CFraction &rcf)
{
    CFraction cf;
    cf.nume=lcf.nume * rcf.deno;
    cf.deno=lcf.deno * rcf.nume;
    cf.simplify();
    return cf;
}
//取正重载
CFraction CFraction::operator+ ()
{
    simplify();
    if(nume<0)
        nume=-nume;
    return *this;
}
//取负重载
CFraction CFraction::operator- ()
{
    simplify();
    nume=-nume;
    return *this;
}
//大于号重载
bool operator>(const CFraction &lcf,
               const CFraction &rcf)
{
    int l_nume=lcf.nume * rcf.deno;
    int r_nume=rcf.nume * lcf.deno;
    int common_deno=lcf.deno * rcf.deno;
    if((l_nume-r_nume) * common_deno>0)
        return true;
    return false;
}
//小于号重载
```

```
152. bool operator< (const CFraction &lcf,
153.                 const CFraction &rcf)
154. {
155.     return ! (lcf>rcf);
156. }
157. //等于重载
158. bool operator== (const CFraction &lcf,
159.                 const CFraction &rcf)
160. {
161.     return lcf.nume==rcf.nume && lcf.
162.                             deno==rcf.deno;
163. }
164. //不等于重载
165. bool operator != (const CFraction &lcf,
166.                 const CFraction &rcf)
167. {
168.     return !(lcf==rcf);
169. }
170. //大于等于重载
171. bool operator>= (const CFraction &lcf,
172.                             const CFraction &rcf)
173. {
174.     if(lcf<rcf)
175.         return false;
176.     return true;
177. }
178. //小于等于重载
179. bool operator<= (const CFraction &lcf,
180.                 const CFraction &rcf)
181. {
182.     if(lcf>rcf)
183.         return false;
184.     return true;
185. }
186. int main()
187. {
188.     CFraction cf1;
189.     CFraction cf2;
190.     cin>>cf1>>cf2;
191.     cout<<"cf1: "<<cf1<<'\t'
192.         <<"cf2: "<<cf2<<endl;
193.     cout<<"cf1+cf2 : "
194.          <<operator+ (cf1 , cf2)<<endl;
195.     cout<<"cf1-cf2 : "<<cf1-cf2<<endl;
```

第186～216行，主函数，测试。

```
    cout<<"cf1 * cf2 : "<<cf1 * cf2<<endl;
    cout<<"cf1 / cf2 : "<<cf1 / cf2<<endl;
    cout<<"+cf1 :     "<<+cf1    <<endl;
    cout<<" -cf1 :     "
         <<  cf1.operator-()<<endl;
    cout<<"+cf2 :          "<<+cf2    <<endl;
    cout<<" -cf2 :     "<<-cf2    <<endl;
    cout<<" cf1>cf2 ? 1/YES :0/NO "
         <<(cf1>cf2)<<endl;
    cout<<" cf1<cf2? 1/YES : 0/NO "
         <<(cf1<cf2)<<endl;
    cout<<" cf1==cf2? 1/YES :0/NO "
         <<(cf1==cf2)<<endl;
    cout<<" cf1 !=cf2? 1/YES: 0/NO "
         <<(cf1 !=cf2)<<endl;
    cout<<" cf1>=cf2? 1/YES: 0/NO "
         <<(cf1>=cf2)<<endl;
    cout<<" cf1<=cf2? 1/YES: 0/NO "
         <<(cf1<=cf2)<<endl;
    return 0;
}
```

本例，主要应用友元函数运算符，完成分数的运算。

本例中：

```
//输入输出重载
    friend ostream& operator<<(ostream &out,const CFraction &cf);
    friend istream& operator>>(istream &in,CFraction &cf);
    //加减乘除,结果需要化简
    friend CFraction operator+(const CFraction &lcf,
                               const CFraction &rcf);
    friend CFraction operator-(const CFraction &lcf,
                               const CFraction &rcf);
    friend CFraction operator*(const CFraction &lcf,
                               const CFraction &rcf);
    friend CFraction operator/(const CFraction &lcf,
                               const CFraction &rcf);
    //关系运算符
    friend bool operator>(const CFraction &lcf,
                          const CFraction &rcf);
    friend bool operator<(const CFraction &lcf,
                     const CFraction &rcf);
    friend bool operator>=(const CFraction &lcf,
                     const CFraction &rcf);
    friend bool operator<=(const CFraction &lcf,
                     const CFraction &rcf);
```

```
    friend bool operator==(const CFraction &lcf,
                           const CFraction &rcf);
    friend bool operator!=(const CFraction &lcf,
                           const CFraction &rcf);
```

都是友元函数运算符在类中的声明，其实现都在类的外面。如：

```
//加法重载
CFraction operator+(const CFraction &lcf,const CFraction &rcf)
{
    CFraction cf;
    cf.nume=lcf.nume*rcf.deno+lcf.deno*rcf.nume;
    cf.deno=lcf.deno*rcf.deno;
    cf.simplify();
    return cf;
}
```

这里，形式参数 lcf 和 rcf，分别为加法＋的左右运算对象。对友元函数运算符的访问：

```
cout<<"cf1+cf2 : "
     <<operator+(cf1 , cf2)<<endl;
cout<<"cf1-cf2 : "<<cf1-cf2<<endl;
```

其中，前面访问的格式是：operator 运算符(实参 1，实参 2)；后面访问的语法格式：实参 1 运算符 实参 2。

本例中：

```
//取+、-一目运算符
    CFraction operator+();
    CFraction operator-();
```

是成员函数形式，并且是单目运算符，故定义时没有形参，采用其中的 this 指向的对象作为运算对象。其调用形式：

```
cout<<"+cf1 :     "<<+cf1     <<endl;
cout<<" -cf1 :     "<<cf1.operator-()  <<endl;
```

前面调用的语法格式是：

```
运算符  对象;
```

后面调用的语法格式是：

```
对象.operator运算符()
```

11.1.4　一些说明

在多数情况下，将运算符重载为类的成员函数和类的友元函数都可以。但成员函数运算符与友元函数运算符也具有各自的一些特点：

(1) 一般情况下，单目运算符最好重载为类的成员函数；双目运算符则最好重载为类的友元函数。如例 11-1 所示。

(2) 双目运算符=、()、[]、->不能重载为类的友元函数。

(3) 类型转换函数只能定义为一个类的成员函数而不能定义为类的友元函数。

(4) 若一个运算符的操作需要修改对象的状态，选择重载为成员函数较好。

(5) 若运算符所需的操作数(尤其是第一个操作数)希望有隐式类型转换，则只能选用友元函数。

(6) 当运算符函数是一个成员函数时，最左边的操作数(或者只有最左边的操作数)必须是运算符类的一个类对象(或者是对该类对象的引用)。若左边的操作数必须是一个不同类的对象，或者是一个内部类型的对象，该运算符函数必须作为一个友元函数来实现。

(7) 当需要重载运算符具有可交换性时，选择重载为友元函数。

11.2 典型运算符的重载

11.2.1 一元运算符重载

可重载的一元运算符有：

算术运算符：+、-、*、++、--；位操作运算符：～；逻辑运算符：!；比较运算符：>、<、==；其他运算符：[ ]、,、new、delete 等。

(1) 当作为成员函数重载时参数表中没有参数，那个唯一的操作数以 this 指针的形式隐藏在参数表中。其形式如下：

```
<返回类型><类名>::operator 一元运算符()
{
    <函数体>;
}
```

(2) 当把取负运算符作为非成员函数(友元函数)重载时，那个唯一的操作数必须出现在参数表中。其形式如下：

```
<返回类型>    operator-(<操作数>)
{
<函数体>;
}
```

【例 11-2】 一元运算符重载。类图请读者完成。

程序代码：

```
1. #include<iostream>
2. using namespace std;
3. class TDPoint
4. {
```

第 3～75 行，定义类 TDPoint，其中第 5～10

```
5. private:
6.     int x;
7.     int y;
8.     int z;
9.     int Length;
10.     char * Buff;
11. public:
12.     TDPoint(int len)
13.     {
14.         Length=len;
15.         Buff=new char[Length];
16.     }
17.     TDPoint(int x,int y,int z=0)
18.     {
19.         this->x=x;
20.         this->y=y;
21.         this->z=z;
22.     }
23.         int GetLength()
24.         {
25.             return Length;
26.         }
27.         //成员函数重载前置运算符++
28.         TDPoint operator++();
29.       //成员函数重载后置运算符++
30.         TDPoint operator++(int);
31.         //友元函数重载前置运算符++
32.         friend TDPoint operator++(TDPoint& point);
33.         friend TDPoint operator++(TDPoint& point,
34.                   int);//友元函数重载后置运算符++
35.         char & operator [](int i);
36.
37.         void showPoint();
38.         static void* operator new (size_t size)
39.         {
40.             TDPoint *temp=new TDPoint(2);
41.             return temp;
42.         }
43.
44.     void * operator new(unsigned int size,
45.                      const char *file, int line)
46.         {
47.             cout<<"new size:"<<size<<endl;
```

行，私有成员，第 11～75 行，公有成员。

```
48.             cout<<file<<" "<<line<<endl;
49.             void * p=operator new(size);
50.             return p;
51.         }
52.
53.         void operator delete(void * p)
54.         {
55.             cout<<"delete "<<(int)p<<endl;
56.             free(p);
57.         }
58.         void operator delete [] (void * p)
59.         {
60.             cout<<"delete [] "<<(int)p<<endl;
61.             free(p);
62.         }
63.         void operator delete(void * p,
64.                     const char * file, int line)
65.         {
66.             cout<<"delete file line"<<endl;
67.             free(p);
68.         }
69.         void operator delete [] (void * p,
70.                         const char * file, int line)
71.         {
72.             cout<<"delete [] file line"<<endl;
73.             free(p);
74.         }
75. };
76.
77. TDPoint TDPoint::operator++()
78. {
79.     ++this->x;
80.     ++this->y;
81.     ++this->z;
82.     return * this;     //返回自增后的对象
83. }
84.
85. TDPoint TDPoint::operator++(int)
86. {
87.     TDPoint point(* this);
88.     this->x++;
89.     this->y++;
90.     this->z++;
91.     return point;     //返回自增前的对象
```

第77～127行，类外定义类内声明的函数。

```
92. }
93.
94. TDPoint operator++(TDPoint& point)
95. {
96.     ++point.x;
97.     ++point.y;
98.     ++point.z;
99.     return point;          //返回自增后的对象
100. }
101.
102. TDPoint operator++(TDPoint& point,int)
103. {
104.     TDPoint point1(point);
105.     point.x++;
106.     point.y++;
107.     point.z++;
108. return point1;         //返回自增前的对象
109. }
110.
111. void TDPoint::showPoint()
112. {
113.   std::cout<<"("<<x<<","<<y<<","<<z<<")"
114.            <<std::endl;
115. }
116. char & TDPoint::operator [](int i)
117. {
118.     static char ch=0;
119.
120.     if(i<Length && i>=0)
121.     return Buff[i];
122.     else
123.     {
124.         cout<<"\nIndex out of range.";
125.         return ch;
126.     }
127. }
128.
129. int main()
130. {
131.     TDPoint point(1,1,1);
132.     point.operator++();       //或++point
133.     point.showPoint();        //前置++运算结果
134.
```

第129～161行，主函数，主要进行测试。

```
    point=point.operator++(0); //或 point=point++
    point.showPoint();         //后置++运算结果

    operator++(point);         //或++point;
    point.showPoint();         //前置++运算结果

    point=operator++(point,0); //或 point=point++;
    point.showPoint();         //后置++运算结果

    int cnt;
    TDPoint string1(4);
    char * string2="test";
    for(cnt=0; cnt<5; cnt++)
        string1[cnt]=string2[cnt];
    cout<<"\n";
    for(cnt=0; cnt<5; cnt++)
        cout<<string1[cnt];
    cout<<"\n";
    cout<<string1.GetLength()<<endl;

    TDPoint *p=new TDPoint(1,2,3);

    delete p;
    int * pd=new int[5];
    delete [] pd;
    return 0;
}
```

运行结果：

```
<2,2,2>
<2,2,2>
<3,3,3>
<3,3,3>

index out of range.
test
index out of range.
4
```

本例，给出了++、--、[]、new、new[]、delete、delete[]等运算符重载。

如 new 运算符重载：

```
static void* operator new (size_t size)
    {
```

```
        TDPoint * temp=new TDPoint(2);
        return temp;
    }
```

具有一个形参 size。

11.2.2　二元运算符重载

一个二元运算符重载：

(1) 当作为成员函数重载时参数表中只有 1 个参数，对应于第二个操作数，而第一个操作数是对象本身，以 this 指针的形式隐藏在参数表中。一般形式：

```
返回类型　类名::operator 二元运算符()
{
    函数体;
}
```

(2) 当把加法运算符作为非成员函数(友元函数)重载时，两个操作数必须都出现在参数表中。其形式如下：

```
<返回类型>　operator 二元运算符(<操作数>)
{
    <函数体>;
}
```

如例 11-1 中，二元运算符重载：

```
//加减乘除,结果需要化简
friend CFraction operator+ (const CFraction &lcf,
                            const CFraction &rcf);
friend CFraction operator- (const CFraction &lcf,
                            const CFraction &rcf);
friend CFraction operator * (const CFraction &lcf,
                            const CFraction &rcf);
friend CFraction operator/ (const CFraction &lcf,
                            const CFraction &rcf);
//关系运算符
friend bool operator> (const CFraction &lcf,
                       const CFraction &rcf);
friend bool operator< (const CFraction &lcf,
                  const CFraction &rcf);
friend bool operator>= (const CFraction &lcf,
                  const CFraction &rcf);
friend bool operator<= (const CFraction &lcf,
                  const CFraction &rcf);
friend bool operator== (const CFraction &lcf,
```

```
                    const CFraction &rcf);
    friend bool operator!=(const CFraction &lcf,
                    const CFraction &rcf);
```

这些都是二元运算符重载，而且是友元函数。

(3) 注意：

对于任何类，即使没有重载赋值运算符，仍可使用运算符"="。

在这种情况下，默认的赋值操作就是同类对象之间对应成员的逐一赋值。在很多情况下，这样的赋值方式正好就是所要求的赋值方式，因此常常并不需要重载"="。

若类中包含指向动态空间的指针，默认的赋值操作只是简单地把指针的值赋给新的对象。这样两个对象所指向的动态空间为同一空间，同时对其进行操作将会出现难以预料的结果。

一个对象已经释放该内存空间，另外一个再读或写该内存空间将会使程序出现非法操作，这样的复制称为浅层复制；通过重载赋值运算符，为新的对象重新分配同样的内存空间就可以避免这类错误，这样的复制称为深层复制。另外，在复制构造函数中也存在同样的问题。在解决浅层复制问题时，不但要实现赋值运算还要实现复制构造函数的深层复制。

类中包含指向动态空间的指针赋值运算符"="的重载应注意以下几点：

① 返回值声明为引用，而函数体中总是用语句"return *this;"返回；

② 若参数被声明为指向同类对象的引用或指针，应判别所指向对象是否与被赋值对象为同一对象，若是，立即返回，不做任何赋值处理；

③ 若被赋值对象占用了动态空间或其他资源，应首先释放这些资源，以便接收新的资源；

④ 参数被声明为指针或引用，通常应加上 const 修饰；

⑤ 若参数被声明为指针，应判别是否为空，以便做出特殊处理；

⑥ 一个类若需要重载运算符=，通常也就需要定义自己特有的复制构造函数，反之亦然。

复合赋值类运算符既可作为成员函数重载也可作为非成员函数重载。在后一种情况下，两个操作数都必须出现在参数表中；为了保持运算符原有的特性，第一参数应当声明为引用(否则就无法改变它的值)，返回值也应当像重载"="那样声明为引用，并在最后将获得新值的第一参数返回。

11.2.3 重载类型转换符

类型转换符必须作为成员函数重载。在重载类型转换符时，不需要返回值类型的声明。其形式如下：

```
<类名>::operator    long()
{
<函数体>;
}
```

【例 11-3】 类型转换运算符重载。类图请读者完成。

程序代码：

```
1. #include<iostream>
2. using namespace std;
3.
4. class Integer
5. {
6. public:
7.     Integer()
8.     {
9.     }
10.     Integer(int v);
11.     Integer& operator=(const int &v);
12.     operator int();          //重载类型转换操作符
13.
14. private:
15.     int data;
16. };
17. Integer::Integer(int v)
18. {
19.     data=v;
20. }
21.
22. Integer& Integer::operator=(const int &v)
23. {
24.     data=v;
25.     return *this;
26. }
27.
28. Integer::operator int()
29. {
30.     return data;
31. }
32.
33. int main()
34. {
35.     Integer integer1(10);  //调用构造函数进行初始化
36.     Integer integer2;
37.     int i1=10;
38.     integer2=i1;               //调用=赋值操作符进行赋值
39.     cout<<i1;
40.
41.     //下面测试类型转换操作符的应用
```

第 4 ～ 16 行，定义类 Integer，第 6～12 行，公有成员，第 14～15 行，私有成员。

第 17～31 行，类外定义类内声明的函数。

第 33～47 行，主函数，测试使用。

```
    int i2;
    i2=integer1; //integer1 是 Integer 类型

    cout<<i2;
    return 0;
}
```

运行结果：

```
1010
```

本例是 int 类型的类型转换符。其他类型转换符的重载方法与此类似。

值得注意：有的“类型转换符”是由多个符号组成的，如 const char * ，将之重载时的函数名即为 operator const char * 。

另外，=，[ ]，()，->及所有的类型转换运算符只能作为成员函数重载，而且是不能针对枚举类型操作数的重载。

11.2.4 重载 C++ 流运算符

在 C++ 中，操作符“<<”和“>>”被定义为左位移运算符和右位移运算符。在 iostream 头文件中对它们进行了重载，使得它们可以用基本数据的输出和输入。

插入运算符“<<”是双目运算符，左操作数为输出流类 ostream 的对象，右操作数为系统预定义的基本类型数据。头文件 iostream 对其重载的函数原型为 ostream& operator <<(ostream&，类型名)；类型名就是指基本类型数据。若要输出用户自定义的类型数据，就要重载操作符“<<”，因该操作符的左操作数一定为 ostream 类的对象，故插入运算符“<<”只能是类的友元函数或普通函数，不能是其他类的成员函数。

C++ 流的输入运算符“<<”和输出运算符“>>”只能作为非类成员函数重载。在一个类中，如有必要，可将“<<”或“>>”声明为友元函数。

语法格式：

```
ostream& operator<< (ostream& ,const 自定义类名 &)
{
    函数体
};
```

提取运算符“>>”也一样，左操作数为 istream 类的对象，右操作数为基本类型数据。头文件 iostrem 对其重载的函数原型为 istream& operator>>(istream&，类型名)；提取运算符也不能作为其他类的成员函数，可做友元函数或普通函数。

语法格式：

```
istream& operator>> (istream&, const 自定义类名 &);
{
    函数体
};
```

如例 11-1 中,输入输出重载的声明:

```
friend ostream& operator<< (ostream &out,const CFraction &cf);
friend istream& operator>> (istream &in,CFraction &cf);
```

具体函数的实现:

```
//输出重载
ostream& operator<< (ostream &out,const CFraction &cf)
{
    out<<cf.nume<<'/'<<cf.deno;
    return out;
}
//输入重载
istream& operator>> (istream &in,CFraction &cf)
{
    char ch;
    while(1)
    {
        in>>cf.nume>>ch>>cf.deno;
        if(cf.deno==0)
            cerr<<"分母为 0 请重新输入\n";
        else if(ch !='/')
            cerr<<"格式错误(形如 m/n)请重新输入\n";
        else break;
    }
return in;
}
```

通过输入输出重载,可以实现该类对象的输入输出法。

本章小结

(1) 运算符重载遵循的规则:

除了类属关系运算符“.”、成员指针运算符“.*”、作用域运算符“::”、sizeof 运算符和三目运算符“?:”5 个运算符外,C++ 中的所有运算符都可重载。

(2) 典型运算符的重载有一元运算符、二元运算符重载、重载 C++ 流运算符。

本章实践

第一部分 基础知识

选择题

1. 下列关于赋值运算符“=”重载的叙述中,正确的是(　　)。(2010-09)

A. 赋值运算符只能作为类的成员函数重载

B. 默认的赋值运算符实现了"深层复制"功能

C. 重载的赋值运算符函数有两个本类对象作为形参

D. 如果已经定义了复制构造函数,就不能重载赋值运算符

2. 有如下类定义:

```
class MyClass
public:
Private:
int data;
};
```

若要为 MyClass 类重载流输入运算符>>,使得程序中可以"cin>>obj;"形式输入 MyClass 类的对象 obj,则横线处的声明语句应为(　　)。(2011-09)

A. friend istream& operator>>(istream& is, MyClass& A.);

B. friend istream& operator>>(istream& is, MyClass A.);

C. istream& operator>>(istream& is, MyClass& A.);

D. istream& operator>>(istream& is, MyClass A.);

3. 如果表达式 x * y+z 中,"*"是作为友元函数重载的,"+"是作为友元函数重载的,则该表达式还可为(　　)。(2012-03)

A. operator+(operator * (x, y),z)

B. x. operator+(operator * (x, y),z)

C. y. operator * (operator+(x, y),z)

D. x. operator+(operator * (x, y))

4. 若为 Fraction 类重载前增 1 运算符++,应在类体中将其声明为(　　)。(2011-09)

A. Fraction& operator++();

B. Fraction& operator++(int);

C. friend Fraction& operator++();

D. friend Fraction& operator++(int);

5. 若要对类 BigNumber 中重载的类型转换运算符 long 进行声明,下列选项中正确的是(　　)。(2011-03)

A. operator long()const;

B. operator long(bigNumber);

C. long operator long() const;

D. long operator long(BigNumber);

填空题

1. 已知类 Ben 中将二元运算符"/"重载为友元函数,若 c1、c2 是 Ben 的两个对象,当使用运算符函数进行显式调用时,与表达式 c1/c2 等价的表示为________。(2011-09)

2. 运算符"＋"允许重载为类成员函数或者非成员函数。若用 operator＋(c1, c2) 这样的表达式来使用运算符"＋",应将"＋"重载为________函数。(2010-09)

3. 一个双目运算符作为类的成员函数重载时,重载函数的参数表中有________个参数。(2010-09)

4. 下列程序的输出是3,请填充程序中的空缺,使该行形成一个运算符重载函数的定义。(2010-09)

```
#include<iostream>
using namespace std;
class MyNumber{
int n;
public:
MyNumber(int k): n(k){}
________ int(  )const{return n,}
};
int main(  ){
MyNumber numl(3);
Cout<<int(numl);
return 0;
}
```

5. 如下程序定义了"单词"类 word,类中重载了<运算符,用于比较"单词"的大小,返回相应的逻辑值。程序的输出结果为：After Sorting：Happy Welcome,请将程序补充完整。(2009-09)

```
#include<iostream>
#include<string>
using namespace std;
class Word{
public:
    Word(string s):str(s){  }
    string getStr(){return str;}
    ________ const {return(str<w.str);}
    friend ostream&operator<<(ostream&output,const Word&w)
        {output<<w.str;return output;}
private:
    string str;
};
int main(){
    Word w1("Happy"),w2("Welcome");
    cout<<"After sorting:";
    if(w1<w2)cout<<w1<<' '<<w2;
        else cout<<w2<<' '<<w1;
```

```
    return 0;
}
```

程序设计

定义日期类，利用运算符重载实现>、>=、==、!=、<、<=的运算。

第二部分　项目设计

在第 10 章基础上，添加运算符重载，实现查询记录时上一记录、下一记录功能。

第 12 章　模　　板

教学目标：

(1) 了解函数模板的定义和使用方式。

(2) 了解类模板的定义和使用方式。

模板是 C++ 支持参数化多态的工具，使用模板可使用户为类或函数声明一种一般模式，使得类中的某些数据成员或者成员函数的参数、返回值取得任意类型。

模板是一种对类型进行参数化的工具，通常有两种形式：函数模板和类模板。

函数模板针对仅参数类型不同的函数；类模板针对仅数据成员和成员函数类型不同的类。

12.1　函数模板

函数模板是一系列相关函数的模型或样板，这些函数的源代码形式相同，只是所针对的数据类型不同。对于函数模板，数据类型本身成了它的参数，因而是一种参数化类型的函数。函数模板可用来创建一个通用的函数，以支持多种不同的形参，避免重载函数的函数体重复设计。它的最大特点是把函数使用的数据类型作为参数。

12.1.1　函数模板声明

函数模板声明语法图如图 12-1 所示。

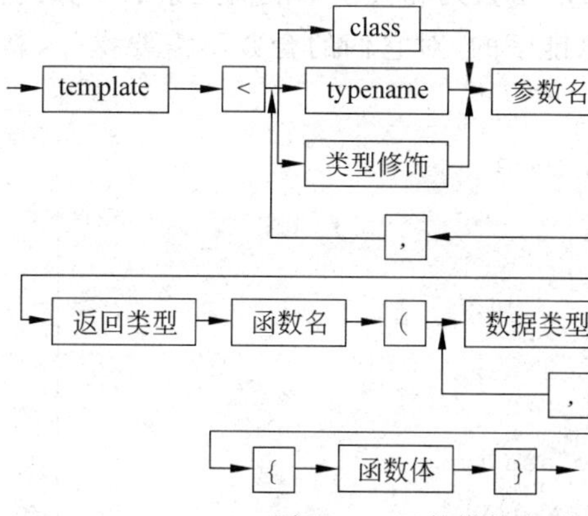

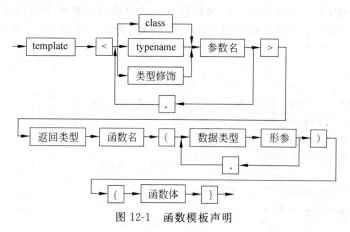

图 12-1　函数模板声明

语法格式：

```
template  <模板形参表>
函数首部
{
    函数体
}
```

说明：

(1) 模板形参列表是由一个或多个"模板形参"组成(若是多个,需要用逗号隔开)。每个"模板形参"具有下面几种形式:

① typename 参数名

② class 参数名

③ 类型修饰 参数名

"参数名"可以是任意合法的标识符。在这三种形式中,前两种是等价的:在声明模板参数时,关键字 typename 与 class 可以互换。用 typename 或 class 声明的参数称为虚拟类型参数;而用"类型修饰"声明的参数则为常规参数,在形式上与普通的函数参数声明相同。

(2) "函数首部"与一般函数的首部类似,只是某些类型修饰符被虚拟类型参数所替代。

函数模板只是声明了一个函数的描述即模板,不是一个可以直接执行的函数,只有根据实际情况用实参的数据类型代替类型参数标识符之后,才能产生真正的函数。

【例 12-1】 快排算法:

快速排序使用分治法把一个串行(list)分为两个子串行(sub-lists)。步骤为:

(1) 从数列中挑出一个元素,称为"基准"(pivot);从 array[left,right]中随机找一个作为划分的基准,而不是只以第一个[left]作为基准。

(2) 重新排序数列,所有元素比基准值小的摆放在基准前面,所有元素比基准值大的摆在基准的后面(相同的数可以到任一边)。在这个分区退出之后,该基准就处于数列的中间位置。这个称为分区(partition)操作。

(3) 递归地把小于基准值元素的子数列和大于基准值元素的子数列排序。

合并:由于两个子序列是就地排序的,对它们的合并不需要操作,整个序列 L[m .. n]已排好序。

程序代码:

```
1. #include<string>
2. #include<time.h>
3. #include<iostream>
4. using namespace std;
5. //交换
6. template<typename Type,class Typ>
7. void Swap(Type &valx, Typ &valy)
```

第 6 行,声明模板,模板参数表。

第 7～13 行,函数

Swap,其参数类型是模板中的类型。

```
8. {
9.     Type temp;
10.     temp=valx;
11.     valx=valy;
12.     valy=temp;
13. }
14. //进行一趟快排,并返回分界的基准
```

第 15 行,定义模板,模板参数表。

第 16～39 行,定义函数 partition,应用模板中参数。

```
15. template<class Type>
16. int partition(Type array[], int left, int right)
17. {//找基准点,之后 array[left]相当空单元
18.     Type valx=array[left];
19.
20.     int p_left=left;
21.     int p_right=right+1;
22.
23.     //找分界点,
24.     for(;;) {
25.         while(array[++p_left]<valx && p_left<right);
26.
27.         while(array[--p_right]>valx);
28.         if(p_left>=p_right)
29.             break;
30.         //交换后左边小,右边大
31.         Swap(array[p_left], array[p_right]);
32.     } //end for
33.     //找到的数 array[p_right] 一定<=x
34.     array[left]=array[p_right];
35.     //insert to middle position
36.     array[p_right]=valx;
37.
38.     return p_right; //返回分界下标
39. }
40.
```

第 41 行,定义模板。

第 42～48 行,定义函数 print_array,应用参数模板类型。

```
41. template<class Type>
42. void print_array(Type array[], int n)
43. {
44.     for (int i=0; i<n; i++) {
45.         cout<<array[i]<<" ";
46.     }
47.     cout<<endl;
48. }
49.
50. /* 随机选择的快排算法。从 array[left,right]中随机
51. 找一个作为划分的基准,而不是只以第一个[left]作为基准。*/
```

```
52. //随机生成某范围的随机整数,调用前用 srand 设置种子
53. int range_random(int start, int end)
54. {
55.     return    (start+rand()%(end-start+1));
56. }
57.
58. template<class Type>
59. int Random_part(Type array[], int left, int right)
60. {//从 left 到 right 中取随机下标
61.     int seed=range_random(left, right);
62.     Swap(array[seed], array[left]);
63.
64.     return partition(array, left, right);
65. }
66. //pos_start,pos_end 为下标
67. template<class Type>
68. void random_quikSort(Type array[],
69.                     int pos_start, int pos_end)
70. {
71.     if (pos_start<pos_end) {
72.         int partition_pos;
73.         partition_pos=Random_part(array,
74.             pos_start, pos_end);//一趟快排,获得基准点
75.         //递归分解,对左边进行快排
76.         random_quikSort(array, pos_start,
77.             partition_pos-1);
78.         random_quikSort(array, partition_pos+1,
79.             pos_end); //递归分解,对右边进行快排
80.     }
81. }
82.
83. int main(void)
84. {
85.   int b[]={1, 2, -2, 0,9 , 77,6 , 5,4 , 6};
86.   srand((unsigned)time(NULL));
87.   random_quikSort<int>(b,
88.           0, sizeof(b)/sizeof(b[0])-1);
89.   print_array(b, sizeof(b)/sizeof(b[0]));
90.
91.   string arr[]={"北京","上海","天津","","深圳"};
92.   srand((unsigned)time(NULL));
93.   random_quikSort(arr, 0,
94.              sizeof(arr)/sizeof(arr[0])-1);
95.   print_array<string>(arr,
```

第 58 行,定义模板。
第 59～65 行,应用模板的函数 Random_part。

第 67 行,定义模板。
第 68～81 行,应用模板参数的函数 random_quikSor。

第 83～98 行,定义主函数。

```
                    sizeof(arr)/sizeof(arr[0]));
    return 0;
}
```

运行结果：

```
-2 01 2 4 5 6 6 9 77
北京 上海 深圳 天津
```

本例，采用函数模板方式，进行数组元素的快速排序。
其中：

```
1. template<typename Type>
void Swap(Type &valx, Type &valy)
2. template<class Type>
int partition(Type array[], int left, int right)
3. template<class Type>
void print_array(Type array[], int n)
4. template<class Type>
int Random_part(Type array[], int left, int right)
5. template<class Type>
void random_quikSort(Type array[],
                              int pos_start, int pos_end)
```

上述 5 个函数都使用了函数模板。

12.1.2 模板函数

函数模板的数据类型参数标识符实际上是一个类型形参，在使用函数模板时，要将这个形参实例化为确定的数据类型。将类型形参实例化的参数称为模板实参，用模板实参实例化的函数称为模板函数。模板函数的生成就是将函数模板的类型形参实例化的过程。

如例 12-1 中：

在主函数中，

```
int b[]={1, 2, -2, 0,9 , 77,6 , 5,4 , 6};
random_quikSort<int>(b, 0, sizeof(b)/sizeof(b[0])-1);
print_array(b, sizeof(b)/sizeof(b[0]));
```

因数组 B 是 int 类型，这样在调用函数时，用实参的整型 int 替换函数模板定义时的类型 Type。对应的对下列函数调用时：

```
Swap(array[seed], array[left]);
partition(array, left, right);
Random_part<sing>(array, pos_start, pos_end);
```

也将数组元素 array[seed]、array[left]和数组 array 的类型替换为 int 类型。

对于下面的数组：

```
string arr[]={"北京","上海","天津","","深圳"};
```

则调用下面函数时，将替换为 string 类型。

```
random_quikSort(arr, 0, sizeof(arr)/sizeof(arr[0])-1);
print_array(arr, sizeof(arr)/sizeof(arr[0]));
Swap(array[seed], array[left]);
partition(array, left, right);
Random_part(array, pos_start, pos_end);
```

上述调用的函数都是模板函数。

说明：

(1) 函数模板允许使用多个类型参数，但在 template 定义部分的每个形参前必须有关键字 typename 或 class，一般语法格式：

```
template<class | typename
数据类型参数标识符 1,…,
class 数据类型参数标识符 n>
      typename
返回类型 函数名 (参数表)
{
    函数体
}
```

如例 12-1 中：

```
template<typename Type, class Typ>
```

这里使用了多个类型参数。但 template 定义部分说明类型必须在函数首部中应用，否则函数在调用时将出错。

(2) 在 template 语句与函数模板定义语句返回类型之间不允许有除注释语句外的其他的语句。如：

```
template<class Type>
int d=5;
void print_array(Type array[], int n)
```

将会出现错误：

```
'Type' : undeclared identifier
error C2146: syntax error : missing ')' before identifier 'array'
```

(3) 模板函数类似于重载函数，但两者有很大区别：函数重载时，每个函数体内可以执行不同的动作，但同一个函数模板实例化后的模板函数都必须执行相同的动作。

12.1.3 函数模板的调用

函数模板的调用语法图如图 12-2 所示。

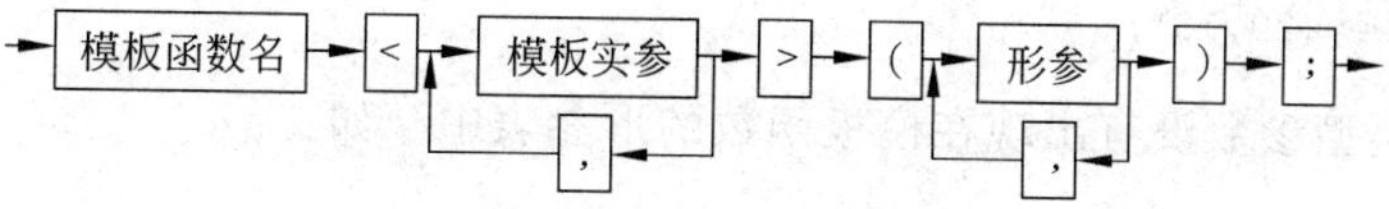

图 12-2 函数模板的调用

语法格式：

模板函数名 <模板实参表>(函数实参表);

如例 12-1 中：

```
random_quikSort(arr, 0, sizeof(arr)/sizeof(arr[0])-1);
  print_array(arr, sizeof(arr)/sizeof(arr[0]));
Swap(array[seed], array[left]);
partition(array, left, right);
Random_part(array, pos_start, pos_end);
```

都是函数模板的调用。

在调用一个模板函数时,编译系统对每个虚拟类型参数所对应的实际类型的判别：

(1) 根据模板实参表,用<和>括起来的参数表。

(2) 根据函数实参表,用(和)括起来的参数表。

全部虚拟类型参数所对应的实际参数,且它们又正好是参数表中最后的若干参数,则模板实参表中的那几个参数可以省略。若模板实参表中的实参都被省略了,甚至<>也可省略。

模板实参不能省略的情况：

(1) 从模板函数实参表获得的信息矛盾。如：

```
template<typename T>void fun(T const& a,T const& b);
```

调用时：

```
fun(250,250.4);
```

就必须写成

```
fun<int>(250,250.4);
```

(2) 需要获得特定类型的返回值,而不管参数的类型如何。如：

```
template<typename T,typename RT>RT fun(T const& a,T const& b);
```

此时没有办法进行解释。

重写：

```
template<typename RT,typename T>RT fun(T const& a,T const& b);
```

注意模板实参表中参数的顺序。

调用时：

```
fun<double>(12,13);
```

(3) 虚拟类型参数没有出现在模板函数的形参表中。如：

```
template<typename T>void func(int a,int b)
```

调用时：

```
func(3,8);          //编译出错
```

需要改为：

```
func<int>(3,8);
```

(4) 函数模板含有常规形参。如：

```
template<typename T>void fun();
```

调用时直接是：

```
fun();
```

再如：

```
template<class Type>
int Random_part(Type array[], int left, int right)
```

调用时：

```
Random_part(array, pos_start, pos_end);
```

12.1.4 非类型参数

在模板中还可以定义非类型参数，一个非类型参数表示一个值而非一个类型。通过一个特定的类型名而非关键字 class 或 typename 来指定非类型参数。

【例 12-2】 非类型参数实例。

程序代码：

```
1. #include<string>
2. #include<iostream>
3. using namespace std;
4. //整型模板
5. template<unsigned M, unsigned N>
6. void add()
7. {
8.     cout<<M+N<<endl;
9. }
10. //指针
11. template<const char* C>
12. void func1(const char* str)
```

第 5 行，定义模板。

第 6～9 行，应用模板的函数 add。

第 11 行，定义模板。

第 12～15 行，应用模板函数

```
13. {
14.     cout<<C<<" "<<str<<endl;
15. }
16. //引用
17. /*template<char (&R)[9]>
18. void func2(const char* str)
19. {
20.     cout<<R<<" "<<str<<endl;
21. }*/
22. //函数指针
23. template<void (*f)(const char*)>
24. void func3(const char* c)
25. {
26.     f(c);
27. }
28. void print(const char* c)
29. {
30.     cout<<c<<endl;
31. }
32. char arr[9]="template";
33. //全局变量,具有静态生存期
34. int main()
35. {
36.     add<10, 20>();
37.     func1<arr>("pointer");
38.     //func2<arr>("reference");
39.     func3<print>("template function pointer");
40.     return 0;
41. }
```

func1。

第17行,定义模板。

第18～20行,应用模板函数func2。

第23行,定义模板。

第24～27行,应用模板函数func3。

第28～31行,定义函数print。

第34～41行,定义主函数。

运行结果:

```
30
template pointer
template function pointer
```

本例,应用非类型参数。

当实例化时,非类型参数被一个用户提供的或编译器推断出的值所替代。一个非类型参数可以是一个整型,或者是一个指向对象或函数的指针:绑定到整型(非类型参数)的实参必须是一个常量表达式,绑定到指针(非类型参数)的实参必须具有静态的生存期(如全局变量),不能把普通局部变量或动态对象绑定到指针或引用的非类型形参。

12.1.5 函数模板的重载

函数模板也可被重载,相同的函数名称可具有不同的函数定义。当使用函数名称进行函数调用时，C++ 编译器必须决定究竟要调用哪个候选函数。

【例 12-3】 函数模板的重载。

程序代码：

```
1. #include<iostream>
2. #include<string>
3. using namespace std;
4. //求两个任意类型值的最大者
5. template<typename T>
6. inline T const& max (T const& a, T const& b)
7. {
8.     cout<<"两个任意类型值的最大者\";
9.     return  a<b ? b : a;
10. }
11.
12. //求 3 个任意类型值的最大者
13. template<typename T>
14. inline T const& max (T const& a,
15.                      T const& b, T const& c)
16. {
17.     cout<<"三个任意类型值的最大者\n";
18.     return max (max(a,b), c);
19. }
20. //求两个 int 值的最大者
21. inline int const& max (int const& a, int const& b)
22. {
23.     cout<<"两个 int 值的最大者\n";
24.     return  a<b ? b : a;
25. }
26.
27. //求两个 C 字符串的最大者
28. inline char const * const& max (char const * const& a,
29. char const * const& b)
30. {    cout<<"两个 C 字符串的最大者\n";
31.     return  strcmp(a,b)<0  ?  b : a;
32. }
33. int main ()
34. {
35.     int a=7;
36.     int b=42;
37.     //max() 求两个 int 值的最大值
38.     cout<<max(a,b)<<endl;
39.
40.     std::string s="hey";
```

第 5 行，定义模板。
第 6～10 行，应用模板的函数 max。

第 13 行，定义模板。
第 14～19 行，应用模板的函数 max。

第 21～25 行，定义函数 max。

第 28～32 行，定义函数 max。

第 33～50 行，定义主函数 main。

```
    std::string t="you";
    //max() 求两个 std:string 类型的最大值
    cout<<max(s,t)<<endl;

    char const * s1="David";
    char const * s2="Nico";
    //max() 求两个 c 字符串的最大值
    cout<<max(s1,s2)<<endl;
    return 0;
}
```

运行结果：

```
两个 int 值的最大值
42
两个任意类型值的最大者
you
两个 C 字符串的最大者
Nico
```

本例，应用了函数模板的重载。

12.1.6 变长模板

对不同的数据类型在处理形式上的统一性是建立模板的基础。但其统一性是相对的，个别数据类型有可能比较特殊，在处理形式上与大多数数据类型不一致。对此，可通过重载模板函数进行定制。把重载的模板称补充模板，相应地，原模板则称主模板。

在 C++ 11 标准之前，不论是类模板或是函数模板，都只能按其被声明时所指定的模式，接受一组固定数目的模板参数；C++ 11 加入新的表示法，允许任意个数、任意类别的模板参数，不必在定义时将参数的个数固定。变长参数模板也能运用到模板函数上。

函数模板语法格式：

```
template<typename…参数包>
函数返回类型 函数名(变长参数表中包含参数包)
{
    函数体
};
```

说明：能接受不限个数的 typename 作为它的模板形参。

类模板语法格式：

```
template<typename…参数包>   class 类名
```

如：

```
class tuple<int, std::vector<int>, std::map<std::string, std::vector<int>>
```

```
>  实例名表;
```

实参的个数也可以是 0，此时语法格式：

```
class tuple<>实例名表;
```

若不希望产生实参个数为 0 的变长参数模板，则可采用以下语法格式：

```
template<typename First, typename…Rest>class tuple;
```

有关变长模板内容，参照有关资料。

12.2 类 模 板

类模板，一个类模板(也称类属类或类生成类)允许用户为类定义一种模式，使得类中的某些数据成员、默认成员函数的参数、某些成员函数的返回值，能够取任意类型(包括系统预定义的和用户自定义的)。对于类模板，数据类型本身成了它的参数，因而是一种参数化类型的类，是类的生成器。类模板中声明的类称为模板类。

若一个类中数据成员的数据类型不能确定，或者是某个成员函数的参数或返回值的类型不能确定，就必须将此类声明为模板，它的存在不代表一个具体的、实际的类，而是代表着一类类。

12.2.1 类模板的声明与定义

类模板的声明与定义语法图如图 12-3 所示。

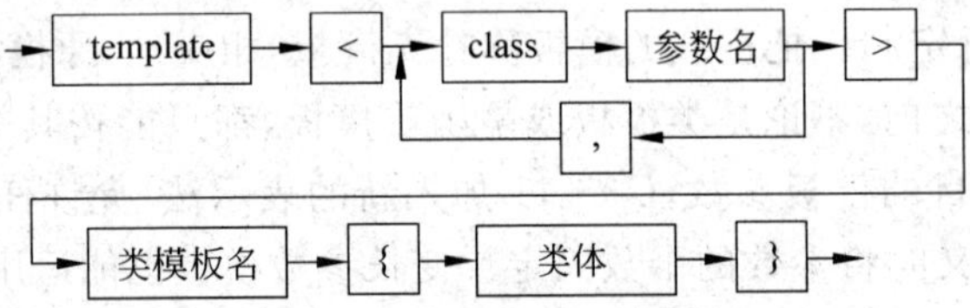

图 12-3 类模板的声明与定义

语法格式：

```
template<虚拟类型参数表>
类模板名
{
    类体
}
```

说明：

(1) template 是声明类模板的关键字，表示声明一个模板。“虚拟类型参数表”是由一个或多个虚拟类型参数组成。

如例 12-4 中：

```
    template<class T, typename type , int itemp>
class  QuickSort
```

这是类模板的声明,其中 template 是关键字,尖括号“< >”中的“class T, typename type , int itemp”是由逗号分隔的两个虚拟类型参数构成的虚拟类型参数表。

(2) 与一般的类声明的不同之处在于,“类声明”要用“模板形参表声明”中声明的虚拟类型参数来修饰它的某些成员,使模板类独立于任何具体的数据类型。

如例 12-4 中:

```
template<class T, typename type , int itemp>
```

这里是类中需要的可改变的数据类型,当然,这里的“typename type”应该固定为 int 类型,但这里为说明虚拟类型参数表,故添加的。“int itemp”也是虚的,实际没有作用。

(3) 类型参数由关键字 class 或 typename 及其后面的合法标识符构成。非类型参数由一个普通参数构成,代表模板定义中的一个常量。如例 12-4 中:

```
template<class T, typename type,int itemp>
```

这里“int itemp”是非类型参数。

(4) 在类定义体中,如用通用数据类型的成员,函数参数的前面需加上“虚拟类型”,其中通用类型可作为普通数据成员的类型,还可作为 const 和 static 数据成员以及成员函数的参数和返回类型之用。如例 12-4 中:

```
type Quick(T arr[], type left, type right)
type i=left+1, j=right;
type flag=left;
type temp;
```

都作为普通数据成员的类型。

【例 12-4】 快速排序,数组元素随机产生。

程序代码:

```
1. #include<iomanip>
2. #include<time.h>
3. #include<string>
4. #include<iostream>
5. using namespace std;
6.
7. #define LEN 10         //排序数的个数
8. #define NUM 5          //每行输出的字数个数
9. template<class T, typename type , int itemp>
10. class  QuickSort
11. {
12. public:
13.     QuickSort()
```

第 9 行,定义类的模板。
第 10～30 行,定义类。

```
14.     {
15.     }
16.     ~QuickSort()
17.     {
18.     }
19.     //快速排序
20.    template<class T, typename type>
21.    void QuickS(T arr[], type low , type hight)
22.     {
23.     type pivot=-1;
24.     if(low<=hight)
25.     {
26.         pivot=Quick(arr, low, hight);
27.         QuickS(arr, low, pivot-1);
28.         QuickS(arr, pivot+1, hight);
29.     }
30. };
31.
32. private:
33.     //返回中轴点的下标
34.     template<class T, typename type>
35.     type Quick(T arr[], type left, type right)
36.     {
37.         type i=left+1, j=right;
38.         type flag=left;
39.         type temp;
40.
41.         while(i<=j)
42.         {
43.             while(i<=j && arr[i]<arr[flag])
44.             {
45.                 ++i;
46.             }
47.             while(i<=j && arr[j]>arr[flag])
48.             {
49.                 --j;
50.             }
51.             if(i<j)
52.             {
53.                 temp=arr[i];
54.                 arr[i]=arr[j];
55.                 arr[j]=temp;
56.                 ++i;
57.                 --j;
```

第 20 行,定义函数模板。

第 21～30 行定义函数。

第 34 行,定义模板。

第 35～65 行,定义函数。

```
58.             }
59.         }
60.
61.         temp=arr[flag];
62.         arr[flag]=arr[j];
63.         arr[j]=temp;
64.         return j;
65.     }
66. };
67. int main(){
68.     QuickSort<int, int, 0>Sort;
69.     int * arr;          //需要排序的数组
70.     int width=0;        //最大数的位数,用于排列输出结果
71.     int len=LEN;        //用来求最大数的位数
72.     arr=(int *)malloc(LEN * sizeof(int)); //分配空间
73.     if(arr==NULL)
74.     {//空间分配失败
75.         cout<<"Malloc failed!"<<endl;
76.         exit(1);
77.     }
78.     srand(time(NULL));                  //设置种子
79.     for(int i=0; i<LEN;i++)
80.     {   //随机生成数字
81.         arr[i]=(rand()%(LEN * 10))+1;
82.     }
83.     //求得最大数的位数,用于排列输出结果
84.     Sort.QuickS(arr,0, LEN-1);
85.     while(len)
86.     {
87.         width++;
88.         len /=10;
89.     }
90.     for(i=0; i<LEN; i++)
91.     {   //输出排序后的数字
92.         cout<<setw(width)<<arr[i]<<" ";
93.         cout<<fixed;
94.         if((i+1)%NUM==0)
95.         { //每行输出的数字个数
96.             cout<<endl;
97.         }
98.     }
99.     cout<<endl;
100.     return 0;
101. }
```

第 67～101 行,定义主函数。

运行结果：

```
1 23 37 40 42
52 80 85 87 95
```

本例，随机生成整型数组，给待排序的数组置初值，并采用递归方式进行快速排序。实际，快速排序算法依据待排序数组元素的类型，可对数值类型、字符串、字符型数组进行排序。

本例，成员函数为函数模板形式，并在类的内部定义。因模板类中所有的类型都是模板类型，称主版本模板类。

(5) 在类定义体外定义成员函数时，若此成员函数中有模板参数存在，则除了需要和一般类的体外定义成员函数一样的定义外，还需在函数体外进行模板声明。若函数是以通用类型为返回类型，则要在函数名前的类名后缀上"<虚拟类型>"。

在模板外对成员函数的定义语法图如图 12-4 所示。

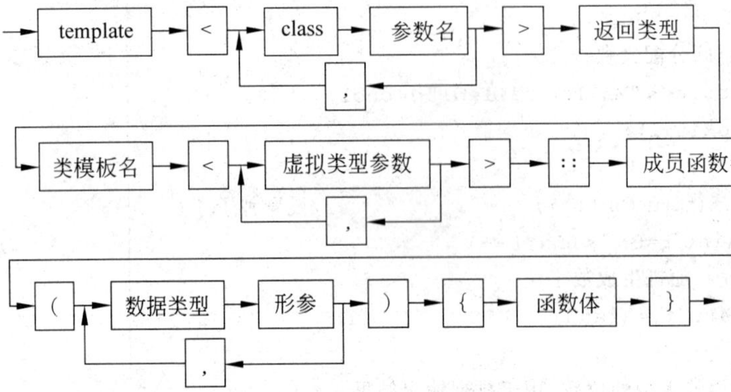

图 12-4 在模板外对成员函数的定义

若在类模板外定义成员函数，应写成的类模板形式：

```
template<class 虚拟类型参数表>
函数返回类型 类模板名<虚拟类型参数>::成员函数名(函数形参表列){函数体}
```

说明：虚拟类型参数表就是由模板形参表声明中声明的参数名组成的序列。类模板的成员函数都是模板函数。

如例 12-5 中，类的成员函数在类模板外定义的形式：

```
template<class T, typename type>
void InsertSort<T,int>::InsertS(T arr[], int len)
```

值得说明的是，类模板外定义成员函数时，在类模板中声明时，不能使用：

```
template<class T, typename type>
```

否则，出错。

实际上，成员函数声明时，不使用"template<class T,typename type>"，只能在定义时，在函数首部前使用之。

(6) 在类定义体外初始化 const 成员和 static 数据成员，与普通类体外初始化 const 成员和 static 数据成员的方法基本一致，唯一的区别是需在对模板进行声明。

如例 12-4 中，类模板中声明：

```
static type len;
```

类模板外初始化静态数据成员：

```
template<class T, typename type>
type InsertSort<T,int>::len=0;
```

在类模板名后面使用模板参数实参。

【例 12-5】 插入排序，数组元素随机产生。

程序代码：

```
1. #include<iomanip>
2. #include<time.h>
3. #include<iostream>
4. using namespace std;
5. #define LEN 10 //排序数的个数
6. #define NUM 5      //每行输出的字数个数
7. template<class T, typename type>
8. class  InsertSort
9. {
10. public:
11.     InsertSort():testlen(0)
12.     {
13.     }
14.     ~InsertSort()
15.     {
16.     }
17.     //快速排序
18.     void InsertS(T arr[], int len);
19. private:
20.     static type len;
21.     const type testlen;
22. };
23. //静态数据成员的初始化
24. template<class T, typename type>
25. type InsertSort<T,int>::len=0;
26. //插入排序
27. template<class T, typename type>
28. void InsertSort<T,int>::InsertS(T arr[], int len)
29. {
30.     T temp;
```

第 7 行，定义模板。
第 8～22 行，定义类。
第 24 行定义模板。
第 27 行，定义模板。
第 28～43 行，定义函数。

```
31.     int i, j;
32.     for(i=1; i<len; i++){
33.         temp=arr[i];
34.         for(j=i-1; j>=0; j--){
35.             if(temp<arr[j]) {
36.                 arr[j+1]=arr[j];
37.             }else{
38.                 break;
39.             }
40.         }
41.         arr[j+1]=temp;
42.     }
43. }
44. int main(){
45.     InsertSort<int,int>Sort;
46.     int * arr;              //需要排序的数组
47.     int width=0;            //最大数的位数,用于排列输出结果
48.     int len=LEN;            //用来求最大数的位数
49.     arr=(int *)malloc(LEN * sizeof(int)); //分配空间
50.     if(arr==NULL)
51.     {//空间分配失败
52.         cout<<"Malloc failed!"<<endl;
53.         exit(1);
54.     }
55.     srand(time(NULL)); //设置种子
56.     for(int i=0; i<LEN;i++)
57.     {    //随机生成数字
58.         arr[i]=(rand()%(LEN * 10))+1;
59.     }
60.     //求得最大数的位数,用于排列输出结果
61.     Sort.InsertS(arr,LEN-1);
62.     while(len)
63.     {
64.         width++;
65.         len /=10;
66.     }
67.     for(i=0; i<LEN; i++)
68.     {    //输出排序后的数字
69.         cout<<setw(width)<<arr[i]<<" ";
70.         cout<<fixed;
71.         if((i+1)%NUM==0)
72.         { //每行输出的数字个数
73.             cout<<endl;
```

第 44～78 行，定义主函数。

```
        }
    }
    cout<<endl;
    return 0;
}
```

运行结果：

```
11 23 30 40 45
58 70 85 89 92
```

本例，随机生成整型数组，给待排序的数组置初值，并采用插入方式排序。实际，排序算法依据待排序数组元素的类型，可对数值类型、字符串、字符型数组进行排序。

本例，成员函数为函数模板形式，并在类的外部定义。

注意：

(1) 若在全局域中声明了与模板参数同名的变量，则该变量被隐藏掉。

如在例 12-5 中，定义全局量：

```
int type1=0;
int type=0;
```

在类模板中构造函数中输出 type1 和 type：

```
InsertSort():testlen(0)
{
    cout<<type1;
    cout<<type;
}
```

编译时，给出错误：

```
error C2275: 'type' : illegal use of this type as an expression
```

(2) 同一个模板参数名在模板参数表中只能出现一次。

如：

```
template<class T, typename type, typename type>
```

编译时，给出错误信息：

```
error C2991: redefinition of template parameter 'type'
```

(3) 在不同的类模板或声明中，模板参数名可以被重复使用。

如将例 12-4 和例 12-5 中的两个类模板，放到同一个执行文件中，将有：

```
template<class T, typename type, int itemp>
class  QuickSort
template<class T, typename type>
class  InsertSort
```

在两个类模板中，都有模板参数名 T 和 type，这是允许的。

(4) 在类模板的前向声明和定义中，模板参数的名字可以不同。

如：

```
template<class Tr, typename typer>
class  InsertSort;
template<class T, typename type>
class  InsertSort
{
:
}
```

在类模板 InsertSort 前，对类模板 InsertSort 的声明时，模板参数的名字可以相同也可以不同。但不能省略，既不能省略“template<class Tr, typename typer>”，也不能省略模板参数名，即 template<class, typename>。

声明和定义类模板如下，模板参数的顺序可以不一致，即：

声明时：

```
template<class T, typename type>
```

定义时：

```
template<typename type, class T>
```

但模板参数的个数必须相同。

(5) 类模板参数可以有默认实参，给参数提供默认实参的顺序是先右后左。如：

```
template<class T=int, typename type=int>
```

(6) 类模板名可以被用作一个类型指示符。当一个类模板名被用作另一个模板定义中的类型指示符时，必须指定完整的实参表。

```
template<class T>
class Node
{
    Node *next;                    //在类模板自己的定义中不需指定完整模板参数表
};
template<calss type>
void show(Node<type>&g)
{
        Node<type> *pg=&g;         //必须指定完整的模板参数表
}
```

在用类模板定义对象时，由于没有像函数实参表这样的额外信息渠道，故无法按函数模板的方式省略模板实参。但可以为类模板的参数设置默认值。即在定义类模板时，可为模板形参表声明的最后若干个参数设置默认值；而这些有默认值的参数中，最后的若干个对应实参可以在定义对象时省略。

12.2.2 类模板的实例化

从通用的类模板定义中生成类的过程称为模板实例化。类模板的使用实际上是将类模板实例化成一个具体的类。模板类是类模板实例化后的一个产物。模板类也可实例化成对象。如图 12-5 所示。

1. 类模板的实例化

类模板的使用实际上是将类模板实例化成一个具体的类。语法图如图 12-6 所示。

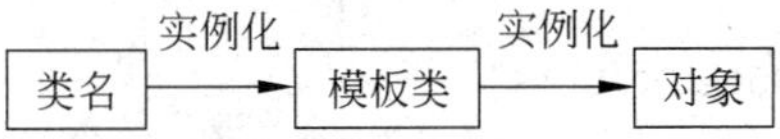

图 12-5 实例化

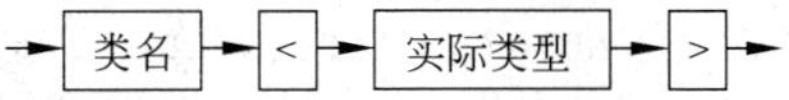

图 12-6 类模板实例化成模板类

语法格式：

类名<实际的类型>

如例 12-5 中：

```
InsertSort<int,int>
```

此时将类模板的实际类型替换类模板的形式参数，此过程实例化，形成模板类。

类模板实例化成对象的语法图如图 12-7 所示。

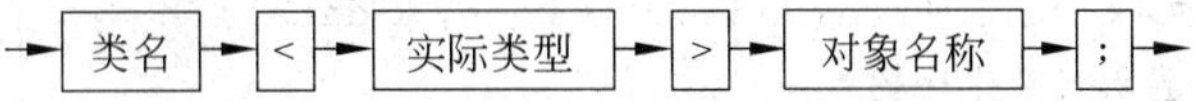

图 12-7 类模板实例化成对象

语法格式：

类名<实际的类型>对象名称；

如例 12-5 中：

```
InsertSort<int,int>Sort;
```

此时在实例化模板类的基础上进一步实例化称对象。

2. 类模板被实例化的时机

(1) 当使用了类模板实例的名字，并且上下文环境要求存在类的定义时。

(2) 对象类型是一个类模板实例，当对象被定义时，此点被称作类的实例化点。

(3) 一个指针或引用指向一个类模板实例，当检查这个指针或引用所指的对象时。

【例 12-6】 二叉排序树排序，数组元素随机产生。

程序代码：

```
#include<iomanip>
#include<time.h>
#include<iostream>
```

```
4. using namespace std;
5. #define LEN 10      //排序数的个数
6. #define NUM 5       //每行输出的字数个数
7. //树节点
8. template<class T>
9. class Node{
10. public:
11.     Node * left;
12.     Node * right;
13.     T data;
14.     Node() : left(NULL), right(NULL), data(NULL){}
15.     ~Node(){}
16. };
17. template<class T>
18. class Sort{
19. public:
20.     Sort(){};
21.     ~Sort(){};
22.     //二叉排序树排序
23.     void TreeSort(T arr[], int len);
24. private:
25.     //建立二叉排序树
26.     Node<T> * BuildTree(Node<T> * root, T data);
27.     //中序遍历二叉排序树
28.     void InTree(Node<T> * root, T arr[]);
29. };
30. int main(){
31.     Sort<int>sort;
32.     int * arr;          //需要排序的数组
33.     int width=0;        //最大数的位数,用于排列输出结果
34.     int len=LEN;        //用来求最大数的位数
35.     arr=(int *)malloc(LEN * sizeof(int)); //分配空间
36.     if(arr==NULL){ //空间分配失败
37.         cout<<"Malloc failed!"<<endl;
38.         exit(1);
39.     }
40.     srand(time(NULL));                   //设置种子
41.     for(int i=0; i<LEN;i++){             //随机生成数字
42.         arr[i]=(rand()%(LEN * 10))+1;
43.     }
44.     sort.TreeSort(arr, LEN);
45.         //求得最大数的位数,用于排列输出结果
46.     while(len){
47.         width++;
```

第 8 行，定义模板。
第 9～16 行没定义类。

第 17 行，定义模板。
第 18～29 行，定义类。

第 30～59 行，定义主函数。

```
48.         len /=10;
49.     }
50.     for(i=0; i<LEN; i++){              //输出排序后的数字
51.         cout<<setw(width)<<arr[i]<<" ";
52.         cout<<fixed;
53.         if((i+1)%NUM==0){              //每行输出的数字个数
54.             cout<<endl;
55.         }
56.     }
57.     cout<<endl;
58.     return 0;
59. }
60. //二叉排序树排序
61. template<class T>
62. void Sort<T>::TreeSort(T arr[], int len){
63.     Node<T> * root=NULL;
64.     for(int i=0; i<len; i++){
65.         root=BuildTree(root, arr[i]);
66.     }
67.
68.     InTree(root, arr);
69. }
70. //建立二叉排序树
71. template<class T>
72. Node<T> * Sort<T>::BuildTree(Node<T> * root, T data){
73.     Node<T> * tempNode=root;
74.     Node<T> * parentNode=NULL;
75.
76.     Node<T> * newNode=new Node<T>;
77.     newNode->data=data;
78.     newNode->left=NULL;
79.     newNode->right=NULL;
80.
81.     if(root==NULL){//空树的时候
82.         return newNode;
83.     }else{
84.         while(tempNode !=NULL){
85.             parentNode=tempNode;
86.             if(tempNode->data>=data){
87.                 tempNode=tempNode->left;
88.             }else{
89.                 tempNode=tempNode->right;
90.             }
```

第 61 行，定义模板。

第 62～69 行，定义排序函数。

第 71 行，定义模板。

第 72～100 行，定义排序函数。

```
91.          }
92.
93.          if(parentNode->data>=data){
94.              parentNode->left=newNode;
95.          }else{
96.              parentNode->right=newNode;
97.          }
98.      }
99.      return root;
100. }
101. //中序遍历二叉排序树,将二叉树的节点存储在数组中
102. template<class T>
103. void Sort<T>::InTree(Node<T> * root, T arr[])
104. {
105.     static int index=0;
106.     if(root !=NULL)
107.     {
108.         InTree(root->left, arr);
109.         arr[index++]=root->data;
110.         InTree(root->right, arr);
111.     }
112. }
```

第 101 行,定义模板。
第 102～112 行,定义排序函数。

运行结果:

```
11 23 30 40 45
58 70 85 89 92
```

本例中,主要针对指针类型的模板参数的应用。在函数的参数是某个类类型或结构体类型的指针,而基类或结构体也是模板时,在类类型或结构体类型后面要使用模板实参形式,如:

```
void Sort<T>::InTree(Node<T> * root, T arr[]);
```

如例 12-6 中:

```
Node<T> * BuildTree(Node<T> * root, T data);
void InTree(Node<T> * root, T arr[]);
Sort<int>sort;
```

此处,只是一个函数声明,不需要实例化。

```
Node<T> * root=NULL;
Node<T> * tempNode=root;
Node<T> * parentNode=NULL;
Node<T> * newNode=new Node<T>;
```

这里在声明对象的同时赋初值，故需要实例化。

```
sort.TreeSort(arr, LEN);
```

因需要传递参数 arr 给形参 Node<T> * root，故需要实例化。

3. 非类型参数的模板实参

(1) 绑定给非类型参数的表达式必须是一个常量表达式。

(2) 从模板实参到非类型模板参数的类型之间允许进行一些转换，包括左值转换、限定修饰转换、提升、整值转换。

(3) 可以被用于非类型模板参数的模板实参的种类有一些限制。如：

```
Template<int * ptr>class Node {…};
Template<class Type,int size>class BuildTree {…};
const int size=1024;
Node<&size>bp1;      //错误:从 const int * ->int * 是错误的
Node<0>bp2;          //错误不能通过隐式转换把 0 转换成指针值
const double db=3.1415;
BuildTree<double, db>fa1;      //错误: 不能将 const double 转换成 int
unsigned int fasize=255;
BuildTree<String, fasize>fa2;
                //错误: 非类型参数的实参必须是常量表达式,将 unsigned 改为 const 就正确
Int arr[10];
Node<arr>gp;         //正确
```

本章小结

(1) 函数模板

函数模板声明

语法格式：

```
template  <模板形参表>
函数首部
{
    函数体
}
```

函数模板的调用，语法格式：

```
模板函数名  <模板实参表> (函数实参表);
```

函数模板也可被重载，相同的函数名称可具有不同的函数定义。

(2) 类模板的声明与定义，语法格式：

```
template <虚拟类型参数表>
```

```
类模板名
{
类体
}
```

若在类模板外定义成员函数，应写成类模板形式：

```
template<class 虚拟类型参数表>
函数返回类型 类模板名<虚拟类型参数>::成员函数名(函数形参表列)<函数体>
```

声明类模板友元的三种形式：

① 非模板友元类或友元函数。

② 绑定的友元类模板或函数模板。

③ 非绑定的友元类模板或函数模板。

本章实践

第一部分 基础知识

选择题

1. 函数模板：template

```
T add(T x,T y){return x+y;}
```

下列对add函数的调用不正确的是(　　)。(2012-03)

A. add<>(1,2)　　B. add(1,2)

C. add(1.0,2)　　D. add(1.0,2.0)

2. 下列关于函数模板的描述中，正确的是(　　)。(2011-03)

A. 函数模板是一个实例函数

B. 使用函数模板定义的函数没有返回类型

C. 函数模板的类型参数与函数的参数相同

D. 通过使用不同的类型参数，可以从函数模板得到不同的实例函数

3. 有如下函数模板定义：

```
template<typename T1, Typename T2>
T1 Fun(T2 n){return n*5.0;}
```

若要求以int型数据9作为函数实参调用该模板，并返回一个double型数据，则该调用应表示为(　　)。(2011-03)

A. FUN(9)　　B. FUN<9>

C. FUN<double>[9]　　D. FUN<9>(double)

4. 有如下类模板定义：

```
template<typename T>
```

```
class BigNumber{
long n;
public:
BigNumber(T i):n(i){}
BigNumber operator+(BigNumber B. {
return BigNumber(n+b.n);
}
}
```

已知 b1、b2 是 BigNumber 的两个对象,则下列表达式中错误的是(　　)。(2011-03)

A. b1＋b2　　B. b1＋3　　C. 3＋b1　　D. 3＋3

5. 已知主函数中通过如下语句序列实现对函数模板 swap 的调用:

```
int a[10], b[10];
swap(a, b, 10);
```

下列对函数模板 swap 的声明中,会导致上述语句序列发生编译错误的是(　　)。(2011-09)

A. template<typename T>
　void swap(T a[], T b[], int size);

B. template<typename T>
　void swap(int size, T a[], T b[]);

C. template<typename T1, typename T2>
　void swap(T1 a[], T2 b[], int size);

D. template<class T1, class T2>
　void swap(T1 a[], T2 b[], int size);

程序设计

用类模板的形式实现基本数据类型的比较运算,即实现>、>=、==、!=、<、<=的运算。

第二部分 项目设计

将第 11 章的子类改为类模板形式。

第 13 章　输入输出流

教学目标：

(1) 掌握 C++ 流的概念。

(2) 掌握文件类型指针。

(3) 掌握文件的打开与关闭。

(4) 掌握文件的读写函数的应用。

13.1　C++ 流的概念

前面各章中的输入都是从键盘输入数据，运行结果都输出到显示器屏幕上。除了以键盘和显示器终端为对象进行输入和输出外，还常使用磁盘（光盘、U 盘）作为输入输出对象。

13.1.1　文件的基本概念

所谓"文件"是指一组相关数据的有序集合。文件通常是驻留在外部介质（如磁盘等）上的，在使用时才调入内存中来。从不同的角度可对文件作不同的分类。

从用户的角度看，分为普通文件和设备文件：

普通文件是指驻留在磁盘或其他外部介质上的一个有序数据集。可以是执行文件、目标文件、可执行程序（可称作程序文件）；也可是一组待输入处理的原始数据，或者是一组输出的结果（称作数据文件）。存储在磁盘上的文件称磁盘文件，磁盘文件既可作为输入文件，也可作为输出文件。

设备文件是指与主机相连的各种外部设备，如显示器、输出机、键盘等。在操作系统中，也把外部设备看作是一个文件来进行管理，把它们的输入、输出等同于对磁盘文件的读和写。通常把显示器定义为标准输出文件，键盘通常被指定标准的输入文件。

从文件编码的方式来看，分 ASCII 码文件和二进制码文件：

ASCII 文件也称文本文件，ASCII 文件在磁盘中存放时每个字符对应一个字节，用于存放对应的 ASCII 码。

如，数 5678 的存储形式为：

BYTE：　00110101　00110110　00110111　00111000

　　　　　↓　　　　↓　　　　↓　　　　↓

ASCII：　'5'　　'6'　　'7'　　'8'

该数据共占 4 个字节。ASCII 码文件可在屏幕上按字符显示，如程序设计语言的源程序文件就是 ASCII 文件，用 DOS 命令 TYPE 可查看文件的内容。

二进制文件是按二进制的编码方式来存放文件的。

如，数 5678 的存储形式为：

00010110 00101110

该数据只占二个字节。

C++ 系统在处理这些文件时，并不区分类型，都看成是字符流，按字节进行处理。输入输出字符流的开始和结束只由程序控制而不受物理符号(如回车符)的控制。故把这种文件称作"流式文件"。

程序的输入指的是从输入文件将数据传送给程序，程序的输出指的是从程序将数据传送给输出文件。C++ 的输入与输出包括以下 3 方面的内容：

(1) 以系统指定的标准设备的输入和输出。即从键盘输入数据，输出到显示器屏幕。这种输入输出称为标准的输入输出，简称标准 I/O。

(2) 以外存磁盘文件为对象进行输入和输出，即从磁盘文件输入数据，数据输出到磁盘文件。以外存文件为对象的输入输出称为文件的输入输出，简称文件 I/O。

(3) 对内存中指定的空间进行输入和输出。通常指定一个字符数组作为存储空间(实际上可利用该空间存储任何信息)。这种输入和输出称为字符串输入输出，简称串 I/O。

13.1.2　C++ 的流

C++ 的输入输出流是指由若干字节组成的字节序列，这些字节中的数据按顺序从一个对象传送到另一对象。流表示了信息从源到目的端的流动。在输入操作时，字节流从输入设备(如键盘、磁盘)流向内存，在输出操作时，字节流从内存流向输出设备(如屏幕、输出机、磁盘等)。流中的内容可以是 ASCII 字符、二进制形式的数据、图形图像、数字音频视频或其他形式的信息。实际上，在内存中为每一个数据流开辟一个内存缓冲区，用来存放流中的数据。流是与内存缓冲区相对应的，或者说，缓冲区中的数据就是流。

数据流是指程序与数据的交互是以流的形式进行的。进行 C++ 语言文件的存取时，都会先进行"打开文件"操作，这个操作就是在打开数据流，而"关闭文件"操作就是关闭数据流。

缓冲区(Buffer)是指在程序执行时，所提供的额外内存，可用来暂时存放做准备执行的数据。它的设置是为了提高存取效率，因为内存的存取速度比磁盘驱动器快得多。

带缓冲区的文件处理：当进行文件读取时，不会直接对磁盘进行读取，而是先打开数据流，将磁盘上的文件信息复制到缓冲区内，然后程序再从缓冲区中读取所需数据，如图 13-1 所示。当写入文件时，并不会马上写入磁盘中，而是先写入缓冲区，只有在缓冲区已满或“关闭文件”时，才会将数据写入磁盘，如图 13-2 所示。

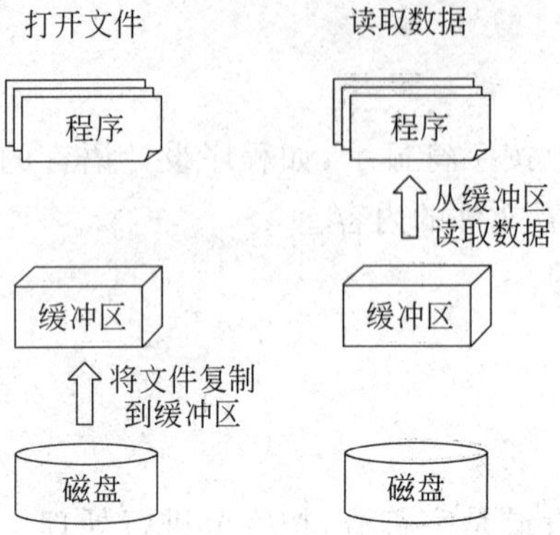

图 13-1 读文件过程

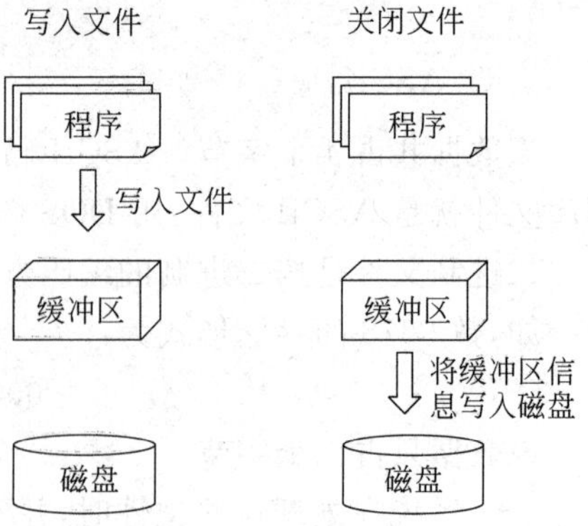

图 13-2 写文件过程

13.1.3 文件操作的一般步骤

(1) 为文件定义一个流类对象。

(2) 使用 open()函数建立(或打开)文件。若文件不存在，则建立该文件；若磁盘上已存在该文件，则打开该文件，即把文件流对象和指定的磁盘文件建立关联。

(3) 进行读写操作。在建立(或打开)的文件上执行所要求的输入输出操作。一般来说，在内存与外设的数据传输中，由内存到外设称为输出或写，反之则称为输入或读。

(4) 使用 close()函数关闭文件。当完成操作后，应把打开的文件关闭，避免误操作。

用于文件 I/O 操作的流类主要有三个类即 fstream(输入输出文件流)，ifstream(输入文件流)和 ofstream(输出文件流)；而这三个类都包含在头文件 fstream 中，故程序中对文件进行操作必须包含该头文件。

注意：在 C++ 程序中可混用 C 的 I/O 操作方式和 C++ 的 I/O 操作方式，但还应该尽量使用 C++ 的 I/O 操作方式，因它是类型安全的。若使用 C 的 I/O 操作方式，即使格式控制字符串与输出数据类型完全不匹配，编译器也不会自动检查出来(因它们是字符串常量)，故它是类型不安全的。

13.2 C++ 文件流

C++ 为实现数据的输入输出定义了一系列的流类。要利用 C++ 流，必须在程序中包含有关的头文件，以便获得相关流类的声明。为了使用新标准的流，相关头文件的文件名中不得有扩展名。

1. C++ 流的头文件

与 C++ 流有关的头文件有：

iostream：若使用 cin、cout 的预定义流对象进行针对标准设备的 I/O 操作，则须包含此文件。

fstream：使用文件流对象进行针对磁盘文件的 I/O 操作，须包含此文件。

strstream：欲使用字符串流对象进行针对内存字符串空间的 I/O 操作，须包含此文件。

iomanip：使用 setw、fixed 等大多数操作符，须包含此文件。

注意：*为使用新标准的 C++ 流，还必须在程序文件的开始部分插入名字空间：*

```
using namespace std;
```

2. 预定义流对象

C++ 流有 4 个预定义的流对象，它们的名称以及与之关联的 I/O 设备：

(1) cin 标准输入。

(2) cout 标准输出。

(3) cerr 标准出错信息输出。

(4) clog 带缓冲的标准出错信息输出。

其中，cin 为 istream 流类的对象，其余 3 个为 C++ 流体系结构的 ostream 流类的对象。

利用这些类定义文件流对象时，必须用 #include 编译指令将头文件 fetream. h 包含进来，即必须在程序的开始部分包含如下的预处理命令和名字空间声明：

```
#include<fstream.h>
using namespace std;
```

13.2.1 文件流的建立

被打开的文件在程序中由一个流对象(这些类的一个实例)来表示，而对这个流对象所做的任何输入输出操作，实际就是对该文件所做的操作。

1. 文件流的建立

每个文件流都应与一个打开的文件相联系。可用两种不同的方式打开文件。

(1) 在建立文件流对象的同时打开文件。

(2) 先建立文件流对象，再在适当的时候，使用函数 open()打开文件。

在 fstream 类中，有一个打开文件流的成员函数 open()。使用 open()打开文件流的语法图，如图 13-3 所示。

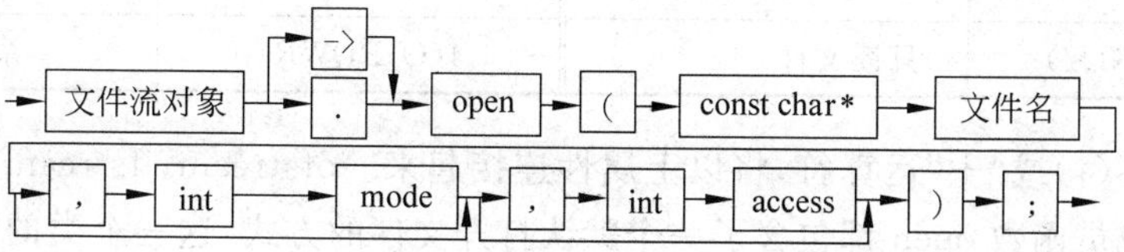

图 13-3 使用成员函数 open()

语法格式：

```
<文件流对象>.open(const char* filename[,int mode[,int access]]);
```

或

```
<文件流对象>->open(const char* filename[,int mode[,int access]]);
```

如：

```
ofstream outfile;
outfile.open(filename, ios::app);
```

定义文件流对象，并采用 ios::app 模式打开文件。

说明：

(1) 成员函数 open()用于打开文件 filename 指定的文件。打开文件成功，则返回文件描述符，否则返回－1。

(2) mode 是要打开文件的方式，mode 是以下标志符的一个组合，如表 13-1 所示。这些标识符可以被组合使用，中间以"或"操作符(|)间隔。

表 13-1 打开文件的方式

mode	含　义
ios::app	以追加的方式打开文件
ios::ate	文件打开后定位到文件尾，ios:app 就包含有此属性
ios::binary	以二进制方式打开文件，默认的方式是文本方式
ios::in	文件以输入方式打开
ios::out	文件以输出方式打开
ios::nocreate	不建立文件，所以文件不存在时打开失败
ios::noreplace	不覆盖文件，所以打开文件时若文件存在失败
ios::trunc	若文件存在，把文件长度设为 0

(3) access 是打开文件的属性，仅当创建新文件时才使用，如表 13-2 所。

表 13-2 打开文件的属性

access	含　义	access	含　义
0	普通文件，打开访问	2(O_WRONLY)	隐含文件
1(O_RDONLY)	只读文件	4(O_RDWR)	系统文件

可用"或"(|)或"＋"运算符，将以上属性连接起来。ofstream，ifstream 和 fstream 所有这些类的成员函数 open 都包含了一个默认打开文件的方式，这三个类的默认方式各不相同：

```
ofstream ios::out | ios::trunc
ifstream ios::in
fstream ios::in | ios::out
```

只有当函数被调用时，没有声明方式参数的情况下，默认值才起作用。若函数被调用时，声明了任何参数，默认值将被完全改写，而不会与调用参数组合。

对类 ofstream，ifstream 和 fstream 的对象所进行的第一个操作，通常都是打开文件，这些类都有一个构造函数可直接调用 open 函数，并拥有同样的参数。如：

```
ofstream file;
file.open ("example.bin", ios::out | ios::app |ios::binary);
```

第一行，定义文件流对象。

第二行，用 open 函数打开与该执行文件同文件夹中的 example. bin 文件，ios::out 表示此文件只用于输出即向磁盘输出数据，ios::app 表示输出时采用追加方式，ios::binary 表示二进制形式，即在将二进制数据按追加方式输出到 example. bin 文件中。

2. 文件流的关闭

关闭文件流用成员函数 close()语法图，如图 13-4 所示。

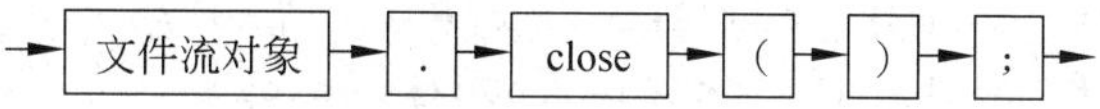

图 13-4　关闭文件流用成员函数 close()

语法格式：

```
<文件流对象>.close();
```

若程序没有用 close()主动关闭文件，则在文件流对象退出其作用域时，被自动调用的析构函数会关闭该对象所关联的文件。提倡在打开的文件不再需要时及时并主动地将之关闭，以便尽早释放所占用的系统资源并尽早将文件置于更安全的状态。如：

```
outfile.close();
```

关闭文件。如：

```
file.close();
```

关闭打开的文件流 file 打开的文件。

3. 文件流状态的判别

C++ 中，可用文件流对象的下列成员函数来判别文件流的当前状态：

is_open()：判定流对象是否与一个打开的文件相联系，若是，返回 true，否则返回 false；

good()：刚进行的操作成功时返回 true，否则返回 false；

fail()：与 good()相反，刚进行的操作失败时返回 true，否则返回 false；

bad()：若进行了非法操作返回 true，否则返回 false；

eof()：进行输入操作时，若到达文件尾返回 true，否则返回 false。

【例 13-1】　文件的建立、关闭，文件状态的测试。

程序代码：

```
1. #include<iostream>
2. #include<fstream>
3. using namespace std;
4. int main()
5. {  //打开文件
6.    std::ofstream file("file.txt",
7.          std::ios::out|std::ios::ate);
8.    std::ofstream file1;
9.    file1.open ("example.bin",
10.                ios::out | ios::app |ios::binary);
11.     if(!file)
12.     {
13.         std::cout<<"不可以打开文件"<<std::endl;
14.         exit(1);
15.     }
16.     cout<<"is_open():"<<file1.is_open()<<endl;
17.     cout<<"file1.bad():"<<file1.bad()<<endl;
18.     cout<<"file1.fail():"<<file1.fail()<<endl;
19.     cout<<"file.eof():"<<file.eof()<<endl;
20.     cout<<"file.good():"<<file.good()<<endl;
21. //写文件
22.     file1<<"hello c++!\n";
23.
24.     char ch;
25.     while(std::cin.get(ch))
26.     {
27.       if(ch=='\n')
28.         break;
29.      file.put(ch);
30.         }
31. //关闭文件
32.     file.close();
33.     file1.close();
34.
35.     return 0;
36. }
```

第 2 行，包含文件流文件。

第 6～7 行，定义输出流 ofstream 的对象，并以输出方式打开文件，同时定位在文件尾。

第 8 行，定义输出流文件对象 file1。

第 9～10 行，以二进制、追加方式，打开输出文件 example. bin。

第 11 行，判断文件是否打开。

第 16 行，判断是否打开文件 file1。

第 17 行，是否对 file1 进行非法操作。

第 18 行，对文件 file1 操作是否失败。

第 18 行，是否达到文件尾。

第 19 行，对 file1 文件操作是否成功。

第 25～30 行，循环。

循环条件，从键盘输入数据，若输入为回车，结束循环。

第 29 行，将输入的数据写入文件 file。

第 32～33 行，关闭文件。

运行结果：

略

文件应用的设计，主要是在固定的程序模式下，输入输出数据。输入数据是指从磁盘读取来的数据供程序使用；输出文件主要是程序加工后的数据，输出到磁盘。

上面内容中，“汉字”是运行程序时，从键盘输入的内容。此外，对 opan、close 等有关函数的应用。文件操作时，一定要判断文件打开是否正确。

13.2.2 文件流的定位

1. 定位方式

C++ 流以字节为单位的数据构成，文件中的数据的位置通常用一个长整数 pos_type 的位置指针表示。C++ 流的位置有两种：输入(get)位置和输出(put)位置。

输入流只有输入位置，流对象中标志这种位置的指针称为输入指针。

输出流只有输出位置，流对象中标志这种位置的指针称为输出指针。

输入输出流两种位置都有，同时具备输入指针和输出指针：这两个指针可分别控制、互不干扰。对于文件流，这两种指针可统称文件指针。

每一次输入或输出都是从指针所指定的位置处开始的，指针在输入输出过程中不断移动，完成输入或输出后即指向下一个需要输入或输出的位置。故在进行一般的输入输出操作时，指针总是向后(文件尾方向)移动。

可通过专门的定位操作操纵指针，既可向后移动，也可向前移动。C++ 流的定位方式(即指针移动方式)有三种，被定义为 ios_base::seek_dir 中的一组枚举符号：

```
ios_base::beg,文件首(beg是begin的缩写)
ios_base::cur,当前位置(负数表示当前位置之前)(cur是current的缩写)
ios_base::end,文件尾
```

2. 输入定位

输入流对象中与输入定位有关的成员函数有：

(1) seekg(off_type& 偏移量,ios_base::seek_dir 定位方式)

对输入文件定位，它有两个参数：第一个参数是偏移量，可以是正负数值，正的表示向后偏移，负的表示向前偏移。第二个参数是基地址，可以是 ios::beg(输入流的开始位置)、ios::cur(输入流的当前位置)、ios::end(输入流的结束位置)。istream_type 表示某种输入流的类型，如 istream 等。

功能：按方式 dir 将输入定位于相对位置 off 处，函数返回流对象本身的引用。

如：

```
ifstream in("test.txt");
in.seekg(0,ios::end);
```

(2) tellg()

函数不需要带参数，它返回当前定位指针的位置，也代表着输入流的大小。

功能：返回当前的输入位置，即从流开始处到当前位置的字节数。

如：

```
streampos sp2=in.tellg();
cout<<"in.tellg(),from file topoint:"<<sp2<<endl;
```

(3) bool eof() const

功能：判定输入流是否结束，结束时返回 true，否则返回 false。

【例 13-2】 文件的建立、关闭，文件状态的测试。

程序代码：

```
1. #include<iostream>
2. #include<fstream>
3. using namespace std;
4. int main()
5. {//打开文件
6.      ifstream in("test.txt");
7.      //基地址为文件尾处,偏移为 0,指针定位在文件尾处
8.      in.seekg(0,ios::end);
9.      //sp 为定位指针,它在文件尾处即文件的大小
10.      streampos sp=in.tellg();
11.      cout<<"in.tellg(),filesize:"<<sp<<endl;
12.      //基地址为文件末,偏移为负,向前移动 sp/3 个字节
13.      in.seekg(-sp/3,ios::end);
14.      streampos sp2=in.tellg();
15.       cout<<"in.tellg(),from file topoint:"
16.          <<sp2<<endl;
17.      //基地址为文件头,偏移量为 0,定位在文件头
18.      in.seekg(0,ios::beg);
19.       //从头读出文件内容
20.      cout<<"in.rdbuf()内容:"<<in.rdbuf()<<endl;
21.      in.seekg(sp2);
22.       //从 sp2 开始读出文件内容
23.      cout  <<"in.rdbuf(): "<<in.rdbuf()<<endl;
24.      return 0;
25. }
```

第 2 行，包含 fstream。

第 6 行，定义输入流 ifstream 对象 in，并打开文件 test.txt。

第 8 行，指定文件指针到末尾。

第 10 行，返回当前定位指针的位置。

第 13 行，基地址为文件末，偏移为负，向前移动 sp/3 个字节。

第 18 行，基地址为文件头，偏移量为 0，定位在文件头。

运行结果：

略

本例，使用了 seekg 和几种定位模式。

3. 输出定位

在输出流对象中与输出定位有关的成员函数有：

(1) seekp(pos_type 绝对定位)

功能：绝对定位，将输出流定位于绝对位置，函数返回流对象本身的引用。如：

```
ofstream fout("output.txt");
int k;
fout.seekp(k);
```

(2) seekp(off_type 偏移量,ios_base::seekdir 定位方式)

功能：相对定位,按方式将输出流定位于相对位置偏移量处,函数返回流对象本身的引用。如：

```
fout.seekp(k, ios_base::end);
```

(3) tellp()

功能：返回当前的输出位置(pos_type 通常就是 long),即从流开始处到当前位置的字节数。如：

```
cout<<"\nFile point:"<<fout.tellp();
```

4. 特殊的文件流：CON 和 PRN

以"CON"为文件名建立的输入流所联系的设备是键盘,可用于键盘输入;以"PRN"为文件名建立的输出流所联系的设备是显示器,可用于显示输出。如：

```
fp=fopen("CON","r");        //准备从控制台读
ch=getc(fp);                //从键盘输入,回车结束
putchar(ch);                //显示字符
fp=fopen("PRN","w");        //准备向打印口写操作
```

【例 13-3】 文件的建立、关闭,输出定位。

程序代码：

```
1. #include<iostream>
2. #include<fstream>
3. #include<string>
4. using namespace std;
5. int main()
6. {//C 语言下
7.     /* FILE * fp;
8.     char ch;
9.     fp=fopen("CON","r"); //准备从控制台读
10.     ch=getc(fp);            //从键盘输入, 回车结束
11.     putchar(ch);            //显示字符
12.     fp=fopen("PRN","w"); //准备向打印口写操作
13.     //驱动打印机打印字符串 good! 并换行
14.     //若将上行改为 putc('H', fp);可使 Roland 绘图机复位
15.     fputs("good! \n", fp);
16.     fclose(fp); */
17.     //C++语言下
18.      string str("abc");
19.      ofstream fout("output.txt");
20.      int k;
21.      for(k=0; k<str.length(); k++)
```

第 2 行 包含 fstream。

第 7～16 行,注释掉了。这里为 C 语言情况。第 7 行,定义文件对象指针 fp。

第 9 行,以只读方式打开控制台文件 CON。

第 10 行,从键盘输入。

第 11 行,显示字符。

第 12 行,以只写方式进行打印口写操作。

第 15 行,输出。

第 16 行,关闭文件。

第 19 行,定义输出流对象 fout,并打开输出文件。

```
22.     {
23.         fout.seekp(k);
24.         cout<<"File point:"<<fout.tellp();
25.
26.         fout.seekp(k, ios_base::end);
27.         cout<<"\nFile point:"<<fout.tellp();
28.
29.         fout.put(str[k]);
30.         cout<<":"<<str.substr(k,2)<<endl;
31.     }
32.     fout.close();
33.     return 0;
34. }
```

第 23 行,移动文件指针。
第 24 行,输出文件当前的输出位置。
第 26 行,文件指针到末尾。
第 29 行,向文件输出数据。
第 32 行,关闭文件。

运行结果:

略

本例,seekp(k)是随 k 变化绝对定位的,而 seekp(k, ios_base::end)则是基于文件尾的相对定位。

13.2.3 读写文件

读写文件分为文本文件和二进制文件的读取,对于文本文件的读取可以使用插入器和析取器;对于二进制的读取就复杂一些。

1. 文本文件的读写

文本文件的读写可使用:用插入器(<<)向文件输出和用析取器(>>)从文件输入。需要的一些操作符如表 13-3 所示。

表 13-3 操作符

操 作 符	功 能	输 入 输 出
dec	格式化为十进制数值数据	输入和输出
endl	输出一个换行符并刷新此流	输出
ends	输出一个空字符	输出
hex	格式化为十六进制数值数据	输入和输出
oct	格式化为八进制数值数据	输入和输出
setpxecision(int p)	设置浮点数的精度位数	输出

数据输出的语法图如图 13-5 所示。

图 13-5 数据输出

【例 13-4】 操作符示例。

程序代码：

```
1. #include<iostream>
2. #include<iomanip>
3. using namespace std;
4. int main()
5. {
6.     int inti=14;
7.     int intj=23;
8.     char charc='! ';
9.     cout<<"endl 的使用: \n";
10.     cout<<inti<<charc<<endl
11.         <<intj<<charc<<'\n';
12.     inti=16;
13.     cout<<"不同进制的输出:\n";
14.     cout<<"inti="<<inti
15.         <<" (deciaml)\n";
16.     cout<<"inti="<<oct<<  inti
17.         <<"(octal)\n";
18.     cout<<"inti="<<hex<<inti
19.         <<"(hexadecimal)\n";
20.     cout<<"inti="<<inti
21.         <<"(decimal)\n";
22.     cout<<"inti="<<dec<<inti
23.         <<"(decimal)\n";
24.     cout<<"设置浮点数的精度:\n";
25.     float floata=1.05f;
26.     float floatc=200.87f;
27.     cout<<setfill('*')<<setprecision(2);
28.     cout<<setw(10)<<floata<<'\n';
29.     cout<<setw(10)<<floatc<<'\n';
30.     return 0;
31. }
```

第 10 行，换行 endl 的应用。

第 14～15 行，deciaml 的设置。

第 16～17 行，octal 的设置。

第 18 ～ 19 行，hexadecimal 的设置。

第 20～21 行，decimal 的设置。

第 22～23 行，decimal 的设置。

第 27 行，setfill 和 setprecision 的设置。

第 28～29 行，setw 的设置。

运行结果：

略

本例，主要对操作符的简单应用。

2. 二进制文件的读写

二进制文件的读写所涉及的函数如下：

(1) put()

语法格式：

```
ofstream &put(char ch)
```

功能：put()函数向流写入一个字符。

如：

```
ofstream oBinFile;
char ch;
char cc[5]="abcd";
oBinFile.open("bit.txt",ios::binary);
oBinFile.put(cc[0]);
```

(2) get()

get()函数比较灵活，有 3 种常用的重载形式。

语法格式一：

```
get(char &ch);
```

功能：从流中读取一个字符，结果保存在引用 ch 中，若到文件尾，返回空字符。

语法格式二：

```
int get();
```

功能：从流中返回一个字符，若到达文件尾，返回 EOF。

语法格式三：

```
get(char *buf,int num,char delim='n');
```

功能：把字符读入由 buf 指向的数组，直到读入了 num 个字符或遇到了由 delim 指定的字符，若没使用 delim 这个参数，将使用默认值换行符'\n'。

如：

```
ifstream iBinFile;
iBinFile.open("bit.txt",ios::binary);
iBinFile.get(ch);
```

【例 13-5】 利用 put 函数和 get 函数，存取文件。

程序代码：

```
1. #include<fstream>
2. #include<iostream>
3. using namespace std;
4. int main()
5. {
6.     ofstream oBinFile;
7.     char ch;
8.     char cc[5]="abcd";
9.
10.     //写入数据
11.     oBinFile.open("bit.txt",ios::binary);
```

第 6 行，定义 ofstream 的对象 oBinFile。

第 11 行，以二进制方式打开文件 bit.txt。

```
12.     if(!oBinFile) {
13.       cout<<"open file error."<<endl;
14.       return -1;
15.     }
16.     for(int i=0;i<5;i++)
17.     {
18.        oBinFile.put(cc[i]);
19.     }
20.     oBinFile.close();
21.
22.     //读取数据
23.     ifstream iBinFile;
24.     iBinFile.open("bit.txt",ios::binary);
25.     iBinFile.get(ch);
26.     while(!iBinFile.eof())
27.     {
28.       cout<<ch;
29.       iBinFile.get(ch);
30.     }
31.     iBinFile.close();
32.     return 0;
33. }
```

第 18 行，向文件输出数据。

第 23 行，定义 ifstream 的对象 iBinFile。

第 24 行，以二进制方式打开文件 bit.txt。

第 29 行，从文件获取数据。

运行结果：

略

(3) 读写数据块

读写数据块主要是读写 int/double 等其他基本数据类型数据。C++ 中没有提供直接存取这些类型的格式化操作函数。需要程序员自己去定义。如要读写二进制数据块，使用成员函数 read()和 write()。

语法格式：

```
read(unsigned char * buf,int num);
```

功能：read()从文件中读取 num 个字符到 buf 指向的缓存中，若在还未读入 num 个字符时就到了文件尾，可以用成员函数 int gcount();来取得实际读取的字符数。

如：

```
ifstream iBinFile;
iBinFile.open("bit.txt",ios::binary);
read(iBinFile,0);
```

语法格式：

```
write(const unsigned char * buf,int num);
```

功能：write()从 buf 指向的缓存写 num 个字符到文件中，值得注意的是缓存的类型是 unsigned char *，有时可能需要类型转换。

如：

```
ofstream oBinFile;
oBinFile.open("bit.txt",ios::binary);
write(oBinFile,0);
```

【例 13-6】 利用 read 函数和 write 函数，存取基本类型组成的文本文件。

程序代码：

```
1. #include<fstream>
2. #include<iostream>
3. using namespace std;
4.
5. void write(ofstream& out, int value);
6. void read(ifstream& in, int& value);
7.
8. int main()
9. {
10.     ofstream oBinFile;
11.     int num=1;
12.     oBinFile.open("bit.txt",ios::binary);
13.
14.     if(!oBinFile)
15.     {
16.    cout<<"open file error."<<endl;
17.    return -1;
18.     }
19.     for(int i=0;i<10;i++)
20.     {
21.         write(oBinFile,i);
22.     }
23.     oBinFile.close();
24.
25.     ifstream iBinFile;
26.     iBinFile.open("bit.txt",ios::binary);
27.     read(iBinFile,num);
28.
29.     while(!iBinFile.eof())
30.     {
31.         cout<<num;
32.         read(iBinFile,num);
33.     }
```

第 5～6 行，函数声明。

第 10 行，定义 ofstream 的对象 oBinFile。

第 12 行，以二进制方式打开文件 bit. txt。

第 21 行，向文件输出数据。

第 25 行，定义 ifstream 的对象 iBinFile。

第 26 行，以二进制方式打开文件 bit. txt。

第 32 行，从文件获取数据。

```
34.     return 0;
35. }
36. void write(ofstream& out, int value)
37. {
38.      out.write(reinterpret_cast<char * >(&value),
         sizeof(int));
39. }
40. void read(ifstream& in, int& value)
41. {
42.      in.read(reinterpret_cast<char * >(&value),
sizeof(int));
43. }
```

第 36～39 行，函数 write 的定义。

第 40～43 行，函数 read 的定义。

运行结果：

```
0123456789
```

本例，在将数据“0123456789”以二进制形式输出到磁盘文件“bit.txt”；然后在从磁盘中以二进制形式读取文件“bit.txt”，在屏幕上显示数据。

13.2.4 格式输入输出

1. 提取运算符和插入运算符

(1) 输入流类 istream 重载了运算符“>>”，用于数据输入，其原型：

```
istream operator>>(istream&,<类型修饰>&)
```

重载的“>>”的功能：从输入流中提取数据赋值给一个变量，称为提取运算符。当系统执行“cin>>x”操作时，将根据实参 x 的类型生成相应的提取运算符重载函数的实例并调用该函数，把 x 引用传送给对应的形参，接着从键盘的输入缓冲区中读入一个值并赋给 x(因形参是 x 的引用)后，返回 istream 流，以便继续使用提取运算符为下一个变量输入数据。

如：

```
cin>>a>>b>>c;
```

(2) 输出流类 ostream 重载了运算符“<<”，用于数据输出，其原型为：

```
ostream operator    <<(ostream&,<类型修饰>&)
```

重载的“<<”的功能：把表达式的值插入到输出流中，称为插入运算符。当系统执行“cout<<x”操作时，首先根据 x 值的类型调用相应的插入运算符重载函数，把 x 的值传送给对应的形参，接着执行函数体，把 x 的值(亦即形参的值)输出到显示器屏幕上，在当前屏幕光标位置起显示出来，然后返回 ostream 流，以便继续使用插入运算符输出下一个表达式的值。

上面格式中的“类型修饰符”是指 char、int、double、char、bool 等 C++ 中固有类型的修饰符。即只要输入输出的数据属于这些 C++ 固有数据类型中的一种，就可直接使用“>>”或“<<”完成输入输出任务。在完成输入输出任务后，“>>”和“<<”把第一参数（即流对象的引用）返回，故这两个运算符都可连续使用。如：

```
cout<<a<<b<<c;
```

2. 默认的输入输出格式

在没有特地进行格式控制的情况下，输入输出采用默认格式。

(1) 默认的输入格式

从键盘上输入数据时，它们跳过空白（空格、换行符和制表符），直到遇到非空白字符。在单字符模式下，“>>”操作符将读取该字符，将它放置到指定的位置。在其他模式下，“>>”操作符将读取一个指定类型的数据。即它读取从非空字符开始，到与目标类型匹配的第一个字符之间的全部内容。C++ 流所识别的输入数据的类型及其默认的输入格式包括：

short、int、long(signed、unsigned)：与整型常量相同。

float、double、long double：与浮点数常量相同。

char(signed、unsigned)：第一个非空白字符。

char *(signed、unsigned)：从第一个非空白字符开始到下一个空白字符结束。

void *：无前缀的十六进制数。

bool：把 true 或 1 识别为 true，其他的均识别为 false（VC++ 6.0 中把 0 识别为 false，其他的值均识别为 true）。

(2) 默认的输出格式

C++ 流所识别的输出数据的类型及其默认的输出格式包括：

char(signed、unsigned)：单个字符（无引号）。

short、int、long(signed、unsigned)：一般整数形式，负数前有“－”号。

char *(signed、unsigned)：字符序列（无引号）。

float、double、long double：浮点或指数格式（科学表示法），取决于哪个更短。

void *：无前缀的十六进制数。

bool：1 或 0。

3. 格式标志与格式控制

在流库根类的 ios_base 中，有一个作为数据成员的格式控制变量，专门用来记录格式标志；通过设置标志，可对有格式输入输出的效果加以控制。各种格式标志被定义为一组符号常量，见表 13-4 所示。

这些作为格式标志的常量与整数的对应关系是精心安排的，每一个标志对应一个二进制位，为 1 时表示对应标志已设置，为 0 时表示对应标志未设置。这些作为标志的二进制位保存在格式控制变量的低端的若干位中，每一个流对象都有这样一个作为数据成员的格式控制变量。在外部使用这些格式标志时，必须在标志前加上 ios_base::修饰。

表 13-4 格式标志与格式控制

格式控制标志	含　义	格式控制标志	含　义
skipws	输入时跳过空白字符	dec	整数按十进制输出
left	输出数据在指定宽度内左对齐	oct	整数按八进制输出
right	输出数据在指定宽度内右对齐	hex	整数按十六进制输出
internal	输出数据在指定宽度内部对齐，即符号在最左端，数值数据右对齐	showbase	输出时显示数制标志(八进制是0,十六进制是0x)
showpoint	输出时显示小数点	uppercase	输出数值标志用大写字符
scientific	在浮点数输出时使用指数格式(如：9.1234E2)	showpos	在正整数前显示+号
fixed	在浮点数输出时使用固定格式(如：912.34)	unitbuf	每次输出操作后立即写缓
boolalpha	将布尔量转换成字符串 flase 或 true		

格式标志中的有些关系密切的相邻标志被规定为域：由 left、right 和 internal 组成的域称为 adjustfield(对齐方式域)；由 dec、oct 和 hex 组成的域称为 basefield(数制方式域)；由 scientific 和 fixed 组成的域称为 floatfield(浮点方式域)。adjustfield、basefield 和 floatfield 也是在 ios_base 中定义的，因此在外部使用时也必须加上域修饰前缀 ios_base ::(如 ios_base:: adjustfield)。

可以通过调用流对象的下列三个成员函数直接设置格式控制标志：

```
setf(fmtflags fmtfl,fmtflags mask);
```

其中类型 fmtflags 实际上就是类型 int。参数 fmtfl 为格式控制标志，参数 mask 为域。此函数用于设置某个域中的标志，设置前先将该域中所有标志清除。函数返回设置前的格式控制标志。

```
setf(fmtflags fmtfl);
```

其中参数 fmtfl 为格式控制标志。此函数用于设置指定的标志，即将指定的标志位置为 1，其他标志位不受影响。函数返回设置前的格式控制标志。此函数多用于 adjustfield、basefield 和 floatfield 三个域之外的格式控制标志的设置。

```
unsetf(fmtflags fmtfl);
```

其中参数 fmtfl 为格式控制标志或域。此函数用于清除指定标志或域，即将指定标志位或域清 0。

除了使用上述函数外，还可以用操作符进行格式控制。对应于上述 setf 函数的操作符是：setiosflags(<格式控制标志>)，对应于上述的 unsetf 函数的操作符是：resetiosflags(格式控制标志或域)。

如，对 setiosflags 的应用：

```
double a=123456.343001;
    cout<<"a 的值为 123456.343001"<<endl<<endl;
    cout<<"默认只显示六位数据："<<a<<endl<<endl;
    cout<<"setiosflags(ios::fixed): "
        <<setiosflags(ios::fixed)
        <<setprecision(10)<<a<<endl<<endl;
    cout<<"setiosflags(ios::scientific):"
        <<setiosflags(ios::scientific)
        <<setprecision(12)<<a<<endl<<endl;
    cout<<"setiosflags(ios::scientific):"
        <<setiosflags(ios::scientific)
        <<setprecision(10)<<a<<endl<<endl;
    cout<<"左对齐:"<<setiosflags(ios::left)
        <<setprecision(20)<<a<<endl<<endl;
    cout<<"右对齐:"<<setiosflags(ios::right)
        <<setprecision(20)<<a<<endl<<endl;
```

运行结果：

略

4. 格式控制操作符

数据输入输出的格式控制还有更简便的形式，就是使用系统头文件 iomanip.h 中提供的操作符。使用这些操作符不需要调用成员函数，只要把它们作为插入操作符<<（个别作为提取操作符>>）的输出对象即可。这些操作符及功能如下：

dec：转换为按十进制输出整数，是系统预置的进制。

oct：/转换为按八进制输出整数。

hex：转换为按十六进制输出整数。

ws：从输入流中读取空白字符。

endl：输出换行符'\n'并刷新流。刷新流是指把流缓冲区的内容立即写入到对应的物理设备上。

ends：输出一个空字符'\0'。

flush：只刷新一个输出流。

setiosflags(long f)：设置 f 所对应的格式化标志，功能与 setf(long f)成员函数相同，当然输出该操作符后返回的是一个输出流。如采用标准输出流 cout 输出它时，则返回 cout。对于输出每个操作符后也都是如此，即返回输出它的流，以便向流中继续插入下一个数据。

resetiosflags(long f)：清除 f 所对应的格式化标志，功能与 unsetf(long f)成员函数相同。当然输出后返回一个流。

setfill(int c)：设置填充字符为 ASCII 码为 c 的字符。

setprecision(int n)：设置浮点数的输出精度为 n。

setw(int w)：设置下一个数据的输出域宽为 w。

在上面的操作符中，dec，oce，hex，endl，ends，flush 和 ws 除了在 iomanip. h 中有定义外，在 iostream. h 中也有定义。所以当程序或编译单元中只需要使用这些不带参数的操作符时，可以只包含 iostream. h 文件，而不需要包含 iomanip. h 文件。

如，按进制输出：

```
int x1=10, y1=30, z=100;
cout<<x1<<' '<<y1<<' '<<z<<endl;          //按十进制输出
cout<<oct<<x1<<' '<<y1<<' '<<z<<endl;     //按八进制输出
cout<<setiosflags(ios::showbase);         //设置基指示符
cout<<x1<<' '<<y1<<' '<<z<<endl;          //仍按八进制输出
cout<<resetiosflags(ios::showbase);       //取消基指示符
cout<<hex<<x1<<' '<<y1<<' '<<z<<endl;     //按十六进制输出
cout<<setiosflags(ios::showbase | ios::uppercase);
//设置基指示符和数值中的字母大写输出,
cout<<x1<<' '<<y1<<' '<<z<<endl;          //仍按十六进制输出
cout<<resetiosflags(ios::showbase | ios::uppercase);
//取消基指示符和数值中的字母大写输出
cout<<x1<<' '<<y1<<' '<<z<<endl;          //仍按十六进制输出
cout<<dec<<x1<<' '<<y1<<' '<<z<<endl;     //按十进制输出
```

运行结果：

略

如，对格式控制操作符 setf 和 unsetf 的应用：

```
int x=30, y=300, z=1024;
//按十进制输出
cout<<x<<' '<<y<<' '<<z<<endl;
//设置基指示符输出和数值中的字母大写输出
cout.setf(ios::showbase | ios::uppercase);
cout<<x<<' '<<y<<' '<<z<<endl;
//取消基指示符输出和数值中的字母大写输出
cout.unsetf(ios::showbase | ios::uppercase);
//设置为八进制输出,此设置不取消一直有效
cout.setf(ios::oct);
cout<<x<<' '<<y<<' '<<z<<endl;            //按八进制输出
//设置基指示符输出和数值中的字母大写输出
cout.setf(ios::showbase | ios::uppercase);
cout<<x<<' '<<y<<' '<<z<<endl;
//取消基指示符输出和数值中的字母大写输出
cout.unsetf(ios::showbase | ios::uppercase);
//取消八进制输出设置,恢复按十进制输出
```

```
cout.unsetf(ios::oct);
cout.setf(ios::hex);                                    //设置为十六进制输出
cout<<x<<' '<<y<<' '<<z<<endl;
//设置基指示符输出和数值中的字母大写输出
cout.setf(ios::showbase | ios::uppercase);
cout<<x<<' '<<y<<' '<<z<<endl;
//取消基指示符输出和数值中的字母大写输出
cout.unsetf(ios::showbase | ios::uppercase);
//取消十六进制输出设置,恢复按十进制输出
cout.unsetf(ios::hex);
cout<<x<<' '<<y<<' '<<z<<endl;
```

运行结果：

略

5. 输入输出宽度的控制

宽度的设置可用于输入,但只对字符串输入有效。对于输出,宽度是指最小输出宽度。当实际数据宽度小于指定的宽度时,多余的位置用填充字符(通常是空格)填满;当实际数据的宽度大于设置的宽度时,仍按实际的宽度输出。初始宽度值为0,其含义是所有数据都将按实际宽度输出。宽度的设置与格式标志无关。有关的操作符是：

```
setw(int n):设置输入输出宽度;
```

等价函数调用：

```
io.width(n)
```

其中n为一个表示宽度的表达式。若用于输入字符串,实际输入的字符串的最大长度为n－1。也就是说宽度n连字符串结束符也包含在内。函数width返回此前设置的宽度;若只需要这个返回值,可不给参数。

注意：宽度设置的效果只对一次输入或输出有效,在完成了一个数据的输入或输出后,宽度设置自动恢复为0(表示按数据实际宽度输入输出)。宽度设置是所有格式设置中唯一的一次有效的设置。

如:填充,宽度,对齐方式的应用：

```
cout<<"第16章 输入输出流 "<<endl;
cout<<" ";
cout.setf(ios::left);              //设置对齐方式为left
cout.width(7);                     //设置宽度为7,不足用空格填充
cout<<"16.2 ";
cout<<"C++文件流";
cout.unsetf(ios::left);            //取消对齐方式,用默认right方式
cout.fill('.');                    //设置填充方式
cout.width(33);                    //设置宽度,只对下条输出有用
```

```
cout<<11<<endl;
cout<<" ";
cout.width(7);                  //设置宽度
cout.setf(ios::left);           //设置对齐方式为 left
cout.fill(' ');                 //设置填充,默认为空格
cout<<"16.2.1";
cout<<"文件流的建立";
cout.unsetf(ios::left);         //取消对齐方式
cout.fill('.');
cout.width(30);
cout<<28<<endl;
cout.fill(' ');
```

运行结果：

略

6. 浮点数输出方式的控制

在初始状态下，浮点数都按浮点格式输出，输出精度的含义是有效位的个数，小数点的相对位置随数据的不同而浮动；可以改变设置，使浮点数按定点格式或指数格式（科学表示法，如 3.2156e+2）输出。在这种情况下，输出精度的含义是小数位数，小数点的相对位置固定不变，必要时进行舍入处理或添加无效 0。设置的输出方式一直有效，直到再次设置浮点数输出方式时为止。有关操作符有：

(1) resetiosflags(ios_base::floatfield)：（此为默认设置）浮点数按浮点格式输出；等价函数调用：o.unsetf(ios_base::floatfield)。

(2) fixed：浮点数按定点格式输出；等价函数调用：o.setf(ios_base::fixed,ios_base::floatfield)。

(3) scientific：浮点数按指数格式（科学表示法）输出；等价函数调用：o.setf(ios_base::scientific,ios_base::floatfield)。

如，浮点数输出方式的控制的应用：

```
float f=1.0f / 9.0f, f1=0.0000000010f,f2=-1.95f;
cout<<f<<' '<<f1<<' '<<f2<<endl;        //正常输出
cout.setf(ios::showpos);                //强制在正数前加+号
cout<<f<<' '<<f1<<' '<<f2<<endl;
cout.unsetf(ios::showpos);              //取消正数前加+号
cout.setf(ios::showpoint);              //强制显示小数点后的无效 0
cout<<f<<' '<<f1<<' '<<f2<<endl;
cout.unsetf(ios::showpoint);            //取消显示小数点后的无效 0
cout.setf(ios::scientific);             //科学记数法
cout<<f<<' '<<f1<<' '<<f2<<endl;
cout.unsetf(ios::scientific);           //取消科学记数法
cout.setf(ios::fixed);                  //按点输出显示
```

```
cout<<f<<' '<<f1<<' '<<f2<<endl;
cout.unsetf(ios::fixed);                    //取消按点输出显示
cout.precision(18);                         //精度为 18,正常为 6
cout<<f<<' '<<f1<<' '<<f2<<endl;
cout.precision(6);                          //精度恢复为 6
```

运行结果：

略

7. 输出精度的控制

输入输出精度是针对浮点数设置的，其实际含义与浮点数输出方式有关：若采用的是浮点格式，精度的含义是有效位数；若采用的是定点格式或指数格式(科学表示法)，精度的含义是小数位数。精度的设置用于输出，默认精度为 6，可以通过设置改为任意精度；将精度值设置为 0 意味着回到默认精度 6。设置的精度值一直有效，直到再次设置精度时为止。精度的设置与格式标志无关。有关操作符是：

setprecision(int n)：设置浮点数的精度(有效位数或小数位数)；

等价函数调用：

```
io.precision(n);
```

其中 n 为表明精度值的表达式。函数返回此前设置的精度；若只需要这个返回值，可不给参数。如：输出精度的控制的例子：

```
float f10=1.0f / 9.0f, f11=0.0000000010f, f12=-1.95f;
cout<<f10<<' '<<f11<<' '<<f12<<endl;        //正常输出
cout<<setiosflags(ios::showpos);            //强制在正数前加+号
cout<<f10<<' '<<f11<<' '<<f12<<endl;
cout<<resetiosflags(ios::showpos);          //取消正数前加+号
cout<<setiosflags(ios::showpoint);          //强制显示小数点后的无效 0
cout<<f10<<' '<<f11<<' '<<f12<<endl;
cout<<resetiosflags(ios::showpoint);        //取消显示小数点后的无效 0
cout<<setiosflags(ios::scientific);         //科学记数法
cout<<f10<<' '<<f11<<' '<<f12<<endl;
cout<<resetiosflags(ios::scientific);       //取消科学记数法
cout<<setiosflags(ios::fixed);              //按点输出显示
cout<<f10<<' '<<f11<<' '<<f12<<endl;
cout<<resetiosflags(ios::fixed);            //取消按点输出显示
cout<<setprecision(18);                     //精度为 18,正常为 6
cout<<f10<<' '<<f11<<' '<<f12<<endl;
cout<<setprecision(6);                      //精度恢复为 6
```

运行结果：

略

8. 对齐方式的控制

初始状态为右对齐，可以改变这一设置，使得输出采用左对齐方式或内部对齐方式。设置的对齐方式一直有效，直到再次设置对齐方式时为止。只有在设置了宽度的情况下，对齐操作才有意义。有关操作符有：

(1) left：在设定的宽度内左对齐输出，右端填以设定的填充字符；

等价函数调用：

```
o.setf(ios_base::left,ios_base::adjustfield)
```

(2) right：(此为默认设置)在设定的宽度内右对齐输出；

等价函数调用：

```
o.setf(ios_base::right,ios_base::adjustfield)
```

(3) internal：在设定的宽度内右对齐输出；但若有符号(－或＋)，符号置于最左端；

等价函数调用：

```
o.setf(ios_base::internal,ios_base::adjustfield)
```

9. 小数点处理方式的控制

此设置只影响采用浮点格式输出的浮点数据。在初始状态下，若一浮点数的小数部分为 0，则不输出小数点及小数点后的无效 0；可以改变这一设置，使得在任何情况下都输出小数点及其后的无效 0。设置的小数点处理方式一直有效，直到再次设置小数点处理方式时为止。有关操作符有：

(1) showpoint：即使小数部分为 0，也输出小数点及其后的无效 0；

等价函数调用：

```
o.setf (ios_base::showpoint)
```

(2) noshowpoint：(此为默认设置)取消上述设置：小数部分为 0 时不输出小数点；

等价函数调用：

```
o.unsetf (ios_base::showpoint)
```

此外，还有其他格式控制方式：插入字符串结束符、输入输出数制状态的控制、逻辑常量输出方式的控制、前导空白字符处理方式的控制、缓冲区工作方式的控制、正数的符号表示方式的控制。

本章小结

所谓"文件"是指一组相关数据的有序集合。文件通常是驻留在外部介质(如磁盘等)上的，在使用时才调入内存中来。从不同的角度可对文件作不同的分类。

C++ 的输入输出流是指由若干字节组成的字节序列，这些字节中的数据按顺序从一个对象传送到另一对象。流表示了信息从源到目的端的流动。

文件操作的一般步骤：
(1) 为文件定义一个流类对象。
(2) 使用 open()函数建立(或打开)文件。
(3) 进行读写操作。在建立(或打开)的文件上执行所要求的输入输出操作。
(4) 使用 close()函数关闭文件。

本章实践

第一部分 基础知识

选择题

1. 打开文件时可单独或组合使用下列文件打开模式：
①ios_base∷app ②ios_base∷binary ③ios_base∷in ④ios_base∷out
若要以二进制读方式打开一个文件,需使用的文件打开模式为( )。(2010-3)
A. ①③ B. ①④ C. ②③ D. ②④

2. 在进行任何 C++ 流的操作后,都可以用 C++ 流的有关成员函数检测流的状态,其中只能用于检测输入流状态的操作函数名称是( )。
A. fail B. eof C. bad D. good

3. 下列错误的是( )。
A. 对象 infile 只能用于文件输入操作
B. 对象 outfile 只能用于文件输出操作
C. 对象 iofile 在文件关闭后,不能再打开另一个文件
D. 对象 iofile 可以打开一个文件同时进行输入和输出

4. 以下叙述中不正确的是( )。
A. C++ 语言中的文本文件以 ASCII 码形式存储数据
B. C++ 语言中,对二进制文件的访问速度比文本文件快
C. C++ 语言中,随机读写方式不适用于文本文件
D. C++ 语言中,顺序读写方式不适用于二进制文件

5. 以下不能正确创建输出文件对象并使其与磁盘文件相关联的语句是( )。
A. ofstream myfile;myfilopen("d:ofiltxt");
B. ofstream * myfile=new ofstream;myfile->open("d:ofiltxt");
C. ofstream myfile("d:ofiltxt");
D. ofstream * myfile=new("d:ofile: txt");

6. 以下不能够读入空格字符的语句是( )。
A. char line;line=ciget(); B. char line;ciget(line);
C. char line;cin>>line; D. char line[2];cigetline(line,2);

7. 控制格式输入输出的操作中,设置域宽的函数是( )。
A. WS B. oct C. setfill(int) D. setw(mt)

8. 在“文件包含”预处理语句的使用形式中，当＃include 后面的文件名用""括起时，寻找被包含文件的方式是(　　)。

A. 直接按系统设定的标准方式搜索目录

B. 先在源程序所在的目录搜索，再按系统设定的标准方式搜索

C. 仅仅搜索源程序所在目录

D. 仅仅搜索当前目录

第二部分　项目设计

在第 12 章基础上，将涉及的注册信息用文件保存。

参 考 文 献

[1] 谭浩强. C++ 程序设计. 北京：清华大学出版社，2011.

[2] Bruce Eckel Chuck Allison. C++ 编程思想. 北京：机械工业出版社，2011.

[3] 刘振安. 全国高等教育自学考试指定教材：C++ 程序设计(附自学考试大纲). 北京：机械工业出版社，2008.

[4] 全国计算机等级考试二级 C++ 语言:程序设计考试大纲(2013 年版).

[5] 黄志雄等. C++ 语言程序设计应试辅导(二级). 北京：清华大学出版社，2007.

[6] 李英军，马晓星，蔡敏，刘建中等译. 设计模式. 北京：机械工业出版社，2000.

[7] 陈世忠. C++ 编码规范. 北京：人民邮电出版社，2002.

[8] 林锐，韩永泉编著. 高质量程序设计指南. C++ 语言(第三版). 北京：电子工业出版社，2007.